"十三五"国家重点出版物出版规划项目

建 筑 设 备

王克河　焦营营　张　猛　编著

机 械 工 业 出 版 社

本书系统地概括介绍了各类建筑设备的工作原理、相关规范要求、系统工艺结构等。内容包括水暖的基础理论知识、建筑室内生活供水系统、建筑室内消防供水系统、建筑室内排水系统、建筑燃气供应系统、建筑供暖系统、建筑通风系统、建筑防排烟系统、建筑空气调节系统、电气基本理论知识、供配电系统、智能化系统等。本书具有理论深度适中、图文并茂、直观易懂、工程性强、紧密联系工程实际等特点。本书在各类建筑设备系统的介绍过程中，引入了大量的规范条文，有利于学生对规范的掌握和理解，使学生在具体工程实施过程中，能严格按照规范条文要求进行建筑设备安装及系统的整体调试。

本书可作为普通高等学校电气工程及其自动化、建筑电气与智能化、土木工程、城市地下空间工程、工程造价、工程管理、建筑学、城市规划等专业的教材，也可作为建筑工程技术人员学习建筑设备知识的参考书。

本书配有电子课件，欢迎选用本书作为教材的教师登录 www.cmpedu.com 注册下载，或发邮件至 jinacmp@163.com 索取。

图书在版编目（CIP）数据

建筑设备/王克河，焦营营，张猛编著. —北京：机械工业出版社，2021.4（2025.1重印）

"十三五"国家重点出版物出版规划项目

ISBN 978-7-111-67541-9

Ⅰ.①建… Ⅱ.①王… ②焦… ③张… Ⅲ.①房屋建筑设备-高等学校-教材 Ⅳ.①TU8

中国版本图书馆 CIP 数据核字（2021）第 030578 号

机械工业出版社（北京市百万庄大街 22 号　邮政编码 100037）

策划编辑：吉　玲　责任编辑：吉　玲　高凤春

责任校对：李　杉　封面设计：马精明

责任印制：单爱军

北京虎彩文化传播有限公司印刷

2025 年 1 月第 1 版第 6 次印刷

184mm×260mm · 18.5 印张 · 457 千字

标准书号：ISBN 978-7-111-67541-9

定价：53.80 元

电话服务　　　　　　　　　　网络服务

客服电话：010-88361066　　　机 工 官 网：www.cmpbook.com

　　　　　010-88379833　　　机 工 官 博：weibo.com/cmp1952

　　　　　010-68326294　　　金 书 网：www.golden-book.com

封底无防伪标均为盗版　机工教育服务网：www.cmpedu.com

前　言

　　现代建筑是外观及室内空间艺术、现代科学的结构技术、先进完善的建筑设备技术有机的整体。建筑设备是现代建筑的重要组成部分。给水排水设备是建筑卫生、人类正常生活、应急安全的重要保证；暖通空调设备是创造室内空气最佳温度、湿度、清新度的重要保证；电力系统是所有建筑设备的动力之源；智能建筑技术是控制建筑设备安全节能运行，精确达到室内环境各项指标，实现建筑物安全技术防范、火灾报警等功能的重要保证。

　　本书共3篇。第1~2篇由山东建筑大学王克河撰写，第3篇由山东建筑大学焦营营撰写，所有图表的绘制由山东建筑大学张猛完成。三位作者均有教学、设计、生产环节的阅历，因而本书内容更加具有工程实践性。

　　"建筑设备"课程在各高校中教学课时较少，一般电气、给水排水、暖通空调专业为24~30学时，土木、建筑、工程管理、工程造价等专业，在不修电工学等电类课程的情况下，也不会超过40学时。本书尽量压缩篇幅，避免大而全。以专业通识教育为主，以国家相关技术规范为指导，可以让学生深入了解建筑设备的结构原理、功能、技术指标及相应系统的工艺结构，明确与自身所学专业的协作关系，能够培养学生养成严格地执行规范、遵守规范的执业操守，为学生以后从事建筑行业的工作打下坚实的基础。

　　在本书的编写过程中，作者翻阅了大量的专业书籍、国家规范，每一项内容都是在向许多专家、教授、企业不断学习的过程中写成的，每一步都是踩在巨人的肩上走过的，在此向他们表示由衷的感谢！有些图片资料在参考文献中未一一列举，在此深表歉意，并表示由衷感谢！

　　因篇幅有限，以及作者阅读的深度、广度有限，认识能力及知识水平的局限性，书中可能存在许多不足或不当之处，望广大读者提出宝贵意见，本人将不胜感激！

作　者

目　录

第3篇 电 气 篇

第 1 篇

给水排水及燃气篇

第 1 章

基本知识

1.1 流体的主要物理性质

流体一般指液体和气体，与固体相比其主要特点是具有流动性，只能承受压力，不能承受拉力，静止的流体不能承受剪力。建筑工程中的流体主要有给水排水管道中的水流，燃气管道中的可燃性气体，空调通风及排风排烟中的气流等。

1. 流体的密度

对应着质量与重力，流体的密度分为质量密度与重力密度。

质量密度：

$$\rho = \frac{M}{V} \tag{1-1}$$

式中　M——流体的质量（kg）；

　　　V——流体的体积（m^3）；

　　　ρ——流体的质量密度（kg/m^3）。

重力密度：

$$\gamma = \frac{G}{V} = \frac{Mg}{V} = \rho g \tag{1-2}$$

式中　G——流体的重力（N）；

　　　V——流体的体积（m^3）；

　　　γ——流体的重力密度（N/m^3）。

2. 流体的压缩性与膨胀性

流体的密度随外界的压力与温度变化而变化，液体变化较小，气体变化显著。加在流体上的压强增加导致流体体积缩小的现象，称为流体的压缩性。随温度升高流体体积膨胀的现象称为流体的膨胀性。

（1）液体的压缩性与膨胀性　一般液体的压缩性与膨胀性都很小。例如，水的压力从一个大气压增加到 100 个标准大气压时，每增加 1 个大气压其体积只缩小 1/20000。水在温度较低（10~20℃）时，温度每增加 1℃，水的密度减小 1.5/10000；在温度较高（90~100℃）时，温度每增加 1℃，水的密度减小 7/10000。

（2）气体的压缩性与膨胀性

1）理想状态气体方程。气体的压缩性和膨胀性比液体较明显。在常温常压下，气体的

压强 p、密度 ρ、温度 T 三个基本参数之间满足理想气体状态方程式。

$$\frac{p}{\rho} = RT \tag{1-3}$$

式中　p——气体的绝对压强（N/m^2）；

ρ——气体的密度（kg/m^3）；

R——气体常数 [J/(kg·K)]，对于空气，$R = 287$；对于其他气体，$R = 8314/N$，N 为该气体的分子量；

T——气体的绝对温度（K）。

2）可压缩与不可压缩气体。在气体流速较低，远小于声速的情况下，其压强和温度在流动过程中变化较小，密度可视为常数，这种气体称为不可压缩气体。

反之，在气体流速较高，超过声速的情况下，在流动过程中密度变化较大，ρ 不能视为常数，这种气体称为可压缩气体。

在建筑工程中，水及气流体在大多数情况下流速较低，在流动过程中密度变化不大，接近于常数；一般认为是一种易于流动的、具有黏滞性和不可压缩的流体。

3）流体的流动性与黏滞性。流体流动时，流体内部各质点间或流层间因相对运动而产生内摩擦力以反抗流体质点间相对运动的性质，称为流体的黏滞性。管段中断面流速分布如图 1-1 所示。

牛顿在反复试验的基础上，提出了牛顿内摩擦定律。

$$\tau = \frac{F}{S} = \mu \frac{\mathrm{d}\mu}{\mathrm{d}n} \tag{1-4}$$

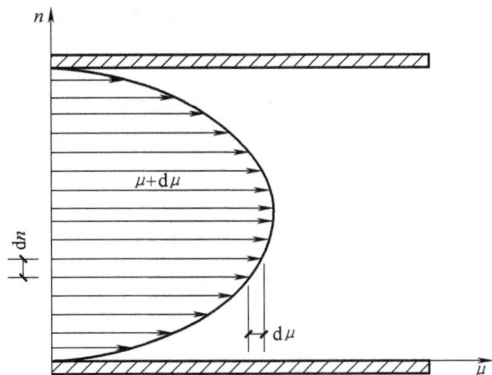

图 1-1　断面流速分布

式中　F——内摩擦力（N）；

μ——动力黏滞系数（Pa·s）；

S——摩擦流层间的接触面积（m^2）；

τ——单位面积上流体的黏滞力（Pa），又称为切应力；

n——流速梯度（1/s），表示流速沿垂直于流速方向的变化率。

1.2　流体的静压强

流体在静止状态下，不存在切向应力，不能承受拉力，不存在由于黏滞性所产生运动的力学性质。因此，流体静力学的中心问题是研究流体静压强的分布规律。

1. 压强的概念

物体单位面积上所受的力称为压强，在工程技术上常习惯地称为"压力"。

$$p = \frac{F}{S} \tag{1-5}$$

式中　F——物体表面承受的压力（N）；

p——压强（N/m^2）；

S——物体受力面积（m^2）。

压强的常用单位：$1Pa = 1N/m^2 = 10^{-3}kPa = 10^{-6}MPa = 10^{-5}bar$

2. 液体中压强的计算

如图 1-2 所示，在某种液体中选一圆柱体为研究对象，圆柱体上表面与液体表面在同一平面内，高为 h，截面面积为 $\Delta\omega$，上表面承受的压强（大气压）为 p_0，下表面承受的压强为 p，则其力的平衡方程式为

$$p\Delta\omega - \gamma h\Delta\omega - p_0\Delta\omega = 0 \tag{1-6}$$

则

$$p = p_0 + \gamma h \tag{1-7}$$

式中　γ——重力密度（N/m^3）。

在液体内部各个方向都有压强；压强随液体深度的增加而增加；在同一深度，液体各个方向的压强相等；液体密度越大，压强也越大。

标准大气压也是压强经常使用的单位。1954 年，第十届国际计量大会决议声明，规定标准大气压值为：$p_0 = 1$ 标准大气压 $= 101325N/m^2$。

水的质量密度 $\rho = 1000kg/m^3$，则重力密度 $\gamma = \rho g = 1000kg/m^3 \times 9.8m/s^2 = 9800N/m^3 = 9.8kN/m^3$，一个标准大气压相当于水柱 $h_{H_2O} = p_0/\gamma = (101.325kN/m^2)/(9.8kN/m^3) = 10.34m \approx 10mH_2O$。

汞的质量密度 $\rho = 13590kg/m^3$，则重力密度 $\gamma = \rho g = 135900kg/m^3 \times 9.8m/s^2 = 1331820N/m^3 = 133.18kN/m^3$，一个标准大气压相当于汞柱 $h_{Hg} = p_0/\gamma = (101.325kN/m^2)/(133.18kN/m^3) \approx 0.76m \approx 760mmHg$，所以，1 个标准大气压 $= 101325Pa \approx 101.33kPa \approx 0.1MPa \approx 1bar \approx 10mH_2O \approx 760mmHg$。

图 1-2　液柱的压强分布

3. 真空度

对于气体，在高差 h 不大的情况下，因重力密度 γ 很小，可忽略 γh，则 $p = p_0$。如研究气体作用在锅炉壁上的静压强时，可认为气体在空间各点上的静压强相等。

流体中压强相等的点所组成的面称为等压面，如气体与液体的交界面，处于平衡状态下两种不相溶液体的分界面。工程计算中，压强有不同的量度基准。绝对压强是以完全真空为零点计算的压强；相对压强是以大气压为零点计算的压强。实际大气压与绝对压强、相对压强的关系为

$$p = p_A - p_a \tag{1-8}$$

式中　p——实际大气压；

p_A——绝对压强；

p_a——相对压强。

某点的绝对压强大于大气压，相对压强为正时称为正压；绝对压强小于大气压，相对压强为负时称为负压，此时流体处于真空状态。真空度是指某点的绝对压强不足一个大气压强的部分，用 p_k 表示，则

$$p_k = p - p_A = -p_a \tag{1-9}$$

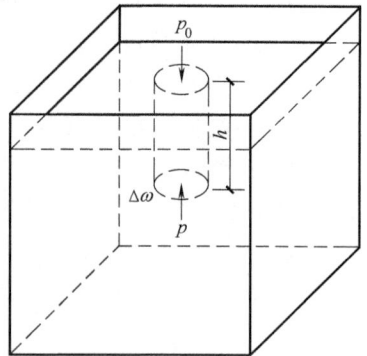

$p_A = 0$，则 $p_{kmax} = p = p_0 = 101\,kN/m^2$（1 个标准大气压）；$p_A = p$，则 $p_{kmin} = 0$。故 $0 \leqslant p_k \leqslant 101\,kN/m^2$。

某点的真空度就等于该点相对压强的绝对值，如某点的绝对压强 $p_A = 40\,kN/m^2$，若 $p = p_0$，则相对压强 $p_a = (40-101)\,kN/m^2 = -61\,kN/m^2$，真空度 $p_k = -p_a = 61\,kN/m^2$。

1.3　流体运动的基本常识

1. 压力流与无压流

（1）压力流　流体在压差作用下流动，流体充满整个管道或容器，没有自由表面。如燃气管道中的燃气，供热管道中的热水或蒸汽，给水管道中的自来水等都属于压力流。压力流有下列三个特点：

1）流体充满整个管道。

2）不能形成自由表面。

3）流体对管壁有一定的压力。

（2）无压流　液体在重力作用下流动，液体没有充满整个管道或容器，有一部分界面跟空气接触，形成自由表面。如室内排水系统中污水在管道中的流动，江河湖泊中流动的水，在水渠里的流动水等都与空气接触形成自由表面，都是无压流。无压流有下列两个特点：

1）液体流体没有充满管道。

2）液体在管道或水渠中能够形成自由表面。

在室内排水设计中，引入了充满度的概念表示污水在管道中的占比。污水在管道中的深度 h 与管径 D 的比值称为管道的充满度，充满度是排水系统设计中很重要的参数。

2. 恒定流与非恒定流

（1）恒定流　处于运动平衡状态的流体，各点的流速不随时间变化，由流速决定的压强、黏性力和惯性力也不随时间变化，这种流动称为恒定流，如图 1-3a 所示。

（2）非恒定流　处于运动不平衡状态的流体，各点的流速随着时间变化，各点的压强、黏性力、惯性力也随着速度的变化而变化，这种流动称为非恒定流，如图 1-3b 所示。

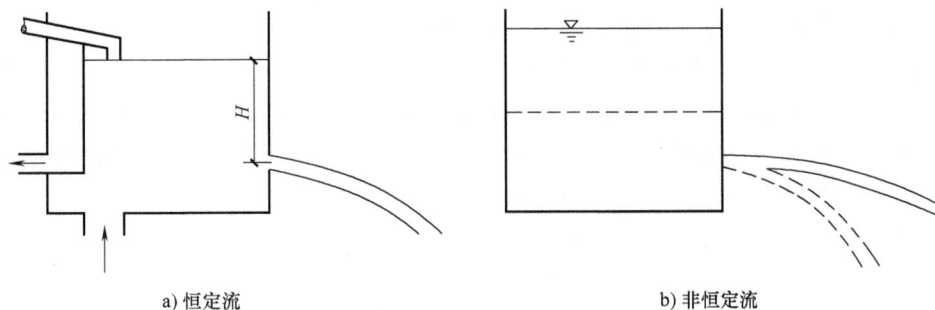

a) 恒定流　　　　　　　　　　　　　　　　b) 非恒定流

图 1-3　恒定流与非恒定流

3. 均匀流与非均匀流

流体运动时，在流速场中画出某时刻的一条空间曲线，该曲线上所有流体质点在该时刻的流速矢量都与这条曲线相切，这条曲线称为该时刻的流线。即流线是同一时刻连续流体质点的流动方向线；流体运动时，流体中某一质点在连续时间内运动的轨迹线称为迹线。

（1）均匀流　流体运动时，流线是平行直线的流动。

（2）非均匀流　流体运动时，流线不是平行直线的流动。

1）渐变流：流体运动中流线接近于平行直线的流动。

2）急变流：流体运动中流线不能视为平行直线的流动。

如图1-4所示，均匀流、非均匀流等在各管段上的表现形态。

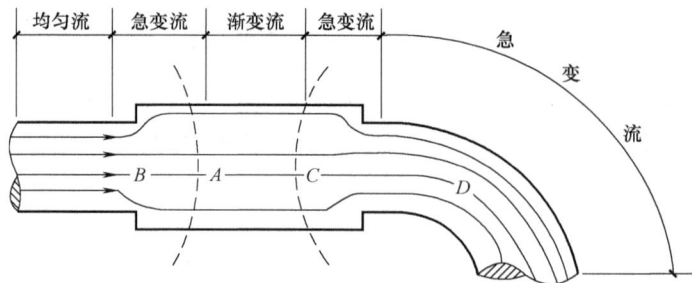

图1-4　均匀流与非均匀逆流

4. 流量与断面平均流速

（1）流量　流体流动时，单位时间内通过过流断面的流体体积称为流体的体积流量。用 Q 表示，单位为 m^3/s 或 L/s。流体的流量一般是指体积流量，有时也用质量流量，单位为 kg/s。

（2）断面平均流速　流体流动时，断面各点流速一般不易确定，当工程中务必要确定时，可采用断面平均流速 v。断面平均流速为断面上各点流速的平均值。

5. 流体的阻力与水头损失

（1）阻力与水头损失　流体的水头损失（H_2）是水利计算的重要内容，也是选择水泵加压设备的重要依据，是非水专业的学生了解水力计算的重要概念。

1）沿程阻力与沿程水头损失。由于流体具有黏滞性且管壁的表面不光滑，流体在流动过程中会产生内摩擦力和管壁造成的摩擦力，从而使一部分能量以热能的形式散发形成能量损失。在边界条件不发生变化的管段上，流动阻力只有沿程不变的摩擦或切应力，称为沿程阻力；克服沿程阻力而造成的能量损失，称为沿程水头损失 h_f。

2）局部阻力和局部水头损失。流体在流动过程中，当流经三通、弯头、阀门等管道中管件和附件时，对流体形成局部障碍，流体的流动状况发生急剧变化。在边界条件发生急剧变化的区域，由于出现了漩涡区和流体质点间形成剧烈碰撞，形成的阻力称为局部阻力；克服局部阻力而造成的能量损失，称为局部水头损失 h_j。

流体整个流动过程中的总水头损失：

$$H_2 = \sum h_f + \sum h_j \tag{1-10}$$

（2）流体流动的形态　如图1-5a所示，玻璃管中的水在流动过程中不断加入红颜色，观察在不同流速下的形态。如图1-5b所示，当流速低时，玻璃管中有股红色的水流，像一条线一样，水流成层成梳地流动，各流层间并无质点的混合现象，这种水流形态称为层流；如图1-5c所示，若加大管中的水流速度，红颜色水随之开始动荡呈波形。继续加大流速，红颜色水向四周扩散，质点或液团互相混合。流速越大，混合程度越严重，这种水流形态称为紊流，如图 1-5d 所示。

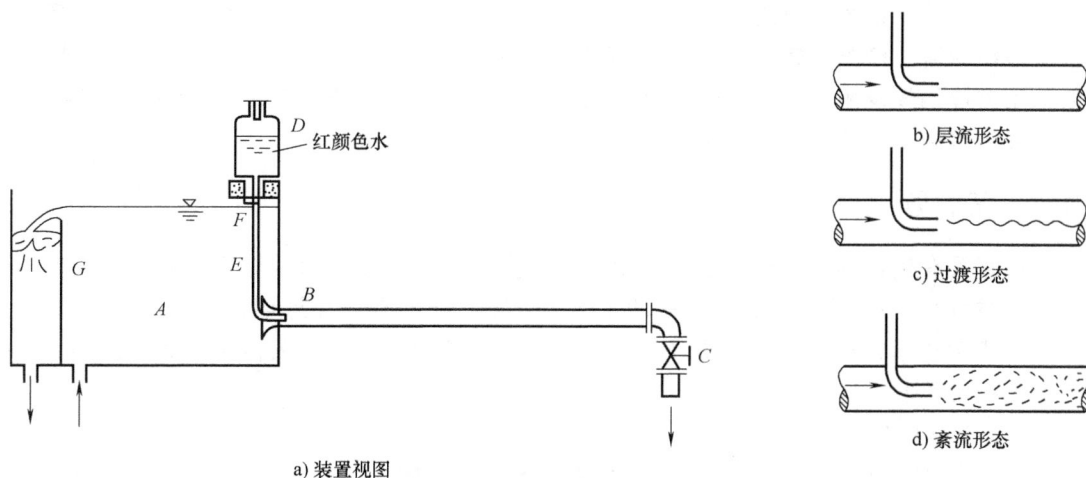

a) 装置视图

b) 层流形态

c) 过渡形态

d) 紊流形态

图 1-5　流体的流动形态

1.4　管材及阀门设备

室内给水、排水、供热管网系统是由管道和各种管件、附件连接而成的，图 1-6 所示为

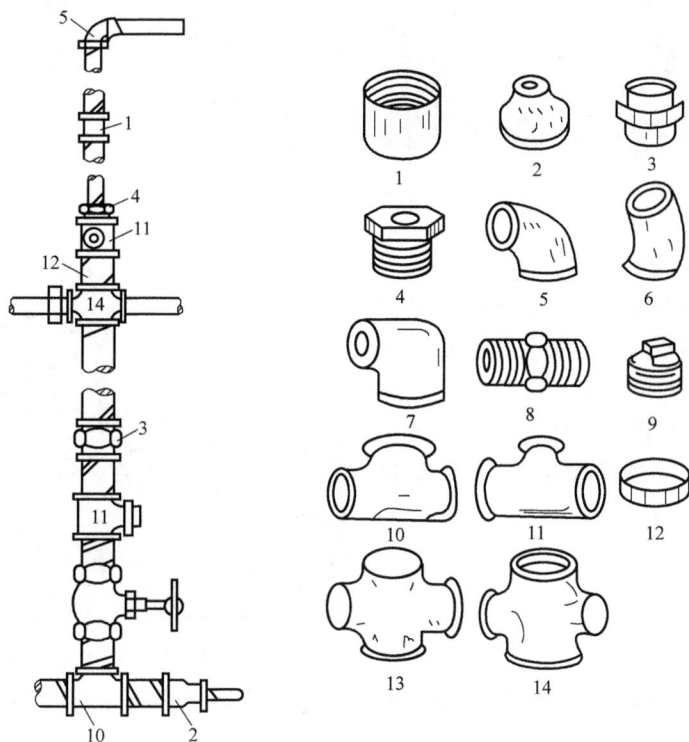

图 1-6　给水管道及管件

1—管箍　2—异径管箍　3—活接头　4—补心　5—90°弯头　6—45°弯头　7—异径弯头　8—外接头
9—堵头　10—等径三通　11—异径三通　12—螺母　13—等径四通　14—异径四通

一段给水系统的管网。管材应根据各系统的用途不同，从经济、寿命、环保等方面综合考虑。室内生活给水系统一般选用铜塑、钢塑、铝塑复合管及 PP-R 塑料管；消防给水管道一般采用镀锌钢管、涂塑钢管；室内排水管道一般选用铸铁管及 PVC 塑料管；室内供热管道一般选用镀锌钢管及耐热 PP-R 塑料管。此外，铜管、不锈钢管在给水系统中，混凝土管、陶土管在污水雨水系统中也有较多的应用。

1.4.1 塑料管

塑料管具有优良的化学稳定性，耐腐蚀，不受酸、碱、盐、油类等物质的侵蚀，力学性能也好，质量小且坚固，密度仅为钢的 1/5，而且管壁光滑，容易切割，并可制成各种颜色，也可代替金属管材以节省金属降低造价。但塑料管强度低、耐久性差、耐温性差，因而使用受到一定限制。

1. PVC 塑料管

PVC 塑料管所含的添加剂酞，对人体有些器官影响较大，会导致癌症及器官损害，此外 PVC 塑料管承受压力较小，所以极少用作自来水管，大多数作为电线管及排水管使用。连接方式为粘接。PVC 塑料管及其管件如图 1-7 所示。

图 1-7　PVC 塑料管及其管件

2. PP（poly propylene）塑料管

PP 塑料管有 PP-B、PP-C、PP-R 三种类型，性能基本相同，其无毒、质量小、耐压、耐腐蚀。不但适合冷水管道，也适合热水管道，甚至纯净水管道。目前广泛地运用在建筑中，管道采用热熔连接。PP-R 管材及其管件如图 1-8 所示。

1.4.2 钢管

1. 镀锌钢管

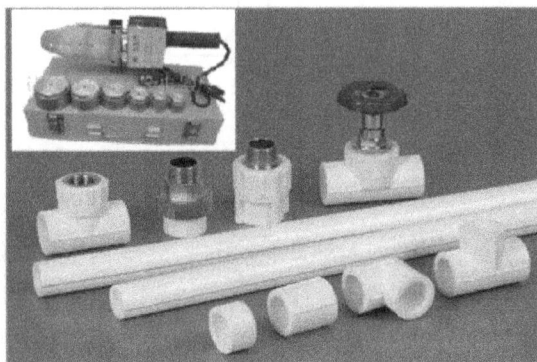

图 1-8　PP-R 管材及其管件

根据加工工艺不同，钢管主要分为焊接钢管与无缝钢管两类。为了防腐，在钢管内外壁镀锌，称为镀锌钢管。

镀锌钢管的优点是强度高、长度长、接头方便、接头少；它的缺点是易锈蚀，造成水质污染；易结垢，使管道断面缩小、阻力增大；易滋生细菌。镀锌钢管现常用于消防给水系统中，在生活给水系统中已禁止使用。

焊接钢管不能满足压力要求等情况时采用无缝钢管，无缝钢管常用于高层建筑和消防系统中大管径、需耐高压的立管与横干管。

镀锌钢管连接方法有丝扣连接、沟槽管箍连接及法兰连接三种。镀锌钢管及其管件如图1-9所示。

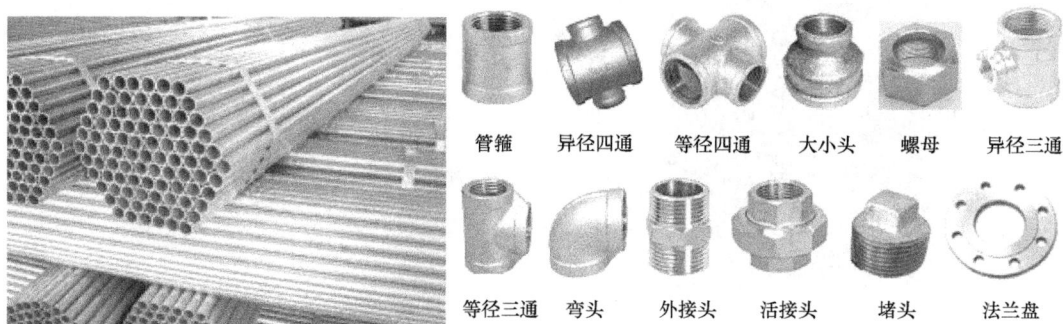

图1-9 镀锌钢管及其管件

2. 铸铁管

铸铁管与钢管相比具有不易腐蚀、造价低、使用期长等优点，因此，在管径大于75mm的给水管中应用较广，常敷设于地下。其主要缺点是性脆、质量大、长度小。我国生产的给水铸铁管有低压（>0.45MPa）、普压（>0.75MPa）、高压（>1.0MPa）三种。室内给水管道一般使用普压给水铸铁管。给水铸铁管常用的连接方法有两种：插接连接与法兰连接。铸铁管插接管件如图1-10所示。

3. 涂塑钢管

涂塑钢管是在钢管内外壁熔融一层厚度

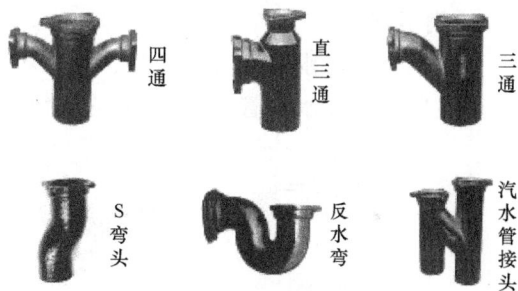

图1-10 铸铁管插接管件

为0.5~1.0mm的聚乙烯（PE）树脂、乙烯-丙烯酸共聚物（EAA）、环氧（EP）粉末、无毒聚丙烯（PP）或无毒聚氯乙烯（PVC）等有机物而构成的钢塑复合型管材。它不但具有钢管的高强度、易连接、耐水流冲击等优点，还克服了钢管遇水易腐蚀、污染、结垢及塑料管强度不高、消防性能差等缺点，设计寿命可达50年。主要缺点是安装时不得进行弯曲。热加工和电焊切割等作业时，切割面应使用生产厂家配有的无毒常温固化胶涂刷，对损伤部位进行修补。

涂塑钢管广泛应用于消防给水系统，工业与民用各种形式的循环水系统，各建筑的给水排水输送管道，各种化工流体输送管道等。涂塑钢管既具备钢管的抗压、抗拉等各种机械损伤的能力，又具备塑料管耐酸、耐碱等各类抗腐蚀性能。涂塑钢管常用的连接方式有法兰连接与卡箍连接。图1-11所示为涂塑钢管及其管件。

1.4.3 阀门

1. 截止阀

截止阀可用来关闭水流但不能调节流量。此阀关闭后是严密的，但水流阻力较大。截止

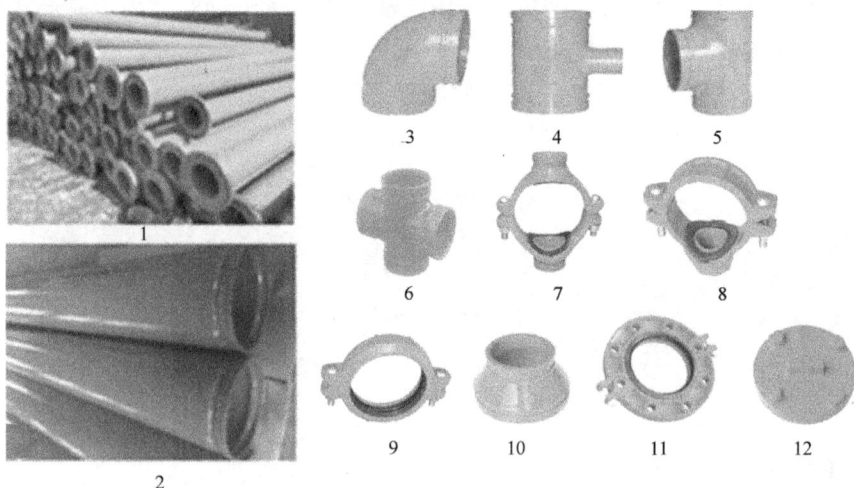

图 1-11　涂塑钢管及其管件

1—法兰连接管材　2—卡箍连接管材　3—弯头　4—异径三通　5—等径三通　6—四通　7—卡箍四通
8—卡箍三通　9—卡箍　10—大小头　11—法兰　12—堵头

阀适用在管径小于 50mm 的管段上或经常开启的管段上。截止阀结构示意图如图 1-12 所示。

2. 闸板阀

闸板阀全开时水流呈直线通过，阻力小；但水中杂质落入阀座后，使阀不能关闭到底，因而产生磨损和漏水。管径大于 50mm 时宜用闸板阀。闸板阀结构示意图如图 1-13 所示。

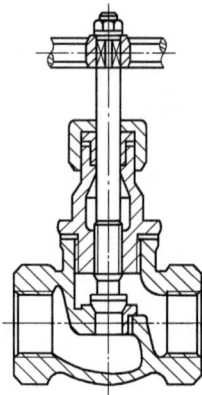

图 1-12　截止阀结构示意图

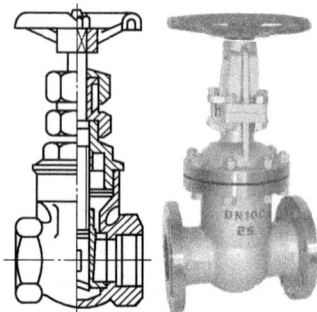

图 1-13　闸板阀结构示意图

3. 止回阀

止回阀又称为单向阀，用来阻止水流的反向流动。止回阀按结构可分为升降式和旋启式两种类型。升降式止回阀装于水平管道上，水头损失较大，只适用于小管径；旋启式止回阀一般直径较大，水平、垂直管道上均可装置。止回阀结构示意图如图 1-14 所示。

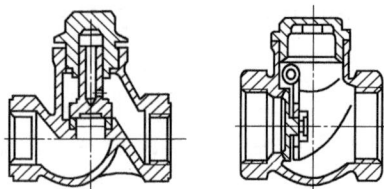

图 1-14　止回阀结构示意图

4. 安全阀

当管网和其他设备中压力超过规定的上限时，安全阀会自动打开以释放压力，从而使管网及相关容器面不受到破坏。安全阀原理图如图 1-15 所示。

5. 浮球阀

浮球阀安装在各种水池、水塔、水箱的进水口上,室内卫生器具常用于大、小便器的冲洗水箱中。其作用是当进水充满时,浮球浮起,自动关闭进水管;容器内水位下降时,浮球下降,自动开启充水。浮球阀口径为 15~100mm,与各种管径规格相同。浮球阀结构示意图如图 1-16 所示。

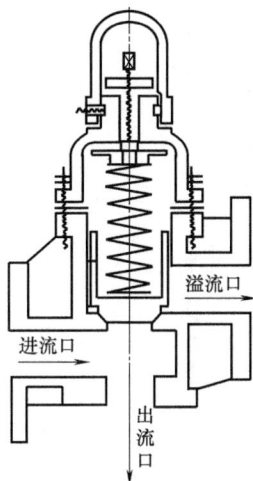

图 1-15 安全阀原理图   图 1-16 浮球阀结构示意图

6. 蝶阀

蝶阀为盘状圆板启闭件,绕其自身中轴旋转改变管道轴线间的夹角,控制水流通过,具有结构简单、尺寸紧凑、启闭灵活、开启度指示清楚、水流阻力小等优点。在双向流动的管段上应采用闸板阀或蝶阀。蝶阀结构示意图如图 1-17 所示。

7. 减压阀

减压阀适用于高层建筑给水系统中需减静压及动压的场合,主要分为弹簧式和比例式两种。弹簧式减压阀可控制主阀的固定出口压力,不因主阀上游进口压力变化而改变,也不因主阀下游出口用水量变化而改变其出口压力。比例式减压阀减

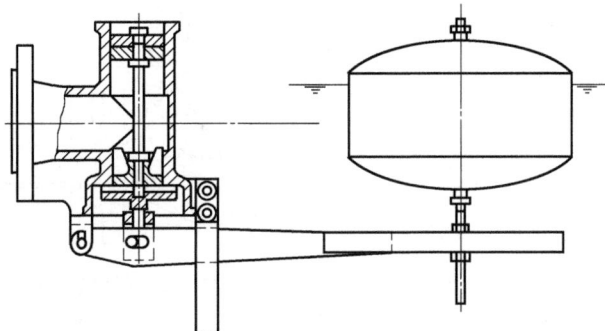

图 1-17 蝶阀结构示意图

压的比例有 2:1、3:1、4:1、5:1 等几种。在其进出口两端各装置一个压力表,以便经常观察减压阀的工作状态是否正常。为方便检修,在过滤器、减压阀和橡胶软接头两端应各装蝶阀。减压阀结构示意图如图 1-18 所示。

8. 球阀

球阀全开时水流呈直线通过,阻力小,开关液流操作行程小。球阀广泛应用于小管径的给水及供暖系统中。根据材料不同可主要分为铜球阀与不锈钢球阀两类。图 1-19 所示为球阀结构示意图。

9. 电动阀

以上各种阀门加了电动机或电磁驱动后就成为电动阀,在自动控制中是控制液流的重要

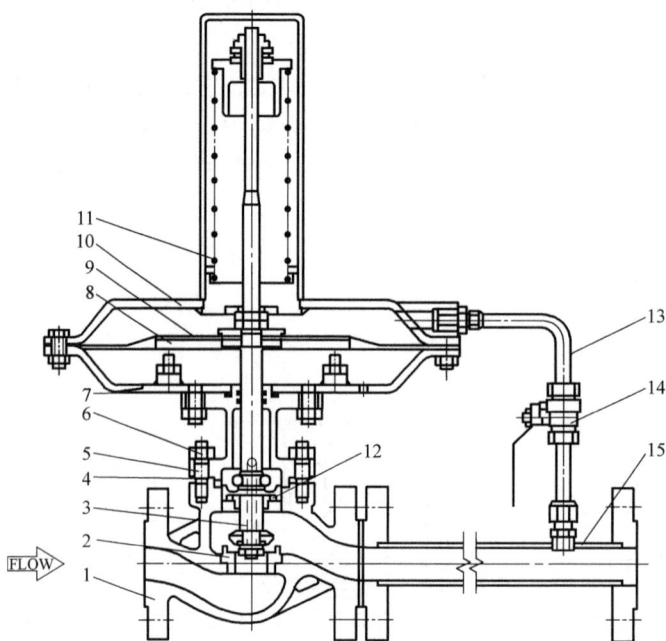

图 1-18　减压阀结构示意图

1—阀体　2—阀座　3—阀芯　4—阀盖　5—阀体螺柱　6—六角螺母　7—下膜盖　8—托盘
9—膜片　10—上膜盖　11—调节弹簧　12—小膜片　13—取压管　14—截止阀　15—取压接管

电动执行机构。电动机驱动阀可以调节阀的开度，连续调节液流量大小，称为电动调节阀；电磁驱动阀不具备液流量连续调节功能，只有开或关两种状态，称为电磁阀。

1.4.4　水龙头

1. 配水龙头

配水龙头俗称水嘴，由钢、铸铁或铜制成，直径有 15mm、20mm、25mm 几种，最大工作压力为 1.60MPa。根据结构不同分为旋塞式与球形阀两类。旋塞式配水龙头，水流经过此种水龙头因改变流向，故阻力较大；球形阀配水龙头，旋转 90°即可完全开启，可短时获得较大流量，又因水流呈直线经过水龙头，阻力较小，适于用在浴池、洗衣房、开水间等处。旋塞式及球形阀配水龙头示意图如图 1-20 所示。

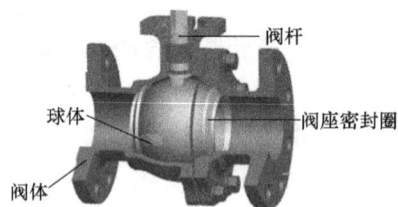

图 1-19　球阀结构示意图

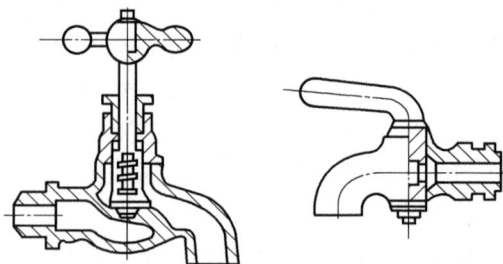

图 1-20　旋塞式及球形阀配水龙头示意图

2. 球形冷热水混合龙头

球形冷热水混合龙头主要安装在有热水供应的建筑物内的洗脸盆和浴盆上，冷热水同时接入，温度流量调节方便。图 1-21 所示为球形冷热水混合龙头示意图。

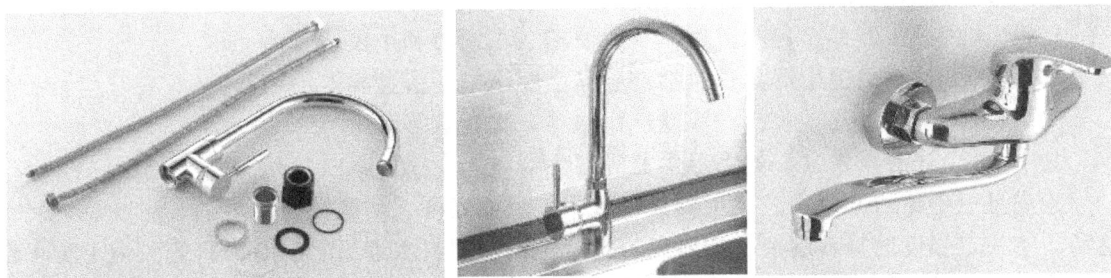

a) 厨房球形冷热水混合龙头配件　　b) 厨房球形冷热水混合龙头　　c) 盥洗球形冷热水混合龙头

图 1-21　球形冷热水混合龙头示意图

1.4.5　水表

常用水表有旋翼式和螺翼式两种，其工作原理都是根据管径一定时，流速与流量成正比，并利用水流带动水表叶轮转动传递到记录装置，指针即在计算盘上指示出流量的累积值，以示用水量。随着智能建筑及其相应设备的发展，在传统水表的基础上，又出现了磁卡式水表，有线、无线远传水表等产品。图 1-22 所示为各类水表示意图；水表的安装示意图如图 1-23 所示。

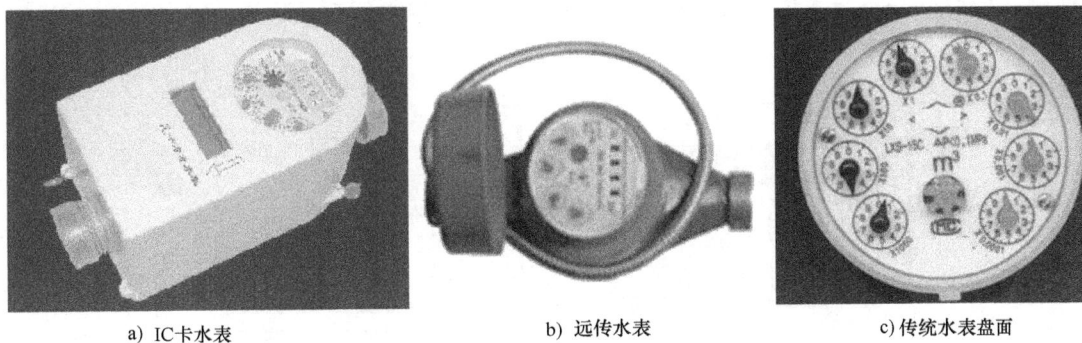

a) IC卡水表　　　　　b) 远传水表　　　　c) 传统水表盘面

图 1-22　各类水表示意图

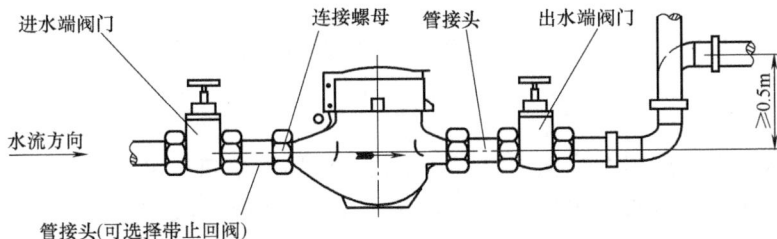

图 1-23　水表的安装示意图

1.5　卫生器具

卫生器具是供洗涤以及收集排除日常生活、生产中所产生的污水的设备。常用卫生器具按其用途可分为以下几类：

　　1）便溺用卫生器具，包括大便器、大便槽、小便器和小便槽等。

　　2）盥洗、沐浴用卫生器具，包括洗脸盆、盥洗槽、浴盆和淋浴器等。

　　3）洗涤用卫生器具，包括洗涤盆、污水盆、化验盆等。

　　4）另外，还有饮水盆、妇女卫生盆等卫生器具。

为满足卫生清洁的要求，卫生器具一般采用表面光滑、耐腐蚀、耐磨损、耐冷热、便于清洁，有一定强度的材料制造，如陶瓷、搪瓷生铁、塑料水磨石、复合材料等。为了防止粗大污物进入管道，发生堵塞，除了大便器外，所有卫生器具均应在排水口处设过滤装置。

1.5.1　大便器

常用大便器有大便槽、蹲式大便器、坐式大便器三种类型；按冲洗水力原理分为冲洗式和虹吸式两种：冲洗式大便器利用冲洗设备具有的水压进行冲洗；虹吸式大便器应用冲洗设备具有的水压和虹吸作用的抽吸力进行冲洗。现在已经很少用大便槽了；蹲式大便器在某些低档建筑或公共洗手间有些应用；目前住宅、公共建筑等场所，都采用坐式大便器。

1. 蹲式大便器

蹲式大便器安装示意图如图 1-24 所示，蹲式大便器分高位水箱、低位水箱两种形式，低位水箱蹲式大便器噪声小、便于清洁、安装方便等，因此应用越来越广泛。蹲式大便器比较简陋，但好处是不与人体接触，避免使用者之间病菌病毒的相互传染。

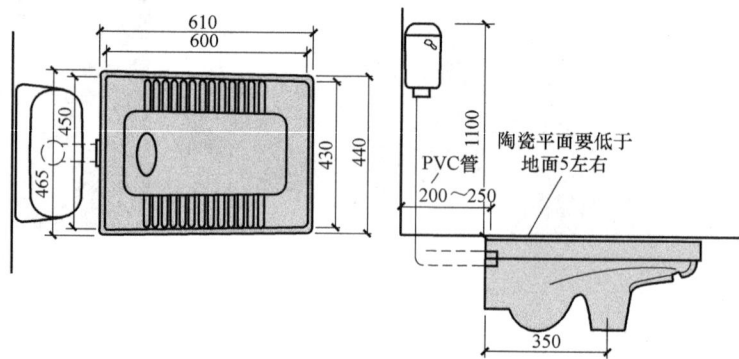

图 1-24　蹲式大便器安装示意图

2. 坐式大便器

坐式大便器已广泛应用在住宅、宾馆、车站、机场卫生间等民用建筑内，冲洗式低位水箱坐式大便器结构及安装示意图如图 1-25 所示。坐式大便器主要由水箱、注水阀门、浮块、溢流管、冲水阀、扳手、坐便器圈、坐便器身、排水管等组成。随着科技的发展，具备自动加热、冲洗、烘干等功能的智能坐便器已走入寻常百姓家。

1.5.2　小便器

小便器设于公共建筑男厕所内，有挂式、立式和小便槽三类。小便槽基本已淘汰，挂式小便器一般用于比较低档的建筑，目前使用最广的是立式小便器。小便器与大便器相比，节

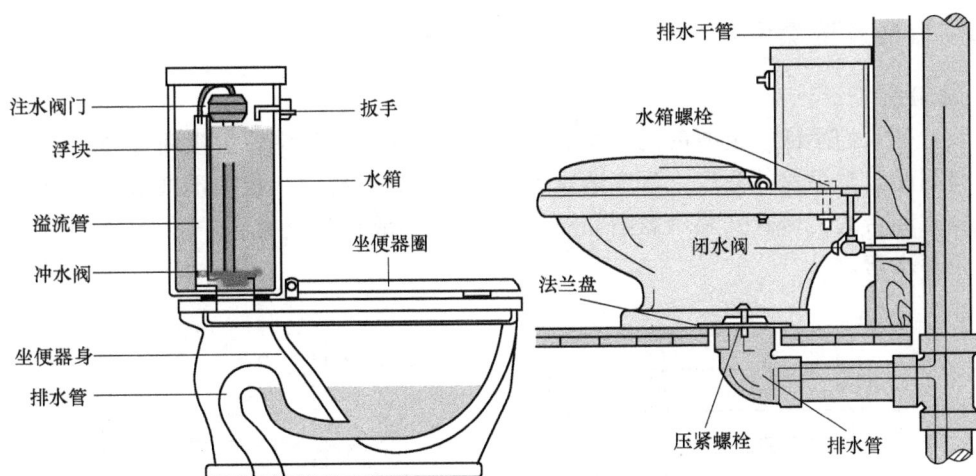

图 1-25　冲洗式低位水箱坐式大便器结构及安装示意图

水、节地、方便、效率高，在有些住宅可以选择使用。国际上也有很多专业人员探讨女性小便器的设计。小便器若加设感应自动冲洗控制，不仅节水还能保证清洁无异味。小便器安装示意图及外形如图 1-26 所示。

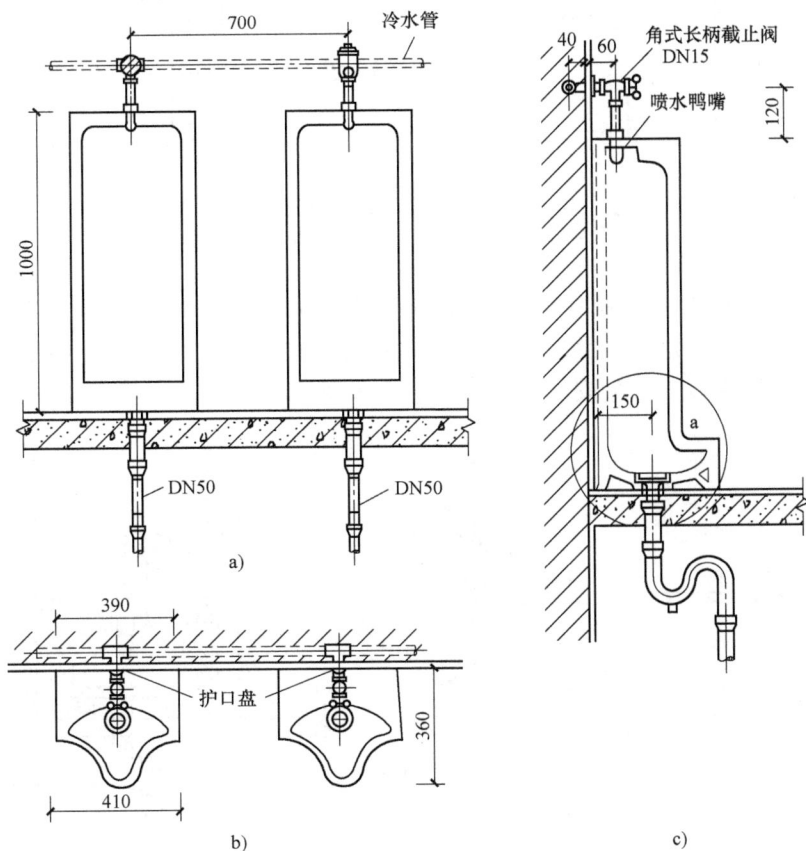

图 1-26　小便器安装示意图及外形

1.5.3 盥洗及洗澡设备

1. 洗脸盆

洗脸盆是人们生活中重要的洗漱器皿，设置在盥洗室、浴室、卫生间等场所，一般为陶瓷或塑料制品。洗脸盆的高度及深度适宜盥洗不用弯腰较省力，使用不溅水。安装方式有墙式、柱脚式和台式，墙式安装示意图如图 1-27 所示。成排设置时，中心距为 700mm，并可共用一个存水弯。

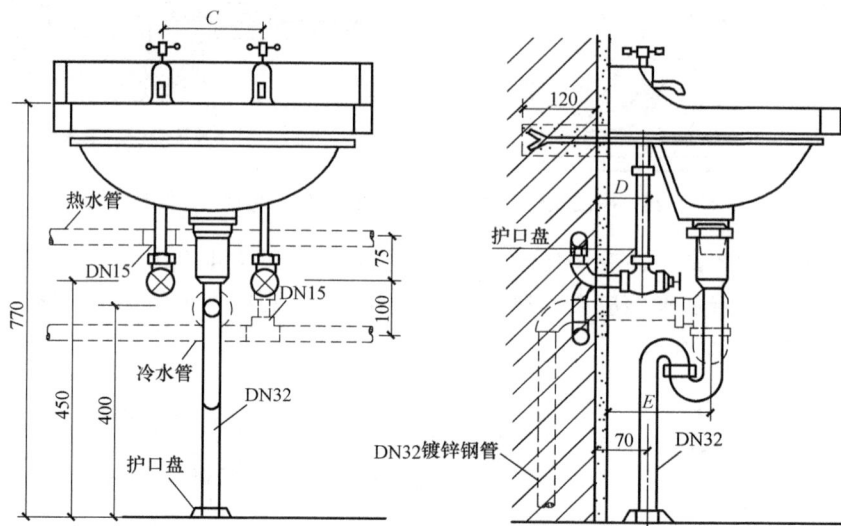

图 1-27　洗脸盆墙式安装示意图

2. 浴盆

浴盆一般用钢板搪瓷、铸铁搪瓷、玻璃钢等材料制成，其外形多呈长方形。浴盆的一端配有冷热水龙头或混合龙头，淋浴器、排水口及溢水口均设在装置水龙头的一端，盆底有 0.02 的坡度坡向排水口。浴盆安装示意图如图 1-28 所示。

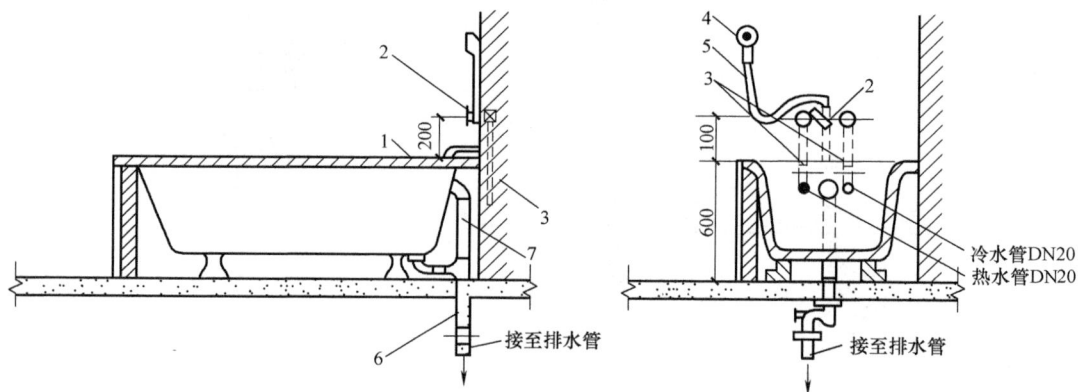

图 1-28　浴盆安装示意图

1—盆体　2—混水阀　3—冷、热水管　4—喷头　5—软管　6—排水管　7—溢流管

3. 淋浴器

与浴盆相比，淋浴器具有占地面积小，设备费用低，耗水量小，清洁卫生，可避免疾病传染等优点。淋浴器有成品的，也有现场安装的。淋浴器成排设置时，相邻两喷头之间的距离为 900~1000mm，莲蓬头距地面高度为 2000~2200mm，浴室地面应有 0.005~0.01 的坡度坡向排水口。淋浴器安装示意图如图 1-29 所示。

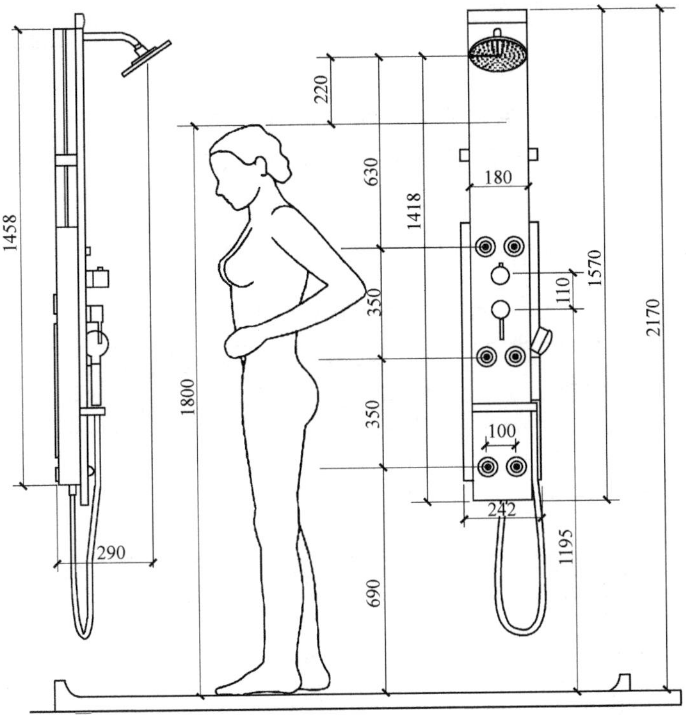

图 1-29　淋浴器安装示意图

4. 地漏及存水弯

（1）地漏　在卫生间、厨房、浴室、洗衣房等容易漏水的地方，为迅速将积水排出需设置地漏。地漏安装在地面的最低处，地面做成 0.005~0.01 的坡度坡向地漏，地漏箅子顶端比地面低 5~10mm。地漏一般由塑料、不锈钢或铸铁制成，有排水防臭功能。地漏结构示意图如图 1-30 所示。

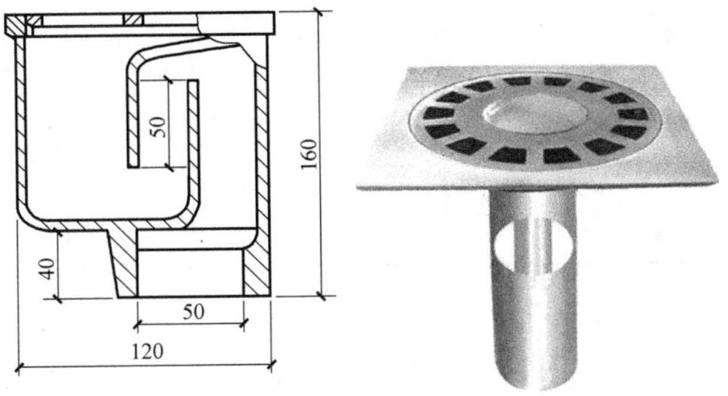

图 1-30　地漏结构示意图

（2）存水弯 存水弯是一段向下弯曲的管道，弯曲处在排水管道上存一定深度的水，称为水封。以防止污水池或化粪池中的细菌、臭气或其他有害气体通过卫生器具进入室内。因此每个卫生器具排水口处都设有存水弯，自带或者外加。水封深度不小于 50mm。图 1-31 所示为存水弯示意图。

图 1-31　存水弯示意图

1.5.4　卫生器具的安装与布置

1. 卫生器具的安装

卫生器具的安装一般在土建装修基本完工，室内排水管道敷设完毕后进行。各种卫生器具的安装高度参照表 1-1 选定。

安装连接卫生器具的排水管，穿过楼板时，应预留孔洞。

表 1-1　卫生器具的安装高度

编号	卫生器具名称			卫生器具边缘距地面高度/mm		备注
				居住建筑和公共建筑	幼儿园	
1	污水盆	架空式		800	800	自地面至上边缘
		落地式		500	500	
2	洗涤盆（池）			800	800	
3	洗脸盆和洗手盆			800	500	
4	盥洗槽			800	500	
5	浴盆			480	—	
6	蹲式大便器	高位水箱		1800	1800	自台阶面至高位水箱底
		低位水箱		900	900	自台阶面至低位水箱底
7	坐式大便器	低位水箱	外露排出管式	510	—	自地面至低位水箱底
			虹吸喷射式	470	370	
			冲落式	510	—	
			漩涡连体式	360	—	
8	小便器	立式		100	—	自地面至受水部分上边缘
		挂式		600	450	
9	小便槽			200	150	自地面至台阶面
10	妇女卫生盆			360		自地面至上边缘
11	饮水器			900		
12	化验盆			800		
13	洗衣机盆			200	—	

2. 卫生间及卫生器具的布置

卫生间一般尽可能设置在建筑物的北面，各楼层卫生间位置宜上下对齐，以利于排水立管的设置和排水的通畅。食品加工车间、厨房、餐厅、贵重物品仓库、配电间和重要设备房的顶层不宜设置卫生间。

卫生间的卫生器具的布置间距一般为：

1）坐式大便器到墙面最小应有 460mm 的间距。

2）便器与洗脸盆并列，从便器的中心线到洗脸盆的边缘至少应相距 350mm，便器中心线离边墙至少为 380mn。

3）洗脸盆放在浴缸或便器对面，两者净距不小于 760mm。

4）洗脸盆边缘至墙的距离应为 460~560mm。

5）脸盆的上部与镜子的底部间距为 200mm。

6）各种卫生器具布置间距参见《全国通用给水排水标准图集》（S342）。

卫生间根据卫生器具的规格尺寸和数量合理布置，但必须考虑排水立管的位置，对于室内粪便污水与生活废水分流的排水系统，排出生活废水的器具或设备和浴盆、洗脸盆、洗衣机、地漏应尽量靠近，有利于管道布置和敷设。

第 2 章

建筑给水及燃气供应

2.1 给水系统

2.1.1 给水系统的分类

室内给水系统按用途基本上可分为生活给水、生产给水和消防给水三类。此外，随着节能减排政策的实施，有很多建筑中增设了中水给水系统等。

1. 生活给水系统

生活给水系统担负着供给各类建筑内的人们日常饮用、烹调、盥洗、洗涤、沐浴等生活上的用水。水质必须严格符合国家规定的饮用水水质标准。

2. 生产给水系统

因各类生产工艺不同，对水质的要求也有很大差异。生产给水主要用于生产设备的冷却、产品的洗涤及作为生产的原料。生产用水对水压、水量、水质以及安全方面的要求，由生产工艺需要确定。

3. 消防给水系统

消防给水系统分为消火栓给水系统和自动喷水灭火给水系统，为住宅建筑、大型公共建筑、工业建筑提供消防用水。消防用水对水质要求不高，但必须按现行的《建筑设计防火规范》保证足够的水量和水压。

生活给水是民用建筑必有设施；生产给水按工业生产要求设计；消防给水依据建筑物的规模及用途，参照国家相关规范配置。

2.1.2 给水系统的组成

室内给水系统的组成如图 2-1 所示。

1）引入管：是指穿越建筑物承重墙或基础的管道，是室外给水管网与室内给水管网之间的联络管段，也称为进户管。

2）水表结点：是指装设在引入管上的水表及其前后的闸门、泄水装置等。

3）管网系统：是指室内给水水平管或垂直干管、立管、支管等。

4）给水附件：是指给水管路上的闸门、止回阀及各种配水龙头。

5）升压和贮水设备：在室外给水管网压力不足或室内对安全供水、水压稳定有要求时，需设置各种附属设备，如水箱、水泵、气压给水装置、水池等升压和贮水设备。

6）消防给水设备：按照建筑物的防火要求及规范，需要设置消防给水时，配置有消火栓、自动喷水灭火设备等装置。

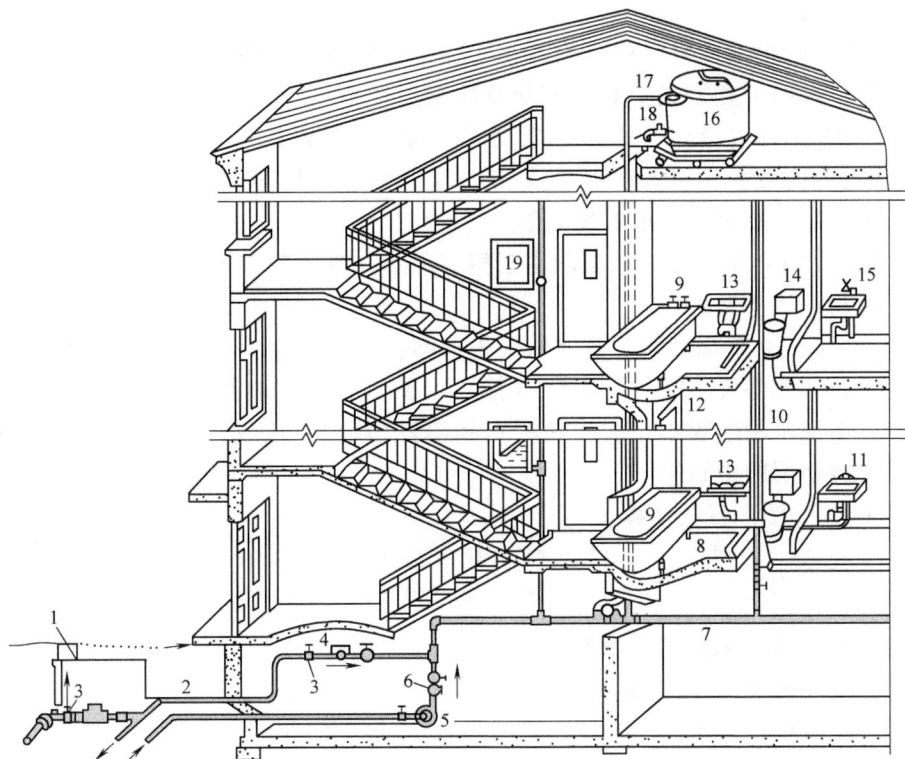

图 2-1 建筑室内给水系统

1—阀门井 2—引入管 3—闸阀 4—水表 5—水泵 6—止回阀 7—干管 8—支管 9—浴盆
10—立管 11—水龙头 12—淋浴器 13—洗脸盆 14—坐式大便器 15—洗涤盆 16—水箱 17—进水管
18—出水管 19—消火栓

2.1.3 主要给水设施

主要给水设施的设置要求，执行《建筑给水排水设计标准》（GB 50015—2019）的相关规定。

1. 贮水池（箱）

（1）贮水池（箱）的规定 建筑物内的生活用水低位贮水池（箱）应符合下列规定：

1）贮水池（箱）的有效容积应按进水量与用水量变化曲线经计算确定；当资料不足时，宜按建筑物最高日用水量的 20%～25% 确定。

2）贮水池（箱）外壁与建筑本体结构墙面或其他池壁之间的净距，应满足施工或装配的要求，无管道的侧面，净距不宜小于 0.7m；安装有管道的侧面，净距不宜小于 1.0m，且管道外壁与建筑本体墙面之间的通道宽度不宜小于 0.6m；设有人孔的池顶，顶板面与上面建筑本体板底的净空不应小于 0.8m。

3）贮水池（箱）不宜毗邻电气用房和居住用房或在其下方。

4）贮水池（箱）内宜设有水泵吸水坑，吸水坑的大小和深度应满足水泵或水泵吸水管的安装要求。

5）埋地式生活饮用水贮水池（箱）周围 10m 以内，不得有化粪池、污水处理构筑物、渗水井、垃圾堆放点等污染源；周围 2m 以内不得有污水管和污染物。当达不到此要求时，应采取防污染的措施。

6）建筑物内的生活饮用水贮水池（箱）体，应采用独立结构形式，不得利用建筑物的本体结构作为贮水池（箱）的壁板、底板及顶盖。

生活饮用水贮水池（箱）与其他用水贮水池（箱）并列设置时，应有各自独立的分隔墙。

7）建筑物内的生活饮用水贮水池（箱）宜设在专用房间内，其上层的房间不应有厕所、浴室、盥洗室、厨房、污水处理间等。

8）贮水池（箱）可布置在独立的水泵房屋顶上，或单独布置在室外地上或地下，也可以布置在建筑物的地下室。

9）贮水池（箱）的溢流管、排水管应采取间接排水措施，如通过受水器、水封井等排入污水管，以防倒流污染。室内贮水池（箱）的贮水容积如包括室外消防水量时，应在室外设有供消防车取水用的吸水口。生活用水和消防用水共用贮水池（箱）时，应有保证消防水量平时不被动用的措施。

（2）贮水池（箱）容量计算

$$V_y = (Q_b - Q_g)T_b + V_x + V_s \tag{2-1}$$

$$Q_g T_t \geqslant (Q_b - Q_g)T_b \tag{2-2}$$

式中　V_y——贮水池（箱）有效容积（m^3）；

Q_b——水泵出水量（m^3/h）；

Q_g——水源供水能力（m^3/h）；

T_b——水泵运行时间（h）；

V_x——火灾延续时间内，室外消防用水总量（m^3）；

V_s——事故备用水量（m^3）；

T_t——水泵运行间隔时间（h）。

2. 吸水井

当室外不需设贮水池（箱）而室外管网不允许水泵直接抽水时，应设置吸水井。吸水井有效容积不得小于最大一台水泵 3min 的出水量。吸水井的尺寸应满足吸水管的布置、安装、检修和防止水深过浅的水泵进气等正常工作的要求。吸水井最小尺寸如图 2-2 所示。

吸水管内的流速宜采用 1.0～1.2m/s；吸水管口应设置喇叭口。喇叭口宜向下，低于水池最低水位不宜小于 0.3m，当达不到此要求时，应采取防止空气被吸入的措施。

吸水管喇叭口至池底的净距，不应小于 0.8 倍吸水管管径，且不应小于 0.1m；吸水管喇叭口边缘与池壁的净距不宜小于 1.5 倍吸水管管径；吸水管与吸水管之间的净距，不宜

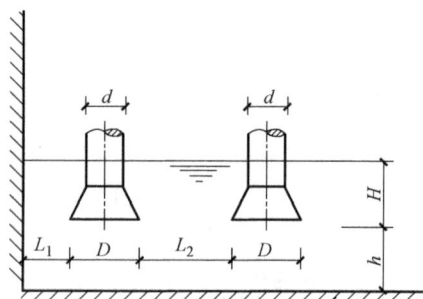

图 2-2　吸水井最小尺寸

注：吸水管在池（井）内的布置最小尺寸 $D = (1.3～1.5)d$；$L_1 = (0.75～1.0)D$；$L_2 = (1.5～2.0)D$；$H = 0.5～1.0m$；$h = 0.8d$，$h \geqslant 0.5m$。

小于 3.5 倍吸水管管径（管径以相邻两者的平均值计）。

3. 水箱

（1）水箱的规定 生活用水高位水箱应符合下列规定：

1）由城镇给水管网夜间直接进水的高位水箱的生活用水调节容积，宜按用水人数和最高日用水定额确定；由水泵联动提升进水的水箱的生活用水调节容积，不宜小于最大用水时水量的 50%。

2）高位水箱箱壁与水箱间墙壁及箱顶与水箱间顶面的净距与水池的要求相同，箱底与水箱间地面板的净距，当有管道敷设时不宜小于 0.8m。

3）水箱的设置高度应满足最高层用户的用水水压要求，当达不到要求时宜采取管道增压措施。

4）建筑物水箱应设置在通风良好、不结冻的房间内。

（2）水箱的结构 水箱的结构示意图如图 2-3 所示。

1）进水管。当利用城镇给水管网压力直接进水时，应设置自动水位控制阀，控制阀直径应与进水管管径相同，当采用直接作用式浮球阀时不宜少于两个，且进水管标高应一致。当水箱采用水泵加压进水时，应设置水箱水位自动控制水泵开、停的装置。当一组水泵供给多个水箱进水时，在进水管上宜装设电信号控制阀，由水位监控设备实现自动控制。

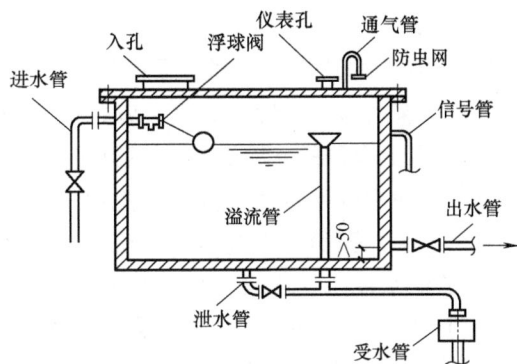

图 2-3 水箱的结构示意图

2）出水管。管口下缘应高出水箱底 0.05 ~ 0.10m，以防污物流入配水管网。出水管与进水管可以分别和水箱连接，也可以合用一条管道，合用时出水管上设有止回阀。

3）溢流管。溢流管宜采用水平喇叭口集水；喇叭口下的垂直管段不宜小于 4 倍溢流管管径。溢流管管径应按能排泄水箱的最大入流量确定，并宜比进水管管径大一级。

4）通气管。供生活饮用水的水箱应设有密封箱盖，箱盖上应设有检修人孔和通气管。通气管可伸至室内或室外，但不得伸到有有害气体的地方，管口应有防止灰尘、昆虫和蚊蝇进入的滤网，一般应将管口朝下设置。

5）泄水管。泄水管应从水箱底部最低处接出，泄水管上装有阀门。泄水管可与溢流管相接，但不得与排水系统直接连接。泄水管管径应按水箱泄空时间和泄水受体排泄能力确定。当水箱的水不能以重力自流泄空时，应设置移动或固定的提升装置。

6）信号管。在水箱内未装液位信号计时，可设信号管给出溢流信号，信号管一般自水箱侧壁接出，其设置高度应使其管底与溢流管的溢流面齐平。

水箱出水管管口应高出水箱底 0.2 ~ 0.5m，以免水中灰尘等固体沉淀物进入管道。当生活用水与消防用水共用水箱时，应采取一定的措施保持水箱中消防用水安全容积。

（3）水箱的容积计算

1）单独设置水箱时，水箱的容积为

$$V = Qt \tag{2-3}$$

式中　V——高位水箱调节容积（m³）；

　　　Q——水箱供水的最大连续平均小时供水量（m³/h）；

　　　t——水箱供水最大连续时间（h）。

2）设置有自动启停水泵时，水箱的容积为

$$V \geqslant 1.25 \frac{Q_b}{4n_{max}} \tag{2-4}$$

式中　V——高位水箱调节容积（m³）；

　　　Q_b——水箱供水的最大连续平均小时供水量（m³/h）；

　　n_{max}——水泵一小时最大启动次数，根据水泵电动机容量及其启动方式、供电系统大小和负荷性质而定。在水泵可以直接启动，且对供电系统无不利影响时，可选用较大值，一般选用4~8次/h。

4. 水泵

（1）水泵的选择　选择水泵时应遵守下列规定：

1）水泵的 $Q—H$ 特性曲线，应是随流量的增大，扬程逐渐下降的曲线；对 $Q—H$ 特性曲线存在有上升段的水泵，应在运行工况中不会出现不稳定工作时方可采用。

2）应根据管网水力计算进行选泵，水泵应在其高效区内运行。

3）生活加压给水系统的水泵机组应设备用泵，备用泵的供水能力不应小于最大一台运行水泵的供水能力，水泵宜自动切换交替运行。

（2）水泵结构原理　离心泵主要由泵壳、泵轴、叶轮、吸水管、压力管等部分组成，如图2-4所示。3是水泵外壳，10是泵轴，在泵轴穿过泵壳处设有填料函，以防漏水或透气。在泵轴上装有叶轮1，它是离心泵的最主要部件，叶轮1上装有不同数目的叶片2，当电动机通过泵轴带动叶轮回转时，叶片就搅动水做高速回转，4是吸水管，5是出水管，拦污栅6起拦阻污物的作用。

开启水泵前，要使泵壳及吸水管中充满水，底阀7具有单向阀的功能，保证灌入的水不流出，通过排气阀8排除泵内空气。当电动机带动叶轮高速转动时，在离心力的作用下，叶片槽道（两叶片间

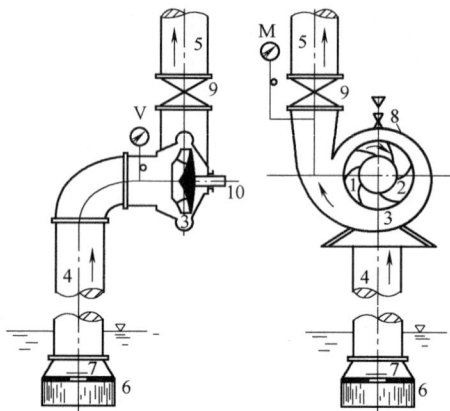

图2-4　离心泵结构示意图

的过水通道）中的水从叶轮中心被甩向泵壳，使水获得动能与压能。由于泵壳的断面是逐渐扩大的，所以水进入泵壳后流速逐渐变小，部分动能转化为压力，因而泵出口处的水便具有较高的压力流入压力管（出水管）通过水泵出水阀门9不断送出。吸水管处形成负压，水在压差作用下，通过拦污栅从底阀不断吸入，经过吸入管进入泵腔。

在水被甩走的同时，水泵进口处形成真空，由于大气压力的作用，将吸水池中的水通过吸水管压向水泵进口（一般称为吸水），进而流入泵体。由于电动机带动叶轮连续回转，因此，离心泵是均匀连续地供水的，即不断地将水压送到用水点或高位水箱。离心泵的工作方式有"吸入式"和"灌入式"两种。泵轴高于吸水面的称为"吸入式"；吸水池水面高于

泵轴的称为"灌入式"，"灌入式"不仅可以省掉真空泵等抽气设备，而且也有利于水泵的运行和管理，消防泵组必须选择"灌入式"。图 2-5 所示为吸入式与灌入式的示意图。

　　一般而言，设水泵的室内给水系统多与高位水箱联合工作，为了减小水箱的容积，水泵的启停应采用自动控制，而"灌入式"最易满足此种要求。

　　（3）水泵主要技术参数

　　1）流量。水泵的流量又称为输水量，它是指水泵在单位时间内输送水的数量，以符号 Q 表示，单位为 L/s 或 m³/h。

　　在给水系统中，无高位水箱时，水泵的流量需要满足系统高峰用水要求，无论恒速还是变速水泵，其流量均要大于等于系统高峰用水秒流量；有高位水箱时，其流量均要大于等于系统高峰用水时流量。

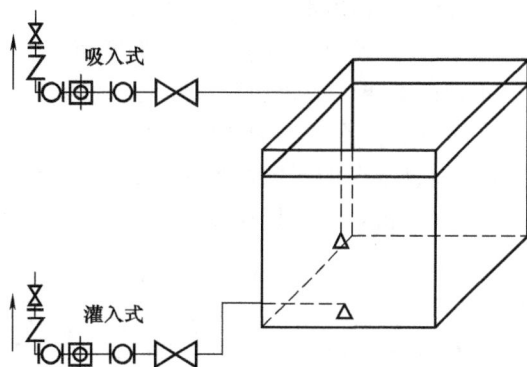

图 2-5　吸入式与灌入式的示意图

　　2）轴功率。轴功率是指水泵从电动机上所得到的全部功率，用符号 P 表示，单位为 kW。

　　3）扬程。水泵的扬程必须满足水泵在克服局部阻力及沿程阻力的情况下，将水输送到建筑物的用水最高处，保证一定的出水压力的要求。水泵与市政管网的连接形式有两种。第一种方式是水泵与市政管网直接连接，水泵直接从市政管网吸水，其缺点是会严重影响相邻用户的水压，且市政管网停水时水泵也无法供水，一般很少采用；第二种方式是水泵与室外管网间接连接，由市政管网将水注入蓄水池，水泵再从蓄水池抽水，既能保证供水的连续性，又不影响市政管网的水压。第二种方式的水压计算如下：

$$H_b \geq H_1 + H_2 + H_3 + H_4 \tag{2-5}$$

式中　H_b——水泵的扬程（mH₂O）；

　　　　H_1——水泵到给水最高处供水点（最不利点）的垂直高度（mH₂O）；

　　　　H_2——水泵给水路径上水头损失的总和（mH₂O）；

　　　　H_3——水表的水头损失（mH₂O）；

　　　　H_4——最不利点设计出水压力（mH₂O）。

　　水表的水头损失应按选用产品所给定的压力损失值计算。在未确定具体产品时，可按下列情况取用：住宅入户管上的水表宜取 0.01MPa；建筑物或小区引入管上的水表，在生活用水工况时宜取 0.03MPa，在校核消防工况时宜取 0.05MPa；比例式减压阀的水头损失，阀后动水压力宜按阀后静水压力的 80%～90% 采用；管道过滤器的局部水头损失宜取 0.01MPa。

　　（4）水泵房

　　1）小区独立设置的水泵房，宜靠近用水大户。水泵机组的运行噪声应符合《声环境质量标准》（GB 3096—2008）的要求。

　　2）民用建筑物内设置的生活给水泵房不应毗邻居住用房或在其上层或下层，水泵机组宜设在水池的侧面或下方，单台泵可设于水池内或管道内，其运行噪声应符合《民用建筑隔声设计规范》（GB 10070—2010）的规定。

3）建筑物内的给水泵房，应采用下列减振防噪措施：

① 应选用低噪声水泵机组。

② 吸水管和出水管上应设置减振装置。

③ 水泵机组的基础应设置减振装置。

④管道支架、吊架和管道穿墙、楼板处，应采取防止固体传声措施。

⑤必要时，水泵房的墙壁和顶棚应采取隔声吸声处理措施。

4）设置水泵的房间应设排水设施；通风应良好，不得结冻。

5）水泵机组的布置应符合表 2-1 规定。

表 2-1　水泵机组外轮廓面与墙和相邻机组间的间距

电动机额定功率/kW	机组外轮廓面与墙面 之间最小间距/m	相邻机组外轮廓面之间 最小距离/m
≤22	0.8	0.4
>22～<55	1.0	0.8
≥55～≤160	1.2	1.2

注：1. 水泵侧面有管道时，外轮廓面计至管道外壁面。

　　2. 水泵机组是指水泵与电动机的联合体，或已安装在金属座架上的多台水泵组合体。

6）水泵基础高出地面的高度应便于水泵安装，不应小于 0.10m。水泵房内管道管外底距地面或管沟底面的距离，当管径小于等于 150mm 时，不应小于 0.20m；当管径大于等于 200mm 时，不应小于 0.25m。

7）水泵房内宜有检修水泵的场地，检修场地尺寸宜按水泵或电动机外形尺寸四周有不小于 0.7m 的通道确定。水泵房内配电柜和控制柜前面通道宽度不宜小于 1.5m。水泵房内设置手动起重设备。

2.1.4　建筑给水水压、水量

1. 给水水压

自来水管网压力达到 0.14MPa 即为合格。消防供水根据建筑类型不同最不利点的最小供水压力为 0.07～0.15MPa；生活给水最小供水压力为 0.02～0.15MPa。

1）卫生器具给水配件承受的最大工作压力，不得大于 0.6MPa。

2）高层建筑生活给水系统应竖向分区，竖向分区压力应符合下列要求：

① 各分区最低卫生器具配水点处的静水压力不宜大于 0.45MPa。

② 静水压力大于 0.35MPa 的入户管或配水横管，宜设减压或调压设施。

③ 各分区最不利配水点的水压，应满足用水水压要求。

3）居住建筑入户管给水压力不应大于 0.35MPa。

2. 用水定额

（1）住宅小区的用水定额　住宅的最高日生活用水定额及小时变化系数见表 2-2。

（2）宿舍、旅馆等公共建筑的生活用水定额　宿舍、旅馆等公共建筑的生活用水定额及小时变化系数见表 2-3。

表2-2 住宅的最高日生活用水定额及小时变化系数

住宅类别		卫生器具设置标准	用水定额/[L/(人·d)]	小时变化系数 K_h
普通住宅	Ⅰ	有大便器、洗涤盆	85~150	3.0~2.5
	Ⅱ	有大便器、洗涤盆、洗脸盆、洗衣机、热水器、淋浴器	130~300	2.8~2.3
	Ⅲ	有大便器、洗涤盆、洗脸盆、洗衣机、集中热水器供应(家用热水机组)和淋浴器	180~320	2.5~2.0
别墅		有大便器、洗涤盆、洗脸盆、洗衣机、洒水栓、家用热水机组和淋浴器	200~350	2.3~1.8

表2-3 宿舍、旅馆等公共建筑的生活用水定额及小时变化系数

序号	建筑物名称		单位	最高日生活用水定额/L	使用时间/h	小时变化系数 K_h
1	宿舍	Ⅰ、Ⅱ类	每人每日	150~200	24	3.0~2.5
		Ⅲ、Ⅳ类		100~150	24	3.5~3.0
2	招待所、培训中心、普通旅馆	设公用盥洗室	每人每日	50~100	24	3.0~2.5
		设公用盥洗室、淋浴室		80~130		
		设公用盥洗室、淋浴室、洗衣室		100~150		
		设单独卫生间、公用洗衣室		120~200		
3	酒店式公寓		每人每日	200~300	24	2.5~2.0
4	宾馆客房	旅客	每床每日	250~400	24	2.5~2.0
		员工	每人每日	80~100		
5	医院住院部	设公用盥洗室	每床每日	100~200	24	2.5~2.0
		设公用盥洗室、淋浴室		150~250	24	2.5~2.0
		设单独卫生间		250~400	24	2.5~2.0
		医务人员	每人每班	150~250	8	2.0~15
		门诊部、诊疗所	每病人每次	10~15	8~12	1.5~1.2
		疗养院、休养所住房部	每床每日	200~300	24	2.0~1.5
6	养老院、托老所	有住宿	每人每日	100~150	24	2.5~2.0
		无住宿		50~80	10	2.0
7	幼儿园、托儿所	有住宿	每童每日	50~100	24	3.0~2.5
		无住宿		30~50	10	2.0
8	公共浴室	淋浴	每客每次	100	12	2.0~1.5
		盆浴、淋浴		120~150	12	
		桑拿浴(淋浴、按摩池)		150~200	12	
9	理发室美容院		每客每次	40~100	12	2.0~1.5
10	洗衣房		每千克干衣	40~80	8	1.5~1.2
11	餐饮业	中餐酒楼	每客每次	40~60	10~12	1.5~1.2
		快餐店、职工及学生食堂		20~25	12~16	
		酒吧、咖啡馆、茶座、卡拉OK房		5~15	8~18	

（3）卫生器具的给水额定流量　卫生器具的给水额定流量、当量、连接管径和最低工作压力见表2-4。

表2-4　卫生器具的给水额定流量、当量、连接管径和最低工作压力

序号	给水配件名称		额定流量/(L/s)	当量/(L/s)	连接管公称直径/mm	最低工作压力/MPa
1	洗涤盆、拖布盆、盥洗盆	单阀水嘴	0.15~0.20	0.75~1.00	15	0.05
		单阀水嘴	0.30~0.40	1.50~2.00	20	
		混合水嘴	0.15~0.20	0.75~1.00	15	
2	洗脸盆	单阀水嘴	0.15	0.75	15	0.05
		混合水嘴				
3	洗手盆	感应水嘴	0.10	0.50	15	0.05
		混合水嘴	0.15	0.75		
4	浴盆	单阀水嘴	0.20	1.00	15	0.05
		混合水嘴	0.24	1.20		0.05~0.07
5	淋浴器:混合阀		0.15	0.75	15	0.05~0.10
6	大便器	冲洗水箱浮球阀	0.10	0.50	15	0.02
		延时自闭式冲洗阀	1.20	6.00	25	0.10~0.15
7	小便器	手动或自动自闭式冲洗阀	0.10	0.50	15	0.05
		自动冲洗水箱进水阀				0.02
8	小便槽穿孔冲洗管（每米长）		0.05	0.25	15~20	0.015
9	医院倒便器		0.20	1.00	15	0.05
10	洒水栓		0.40	2.00	15	0.05~1.00
			0.70	3.50		
11	家用洗衣机水嘴		0.20	1.00	15	0.05

2.2　给水方式

建筑物的给水方式主要有直接给水方式，设水箱的给水方式，设水泵、水池与水箱的给水方式，气压式给水方式，分质供水等。根据建筑物的高度、市政水压的环境、对水可靠性要求的高低等几个方面，遵照相关规范选择合理的给水方式。

1. 直接给水方式

该方式室内给水管道直接与室外给水管道相连，利用室外管网压力供水。室外管网在最低压力时也能满足室内用水要求，一般单层和层数少的多层建筑采用这种给水方式。这种方式可充分利用室外管网水压，节约能源，且供水系统简单、投资少、受污染的可能性低。但供水可靠性较低，室外管网一旦停水，室内立即断水，用水高峰期楼顶的水压会较低甚至出现断水现象。直接给水方式如图2-6所示。

2. 设水箱的给水方式

当室外管网在用水高峰时刻有周期性的水压不足，或者室内某些用水点需要稳定压力时

建筑物可设屋顶水箱。用水低峰期室外管网压力较大，水进入屋顶水箱，此时水箱贮水；用水高峰期室外管网压力不足，水箱便起到增压供水作用。

由于水箱贮备一定量的水，即便市政管网停水，水箱也能够维持一定时间的供水。这种方式充分利用室外管网水压，节省能源，安装和维护简单，投资较少。但需设高位水箱，增加了结构荷载，给建筑专业的立面处理带来一定的难度。若管理不当，水箱的水质易受到污染。

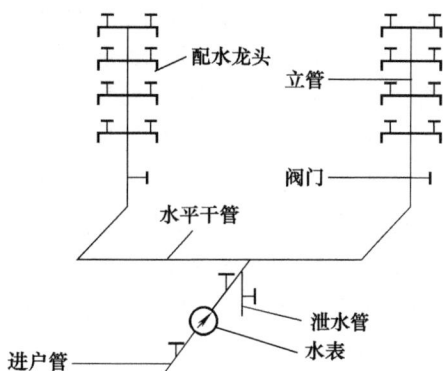

图 2-6　直接给水方式

如图 2-7a 所示，水压高时水箱通过市内管网补水，水压低或市政管网停水时，水箱维持一定时间的供水，管网压力随室外管网的压力变化而波动。如果市政管网水压长时间满足用户供水要求，水箱存水将会长时间无法更新，造成水质污染。

如图 2-7b 所示，市政供水先进入水箱，再由水箱给用户供水，用户水压稳定，水箱存水更新快，水质新鲜。水箱也能贮存一定数量的水，在市政管网停水后，能维持一定时间的供水。

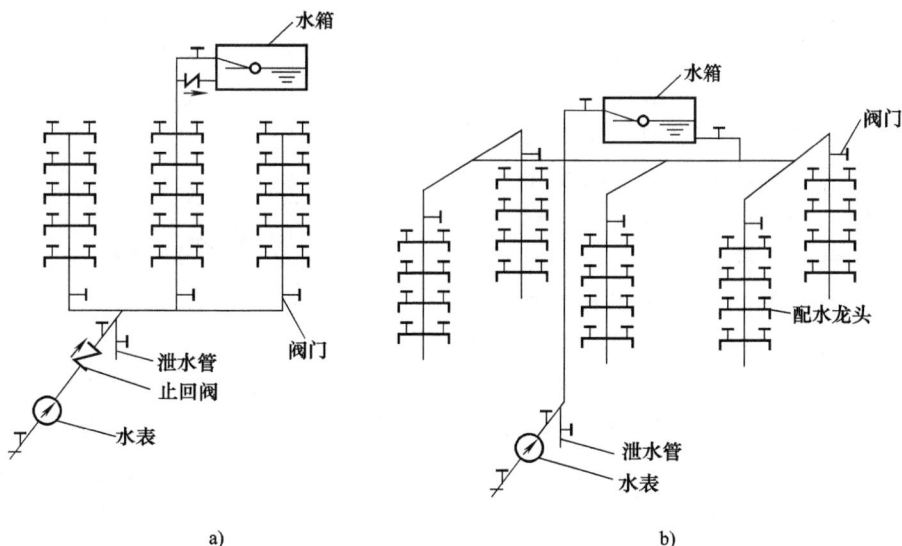

a)

b)

图 2-7　设水箱的给水方式

3. 设水泵、水池与水箱的给水方式

该给水方式系统完善、可靠性高，广泛应用于高层建筑生活给水与消防给水系统中，但造价较高，如图 2-8 所示。

如果只设水泵，水泵直接连接在市政管网上。水泵开启时，建筑的水压会迅速提高，而周围管网的水压会迅速下降，会严重影响相邻建筑的供水水压；市政管网一旦停水，水泵也解决不了持续供水的难题。所以水泵一般要有水池，水池既可避免水泵开启影响市政管网水压的问题，又能贮存一定量的水，保证水源可持续性，使供水可靠性大大提高。

有了水池，水泵供水的连续性水压得到了保障，但由于水的压缩比较小，水泵启停时水压波动较大，普通水压区间控制方式必然会造成水泵启停频繁而损坏。水泵只有采取变频控制方式，才能达到恒压供水的目的。水泵一直处在通电状态且要增加变频控制装置，一旦停电，供水仍无法持续。如果加上高位水箱，形成水泵、水池与水箱组成的完善的给水方式，就可以在即便停电停水的情况下，仍能保证用户一定连续供水时间。图2-8所示为设水泵、水池与水箱的给水方式。

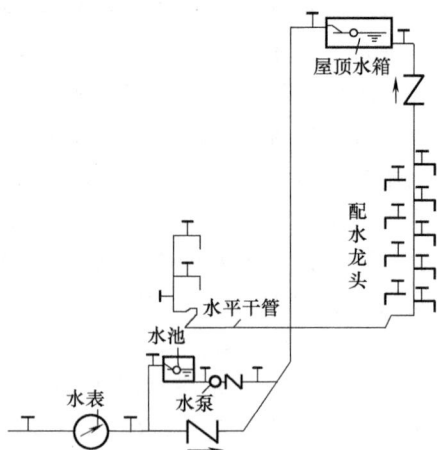

图2-8　设水泵、水池与水箱的给水方式

4. 气压式给水方式

气压式给水装置充分利用了水的不可压缩性与空气的可压缩性的特点，是利用密闭贮气罐内空气的压缩或膨胀使水压力上升或下降的原理，调节加压送水量的给水装置，其作用相当于高位水箱或水塔。气压式给水装置分为变压式和定压式两种。

（1）变压式气压给水设备　如图2-9所示，水泵启动向用户供水，一部分直接送给用户，一部分进入气压水罐，罐内水位上升空气被压缩压力升高，到达压力上限时，压力继电器动作水泵停止。在空气压力作用下将水不断输送至用户，水位下降，空气压力减小，到达压力下限，压力继电器动作，水泵再次启动。在供水过程中，随着空气的压缩与膨胀，供水的压力也随着发生变化，故称为变压式。它常用于中小型给水工程，设备较定压式简单。但在压

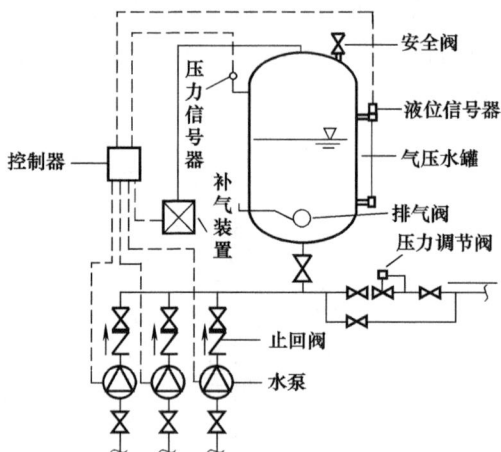

图2-9　变压式气压给水设备

力作用下，大量空气会溶解到水中，一方面可能会造成水的污染，另一方面在供水过程中，空气的体积会逐步减少，水泵的启动会越来越频繁，直至损坏。解决上述问题有两种途径：一种是增加补气装置，不断补充被溶解的空气，如图2-9所示；另一种方法是在水与空气之间加卫生环保的弹性隔膜，如图2-10所示。

（2）定压式气压给水设备　如图2-11a所示，在供水管道上，加了一个压力调节阀，通过调节阀的开度来恒定供水压力。

如图2-11b所示，在变压供水设备中增加了一个贮气罐。当用户用水时，气压水罐内水位下降，空气压缩机及时自动向贮气罐内充气，而贮气罐中的压缩空气又经压力调节阀向气压水罐内补气，维持恒压。当水位降至设计下限时，泵即自动开启向气压水罐充水，水位上升罐内部分空气通过排气阀排除，维持恒压。到达水位设计上限时，水泵停止。

气压给水装置具有灵活性大，施工安装方便，便于扩建、改建和拆迁；可以设在水泵房内，且设备紧凑，占地较小，便于与水泵集中管理；供水可靠，且水压密闭系统中流动不会受污染等。但是调节能力小，通常运行费用较高。地震区的建筑和临时性建筑，因建筑艺术

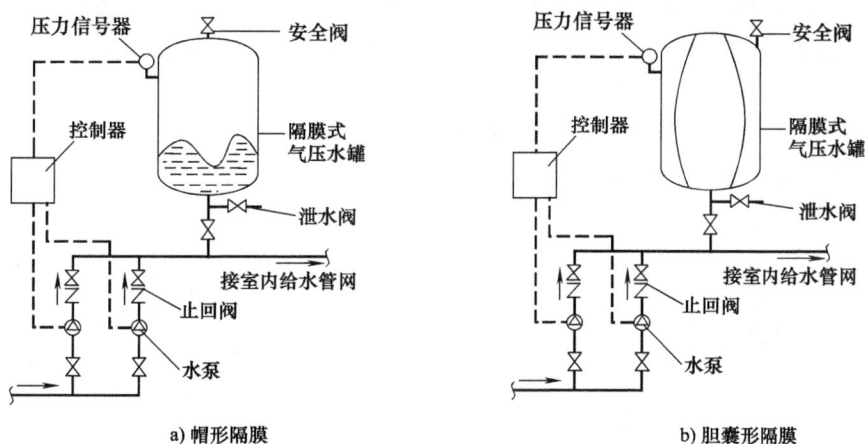

图 2-10 隔膜式气压给水设备示意图

a) 帽形隔膜   b) 胆囊形隔膜

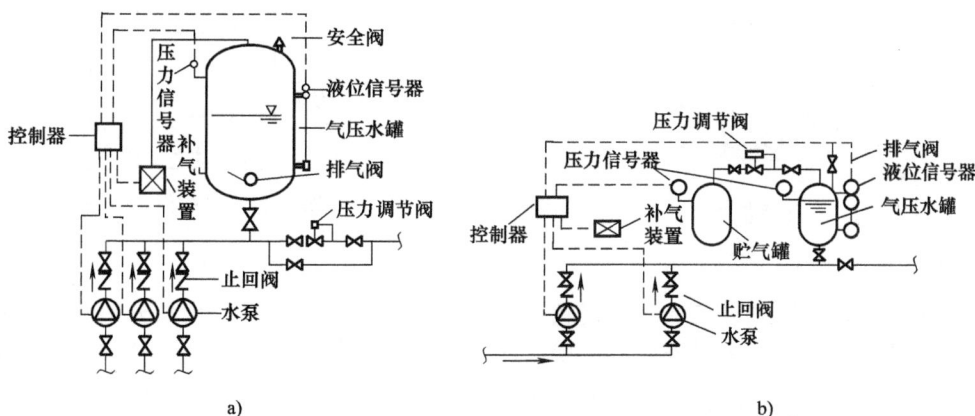

图 2-11 定压式气压给水设备

a)   b)

等要求不宜设高位水箱或水塔的建筑，有隐蔽要求的建筑都可以采用气压给水装置，但对于压力要求稳定的用户不适宜。

5. 分区供水

高层建筑层数多，建筑高度高，低层与上层的压差大。低层出水压力大、流速高，以致产生流水噪声、造成射流喷溅，影响使用；为满足压力要求，低层必须采用耐高压管材、零件及配水器材。

为解决上述问题，高层建筑给水应用竖向分区供水，分区后各区工作压力应大于最低卫生器具配水点的静水压力。各分区最低卫生器具配水点处的静水压力不宜大于 0.45MPa；居住建筑入户管给水压力不应大于 0.35MPa。

为确保高层建筑给水安全可靠，高层建筑应设置两条引入管，室内竖向或水平管网应连成环状。建筑高度不超过 100m 的建筑，宜采用垂直分区并联供水或分区减压的供水方式；建筑高度超过 100m 的建筑，宜采用垂直串联供水方式。

（1）并联供水方式　高位水箱并联供水方式是在各分区内独立设置水箱和水泵，且水泵集中设置在建筑底层或地下室，分别向各区供水，如图 2-12 所示。

其优点：各区是独立给水，互不影响，供水安全可靠；集中布置，维护管理方便；能源消耗较小。缺点：水泵出水高压、管线长、投资费用高；分区水箱占建筑楼层若干面积，影响经济效益。

（2）串联供水方式　高位水箱串联供水方式是水泵分散设置在各区的设备层中，自下区水箱抽水供上区用水，如图 2-13 所示。

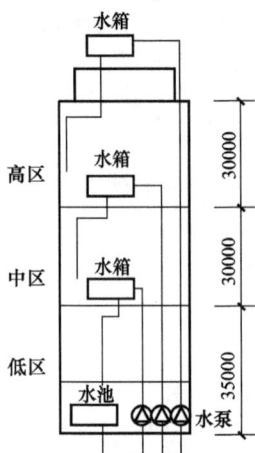

图 2-12　并联供水方式

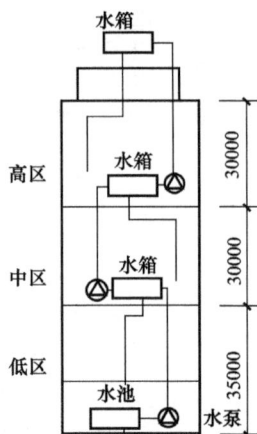

图 2-13　串联供水方式

其优点：设备与管道较简单，投资较少；能源消耗较小。缺点：水泵分散设置，连同水箱所占设备层面积较大；水泵设在设备层，防震隔声要求高；水泵分散，管理维护不便；若下区发生事故，其上部数区供水受影响，供水可靠性差。

（3）减压水箱供水方式　减压水箱供水方式是整个高层建筑的用水量全部由设置在地下底层的水泵提升至屋顶总水箱，然后再分送至各分区水箱，分区水箱起减压作用，如图 2-14 所示。

其优点：水泵数量最少，设备费用降低，管理维护简单，水泵房面积小，各分区减压水箱调节容积小。缺点：水泵运行动力费用高；屋顶总水箱容积大，对建筑的结构和抗震不利；建筑物高度较高分区较多时，下区减压水箱中浮球阀承压过大，造成关不严或经常维修；供水可靠性差。

（4）减压阀供水方式　减压阀供水方式的工作原理与减压水箱供水方式相同，不同处是以减压阀代替减压水箱，如图 2-15 所示。

其最大优点是减压阀不占设备层房间面积，使建筑面积发挥最大的经济效益。其缺点是水泵运行动力费用较高。减压阀供水方式是目前我国实际工程中采用较多的一种方式。

6. 分质供水

随着生活水平提高，人们对饮用水有了更高的要求，随之产生了以自来水为原水，并进一步深度处理、加工和净化的饮用水。饮用水另设管网，直通住户。随着节水意识的提高，中水系统也被广泛地应用在建筑中。如生活用水、饮用水、中水分别用不同的供水管网，输送到建筑物内，满足不同用水需要的情况，就称为分质供水。

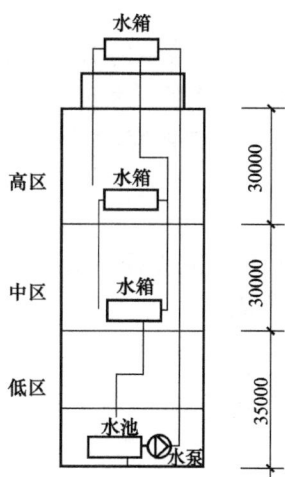

图 2-14 减压水箱供水方式

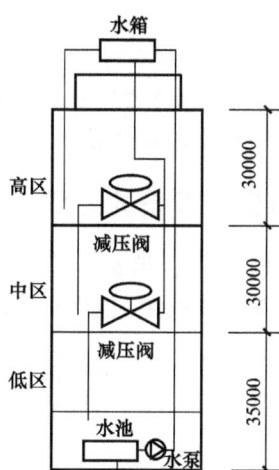

图 2-15 减压阀供水方式

2.3 消火栓给水系统

2.3.1 室内消火栓系统的设置

室内消火栓系统应根据《建筑设计防火规范》（GB 50016—2014）（2018 年版）规定设置。

1）下列建筑或场所应设置室内消火栓系统：

① 建筑占地面积大于 $300m^2$ 的厂房和仓库。

② 高层公共建筑和建筑高度大于 21m 的住宅建筑。建筑高度不大于 27m 的住宅建筑，设置室内消火栓系统确有困难时，可只设置干式消防竖管和不带消火栓箱的 DN65 的室内消火栓。

③ 体积大于 $5000m^3$ 的车站、码头、机场的候车（船、机）建筑，展览建筑，商店建筑，旅馆建筑，医疗建筑，老年人照料设施和图书馆建筑等单、多层建筑。

④ 特等、甲等剧场，超过 800 个座位的其他等级的剧场和电影院等以及超过 1200 个座位的礼堂、体育馆等单、多层建筑。

⑤ 建筑高度大于 15m 或体积大于 $10000m^3$ 的办公建筑、教学建筑和其他单、多层民用建筑。

2）下列建筑或场所，可不设置室内消火栓系统，但宜设置消防软管卷盘或轻便消防水龙：

① 耐火等级为一、二级且可燃物较少的单、多层丁、戊类厂房（仓库）。

② 耐火等级为三、四级且建筑体积不大于 $3000m^3$ 的丁类厂房；耐火等级为三、四级且建筑体积不大于 $5000m^3$ 的戊类厂房（仓库）。

③ 粮食仓库、金库、远离城镇且无人值班的独立建筑。

④ 存有与水接触能引起燃烧爆炸的物品的建筑。

⑤ 室内无生产、生活给水管道，室外消防用水取自贮水池且建筑体积不大于 $5000m^3$ 的

其他建筑。

    3）国家级文物保护单位的重点砖木或木结构的古建筑，宜设置室内消火栓系统。

    4）人员密集的公共建筑、建筑高度大于100m的建筑和建筑面积大于200m²的商业服务网点内应设置消防软管卷盘或轻便消防水龙。高层住宅建筑的户内宜配置轻便消防水龙。

2.3.2 消火栓系统的组成

    如图2-16所示，消火栓系统主要有消防水池、消火栓泵、消火栓、消防水泵接合器、高位消防水箱、双电源控制柜、稳压泵、压力表、管网等组成。

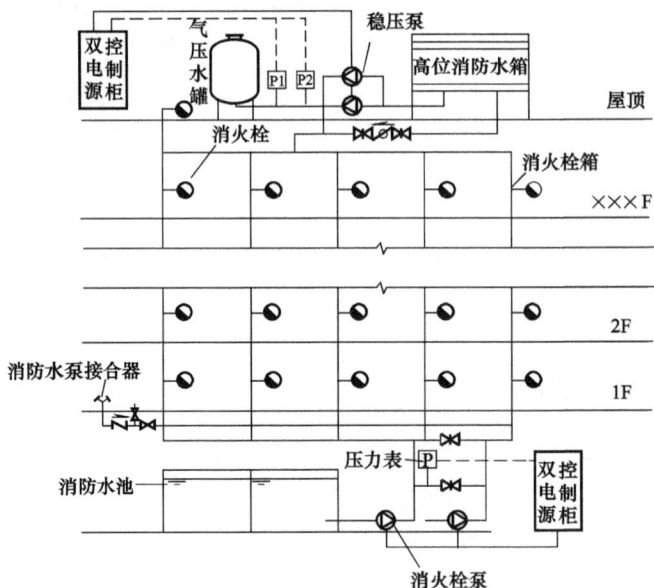

图2-16 消火栓系统示意图

2.3.3 消防水池

    1）符合下列规定之一时，应设置消防水池：

    ① 当生产、生活用水量达到最大时，市政给水管网或入户引入管不能满足室内、室外消防给水设计流量。

    ② 当采用一路消防供水或只有一条入户引入管，且室外消火栓设计流量大于20L/s或建筑高度大于50m。

    ③ 市政消防给水设计流量小于建筑室内外消防给水设计流量。

    2）消防水池有效容积的计算应符合下列规定：

    ① 当市政给水管网能保证室外消防给水设计流量时，消防水池的有效容积应满足在火灾延续时间内室内消防用水量的要求。

    ② 当市政给水管网不能保证室外消防给水设计流量时，消防水池的有效容积应满足在火灾延续时间内室内消防用水量和室外消防用水量不足部分之和的要求。

    3）消防水池进水管应根据其有效容积和补水时间确定，补水时间不宜大于48h，但当消防水池有效总容积大于2000m³时，不应大于96h。消防水池进水管管径应经计算确定，且不应小于 DN100。

4) 当消防水池采用两路消防供水且在火灾情况下连续补水能满足消防要求时，消防水池的有效容积应根据计算确定，但不应小于 100m³。当仅设有消火栓系统时不应小于 50m³。

5) 火灾时消防水池连续补水应符合下列规定

① 消防水池应采用两路消防给水。

② 火灾延续时间内的连续补水流量应按消防水池最不利进水管供水量计算，并可按下式计算：

$$q_f = 3600Av \tag{2-6}$$

式中　q_f——火灾时消防水池的补水流量（m³/h）；

　　　　A——消防水池进水管断面面积（m²）；

　　　　v——管道内水的平均流速（m/s）。

③ 消防水池进水管管径和流量应根据市政给水管网或其他给水管网的压力、入户引入管管径、消防水池进水管管径，以及火灾时其他用水量等经水力计算确定，当计算条件不具备时，给水管的平均流速不宜大于 1.5m/s。

6) 消防水池的总蓄水有效容积大于 500m³ 时，宜设两格能独立使用的消防水池；当大于 1000m³ 时，应设置能独立使用的两座消防水池。每格或每座消防水池应设置独立的出水管，并应设置满足最低有效水位的连通管，且其管径应能满足消防给水设计流量的要求。

7) 储存室外消防用水的消防水池或供消防车取水的消防水池，应符合下列规定：

① 消防水池应设置取水口（井），且吸水高度不应大于 6.0m。

② 取水口（井）与建筑物（水泵房除外）的距离不宜小于 15m。

③ 取水口（井）与甲、乙、丙类液体储罐等构筑物的距离不宜小于 40m。

④ 取水口（井）与液化石油气储罐的距离不宜小于 60m，当采取防止辐射热保护措施时，可为 40m。

8) 消防用水与其他用水共用的消防水池，应采取确保消防用水量不作他用的技术措施，如图 2-17 所示，就达到保持消防用水量的目的。

9) 消防水池的出水、排水和水位应符合下列规定：

① 消防水池的出水管应保证消防水池的有效容积能被全部利用。

② 消防水池应设置就地水位显示装置，并应在消防控制中心或值班室等地点设置显示消防水池水位的装置，同时应有最高和最低报警水位。

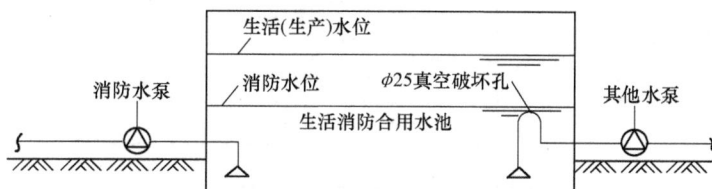

图 2-17　消防用水与生活用水共用消防水池示意图

③ 消防水池应设置溢流管和排水设施，并应采用间接排水。

10) 消防水池的通气管和呼吸管等应符合下列规定：

① 消防水池应设置通气管。

② 消防水池通气管、呼吸管和溢流管等应采取防止虫鼠等进入消防水池的技术措施。

11）高位消防水池的最低有效水位应能满足其所服务的水灭火设施所需的工作压力和流量，且其有效容积应满足火灾延续时间内所需消防用水量，并应符合下列规定：

① 高位消防水池的有效容积、出水、排水和水位，应符合第 8）和第 9）条的规定。

② 高位消防水池的通气管和呼吸管等应符合第 10）条的规定。

③ 除可一路消防供水的建筑物外，向高位消防水池供水的给水管不应少于两条。

④ 当高层民用建筑采用高位消防水池供水的高压消防给水系统时，高位消防水池储存室内消防用水量确有困难，但火灾时补水可靠，其总有效容积不应小于室内消防用水量的 50%。

⑤ 高层民用建筑高压消防给水系统的高位消防水池总有效容积大于 200m³ 时，宜设置蓄水有效容积相等且可独立使用的两格；当建筑高度大于 100m 时应设置独立的两座。每格或每座应有一条独立的出水管向消防给水系统供水。

⑥ 高位消防水池设置在建筑物内时，应采用耐火极限不低于 2.00h 的隔墙和 1.50h 的楼板与其他部位隔开，并应设甲级防火门；且消防水池及其支承框架与建筑构件应连接牢固。

12）消防水池的体积计算。

① 建筑物室内消火栓设计流量。建筑物室内消火栓的设计流量见表 2-5。

表 2-5　建筑物室内消火栓的设计流量

建筑物名称		高度 h/m、层数、体积 V/m^3、座位数 $n/$个、火灾危险性	消火栓设计流量/（L/s）	同时使用消防水枪数/支	每根竖管最小流量/（L/s）
国家级文物保护单位的重点砖木或木结构的古建筑		$V \leqslant 10000$	20	4	10
		$V > 10000$	25	5	15
地下建筑		$V \leqslant 5000$	10	2	10
		$5000 < V \leqslant 10000$	20	4	15
		$10000 < V \leqslant 25000$	30	6	15
		$V > 25000$	40	8	20
人防工程	展览厅、影院、剧场、礼堂、健身体育场等	$V \leqslant 1000$	5	1	5
		$1000 < V \leqslant 2500$	10	2	10
		$V > 2500$	15	3	10
	商场、餐厅、旅馆、医院等	$V \leqslant 5000$	5	1	5
		$5000 < V \leqslant 10000$	10	2	10
		$10000 < V \leqslant 25000$	15	3	10
		$V > 25000$	20	4	10
	丙、丁、戊类生产车间，自行车库	$V \leqslant 2500$	5	1	5
		$V > 2500$	10	2	10
	丙、丁、戊类物品库房，图书资料档案库	$V \leqslant 3000$	5	1	5
		$V > 3000$	10	2	10

② 不同场所消火栓系统和固定冷却水系统的火灾延续时间见表 2-6。

表 2-6　不同场所消火栓系统和固定冷却水系统的火灾延续时间

建筑			场所与火灾危险性	火灾延续时间/h
建筑物	工业建筑	仓库	甲、乙、丙类仓库	3.0
			丁、戊类仓库	2.0
		厂房	甲、乙、丙类厂房	3.0
			丁、戊类厂房	2.0
	民用建筑	公共建筑	高层建筑中的商业楼、展览楼、综合楼,建筑高度大于 50m 的财贸金融楼、图书馆、重要的档案馆、科研楼和高级宾馆等	3.0
			其他公共建筑	2.0
		住宅		
	人防工程		建筑面积<3000m²	1.0
			建筑面积≥3000m²	2.0
	地下建筑、地铁车站			
构筑物	煤、天然气、石油及其产品的工艺装置		—	3.0
	甲、乙、丙类可燃液体储罐		直径大于 20m 的固定顶罐和直径大于 20m 浮盘用易熔材料制作的内浮顶罐	6.0
			其他储罐	4.0
			覆土油罐	

③ 消防水池体积计算。

$$V = V_1 + V_2 \tag{2-7}$$

$$V_1 = 3.6 \sum_{i=1}^{i=n} q_{1i} t_{1i} \tag{2-8}$$

$$V_2 = 3.6 \sum_{i=1}^{i=m} q_{2i} t_{2i} \tag{2-9}$$

式中　V——建筑消防给水一起火灾灭火用水总量（m^3）；

　　　V_1——室外消防给水一起火灾灭火用水量（m^3）；

　　　V_2——室内消防给水一起火灾灭火用水量（m^3）；

　　　q_{1i}——室外第 i 种水灭火系统的设计流量（L/s）；

　　　t_{1i}——室外第 i 种水灭火系统的火灾延续时间（h）；

　　　n——建筑需要同时作用的室外水灭火系统数量；

　　　q_{2i}——室内第 i 种水灭火系统的设计流量（L/s）；

　　　t_{2i}——室内第 i 种水灭火系统的火灾延续时间（h）；

　　　m——建筑需要同时作用的室内水灭火系统数量。

2.3.4　消防水泵

1）消防水泵宜根据可靠性、安装场所、消防水源、消防给水设计流量和扬程等综合因素确定水泵的类型，水泵驱动器宜采用电动机或柴油机直接传动，消防水泵不应采用双电动机或基于柴油机等组成的双动力驱动水泵。

2）消防水泵机组应由水泵、驱动器和专用控制柜等组成；一组消防水泵可由同一消防给水系统的工作泵和备用泵组成。消防水泵及其控制柜的外形如图 2-18 所示。

3）消防水泵生产厂商应提供完整的水泵流量—扬程性能曲线，并应标示流量、扬程、气蚀余量、功率和效率等参数。

4）单台消防水泵的最小额定流量不应小于 10L/s，最大额定流量不宜大于 320L/s。

5）当消防水泵采用离心泵时，泵的类型宜根据流量、扬程、气蚀余量、功率和效率、转速、噪声，以及安装场所的环境要求等因素综合确定。

a) 消防水泵   b) 控制柜

图 2-18   消防水泵及其控制柜的外形

6）消防水泵的选择和应用应符合下列规定：

① 消防水泵的性能应满足消防给水系统所需流量和压力的要求。

② 消防水泵所配驱动器的功率应满足所选水泵流量—扬程性能曲线上任何一点运行所需功率的要求。

③ 当采用电动机驱动的消防水泵时，应选择电动机干式安装的消防水泵。

④ 流量—扬程性能曲线应为无驼峰、无拐点的光滑曲线，零流量时的压力不应大于设计工作压力的 140%，且宜大于设计工作压力的 120%。

⑤ 当出流量为设计流量的 150% 时，其出口压力不应低于设计工作压力的 65%。

⑥ 泵轴的密封方式和材料应满足消防水泵在低流量时运转的要求。

⑦ 消防给水同一泵组的消防水泵型号宜一致，且工作泵不宜超过 3 台。

⑧ 多台消防水泵并联时，应校核流量叠加对消防水泵出口压力的影响。

7）消防水泵应设置备用泵，其性能应与工作泵性能一致，但下列建筑除外：

① 建筑高度小于 54m 的住宅和室外消防给水设计流量小于等于 25L/s 的建筑。

② 室内消防给水设计流量小于等于 10L/s 的建筑。

8）一组消防水泵应在消防水泵房内设置流量和压力测试装置，并应符合下列规定：

① 单台消防水泵的流量不大于 20L/s、设计工作压力不大于 0.50MPa 时，泵组应预留测量用流量计和压力计接口，其他泵组宜设置泵组流量和压力测试装置。

② 消防水泵流量检测装置的计量精度应为 0.4 级，最大量程的 75% 应大于最大一台消防水泵设计流量值的 175%。

③ 消防水泵压力检测装置的计量精度应为 0.5 级，最大量程的 75% 应大于最大一台消防水泵设计压力值的 165%。

④ 每台消防水泵出水管上应设置 DN65 的试水管，并应采取排水措施。

9）消防水泵吸水应符合下列规定：

① 消防水泵应采取自灌式吸水。

② 消防水泵从市政管网直接抽水时，应在消防水泵出水管上设置有空气隔断的倒流防止器。

③ 当吸水口处无吸水井时，吸水口处应设置旋流防止器。

10）离心式消防水泵吸水管、出水管和阀门等，应符合下列规定：

① 一组消防水泵，吸水管不应少于两条，当其中一条损坏或检修时，其余吸水管应仍能通过全部消防给水设计流量。

② 消防水泵吸水管布置应避免形成气囊。

③ 一组消防水泵应设不少于两条的输水干管与消防给水环状管网连接，当其中一条输水管检修时，其余输水管应仍能供应全部消防给水设计流量。

④ 消防水泵吸水口的淹没深度应满足消防水泵在最低水位运行安全的要求，吸水管喇叭口在消防水池最低有效水位下的淹没深度应根据吸水管喇叭口的水流速度和水力条件确定，但不应小于 600mm。当采用旋流防止器时，淹没深度不应小于 200mm。

11）临时高压消防给水系统应采取防止消防水泵低流量空转过热的技术措施。

12）消防水泵吸水管和出水管上应设置压力表，并应符合下列规定：

① 消防水泵出水管压力表的最大量程不应低于其设计工作压力的 2 倍，且不应低于 1.60MPa。

② 消防水泵吸水管宜设置真空表、压力表或真空压力表，压力表的最大量程应根据工程具体情况确定，但不应低于 0.70MPa，真空表的最大量程宜为 -0.10MPa。

③ 压力表的直径不应小于 100mm，应采用直径不小于 6mm 的管道与消防水泵进出口管相接，并应设置关断阀门。

2.3.5　高位消防水箱

1）临时高压消防给水系统的高位消防水箱的有效容积应满足初期火灾消防用水量的要求，并应符合下列规定：

① 一类高层公共建筑，不应小于 36m³。但当建筑高度大于 100m 时，不应小于 50m³。当建筑高度大于 150m 时，不应小于 100m³。

② 多层公共建筑、二类高层公共建筑和一类高层住宅，不应小于 18m³。当一类高层住宅建筑高度超过 100m 时，不应小于 36m³。

③ 二类高层住宅，不应小于 12m³。

④ 建筑高度大于 21m 的多层住宅，不应小于 6m³。

⑤ 工业建筑室内消防给水设计流量当小于或等于 25L/s 时，不应小于 12m³。当大于 25L/s 时，不应小于 18m³。

⑥ 总建筑面积大于 10000m² 且小于 30000m² 的商店建筑，不应小于 36m³。总建筑面积大于 30000m² 的商店，不应小于 50m³。当与①规定不一致时应取其较大值。

2）高位消防水箱的设置位置应高于其所服务的水灭火设施，且最低有效水位应满足水灭火设施最不利点处的静水压力，并应按下列规定确定：

① 一类高层公共建筑，不应低于 0.10MPa，但当建筑高度超过 100m 时，不应低于 0.15MPa。

② 高层住宅、二类高层公共建筑、多层公共建筑，不应低于 0.07MPa，多层住宅不宜

低于 0.07MPa。

③ 工业建筑不应低于 0.10MPa，当建筑体积小于 20000m³ 时，不宜低于 0.07MPa。

④ 自动喷水灭火系统等自动水灭火系统应根据喷头灭火需求压力确定，但最小不应小于 0.10MPa。

⑤ 当高位消防水箱不能满足 2）中①~④相应静压要求时，应设稳压泵。

3）高位消防水箱可采用热浸锌镀锌钢板、钢筋混凝土、不锈钢板等建造。图 2-19 所示为不锈钢板水箱。

4）高位消防水箱的设置应符合下列规定：

① 当高位消防水箱在屋顶露天设置时，水箱的人孔以及进出水管的阀门等应采取锁具或阀门箱等保护措施。

图 2-19　不锈钢板水箱

② 严寒、寒冷等冬季冰冻地区的消防水箱应设置在消防水箱间内，其他地区宜设置在室内，当必须在屋顶露天设置时，应采取防冻隔热等安全措施。

③ 高位消防水箱与基础应牢固连接。

5）高位消防水箱间应通风良好，不应结冰，当必须设置在严寒、寒冷等冬季结冰地区的非供暖房间时，应采取防冻措施，环境温度或水温不应低于 5℃。

6）高位消防水箱应符合下列规定：

① 高位消防水箱的有效容积、出水、排水和水位等，应符合国家规范的相关规定。

② 高位消防水箱的最低有效水位应根据出水管喇叭口和防止旋流器的淹没深度确定，当采用出水管喇叭口时，应符合国家规范的相关规定；当采用防止旋流器时应根据产品确定，且不应小于 150mm 的保护高度。

③ 高位消防水箱的通气管、呼吸管等应符合国家规范的相关规定。

④ 高位消防水箱外壁与建筑本体结构墙面或其他池壁之间的净距，应满足施工或装配的需要，无管道的侧面，净距不宜小于 0.7m；安装有管道的侧面，净距不宜小于 1.0m，且管道外壁与建筑本体墙面之间的通道宽度不宜小于 0.6m，设有人孔的水箱顶，其顶面与其上面的建筑物本体板底的净空不应小于 0.8m。

⑤ 进水管的管径应满足消防水箱 8h 充满水的要求，但管径不应小于 DN32，进水管宜设置液位阀或浮球阀。

⑥ 进水管应在溢流水位以上接入，进水管管口的最低点高出溢流边缘的高度应等于进水管管径，但最小不应小于 100mm，最大不应大于 150mm。

⑦ 当进水管为淹没出流时，应在进水管上设置防止倒流的措施或在管道上设置虹吸破坏孔和真空破坏器，虹吸破坏孔的孔径不宜小于管径的 1/5，且不应小于 25mm。但当采用生活给水系统补水时，进水管不应淹没出流。

⑧ 溢流管的直径不应小于进水管直径的 2 倍，且不应小于 DN100，溢流管的喇叭口直径不应小于溢流管直径的 1.5~2.5 倍。

⑨ 高位消防水箱出水管管径应满足消防给水设计流量的出水要求，且不应小于 DN100。

⑩ 高位消防水箱出水管应位于高位消防水箱最低水位以下，并应设置防止消防用水进

入高位消防水箱的止回阀。

⑪ 高位消防水箱的进、出水管应设置带有指示启闭装置的阀门。

2.3.6　稳压泵

1）稳压泵宜采用离心泵，并宜符合下列规定：

① 宜采用单吸单级或单吸多级离心泵。

② 泵外壳和叶轮等主要部件的材质宜采用不锈钢。

2）稳压泵的设计流量应符合下列规定：

① 稳压泵的设计流量不应小于消防给水系统管网的正常泄漏量和系统自动启动流量。

② 消防给水系统管网的正常泄漏量应根据管道材质、接口形式等确定，当没有管网泄漏量数据时，稳压泵的设计流量宜按消防给水设计流量的 1%~3% 计，且不宜小于 1L/s。

③ 消防给水系统所采用报警阀压力开关等自动启动流量应根据产品确定。

3）稳压泵的设计压力应符合下列要求：

① 稳压泵的设计压力应满足系统自动启动和管网充满水的要求。

② 稳压泵的设计压力应保持系统自动启泵压力设置点处的压力在准工作状态时大于系统设置自动启泵压力值，且增加值宜为 0.07~0.10MPa。

③ 稳压泵的设计压力应保持系统最不利点处水灭火设施在准工作状态时的静水压力应大于 0.15MPa。

4）设置稳压泵的临时高压消防给水系统应设置防止稳压泵频繁启停的技术措施，当采用气压水罐时，其调节容积应根据稳压泵启泵次数不大于 15 次/h 计算确定，但有效储水容积不宜小于 150L。图 2-20 所示为采用气压水罐的稳压系统。

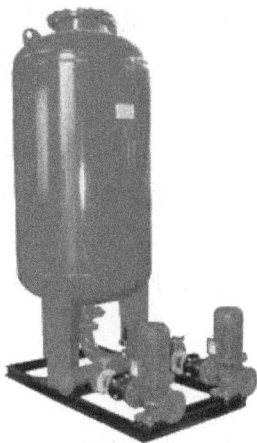

图 2-20　采用气压水罐的稳压系统

5）稳压泵吸水管应设置明杆闸阀，稳压泵出水管应设置消声止回阀和明杆闸阀。

6）稳压泵应设置备用泵。

2.3.7　消防水泵接合器

1）消防水泵接合器由截止阀、安全阀及水泵接合器接口组成。消防水泵接合器示意图如图 2-21 所示。

2）下列场所的室内消火栓给水系统应设置消防水泵接合器：

① 高层民用建筑。

② 设有消防给水的住宅、超过 5 层的其他多层民用建筑。

③ 超过 2 层或建筑面积大于 10000m² 的地下或半地下建筑（室）、室内消火栓设计流量大于 10L/s 平战结合的人防工程。

图 2-21　消防水泵接合器示意图

④ 高层工业建筑和超过 4 层的多层工业建筑。

⑤ 城市交通隧道。

3）自动喷水灭火系统、水喷雾灭火系统、泡沫灭火系统和固定消防炮灭火系统等水灭火系统，均应设置消防水泵接合器。

4）消防水泵接合器的给水流量宜按每个 10～15L/s 计算。每种水灭火系统的消防水泵接合器设置的数量应按系统设计流量经计算确定，但当计算数量超过 3 个时，可根据供水可靠性适当减少。

5）临时高压消防给水系统向多栋建筑供水时，消防水泵接合器应在每座建筑附近就近设置。

6）消防水泵接合器的供水范围，应根据当地消防车的供水流量和压力确定。

7）消防给水为竖向分区供水时，在消防车供水压力范围内的分区，应分别设置消防水泵接合器；当建筑高度超过消防车供水高度时，消防给水应在设备层等方便操作的地点设置手抬泵或移动泵接力供水的吸水和加压接口。

8）消防水泵接合器应设在室外便于消防车使用的地点，且距室外消火栓或消防水池的距离不宜小于 15m，并不宜大于 40m。

9）墙壁消防水泵接合器的安装高度距地面宜为 0.70m；与墙面上的门、窗、孔、洞的净距离不应小于 2.00m，且不应安装在玻璃幕墙下方；地下消防水泵接合器的安装，应使进水口与井盖底面的距离不大于 0.40m，且不应小于井盖的半径。

10）消防水泵接合器处应设置永久性标志铭牌，并应标明供水系统、供水范围和额定压力。

2.3.8 室内消火栓

1）室内消火栓的配置应符合下列要求：

① 应采用 DN65 室内消火栓，并可与消防软管卷盘或轻便水龙设置在同一箱体内。

② 应配置公称直径 65mm 有内衬里的消防水带，长度不宜超过 25.0m；消防软管卷盘应配置内径不小于 $\phi19$ 的消防软管，其长度宜为 30.0m；轻便水龙应配置公称直径 25mm 有内衬里的消防水带，长度宜为 30.0m。

③ 宜配置当量喷嘴直径 16mm 或 19mm 的消防水枪，但当消火栓设计流量为 2.5L/s 时宜配置当量喷嘴直径 11mm 或 13mm 的消防水枪；消防软管卷盘和轻便水龙应配置当量喷嘴直径 6mm 的消防水枪。

2）设置室内消火栓的建筑，包括设备层在内的各层均应设置消火栓。

3）屋顶设有直升机停机坪的建筑，应在停机坪出入口处或非电器设备机房处设置消火栓，且距停机坪机位边缘的距离不应小于 5.0m。

4）消防电梯前室应设置室内消火栓，并应计入消火栓使用数量。

5）室内消火栓的布置应满足同一平面有 2 支消防水枪的 2 股充实水柱同时到达任何部位的要求，但建筑高度小于或等于 24.0m 且体积小于或等于 5000m³ 的多层仓库、建筑高度小于或等于 54m 且每单元设置一部疏散楼梯的住宅，以及表 2-5 中规定可采用 1 支消防水枪的场所，可采用 1 支消防水枪的 1 股充实水柱到达室内任何部位。

6）建筑室内消火栓的设置位置应满足火灾扑救要求，并应符合下列规定：

① 室内消火栓应设置在楼梯间及其休息平台和前室、走道等明显易于取用，以及便于火灾扑救的位置。

② 住宅的室内消火栓宜设置在楼梯间及其休息平台。

③ 汽车库内消火栓的设置不应影响汽车的通行和车位的设置，并应确保消火栓的开启。

④ 同一楼梯间及其附近不同层设置的消火栓，其平面位置宜相同。

⑤ 冷库的室内消火栓应设置在常温穿堂或楼梯间内。

7）建筑室内消火栓栓口的安装高度应便于消防水带的连接和使用，其距地面高度宜为1.1m；其出水方向应便于消防水带的敷设，并宜与设置消火栓的墙面成90°角或向下。

8）设有室内消火栓的建筑应设置带有压力表的试验消火栓，其设置位置应符合下列规定：

① 多层和高层建筑应在其屋顶设置，严寒、寒冷等冬季结冰地区可设置在顶层出口处或水箱间内等便于操作和防冻的位置。

② 单层建筑宜设置在水力最不利处，且应靠近出入口。

9）室内消火栓宜按直线距离计算其布置间距，并应符合下列规定：

① 消火栓按2支消防水枪的2股充实水柱布置的建筑物，消火栓的布置间距不应大于30.0m。

② 消火栓按1支消防水枪的1股充实水柱布置的建筑物，消火栓的布置间距不应大于50.0m。

10）消防软管卷盘和轻便水龙的用水量可不计入消防用水总量。

11）室内消火栓栓口压力和消防水枪充实水柱，应符合下列规定：

① 消火栓栓口动压力不应大于0.50MPa；当大于0.70MPa时必须设置减压装置。

② 高层建筑、厂房、库房和室内净空高度超过8m的民用建筑等场所，消火栓栓口动压力不应小于0.35MPa，且消防水枪充实水柱应按13m计算；其他场所，消火栓栓口动压力不应小于0.25MPa，且消防水枪充实水柱应按10m计算。

12）建筑高度不大于27m的住宅，当设置消火栓时，可采用干式消防竖管，并应符合下列规定：

① 干式消防竖管宜设置在楼梯间休息平台，且仅应配置消火栓栓口。

② 干式消防竖管应设置消防车供水接口。

③ 消防车供水接口应设置在首层便于消防车接近和安全的地点。

④ 竖管顶端应设置自动排气阀。

13）住宅户内宜在生活给水管道上预留一个接DN15消防软管或轻便水龙的接口。

14）跃层住宅和商业网点的室内消火栓应至少满足1股充实水柱到达室内任何部位，并宜设置在户门附近。

15）消火栓箱由消火栓、水带、水枪等组成。消火栓箱的组成及消火栓使用方法如图2-22所示。

16）消火栓间距的计算。

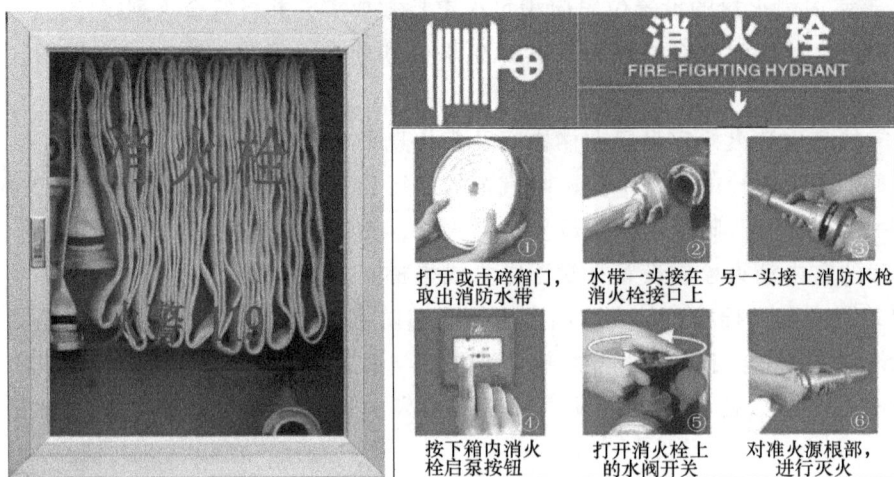

图 2-22 消火栓箱的组成及消火栓使用方法

$$S=\sqrt{2}R=1.4R \qquad (2\text{-}10)$$

$$R=0.9L+S_k\cos45° \qquad (2\text{-}11)$$

式中 S——消火栓布置间距（m）；

R——消火栓作用半径（m）；

L——水带长度（m）；

0.9——考虑水带转弯折曲的折减系数；

S_k——充实水柱长度（m）。

2.4 自动喷水灭火系统

自动喷水灭火系统根据结构不同分为湿式自动喷水灭火系统（简称湿式系统）、干式自动喷水灭火系统（简称干式系统）、预作用自动喷水灭火系统（简称预作用系统）、雨淋自动喷水灭火系统（简称雨淋系统）和水幕自动喷水灭火系统（简称水幕系统）等五种类型。

2.4.1 自动喷水灭火系统设置

1）除国家相关规范另有规定和不宜用水保护或灭火的场所外，下列场所及生产部位应设置自动灭火系统，并宜采用自动喷水灭火系统：

①不小于50000纱锭的棉纺厂的开包、清花车间，不小于5000锭的麻纺厂的分级、梳麻车间，火柴厂的烤梗、筛选部位。

②占地面积大于1500m²或总建筑面积大于3000m²的单、多层制鞋、制衣、玩具及电子等类似生产的厂房。

③占地面积大于1500m²的木器厂房。

④泡沫塑料厂的预发、成型、切片、压花部位。

⑤高层乙、丙、丁类厂房。

⑥建筑面积大于500m²的地下或半地下丙类厂房。

2）除国家相关规范另有规定和不宜用水保护或灭火的仓库外，下列仓库应设置自动灭火系统，并宜采用自动喷水灭火系统：

① 每座占地面积大于 1000 m² 的棉、毛、丝、麻、化纤、毛皮及其制品的仓库；单层占地面积不大于 2000 m² 的棉花库房，可不设置自动喷水灭火系统。

② 每座占地面积大于 600 m² 的火柴仓库。

③ 邮政建筑内建筑面积大于 500 m² 的空邮袋库。

④ 可燃、难燃物品的高架仓库和高层仓库。

⑤ 设计温度高于 0℃ 的高架冷库，设计温度高于 0℃ 且每个防火分区建筑面积大于 1500m² 的非高架冷库。

⑥ 总建筑面积大于 500m² 的可燃物地下仓库。

⑦ 每座占地面积大于 1500m² 或总建筑面积大于 3000m² 的其他单或多层丙类物品仓库。

3）除国家相关规范另有规定和不宜用水保护或灭火的场所外，下列高层民用建筑或场所应设置自动灭火系统，并宜采用自动喷水灭火系统：

① 一类高层公共建筑（除游泳池、溜冰场外）及其地下、半地下室。

② 二类高层公共建筑及其地下、半地下室的公共活动用房、走道、办公室和旅馆的客房、可燃物品库房、自动扶梯底部。

③ 高层民用建筑内的歌舞娱乐放映游艺场所。

④ 建筑高度大于 100m 的住宅建筑。

4）除国家相关规范另有规定和不宜用水保护或灭火的场所外，下列单、多层民用建筑或场所应设置自动灭火系统，并宜采用自动喷水灭火系统：

① 特等、甲等剧场，超过 1500 个座位的其他等级的剧场，越过 2000 个座位的会堂或礼堂，超过 3000 个座位的体育馆，超过 5000 人的体育场的室内人员休息室与器材间等。

② 任一层建筑面积大于 1500m² 或总建筑面积大于 3000 m² 的展览馆、商店、餐饮店和旅馆建筑以及医院中同样建筑规模的病房诊楼和手术部。

③ 设置送回风道（管）的集中空气调节系统且总建筑面积大于 3000 m² 的办公建筑等。

④ 藏书量超过 50 万册的图书馆。

⑤ 大、中型幼儿园，老年人照料设施。

⑥ 总建筑面积大于 500 m² 的地下或半地下商店。

⑦ 设置在地下或半地下或地上四层及以上楼层的歌舞娱乐放映游艺场所（除游泳场所外），设置在首层、二层和三层且任一层建筑面积大于 300m² 的地上歌舞娱乐放映游艺场所（除游泳场所外）。

5）根据相关规范要求难以设置自动喷水灭火系统的展览厅、观众厅等人员密集的场所和丙类生产车间、库房等高大空间场所，应设置其他自动灭火系统，并宜采用固定消防炮等灭火系统。

6）下列部位宜设置水幕系统：

① 特等、甲等剧场，超过 1500 个座位的其他等级的剧场，超过 2000 个座位的会堂或礼堂和高层民用建筑内超过 800 个座位的剧场或礼堂的舞台口及上述场所内与舞台相连的侧台、后台的洞口。

② 应设置防火墙等防火分隔物而无法设置的局部开口部位。

③ 需要防护冷却的防火卷帘或防火幕的上部。舞台口也可采用防火幕进行分隔，侧台、后台的较小洞口宜设置乙级防火门、窗。

7）下列建筑或部位应设置雨淋自动喷水灭火系统：

① 火柴厂的氯酸钾压碾厂房，建筑面积大于 $100m^2$ 且生产或使用硝化棉、喷漆棉、火胶棉、赛璐珞胶片、硝化纤维的厂房。

② 乒乓球厂的轧坯、切片、磨球、分球检验部位。

③ 建筑面积大于 $60m^2$ 或储存量大于 2t 的硝化棉、喷漆棉、火胶棉、赛璐珞胶片、硝化纤维的仓库。

④ 日装瓶数量大于 3000 瓶的液化石油气储配站的灌瓶间、实瓶库。

⑤ 特等、甲等剧场，超过 1500 个座位的其他等级的剧场和超过 2000 个座位的会堂或礼堂的舞台葡萄架下部。

⑥ 建筑面积不小于 $400m^2$ 的演播室，建筑面积不小于 $500m^2$ 的电影摄影棚。

8）下列场所应设置自动灭火系统，并宜采用水喷雾灭火系统：

① 单台容量在 40MV·A 及以上的厂矿企业油浸变压器，单台容量在 90MV·A 及以上的电厂油浸变压器，单台容量在 125MV·A 及以上的独立变电站油浸变压器。

② 飞机发动机试验台的试车部位。

③ 充可燃油井设置在高层民用建筑内的高压电容器和多油开关室。设置在室内的油浸变压器、充可燃油的高压电容器和多油开关室，可采用细水雾灭火系统。

9）下列场所应设置自动灭火系统，并宜采用气体灭火系统：

① 国家、省级或人口超过 100 万的城市广播电视发射塔内的微波机房、分米波机房、米波机房、变配电室和不间断电源（UPS）室。

② 国际电信局、大区中心、省中心和一万路以上的地区中心内的长途程控交换机房、控制室和信令转接点室。

③ 两万线以上的市话汇接局和六万门以上的市话端局内的程控交换机房、控制室和信令转接点室。

④ 中央及省级公安、防灾和网局级及以上的电力等调度指挥中心内的通信机房和控制室。

⑤ 主机房建筑面积不小于 $140m^2$ 的电子信息系统机房内的主机房和基本工作间的已记录磁（纸）介质库。

⑥ 中央和省级广播电视中心内建筑面积不小于 $120m^2$ 的音像制品库房。

⑦ 国家、省级或藏书量超过 100 万册的图书馆内的特藏库；中央和省级档案馆内的珍藏库和非纸质档案库；大、中型博物馆内的珍品库房；一级纸绢质文物的陈列室。

⑧ 其他特殊重要设备室。

10）甲、乙、丙类液体储罐的灭火系统设置应符合下列规定：

① 单罐容量大于 $1000m^3$ 的固定顶罐应设置固定式泡沫灭火系统。

② 罐壁高度小于 7m 或容量不大于 $200m^3$ 的储罐可采用移动式泡沫灭火系统。

③ 其他储罐宜采用半固定式泡沫灭火系统。

④ 石油库、石油化工、石油天然气工程中甲、乙、丙类液体储罐的灭火系统设置，应符合《石油库设计规范》（GB 50074—2014）等标准的规定。

11）餐厅建筑面积大于 $1000m^2$ 的餐馆或食堂，其烹饪操作间的排油烟罩及烹饪部位应设置自动灭火装置，并应在燃气或燃油管道上设置与自动灭火装置联动的自动切断装置。

食品工业加工场所内有明火作业或高温食用油的食品加工部位宜设置自动灭火装置。

2.4.2　自动喷水灭火系统的构成

1. 湿式自动喷水灭火系统

如图 2-23 所示，湿式自动喷水灭火系统主要由喷淋泵组、稳压泵、气压罐、报警阀组、水流指示器、闭式洒水喷头、末端试水装置、水泵接合器、管道及水池等组成。水池及高位消防水箱与消火栓系统共用。

湿式系统的管道内充满有压水，一旦发生火灾，喷头动作后立即喷水。火灾发生时，现场温度升高，闭式喷头的感温元件升温达到预定的动作温度范围时，喷头开启，喷水灭火。水在管路中流动后，水流指示器动作，将报警信号传给火灾报警控制器报警；高位消防水箱的水，通过湿式报警阀，打开阀瓣，水经过延时器后通向水力警铃的通道，水流中水力警铃发出声响报警信号，同时，压力开关动作，将信号传给火灾报警控制器，报警控制器自动或手动启动消防水泵向管网加压供水，达到持续自动喷水灭火的目的。

该系统适用于环境温度不低于 $4\sim70℃$ 的建筑物和场所（不能用水扑救的建筑物和场所除外）。该系统具有结构简单、施工和管理维护方便、使用可靠、灭火速度快、灭火效率高等优点。

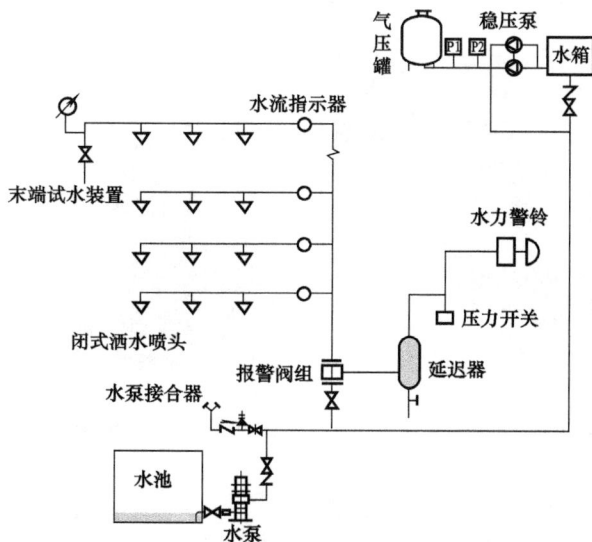

图 2-23　湿式自动喷水灭火系统示意图

（1）闭式洒水喷头　闭式洒水喷头用于消防喷淋系统，当发生火灾时，温度升高至设定值，玻璃管内液体膨胀，玻璃管破裂，阀口打开，水通过喷淋头溅水盘洒出实施灭火。闭式洒水喷头主要分为下垂型洒水喷头、直立型洒水喷头、普通型洒水喷头、边墙型洒水喷头。表 2-7 中列出了不同动作温度的各类喷头色标。常用闭式洒水喷头如图 2-24 所示。

（2）水流指示器　水流指示器装设在各防火分区喷淋管主道上。如果发生火灾，喷淋头喷水，管道中的水开始流动，流动的水力就会推动水流指示器动作。水流指示器信号经过编码器标准化处理后，传给火灾报警控制器报警。水流指示器如图 2-25 所示。

表 2-7　不同动作温度的各类喷头色标

玻璃泡喷头		易熔合金喷头	
公称动作温度/℃	工作颜色色标	公称动作温度/℃	工作颜色色标
57	橙		
68	红		
79	黄	57～77	无色
93	绿		
107	绿	80～107	白
121	蓝	121～149	蓝
141	蓝	163～191	红
168	紫	204～246	绿
182	紫	260～302	橙
204	黑	320～343	橙
227	黑		
260	黑		
343	黑		

图 2-24　闭式洒水喷头

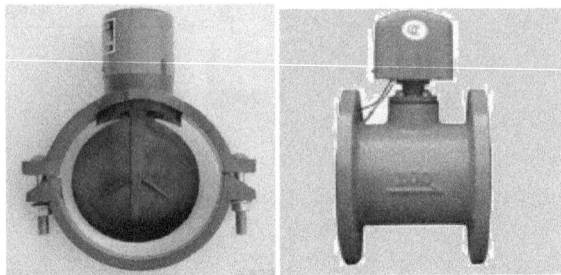

图 2-25　水流指示器

（3）湿式报警阀　如图 2-26 所示，湿式报警阀组由阀体、水力警铃、压力开关、延迟器、进水压力表、出水压力表等部分组成。火灾发生后，喷头喷水，水流指示器动作并把信号传给报警控制器报警；随着喷淋管网水压的降低，压力开关动作并将动作信号传给报警控制器报警，报警控制器联动喷淋泵启动，给自动喷水灭火系统供水；湿式报警阀阀瓣在喷淋泵水压作用下打开，水力

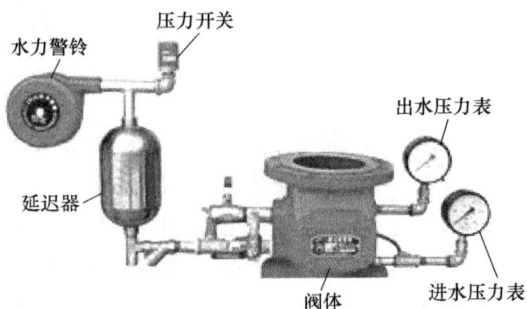

图 2-26　湿式报警阀示意图

警铃发出警报。

（4）供水 采用临时高压给水系统的自动喷水灭火系统，宜设置独立的消防水泵，并应按一用一备或二用一备，及最大一台消防水泵的工作性能设置备用泵。当与消火栓系统合用消防水泵时，系统管道应在报警阀前分开。消防水泵、稳压泵，应采用自灌式吸水方式。

采用临时高压给水系统的自动喷水灭火系统，应设高位消防水箱。自动喷水灭火系统可与消火栓系统合用高位消防水箱。消防水池一般与消火栓系统合用，水池容量必须同时满足两个系统共用的要求。

系统应设消防水泵接合器，其数量应按系统的设计流量确定，每个消防水泵接合器的流量宜按 10~15L/s 计算。

（5）末端试水装置 每个报警阀组控制的最不利点喷头处，应设末端试水装置，其他防火分区、楼层的最不利点喷头处，均应设置直径为 25mm 的试水阀。末端试水装置应由试水阀、压力表以及试水接头组成。试水接头出水口的流量系数，应等同于同楼层或防火分区内的最小流量系数喷头。末端试水装置的出水，应采取孔口出流的方式排入排水管道。

2. 干式自动喷水灭火系统

如图 2-27 所示，干式自动喷水灭火系统主要有由喷淋头、管道系统、干式报警阀、测试阀、空气压缩机、泄水阀、水泵、水箱、稳压罐、水泵接合器、控制盘等组成。

干式系统是准工作状态时配水管道内充满用于启动系统的有压气体的闭式系统。

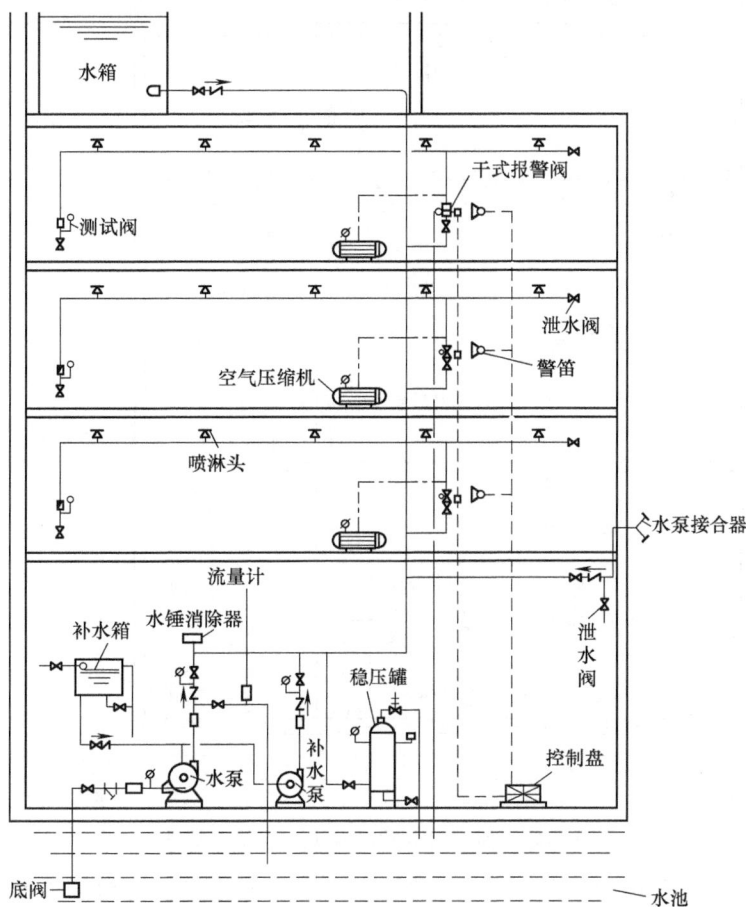

图 2-27 干式自动喷水灭火系统示意图

干式系统与湿式系统类似，只是控制信号阀的结构和作用原理不同，配水管网与供水管间设置干式控制信号阀将它们隔开，而在配水管网中平时充满有压气体用于系统的启动。发生火灾时，喷头首先喷出气体，使管网中压力降低，供水管道中的压力水打开控制信号阀而进入配水管网，接着从喷头喷出灭火。不过该系统需要多增设一套充气设备，平时管理较复杂、灭火速度较慢。

干式系统适用于环境温度低于 4℃ 和高于 70℃ 的建筑物和场所，如不供暖的地下车库、冷库等。

在报警阀后的管网内无水，故可避免冻结和水汽化的危险，不受环境温度的制约，可用于一些无法使用湿式系统的场所；需增加一套充气设备，比湿式系统投资高；施工和维护管理较复杂，对管道的气密性有较严格的要求，管道平时的气压应保持在一定的范围内；喷水灭火速度慢，因为喷头受热开启后，首先要排出管道中的气体，然后再出水，这就延误了时机。

3. 预作用自动喷水灭火系统

预作用自动喷水灭火系统是将火灾自动探测报警技术和自动喷水灭火系统有机地结合起来，对保护对象起了双重保护作用。预作用自动喷水灭火系统由喷淋头、管道系统、预作用阀、火灾探测器、控制盘、水箱、水泵、稳压罐、水泵接合器等组成，如图 2-28 所示。

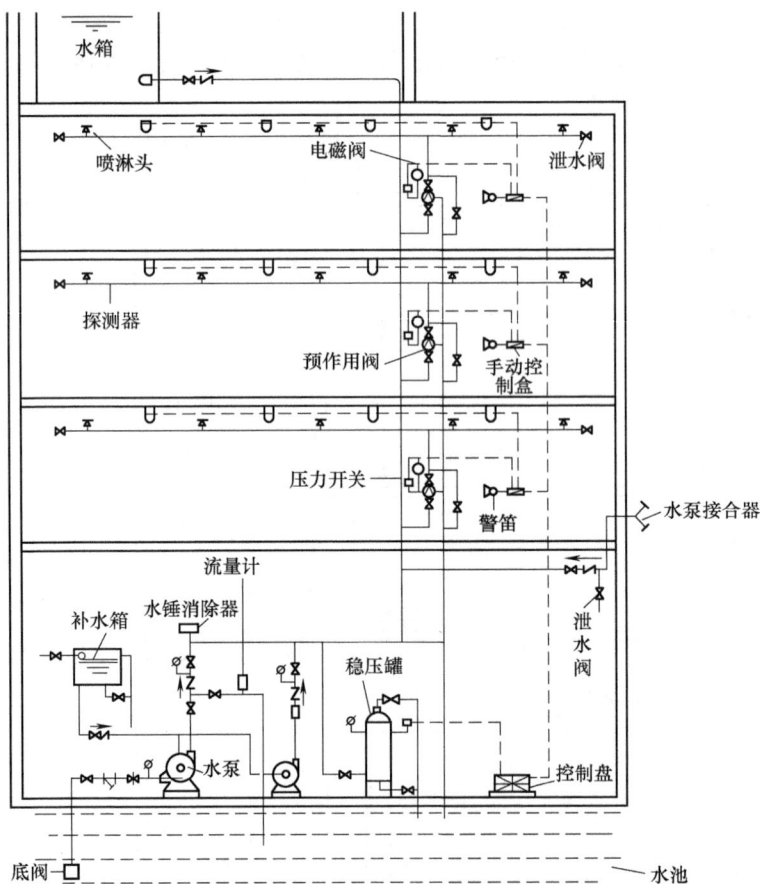

图 2-28　预作用自动喷水灭火系统示意图

非工作状态下，系统在预作用阀之后的管道内，有不充气和充满低压气体两种情况，火灾发生时，安装在保护区的感温、感烟火灾探测器首先发出火警信号，控制器开启预作用阀，使水进入管路，并在很短时间内完成充水过程，使系统转变成湿式系统，以后的动作与湿式系统相同。

该系统适用于高级宾馆、重要办公楼、大型商场等不允许因误喷而造成水渍损失的建筑物内，也适用于干式系统适用的场所。

4. 雨淋自动喷水灭火系统

雨淋自动喷水灭火系统由开式洒水喷头、雨淋报警阀组等组成，如图 2-29 所示。由配套设置的火灾自动报警系统或传动管联动雨淋报警阀，由雨淋报警阀控制配水管道上的全部开式洒水喷头同时喷水。

发生火灾时，感烟或感温火灾探测器探测到火灾，并立即向报警控制器发出报警信号，经报警控制器分析确认后发出声、光报警信号，同时开启雨淋报警阀的电磁阀，使高压腔压力水快速排出。

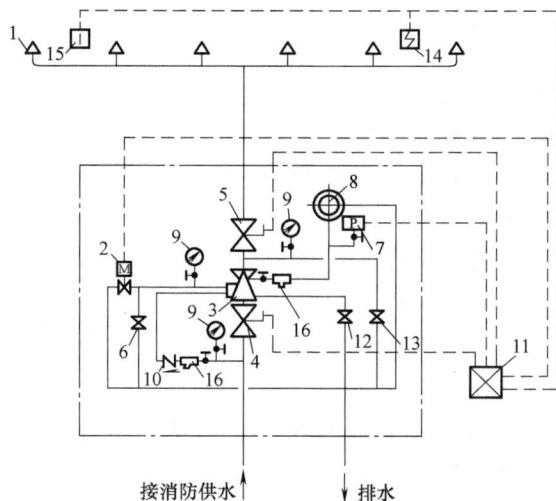

图 2-29　雨淋自动喷水灭火系统示意图

1—开式洒水喷头　2—电磁阀　3—雨淋报警阀组　4—信号阀　5—试验信号阀　6—手动开启阀
7—压力开关　8—水力警铃　9—压力表　10—止回阀　11—火灾报警控制器　12—进水阀
13—试验放水阀　14—感烟火灾探测器　15—感温火灾探测器　16—过滤器

由于经单向阀补充流入高压腔的水流缓慢，因而高压腔水压快速下降，供水作用在阀瓣上的压力将迅速打开雨淋报警阀，水流立即充满整个雨淋管网，雨淋报警阀控制的管网上所有开式洒水喷头同时喷水，可以在瞬间像下暴雨般喷出大量的水覆盖火区，达到灭火目的。雨淋报警阀打开后，水同时流向报警管网，使水力警铃发出声响报警，在水压作用下，接通压力开关，并通过报警控制器切换，给值班室发出电信号或直接启动水泵。在消防主泵启动前，火灾初期所需的消防用水由高位消防水箱或气压水罐供给。

5. 水幕自动喷水灭火系统

水幕自动喷水灭火系统也称为水幕灭火系统，是由水幕喷头、雨淋报警阀组或感温雨淋阀、供水与配水管道、控制阀及水流报警装置等组成的，主要起阻火、冷却、隔离作用的自动喷水灭火系统。水幕系统按水幕功能分为防火分隔水幕和防护冷却水幕两种。

水幕系统的工作原理与雨淋系统基本相同。所不同的是水幕系统喷出的水为水帘状，而雨淋系统喷出的水为开花射流。由于水幕喷头将水喷洒成水帘状，所以说水幕系统不是直接用来灭火的，其作用是冷却简易防火分隔物（如防火卷帘、防火幕），提高其耐火性能，或者形成防火水帘阻止火焰穿过开口部位，防止火势蔓延。

2.4.3 其他灭火系统

1. 建筑灭火器

建筑灭火器的配置选择应遵循《建筑灭火器配置设计规范》（GB 50140—2005）。

（1）灭火器的种类 根据形态不同，可烧物分为固体、液体、气体三类，对应的灭火器分为 A、B、C 三类灭火器，用于金属火灾的灭火器为 D 类，用于带电火灾的为 E 类。按其移动方式可分为手提式和推车式；按驱动灭火剂的动力来源可分为储气瓶式、储压式、化学反应式；按所充装的灭火剂又可分为干粉、泡沫、卤代烷、二氧化碳、清水等。

1）干粉灭火器。干粉灭火器内充装的是干粉灭火剂。干粉灭火剂是用于灭火的干燥且易于流动的微细粉末，由具有灭火效能的无机盐和少量的添加剂经干燥、粉碎、混合而成微细固体粉末组成。利用压缩的二氧化碳吹出干粉（主要含有碳酸氢钠）灭火。干粉灭火器结构示意图如图 2-30 所示。

碳酸氢钠干粉灭火器适用于易燃、可燃液体、气体及带电设备的初起火灾；磷酸铵盐干粉灭火器除可用于上述几类火灾外，还可扑救固体类物质的初起火灾，但都不能扑救金属燃烧火灾。

2）泡沫灭火器。泡沫灭火器内有两个容器，分别盛放两种液体，它们是硫酸铝和碳酸氢钠溶液，两种溶液互不接触，不发生任何化学反应。当需要泡沫灭火器时，把灭火器倒立，两种溶液混合在一起，就会产生大量的二氧化碳气体（平时千万不能碰倒泡沫灭火器）。除了两种反应物外，灭火器中还加入了一些发泡剂。打开开关，泡沫从灭火器中喷出，覆盖在燃烧物品上，使燃烧的物质与空气隔离，并降低温度，达到灭火的目的。

图 2-30 干粉灭火器结构示意图

泡沫灭火器适用于扑救一般 B 类火灾，如油制品、油脂等火灾，也可适用于 A 类火灾；但不能扑救 B 类火灾中的水溶性可燃、易燃液体的火灾，如醇、酯、醚、酮等物质火灾，也不能扑救带电设备及 C 类和 D 类火灾。

3）二氧化碳灭火器。二氧化碳灭火器瓶体内贮存液态二氧化碳。压下瓶阀的压把，内部的二氧化碳灭火剂便由虹吸管经过瓶阀到喷筒喷出，使燃烧区氧的浓度迅速下降，火焰窒息而熄灭，同时由于液态二氧化碳会迅速汽化，在很短的时间内吸收大量的热量，因此对燃烧物起到一定的冷却作用，也有助于灭火。

二氧化碳灭火器适用于扑救易燃液体及气体的初起火灾，也可扑救带电设备的火灾。二氧化碳灭火器常应用于实验室、计算机房、变配电所，以及对精密电子仪器、贵重设备或物品维护要求较高的场所。

4）清水灭火器。清水灭火器中的灭火剂为清水。水在常温下具有较低的黏度、较高的

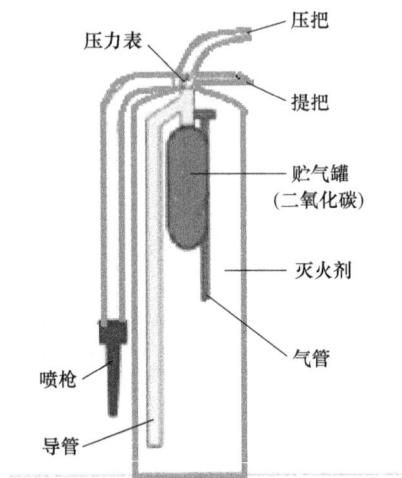

热稳定性、较大的密度和较高的表面张力，是一种古老而又使用范围广泛的天然灭火剂，易于获取和储存。

它主要依靠冷却和窒息作用进行灭火。因为每千克水自常温加热至沸点并完全蒸发汽化，可以吸收 2593.4kJ 的热量。因此，它利用自身吸收显热和潜热的能力发挥冷却灭火作用，是其他灭火剂所无法比拟的。

在灭火时，水被汽化后体积将膨胀 1700 倍左右，水蒸气将占据燃烧区域的空间，稀释燃烧物周围的氧含量，阻碍新鲜空气进入燃烧区，使燃烧区内的氧浓度大大降低，从而达到窒息灭火的目的。

（2）灭火器的选择　灭火器的选择应考虑下列因素：

1）灭火器配置场所的火灾种类。

2）灭火器配置场所的危险等级。

3）灭火器的灭火效能和通用性。

4）灭火剂对保护物品的污损程度。

5）灭火器设置点的环境温度。

6）使用灭火器人员的体能。

（3）灭火器的设置

1）灭火器应设置在位置明显和便于取用的地点，且不得影响安全疏散。

2）对有视线障碍的灭火器设置点，应设置指示其位置的发光标志。

3）灭火器的摆放应稳固，其铭牌应朝外。手提式灭火器宜设置在灭火器箱内或挂钩、托架上，其顶部离地面高度不应大于 1.50m；底部离地面高度不宜小于 0.08m。灭火器箱不得上锁。

4）灭火器不宜设置在潮湿或强腐蚀性的地点。当必须设置时，应有相应的保护措施。灭火器设置在室外时，应有相应的保护措施。

5）灭火器不得设置在超出其使用温度范围的地点。

2. 气体灭火

（1）泡沫灭火系统　泡沫灭火系统主要由泡沫液储罐、喷枪、比例混合器、水带及推车底盘等构成，是一种新型环保高效性泡沫灭火装置。其操作迅速简便、灵活性强、可靠性强。在火灾发生初期时，机动、灵活地推动该装置到灭火现场进行灭火。该装置可独立作为消防防卫器材，也可配合大型固定式泡沫灭火系统起辅助补救作用。图 2-31 所示为液上喷射泡沫灭火系统示意图。

泡沫灭火是通过泡沫层的冷却、隔绝氧气和抑制燃料蒸发等作用，达到扑灭火灾的目的的灭火方式。空气泡沫灭火是泡沫液与水通过特制的比例混合器混合成泡沫混合液，

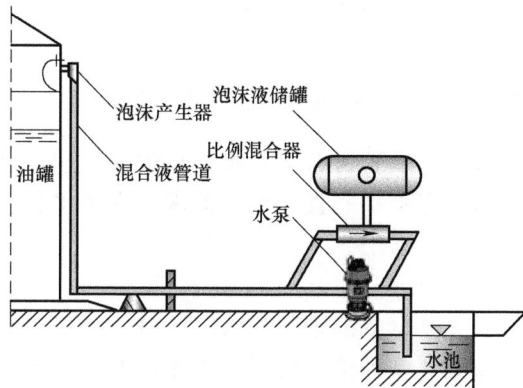

图 2-31　液上喷射泡沫灭火系统示意图

经泡沫产生器与空气混合产生泡沫，通过不同的方式最后覆盖在燃烧物质的表面或者充满发生火灾的整个空间，使火灾扑灭。泡沫灭火剂有化学泡沫灭火剂和空气泡沫灭火剂两大类。

目前化学泡沫灭火剂主要是充装于 100 L 以下的小型灭火器内，扑救小型初期火灾；大型的泡沫灭火系统主要采用空气泡沫灭火剂。

根据灭火剂的发泡性能不同，泡沫灭火系统又可分为低倍泡沫灭火系统、中倍泡沫灭火系统和高倍泡沫灭火系统三类。这三类又根据喷射方式不同（液上、液下），设备和管道的安装不同（固定式、半固定式、移动式）以及灭火范围（全淹没式、局部应用式）组成各种形式的泡沫灭火系统。

（2）气体灭火系统　二氧化碳灭火系统是一种纯物理的气体灭火系统，能产生对燃烧物窒息和冷却的作用。它采用固定装置，类型较多，一般分为全淹没式灭火系统和局部应用灭火系统。其优点是不污损保护物、灭火快等。

气体灭火系统由灭火剂瓶组、选择阀、喷头、管道及其附件组成，如图 2-32 所示。

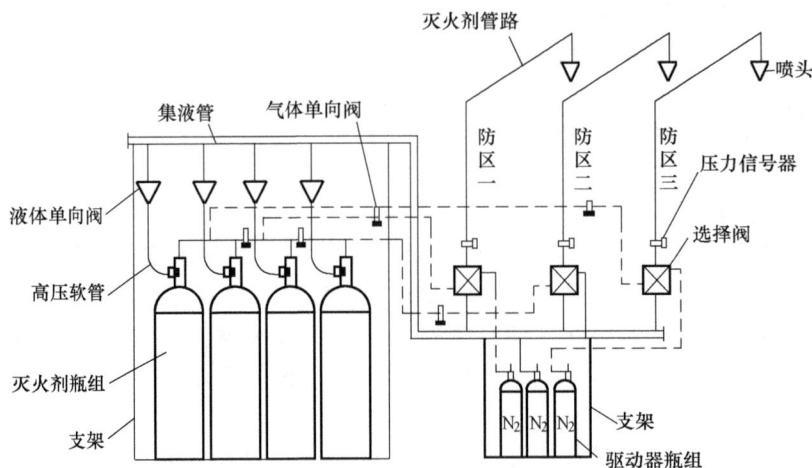

图 2-32　气体灭火系统示意图

常用的气体灭火系统还有七氟丙烷灭火系统、蒸汽灭火系统等。

2.5　给水管道敷设

2.5.1　引入管及水表节点

室内给水管道系统的布置和敷设，应保证供水安全可靠、节约工料、便于安装和维修，明装水管应横平竖直、整齐美观，安装水管以距离最短为原则，要考虑水管的安全，避免有可能造成的损伤。

1. 引入管

引入管自室外管网将水引入室内，引入管力求简短，敷设时常与外墙垂直。引入管的位置，要结合室外给水管网的具体情况，由建筑物用水量最大处接入；在居住建筑中，如卫生器具分布比较均匀，则从单元中央接入。在选择引入管的位置时，应考虑便于水表安装与维修，同时要注意与其他地下管线保持一定的距离。

一般的建筑物设一根引入管，单向供水。对不允许间断供水、用水量大、设有消防给水系统的大型或多层建筑，应设两条或两条以上引入管，在室内连成环状或贯通枝状供水。

引入管的埋设深度主要根据城市给水管网及当地的气候、水文地质条件和地面的荷载而定。在寒冷地区，引入管应埋在冰冻线以下 0.2m 处。

生活给水引入管与污水排出管管外壁的水平距离不宜小于 1.0m，引入管应有不小于 0.003 的坡度坡向室外给水管网。

引入管穿越承重墙或基础时，应注意管道保护。如果基础埋深较浅时，则管道可以从基础底部穿过；如果基础埋深较深，则引入管将穿越承重墙或基础本体，此时应预留洞口，管顶上部净空高度一般不小于 0.15m。

2. 水表节点

必须单独计量水量的建筑物，应从引入管上装设水表。为检修水表方便，水表前应设阀门，水表后可设阀门、止回阀和放水阀。放水阀主要用于检修室内管路时，将系统内的水放空与检验水表灵敏度。阀门的作用是关闭管段，以便修理或拆换水表。

对因断水而影响正常生产的工业企业建筑物，只有一条引入管时，应设旁通管。

水表节点在我国南方地区可设在室外水表井中，井距建筑物外墙 2m 以上；在寒冷地区常设于室内的供暖房间内。

室外管网直埋敷设或管沟敷设至建筑供水引入点时，一般要设水井，在水井内分支引出引入管，引入管设截止阀、单向阀等设施，需要计量用水量的建筑设水表。所以引入管井就是水表井。引入建筑物后，一般沿管道间上引到各层分支入户，入户管加阀门及分户计量表，为了抄表方便用户表可以集中放置，如图 2-33 所示。

图 2-33　住宅水表集中布置示意图

2.5.2　管网布置和敷设

1. 管网布置

设计室内给水管网系统时，应根据建筑物性质、标准、结构、用水要求、用户位置等方面合理布置。给水系统按照水平配水干管的敷设位置，可以布置成下行上给式、上行下给式和环状式三种方式。

（1）下行上给式　它的水平配水干管敷设在底层（明装、埋设或沟设）或地下室顶棚下。居住建筑、公共建筑和工业建筑利用室外管网水压直接供水时，多采用这种方式。这种布置方式简单，明装时便于安装维修，埋地管道检修不方便。

（2）上行下给式　它的水平配水干管敷设在顶层顶棚下或吊顶内；非冰冻地区，可敷设在屋顶上；高层建筑可设在技术夹层内。

设有高位水箱的居住建筑、公共建筑、机械设备或地下管线较多的工业厂房多采用这种方式。其缺点是安装在吊顶内的配水干管，可能因漏水、结露损坏吊顶和墙面。

（3）环状式　水平配水干管或配水立管互相连成环，组成水平干管环状或立管环状。在有两根引入管时，也可将两根引入管通过配水立管和水平配水干管相连通，组成贯穿环状。

高层建筑、大型公共建筑和工艺要求不间断供水的工业建筑常采用这种方式，消防管网一般要求环状连接。

在任何管段发生故障时，可用阀门切断事故管段而不中断非故障区域的供水，使供水可靠性大大提高，但会增加管网造价。

2. 管道敷设

（1）管道的敷设方式　室内给水管道的敷设应根据建筑物的性质及要求确定，它可以分为明装和暗装两种。

1）明装：管道尽量沿墙、梁、柱、顶棚、地板或桁架敷设。其特点是便于安装、维修管理 方便、造价低，但管道表面易积灰、结露、影响美观和整洁。该方式适用于一般民用建筑和生产车间。

2）暗装：管道应尽量暗装在地下室、顶棚、吊顶、公共管廊、管道层或公共管沟内，立管和支管宜设在公共管道井和管槽内。管道井应每层设检修门。暗装在顶棚、吊顶或管槽内的管道，在阀门处应留有检修门。

（2）敷设要求

1）建筑给水、排水及供暖工程与相关各专业之间，应进行交接质量检验，并形成记录。

2）隐蔽工程（安装管道）应在隐蔽前经验收各方检验合格后，才能隐蔽，并形成记录。

3）地下室或地下构筑物外墙有管道穿过的，应采取防水措施。对有严格防水要求的建筑物，必须采用柔性防水套管。

4）管道穿过结构伸缩缝、抗震缝及沉降缝敷设时，应根据情况采取下列保护措施：

① 在墙体两侧采取柔性连接。

② 在管道或保温层外皮上、下部留有不小于150mm的净空。

③ 在穿墙处做成方形补偿器，水平安装。

5）在同一房间内，同类型的供暖设备、卫生器具及管道配件，除有特殊要求外，应安装在同一高度上。

6）明装管道成排安装时，直线部分应互相平行。曲线部分：当管道水平或垂直并行时，应与直线部分保持等距；管道水平上下并行时，弯管部分的曲率半径应一致。

7）给水管道不应穿越变配电房，通信机房，大、中型计算机房，计算机网络中心，音像库房等遇水会损坏设备和引发事故的房间。

8）给水管道不允许敷设在烟道、风道、排水沟内，不允许穿过生产设备的基础、大小便槽、橱窗、壁柜、木装修等。厂房、车间内管道架空布置时，应注意不妨碍生产操作、交通运输和建筑物的使用。

9）不得布置在遇水能引起爆炸、燃烧或损坏原料与产品和设备的上方。

3. 预埋预留

在工程设计中，无论采取哪种形式，都应该密切配合土建，尤其是对暗装管道施工时更要紧密配合。例如在土建砌筑基础、安装楼板、砌筑内墙时，管道工程应根据设计图及时配合土建施工，预埋好各种管道、管件或预留孔、槽等。下面介绍几种预留孔洞尺寸，供参考。

引入管穿承重墙或基础时预留孔洞尺寸见表2-8~表2-10。

表2-8　引入管穿基础时预留孔洞尺寸

管径/mm	<50	50~100	125~150
孔洞尺寸(高/mm)×(宽/mm)	200×200	300×300	400×400

表2-9　立管管外皮距墙面距离及预留孔洞尺寸

管径/mm	<32	32~50	75~100	125~150
管外皮距墙面距离/mm	25~35	30~50	50	60
管孔尺寸(长/mm)×(宽/mm)	80×80	100×100	200×200	300×300

表2-10　暗管管道预留管槽尺寸

名称	盥洗室 冷热水龙头	家具盆	浴盆	淋浴器	洗脸盆	小便器 低位水箱
冷热水管间距/mm	150	150	150	150	175	
管槽尺寸(深/mm)×(宽/mm)	60×240	60×240	60×240	60×240	60×240	60×60

4. 管道支架

为了固定管道,使管道不受自重、温度或外力影响而变形或产生位移,水平管道和垂直管道都应每隔一定距离装设支架、吊架,常用的支架、吊架有钩钉、管卡、吊环、托架等,如图2-34所示。

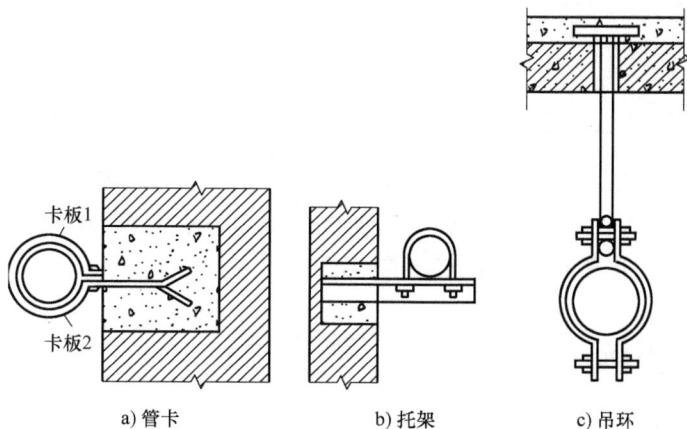

图2-34　管道安装的支架、吊架示意图

管道安装要求如下:

1)供暖、给水及热水供应系统的金属管道立管管卡安装应符合下列规定:

① 楼层高度小于或等于5m,每层必须安装1个。

② 楼层高度大于5m,每层不得少于2个。

③ 管卡安装高度,距地面应为1.5~1.8m,2个以上管卡应匀称安装,同一房间管卡应

安装在同一高度上。

2）管道及管道支墩（座），严禁敷设在冻土和未经处理的松土上。

3）管道穿过墙壁和楼板，应设置金属或塑料套管。安装在楼板内的套管，其顶部应高出装饰地面 20mm；安装在卫生间及厨房内的套管，其顶部应高出装饰地面 50mm，底部应与楼板底面相平；安装在墙壁内的套管其两端与装饰面相平。穿过楼板的套管与管道之间的缝隙应用阻燃密实材料和防水油膏填实，端面光滑。穿墙套管与管道之间的缝隙宜用阻燃密实材料填实，且端面应光滑。管道的接口不得设在套管内。

4）各种承压管道系统和设备应做水压试验，非承压管道系统和设备应做灌水试验。

5）支架、吊架间距视管径大小而定，见表 2-11～表 2-13。

表 2-11　钢管管道支架的最大间距

公称管径/mm		15	20	25	32	40	50	70	80	100	125	150	200	250	300
支架最大间距/m	保温	2	2.5	2.5	2.5	3	3	4	4	4.5	6	7	7	8	8.5
	不保温	2.5	3	3.5	4	4.5	5	6	6	6.5	7	7	9.5	11	12

表 2-12　塑料管及复合管管道支架的最大间距

公称管径/mm			12	14	16	18	20	25	32	40	50	63	75	90	110
支架最大间距/m	立管		0.5	0.6	0.7	0.8	0.9	1.0	1.1	1.3	1.6	1.8	2.0	2.2	2.4
	水平管	冷水管	0.4	0.4	0.5	0.5	0.6	0.7	0.8	0.9	1.0	1.1	1.2	1.35	1.55
		热水管	0.2	0.2	0.25	0.3	0.3	0.35	0.4	0.5	0.6	0.7	0.8	—	—

表 2-13　铜管管道支架的最大间距

公称管径/mm		15	20	25	32	40	50	65	80	100	125	150	200
支架最大间距/m	立管	1.8	2.4	3.0	3.0	3.0	3.0	3.5	3.5	3.5	3.5	4.0	4.0
	水平管	1.2	1.8	1.8	2.4	2.4	2.4	3.0	3.0	3.0	3.0	3.5	3.5

室内给水与排水管道平行敷设时，两管间的最小水平净距不得小于 0.5m；交叉敷设时，垂直净距不得小于 0.15m。给水管应敷在排水管上面，若给水管必须敷在排水管的下面时，给水管应加套管，其长度不得小于排水管管径的 3 倍。

2.6　热水供应系统

热水供应系统是住宅、旅馆、医院、公共浴室、洗衣房、车间等建筑物必须设置的系统。

2.6.1　热水供应系统的分类

建筑物内热水供应系统，按照热水供应范围可以分为局部热水供应系统、集中热水供应系统和区域热水供应系统三类；按热水的用途可分为洗浴热水及饮用水系统，不包括暖气热水系统。

局部热水供应系统采用小型加热器，如电加热器、燃气热水器、太阳能热水器等设置在建筑物中的厨房、卫生间或其他辅助用房就地加热，供局部范围内的一个或几个用水点使用。这种系统适用于热水用水点少的多层或小高层和高层住宅、小别墅、单元旅馆、饮食店、理发店、门诊所、办公楼等热水用水量小且比较分散的建筑。尤其是太阳能局部热水系统，在许多建筑中得到了广泛的应用。

集中热水供应系统可以供一幢或几幢建筑物需要的热水，即在锅炉房或热交换站将水集中加热，通过热水管道将热水输送到一幢或几幢建筑物。这种系统适用于医院、旅馆、疗养院、公共浴室等热水用水量大、用水点多且较集中的建筑。

区域热水供应系统以集中供热热力管网中的热媒为热源，即水在热电厂或区域锅炉或区域热交换站加热，通过室外热水管网将热水输送至城市街坊、住宅小区等各建筑中。这种热水供应方式目前很少采用，但在一些地下温泉热源比较丰富的地区，可采用区域热水供应系统，使温泉热水获得科学有序的充分利用。

热水供应系统的选用，应根据建筑物所在地区的热源情况、建筑物的性质和使用要求等因素进行技术经济分析后确定。

2.6.2 热水供应系统的组成

热水供应系统一般由热源或热媒加热设备、水箱、输配水管、热水配水点以及水质处理设备组成。加热设备把冷水加热，通过加压设备及热水管，将热水送到各个用水点。与自来水供水系统相比，热水供应系统增加了加热设备，以及为了保持供水温度而增加的循环管道。

2.6.3 各类热水系统

1. 热水锅炉系统

小型锅炉集中热水供应系统采用的小型锅炉有燃煤、燃油和燃气三种。锅炉通过燃烧器向正在燃烧的炉膛内喷射雾状燃料，燃烧迅速，燃烧比较完全。燃烧过程中，把热媒加热。

图 2-35 所示为直接加热方式，冷水由热水锅炉直接加热，这种系统设置热水箱或热水罐是为了稳定压力和调节热水量。它的优点是设备简单、热效率高、噪声小和工作稳定。图 2-36 为间接加热方式，锅炉产生热水或蒸汽，通过换热器把冷水加热，再供给用水点。

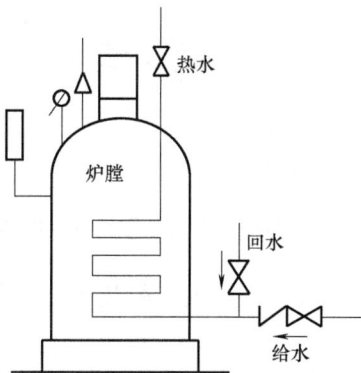

图 2-35　直接加热方式

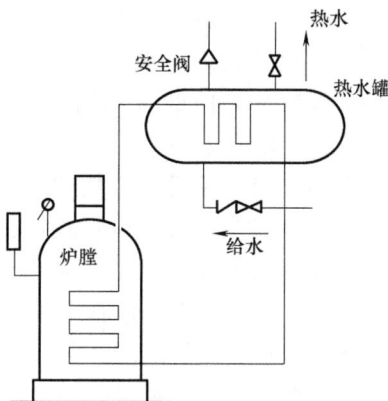

图 2-36　间接加热方式

2. 太阳能热水系统

太阳能热水系统主要由集热器、保温水箱、固定支架、连接管道及电气的水位水温显示、上水控制、加温装置等组成。太阳能热水系统既可以做成单户独立型的热水系统，也可以做成集中式，分别向多个用户甚至多个建筑供应热水的热水系统。图 2-37 所示为太阳能热水器的结构示意图。

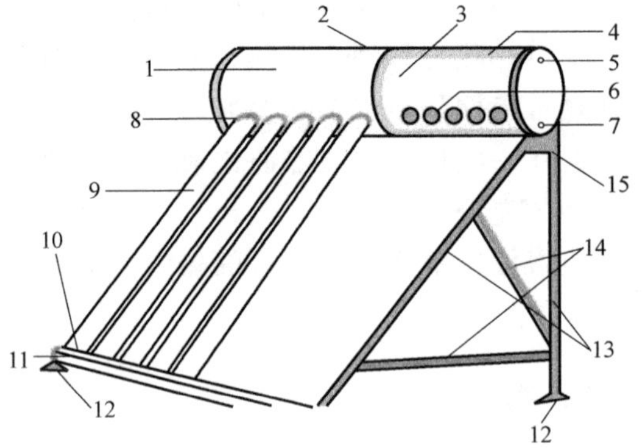

图 2-37 太阳能热水器的结构示意图

1—贮水箱 2—水箱外壳 3—水箱内侧 4—保温层 5—排气孔 6—真空管插孔硅胶圈 7—上下水孔
8—防尘圈 9—真空管 10—ABS 尾托 11—尾托架 12—防风脚 13—前、后腿 14—撑挡 15—桶托

（1）集热器 目前市场上最常见的是全玻璃太阳能真空集热管。结构分为外管、内管，在内管外壁镀有选择性吸收涂层。平板集热器的集热面板上镀有黑铬等吸热膜，金属管焊接在集热板上，平板集热器较真空管集热器成本稍高，近几年平板集热器呈现上升趋势，尤其在高层住宅的阳台式太阳能热水器方面有独特优势。全玻璃太阳能集热真空管一般为高硼硅 3.3 特硬玻璃制造，选择性吸热膜采用真空溅射选择性镀膜工艺。

阳光穿过吸热管的第一层玻璃照到第二层玻璃的黑色吸热层上，将太阳光能的热量吸收，由于两层玻璃之间是真空隔热的，传热将大大减小，绝大部分热量传给玻璃管里面的水，使玻璃管内的水加热，加热的水便沿着玻璃管受热面往上进入保温贮水箱，水箱内温度相对较低的水沿着玻璃管背光面进入玻璃管补充，如此不断循环，使保温贮水箱内的水不断加热，从而达到加热水的目的，如图 2-38 所示。

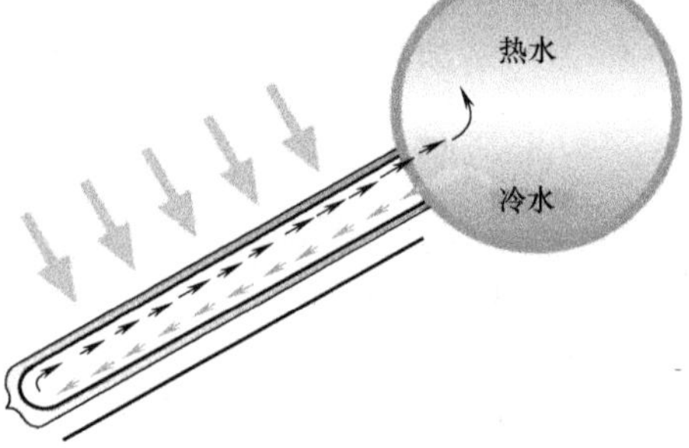

图 2-38 太阳能集热器原理图

（2）保温水箱 保温水箱是贮存热水的容器。通过集热管采集的热水必须通过保温水箱贮存，防止热量损失。太阳能热水器的容量是指热水器中可以使用的水容量，不包括真空管中不能使用的容量。对承压式太阳能热水器，其容量指可发生热交换的介质容量。

太阳能热水器保温水箱由内胆、保温层、水箱外壳三部分组成。水箱内胆是贮存热水的重要部分，其材料强度和耐腐蚀性至关重要。市场上有不锈钢、搪瓷等材质。保温层保温材料的好坏直接关系保温效果，在寒冷季节尤其重要。较好的保温方式是聚氨酯整体发泡工艺保温。外壳一般为彩钢板、镀铝锌板或不锈钢板。保温水箱要求保温效果好，耐腐蚀，水质清洁。

（3）支架 支架是支撑集热器与保温水箱的架子。要求支架结构牢固，稳定性高，抗风雪，耐老化，不生锈。材质一般为不锈钢、铝合金或钢材喷塑。

（4）连接管道 太阳能热水器是将冷水先引入蓄热水箱，然后通过集热器将热量输送到保温水箱。蓄热水箱与室内冷、热水管路相连，使整套系统形成一个闭合的环路。太阳能管道必须保温，北方寒冷地区需要在管道外壁铺设伴热带，以保证用户在寒冷的冬季也能用上太阳能热水。

3. 电热式热水系统

电热式热水系统的主要特点就是用电能加热，方便快捷、清洁安全。但需耗费大量的电能，一般用于单户独立式热水系统。

（1）即热式电热水器 即热式电热水器一般需 20~30A 及以上的电流，即开即热，水温恒定，制热效率高，安装空间小。内部低压处理，可以在安装的时候增加分流器，功率较高的产品安装在浴室，即能用于淋浴，也能用于洗漱。

即热式电热水器核心的即热式电加热器技术是关键，它决定热水器的性能、安全。缺点是功率比较大，功率一般为 6~8kW。

（2）储水式电热水器 储水式电热水器又分为敞开式和封闭式两类。早期的储水式电热水器多为敞开式或开口式，其结构简单，体积不大，靠吊在高处产生的压力喷淋，水流量较小。敞开储水式电热水器内胆没有承压性能，不能满足多处供水，功能有限。封闭储水式电热水器的内胆是密封的，水箱内水压较大，其内胆可耐压，故可多路供水，既可用于淋浴，也可用于盆浴，还可用于洗衣、洗菜。储水式电热水器可自动恒温保温，停电时可照样供应热水。

封闭储水式电热水器使用一根电加热管，通电后给水提供热量。内胆贮存热水并承载压力 0.6MPa，外壳保温。产品间的区别主要体现在加热管上，有浸没型的，也有隔离型的。加热管有 1.2kW、1.5kW 及 2.5kW 等功率可供选择。加热管由一个温控器控制，能设定所需温度并保持内胆中的水温恒定，且在 40~75℃ 范围内可调。封闭储水式电热水器必须安装压力安全阀，以确保超压泄压。为了尽可能减少热量散失，在壳与内胆之间还采用了聚氨酯或高密度泡沫塑料的加厚保温层。

其特点是安全性高，能多路供水，安装也较简单，使用方便。缺点是体积较大，使用前需要预热，不能连续使用超出额定容量的水量，要是家庭人多，洗澡中途需等待。另外，洗完后没用完的热水会慢慢冷却，造成浪费。水温加热温度高，易结垢，污垢清理麻烦，不清理又影响发热器寿命。

4. 燃气热水器系统

（1）工作原理 接通冷水水源及燃气气源，冷水进入热水器，流经水气联动阀体在流动水的一定压力差值作用下，推动水气联动阀门，并同时推动直流电源微动开关将电源接通并启动脉冲点火器，与此同时打开燃气输气电磁阀门，通过脉冲点火器继续自动再次点火，直到点火成功，通过水量调节装置和气量调节装置调节得到合适的水量与水温，进入正常工作状态。燃气在燃烧室内燃烧，热量通过热交换器将水加热，热水从出水口源源不断流出，从点火状态到进入正常工作状态的整个过程是全自动控制的，无须人为调整或附加设置。关闭热水阀或冷水阀，热水器会自动停止工作。

当燃气热水器在工作过程或点火过程出现缺水或水压不足、缺电、缺燃气、热水温度过高、意外吹熄火等故障时，脉冲点火器将通过检测感应针反馈的信号，自动切断电源。燃气输气电磁阀门在缺电的情况下立刻恢复原来的常闭阀状态，也就是说此时已切断燃气，起到安全保护作用，且不能自动重新开启，除非人为地排除以上故障后再重新启动燃气热水器，方能正常工作，因此，其工作性能较为安全可靠。

（2）结构　图2-39所示为某类型的燃气热水器结构示意图。

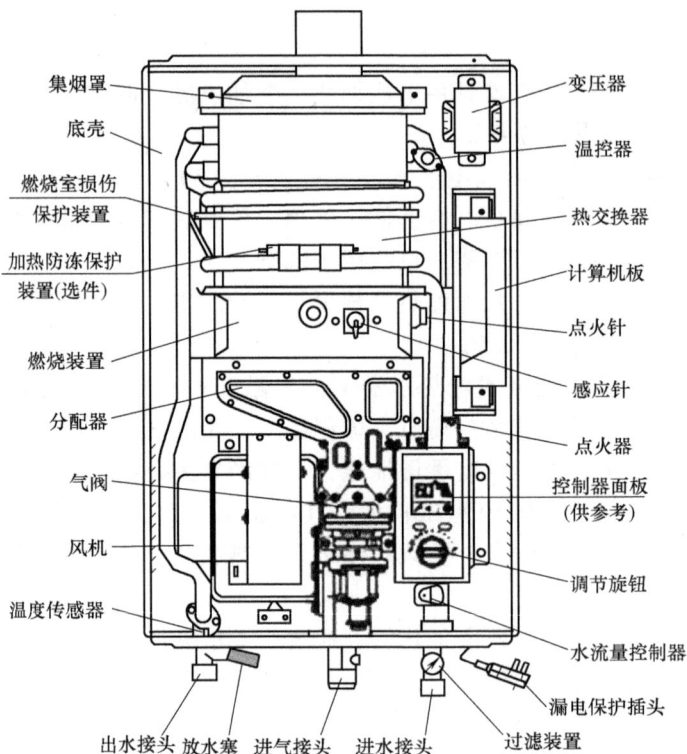

图2-39　某类型的燃气热水器结构示意图

1）集烟罩：收集烟气专用。冷凝式产品的集烟罩较长，并且被进水管包围，这样用烟气的热量预热了冷水。

2）底壳：固定内部配件和挂墙专用。

3）燃烧室损伤保护装置：当温度超过限定温度后，就会自动断开电路。

4）加热防冻保护装置：这个保护装置的原理就是一个电加热丝，一旦检测到环境温度达到冰点，立即开始加热，保护水箱不被冻坏。

5）燃烧装置：火排在里面，不锈钢制成。

6）分配器：分段燃烧就是用这个控制的，一个电磁阀控制一段火焰。

7）气阀：调节燃气输出的比例。

8）风机：将空气鼓入燃烧室内，图2-39是强鼓式的，强抽式的产品的风机在顶端，强鼓式的鼓风效果强些，抽烟弱些，强抽式的反之。

9）温度传感器：检测出水温度。

10）出水接头：连接热水软管。

11）放水塞：可以将内部的残留水放掉。

12）进气接头：连接燃气管。

13）进水接头：连接冷水软管。

14）过滤装置：过滤水中杂质。

15）漏电保护插头：选择带漏电保护器的产品。

16）变压器：调节到合适的电压供给电动机和内部电路使用。

17）温控器：控制出水温度。

18）热交换器：又称为水箱，但它不储水，铜制的最好，由盘管、翅片和外壳组成。

19）计算机板：控制热水器自动工作。

20）点火针：前面很尖，电离空气产生火花从而点燃燃气。

21）感应针：检测火焰是否燃烧。

22）点火器：相当于调试器。

23）控制器面板：手动操作及参数设定。

24）调节旋钮：可以调节进水的大小。

25）水流量控制器：由霍尔传感器和水流转子组件构成。

燃气热水器就是采用燃气作为能源，通过将燃气燃烧产生的高温热量，传递给流经热交换器的冷水，以达到产生热水目的的一种热水器。其优点就是即开即用，无须等待，而且占地面积较小。燃气热水器实现产热和供热的分离，沐浴在浴室，安装在厨房，避免了沐浴过程中产生的漏气、漏电及 CO 中毒危险。

其缺点是不宜装在浴室或离厨房较远的地方。如果距厨房较远，热水管道太长，中间就会白白消耗大量的水资源；此外，使用者不能在洗浴过程中自己调节温度，而必须在进入浴室前先将温度调好。燃气热水器偶尔还会出现打不着火的问题。

2.7 燃气系统

燃气与固体、液体燃料相比，燃烧充分，废弃物少，污染少，故称为清洁能源。燃气可以罐装运输，也可以管道输送，燃烧温度高，火力调节容易。燃气不仅广泛地应用于各类工业生产中，也是我们日常生活中取暖、餐饮的主要燃料。

由于燃气跟空气以一定比例混合就会燃烧，严重时会引起爆炸，且燃气中含有对人体有害的物质。因此，燃气从开采、输送、使用各个环节必须严格遵守国家规范。

2.7.1 燃气的种类

1. 天然气

天然气主要是由低分子的碳氢化合物组成的混合物。根据天然气来源通常可分为五种：气田气（又称为纯天然气）、石油伴生气、凝析气田气、煤层气和页岩气。天然气热值为 $33.5 \sim 41.9 MJ/m^3$。天然气是制取合成氨、炭黑、乙炔等化工产品的原料气，是优质燃料气和理想的城镇气源，也被用作汽车的燃料。

（1）气田气 气田气是从气井直接开采出来的燃气。气田气的成分以甲烷为主，甲烷含量在 90% 以上，还含有少量的二氧化碳、硫化氢、氮和微量的氦、氖、氩等气体，其低热值约为 36MJ/m³。

（2）石油伴生气 伴随石油一起开采出来的低烃类气体称为石油伴生气。石油伴生气的甲烷含量约为 80%，乙烷、丙烷和丁烷等含量约为 15%，低热值约为 45MJ/m³。

（3）凝析气田气 凝析气田气是含石油轻质馏分的燃气。凝析气田气除含有大量甲烷外，还含有 2%~5% 的戊烷及其他碳氢化合物，低热值约为 48MJ/m³。

（4）煤层气 煤层气俗称瓦斯，是在成煤过程中生成，并以吸附和游离状态赋存于煤层及周围岩石上的一种可燃气体。煤层气的主要成分是甲烷（通常占 90% 以上），还有少量的二氧化碳、氮、氢以及烃类化合物，其低热值约为 35MJ/m³。在煤层开采过程中，井巷中的煤层气与空气混合形成的气体称为矿井气。矿井气主要成分为甲烷（30%~55%）、氮气（30%~55%）、氧气及二氧化碳等，低热值约为 18MJ/m³。

（5）页岩气 页岩气是从页岩层中开采出来的天然气，是一种重要的非常规天然气资源。页岩气的形成和富集有着自身独特的特点，往往分布在盆地内厚度较大、分布广的页岩烃源岩地层中。较常规天然气相比，页岩气开发具有开采寿命长和生产周期长的优点，大部分产气页岩分布范围广、厚度大，且普遍含气，这使得页岩气气井能够长期地以稳定的速率产气。

2. 人工燃气

人工燃气是指以固体、液体（包括煤、重油、轻油等）为原料经转化制得，且符合《人工煤气》（GB/T 13612—2016）质量要求的可燃气体。根据制气原料和加工方式的不同，可生产多种类型的人工燃气。要求供应城市的人工燃气低热值在 14.65MJ/m³ 以上。

（1）固体燃料干馏煤气 利用焦炉、连续直立炭化炉等对煤进行干馏所获得的煤气称为干馏煤气。用干馏方式生产煤气，每吨煤可产煤气 300~400 m³。这类煤气中甲烷和氢的含量较高，低热值约为 17 MJ/m³。干馏煤气的生产历史最长，是我国一些城镇燃气的重要气源。

（2）固体燃料气化煤气 加压气化煤气、水煤气、发生炉煤气等均属此类。

1）加压气化煤气是在 2.0~3.0MPa 的压力下，以煤为原料，采用纯氧和水蒸气为气化剂，可获得高压气化煤气。其主要成分为氢气和甲烷，低热值约为 15MJ/m³。若城镇附近有褐煤或长焰煤资源，可采用鲁奇炉生产压力气化煤气，这套装置可建设在煤矿附近（一般称为坑口气化），不需另外设置压送设备，可用管道直接将燃气输送至较远城镇作为城镇燃气使用。

2）水煤气和发生炉煤气主要成分为一氧化碳和氢气。水煤气的低热值约为 10MJ/m³，发生炉煤气的低热值约为 6MJ/m³。由于这两种燃气的热值低，而且毒性大，不可单独作为城镇燃气的气源，但可用来加热焦炉和连续直立式炭化炉，以代替热值较高的干馏煤气，增加供应城镇的气量，也可以和干馏煤气、重油蓄热裂解气混掺。

（3）油制气 油制气是指利用重油（炼油厂提取汽油、煤油和柴油之后所剩的油品）制取城镇燃气。按制取方法不同，油制气可分为重油蓄热热裂解气和重油蓄热催化裂解气两种。重油蓄热热裂解气以甲烷、乙烯和丙烯为主要成分，低热值约为 41MJ/m³，每吨重油的产气量为 500~550 m³。重油蓄热催化裂解气中氢气含量最多，也含有甲烷和一氧化碳，低热值约为 17MJ/m³，利用三筒炉催化裂解装置，每吨重油的产气量为 1200~1300 m³。

与其他制气方式相比，生产油制气的装置简单，投资少，占地少，建设速度快，管理人员少，启动、停炉灵活。油制气既可作为城镇燃气的基本气源，也可作为城镇燃气的调度气源。

中、小燃气厂也可以石脑油（粗汽油）作为制气原料。与重油相比，石脑油含硫少，不生成焦油、烟尘及污水等，气化效率高。

（4）高炉煤气 高炉煤气是钢铁企业炼铁时的副产气，主要成分是一氧化碳和氮气，低热值约为 $4MJ/m^3$。高炉煤气可用作炼焦炉的加热煤气，以使更多的焦炉煤气供应城镇。高炉煤气也常用作锅炉的燃料或与焦炉煤气混掺用于工业气源。

（5）液化石油气 液化石油气是开采和炼制石油过程中，作为副产品而获得的一部分碳氢化合物。

国产的液化石油气主要来自炼油厂的催化裂化装置。液化石油气产量通常占催化裂化装置处理量的 $7\% \sim 8\%$。液化石油气的主要成分是丙烷、丙烯、丁烷和丁烯，习惯上又称为 C3、C4，即只用烃的碳原子数表示。这些碳氢化合物在常温常压下呈气态，当压力升高或温度降低时，很容易转变为液态。从气态转变为液态，其体积约缩小 250 倍。气态液化石油气的低热值约为 $100MJ/m^3$，液态液化石油气的低热值约为 $46MJ/kg$。

（6）生物质气 生物质气是以生物质为原料通过发酵、干馏或直接气化等方法产生的可燃气体。各种有机物质，如蛋白质、纤维素、脂肪、淀粉等，在隔绝空气的条件下发酵，并在微生物的作用下可产生可燃气体，又称为沼气。发酵的原料有粪便、垃圾、杂草和落叶等有机物质，用于干馏和气化的秸秆、稻壳、树枝、木屑也是农业和林业的废弃物，因此生物质气属于可再生资源。生物质气中甲烷的含量约为 60%，二氧化碳的含量约为 35%，还含有少量的氢、一氧化碳等气体。生物质气的低热值约为 $21MJ/m^3$。

2.7.2 燃气管网

1. 燃气管网分类

城市燃气管网根据压力不同，可分为高压管网（$300kPa < p \leqslant 800kPa$）、次高压管网（$150kPa < p \leqslant 300kPa$）、中压管网（$5kPa < p \leqslant 150kPa$）、低压管网（$p \leqslant 5kPa$）等。城市燃气管网包括街道燃气管网和庭院燃气管网。

在城市中，为了保证燃气供应的可靠性，燃气管网布置成环状。燃气由主要道路的主干高压管网或次高压管网，经燃气调压站降压，进入次干道中压管网，再经区域调压站降压进入小区低压管网，最后进入用户。庭院燃气管网是指从燃气总阀门井至各建筑物前的户外管路。

2. 室内管网设计要求

1）燃气引入管敷设位置应符合下列规定：

① 燃气引入管不得敷设在卧室、卫生间、易燃或易爆品的仓库、有腐蚀性介质的房间、发电间、配电间、变电室及不使用燃气的空调机房，通风机房、计算机房，以及电缆沟、暖气沟、烟道和进风道、垃圾道等地方。

② 住宅燃气引入管宜设在厨房、外走廊、与厨房相连的阳台内（寒冷地区输送湿燃气时阳台应封闭）等便于检修的非居住房间内。当确有困难时，可从楼梯间引入（高层建筑除外），但应采用金属管道且引入管阀门宜设在室外。

③ 商业和工业企业的燃气引入管宜设在使用燃气的房间或燃气表间内。

④ 燃气引入管宜沿外墙地面上穿墙引入。室外露明管段的上端弯曲处应加不小于 DN15

清扫用三通和丝堵，并做防腐处理。寒冷地区输送湿燃气时应保温。

引入管可埋地穿过建筑物外墙或基础引入室内。当引入管穿过墙或基础进入建筑物后应在短距离内出室内地面，不得在室内地面下水平敷设。

2）燃气引入管穿墙时与其他管道的平行净距应满足安装和维修的需要，当与地下管沟或下水道距离较近时，应采取有效的防护措施。

3）燃气引入管穿过建筑物基础、墙或管沟时，均应设置在套管中，并应考虑沉降的影响，必要时应采取补偿措施。

套管与基础、墙或管沟等之间的间隙应填实，其厚度应为被穿过结构的整个厚度。

套管与燃气引入管之间的间隙应采用柔性防腐、防水材料密封。

4）建筑物设计沉降量大于 50mm 时，可对燃气引入管采取如下补偿措施：

① 加大引入管穿墙处的预留洞尺寸。

② 引入管穿墙前水平或垂直弯曲 2 次以上。

③ 引入管穿墙前设置金属柔性管或波纹补偿器。

5）燃气水平干管和立管不得穿过易燃易爆品仓库、配电间、变电室、电缆沟、烟道、进风道和电梯井等。

6）燃气立管不得敷设在卧室或卫生间内。立管穿过通风不良的吊顶时应设在套管内。

7）燃气支管宜明设。燃气支管不宜穿过起居室（厅）。敷设在起居室（厅）、走道内的燃气管道不宜有接头。

当穿过卫生间、阁楼或壁柜时，燃气管道应采用焊接连接（金属软管不得有接头），并应设在钢套管内。

8）民用建筑室内燃气水平干管，不得暗埋在地下土层或地面混凝土层内。

9）燃气管道不应敷设在潮湿或有腐蚀性介质的房间内。当确需敷设时，必须采取防腐蚀措施。

输送湿燃气的燃气管道敷设在气温低于 0℃ 的房间或输送气态液化石油气管道处的环境温度低于其露点温度时，其管道应采取保温措施。

10）室内燃气管道与电气设备、相邻管道之间的净距不应小于表 2-14 的规定。

表 2-14　室内燃气管道与电气设备、相邻管道之间的净距

管道和设备		与燃气管道的净距/cm	
		平行敷设	交叉敷设
电气设备	明装的绝缘电线或电缆	25	10
	暗装或管内绝缘电线	5（从所做的槽或管子的边缘算起）	1
	电压小于 1000V 的裸露电线	100	100
	配电盘或配电箱、电表	30	不允许
	电源插座、电源开关	15	不允许
相邻管道		保证燃气管道和相邻管道的安装和维修	2

注：1. 当明装电线加绝缘套管且套管的两端各伸出燃气管道 10cm 时，套管与燃气管道的交叉净距可降至 1cm。

2. 当布置确有困难时，在采取有效措施后，可适当减小净距。

11）沿墙、柱、楼板和加热设备构件上明设的燃气管道应采用管支架、管卡或吊卡固定。管支架、管卡、吊卡等固定件的安装不应妨碍管道的自由膨胀和收缩。

12）室内燃气管道穿过承重墙、地板或楼板时必须加钢套管，套管内管道不得有接头，套管与承重墙、地板或楼板之间的间隙应填实，套管与燃气管道之间的间隙应采用柔性防腐、防水材料密封。

2.7.3 常用燃气设备

1. 液化气钢瓶

液化气钢瓶是前几年日常生活中的重要设备，随着管道燃气的普及钢瓶装燃气使用越来越少。目前主要应用在管道燃气没有输送到的建筑，或移动性较大的燃气用户。常用液化气钢瓶的规格及技术参数见表 2-15。

表 2-15 常用液化气钢瓶的规格及技术参数

参数	规格				
	YSP—2	YSP—5	YSP—10	YSP—15	YSP—50
公称容积/L	4.7	12	23.5	35.5	118
适应温度/℃	-40~60	-40~60	-40~60	-40~60	-40~60
公称压力/MPa	1.6	1.6	2.1	2.1	2.1
充装质量/kg	≤2	≤5	≤10	≤15	≤50
设计质量/kg	4.3	6.7	12.7	16.3	50.4

2. 燃气炉灶

（1）结构

1）台式灶具结构。台式灶具主要由燃烧器（炉头、内外火盖）、阀体（含喷嘴、风门板、锥形弹簧）、壳体（可以是分体壳体——面板、后板和左右侧板组装而成，也可以是整体拉伸壳体）、炉架、旋钮、盛液盘、炉脚、进气管和脉冲点火器等组成。

2）嵌入式灶具结构　嵌入式灶具主要由嵌入燃烧器（炉头、内外火盖等）、阀体（含喷嘴、风门板、锥形弹簧、电磁阀）、面板（有钢化玻璃面板、不锈钢面板和不粘油面板等）、炉架、旋钮、盛液盘、炉脚、底壳、进气管、连接管、脉冲点火器、热电偶等组成。

（2）点火方式　燃气灶的点火方式有电子脉冲点火和压电陶瓷点火两种。

1）消费者一般都很熟悉电子脉冲点火，嵌入式灶具多数采用这种点火方式，旋钮扭到某个位置就点着火了，非常简单方便，点火命中率高，一般是 100%，但这种方式需要使用电池。

2）压电陶瓷点火多数用于台式灶具，最大优点是不需要电池。不过点火的成功率与环境湿度有关，湿度大时不易点着。此外，点火的时候需要按住开关才能打着火，没有电子脉冲点火那么快。

（3）安全保护装置　为了安全需要，燃气炉灶的熄火保护装置是非常必需的，相关国家标准对此也有强制性规定。市场上常用的安全保护装置有三种：热敏式、热电式和光电式。

1）热敏式：又称为双金属片式。双金属片是由两种不同膨胀系数的金属合制而成，在温度的作用下，膨胀系数大的金属一面会向膨胀系数小的金属一面弯曲，当失去温度时，原已膨胀弯曲的金属又会慢慢恢复到原来的状态，因此双金属片又称为记忆合金。将双金属片用作安全保护装置的传感器，正是利用了双金属片在温度作用下膨胀弯曲的特性。

双金属片安全保护装置的优点是结构简单、成本低。缺点是安装困难，对双金属片的安装位置及旋塞阀和燃气阀的配合都有很高的要求，且热惰性大，开阀及闭阀的时间较长，使用寿命短。

2）热电式：该装置也是利用了燃气燃烧时产生的热能。热电式安全保护装置由热电偶和电磁阀两部分组成，热电偶由两种不同的合金材料组合而成。不同的合金材料在温度的作用下会产生不同的热电势，热电偶正是利用不同合金材料在温度的作用下产生的热电势不同制造而成，它利用了不同合金材料的电热差值。

热电式安全保护装置结构简单、安装方便、成本低，已得到广泛应用。但此种保护装置以热电偶作为热传感器，缺点是热惰性大、反应速度慢，使人感到操作不方便，且使用寿命短，旋塞阀与电磁阀的配合安装精度要求较高。

3）光电式：也称为离子感应式。该装置是利用燃气在燃烧时火焰带有离子并具有单向导电特性。这种安全保护装置最早被应用在燃气热水器上，并已由直流感应发展到交流感应，使可靠性得到了大幅度的提高。

3. 燃气表

用气的时候能看到最低位的数字轮慢悠悠地转动。当最低位从 0 转到 9 时，它前面的那一位数字轮就转动一下，使读数增加 1 个数，这就是进位。显然，这也是一种十进位的计数装置，称为滚轮计数器。

滚轮的外表虽然只有数字，但实际上每一位数字的两侧都有一圈轮（有的是藏在数字轮里边的），相邻的两位数字旁边还有一个小齿轮和两个数字轮啮合。但是小齿轮的形状特殊，平时是打滑的，只在进位的时候带动比它高的一位一起转。

随着信息及计算机技术的发展，目前智能卡气表、GPRS 无线及有线网络气表越来越得到广泛的运用。

第 3 章

建筑排水系统

在人类生产、生活中，有大量的水被使用，水在使用过程中受到各种物质不同程度的污染，改变了水的原来物理性质和化学成分，这种被污染的水称为污水或废水。科学、系统地收纳、排除污（废）水的设施即为排水系统。根据污（废）水来源的不同，排水系统又分为生活排水系统、生产排水系统、雨水排水系统。

排出居住建筑、公共建筑及工厂生活间的污（废）水系统为生活排水系统。根据污（废）水处理、卫生条件或杂用水的需要，又把生活排水系统进一步分为：排除冲洗便器的生活污水排水系统，排除盥洗、洗涤废水的生活废水排水系统。生活废水经过处理后可作为中水，用来冲洗厕所、浇洒绿地和道路等。

用于排除生产过程中产生的废水的设施称为生产排水系统。生产排水分为生产废水和冷却废水。生产废水因生产工艺不同，水质差异很大，污染较重的废水，需要经过处理，达标排放；冷却废水水质污染轻微，经冷却、简单处理可重复利用。

雨水排水系统是指排除屋面、地面的雨水和雪水的设施。建筑物雨水排水系统主要是指屋面雨水排水设施。雨水中含有从屋面冲刷下来的泥沙和其他杂质，除大气污染严重的城市会下腐蚀性很强的酸雨外，其他相对洁净，经处理后可用于绿化等，甚至可以作为生活用水。

3.1 建筑生活排水系统

建筑排水系统应能迅速畅通地将污（废）水排到室外，并有防止管道内有害气体、微生物、细菌进入室内的措施。

3.1.1 系统的组成

室内排水系统一般由卫生器具、横支管、立管、排出管、通气管、清通口及某些特殊设备等部分组成，如图 3-1 所示。

（1）卫生器具 卫生器具是室内排水系统的起点，接纳各种污（废）水后，从器具排出口经存水弯和器具排水管流入横支管，排入管网系统。

（2）横支管 横支管的作用是收纳各卫生器具排水管排出的污（废）水，然后排入立管。横支管应具有一定的坡度坡向立管。

（3）立管 立管接纳各横支管中的污（废）水，然后再排至排出管，为了保证污（废）水水流畅通，立管的管径不应小于任何一根横支管的管径。

（4）排出管　排出管是室内排水立管与室外污水井之间的连接管段，排出管的管径不得小于连接立管的管径。排出管应具有一定坡度。

（5）通气管　通气管不但能将室内排水管道中产生的有毒气体和臭气排到大气中去，还能保持排水管系统的压力波动较小，保护卫生器具存水弯内的存水不致因压力波动而被虹吸或吹出。

（6）清通口　污（废）水中固体杂物和油脂，容易在管内形成沉积、黏附，会降低管道的排水能力，甚至堵塞管道。为清理污物疏通管道方便，在横支管的末端、较长排水管道上设清通口。

（7）污水泵　人防建筑、高层建筑的地下室、地铁站等，在其标高低于市政污水管网的情况下，不能自然排除，只好借助于污水泵，将污水排入市政污水管网。

（8）污水局部处理设施　当建筑物内污水

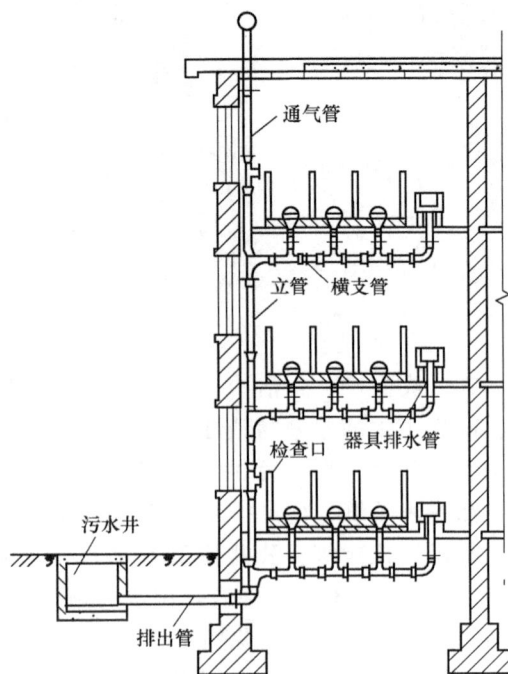

图 3-1　室内排水系统示意图

未经处理不得排入市政污水管网时，需设污水局部处理设施，如民用建筑的化粪池、锅炉等加热设备的冷却水降温池、去除油污的隔油池以及消毒灭菌的医院污水处理站等。

3.1.2　排水管道的结构类型

1. 单立管排水系统

单立管排水系统只设一根排水立管，没有通气立管。单立管排水系统利用排水立管本身及与其连接的横支管和附件进行气流交换，这种通气方式称为内通气。单立管排水系统根据结构不同又分为以下三种类型：

1）无通气的单立管排水系统如图 3-2a 所示。立管顶端不与大气相通，适用于立管短、卫生器具少、排水量小、立管顶端不易伸出屋面的情况。

2）有伸出屋顶通气管的单立管排水系统如图 3-2b 所示。排水立管伸出屋面，与大气相通，适用于一般多层建筑。

3）有特制配件的单立管排水系统如图 3-2c 所示。在立管与横支管连接处设置特制配件，代替普通三通。在立管底部与排出管连接处设特制弯头，代替普通弯头。在排水立管管径不变的情况下，可以改善水流与通气状态，增大排水流量。这种方式又称为诱导式内通气。

2. 双立管排水系统

双立管排水系统又称为双管制，由一根排水立管和一根专用通气立管组成。排水立管与通气管之间进行气流交换，所以称为外通气。因通气立管不排水，双立管排水系统的通气方式又称为干式通气方式。它适用于污（废）水合流的多层及高层建筑。双立管排水系统如图 3-3a 所示。

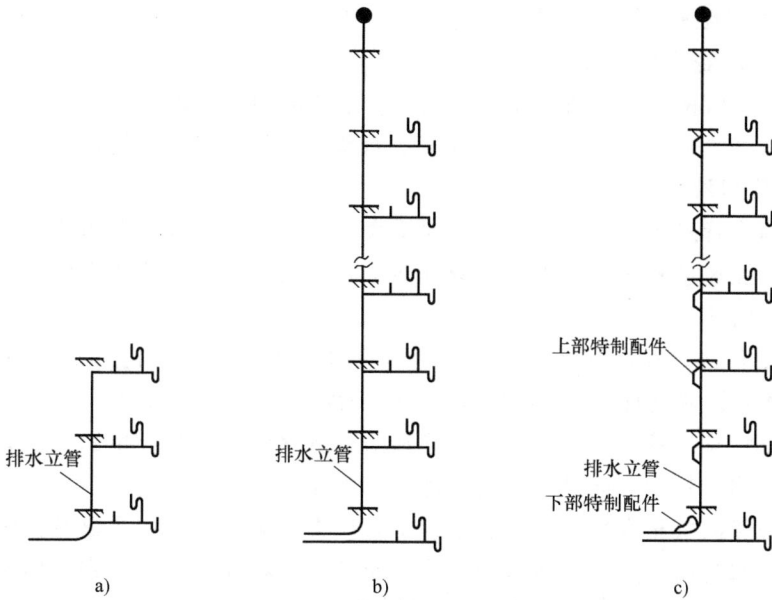

图 3-2　单立管排水系统

3. 三立管排水系统

三立管排水系统由三根立管组成，分别为污水立管、废水立管和专用通气管。两根排水管共用一根通气管，这种通气方式也是干式外通气。三立管排水系统适用于生活废水与生活污水分流的各类多层、高层建筑。图 3-3b、图 3-3c 所示为废水立管与污水立管互为通气系统。

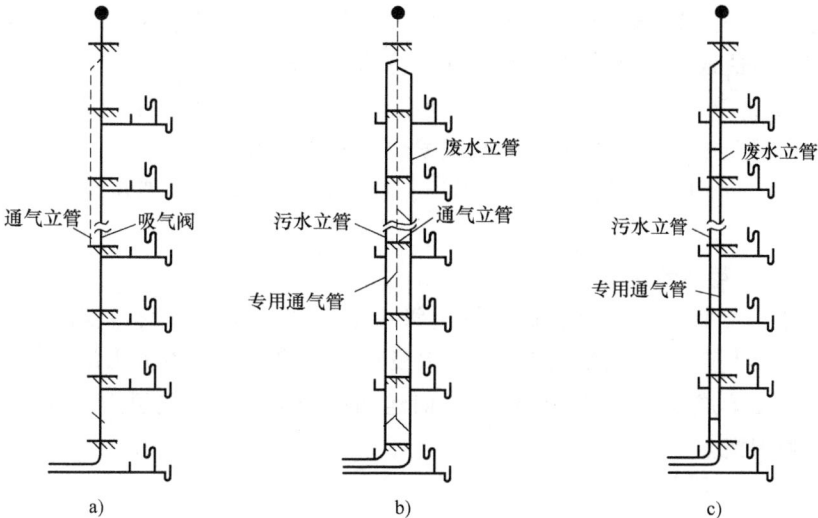

图 3-3　双立管和三立管排水系统

3.2　排水技术

3.2.1　水气流在排水管中的状态

1. 排水流动特点

建筑排水一般按重力非满流设计，污（废）水中含有固体污物、水、空气，属于三种介质的复杂运动。但因固体物含量少，可近似看作水、气两相流。

2. 水量、气压变化幅度大

建筑内部排水管网接纳的排水量不均匀，排水历时短，高峰流量时可能充满整个管道断面，而大部分时间管道内可能没有水。管内水面和气压不稳定，水气容易掺和。

3. 流速变化剧烈

当水流由横支管进入立管时，流速急骤增大，流速越大水气混合越严重；当水流由立管进入排出管时，流速急骤减小，水气迅速分离。尤其高层建筑，流速变化更为剧烈。

4. 对水封的破坏

（1）水封的作用　存水弯是设置在卫生器具排水管上和生产污（废）水受水器的泄水口下方的排水附件。在弯曲段内存有 50～100mm 深的水，称为水封。其作用是利用一定高度的静水压力抵抗排水管内气压变化，隔绝和防止排水管道内所产生的难闻有害气体、可燃气体、细菌微生物、蚊虫等通过卫生器具进入室内而污染室内环境。

水封高度与管内气压变化、水蒸发率、水量损失、水中杂质的含量及密度有关，不能太大也不能太小。水封高度太大，污水中固体杂质容易沉积在存水弯底部，堵塞管道；水封高度太小，管内气体容易克服水封的静水压力进入室内。

（2）对水封的破坏　水封高度减小，不足以抵抗管道内压力变化，造成管道内污染气体进入室内的现象，称为水封破坏。水封破坏的原因如下：

1）自虹吸损失。卫生器具在瞬时大量排水时，存水弯自身充满水而形成虹吸，造成存水弯内水封降低到规范高度。

2）诱导虹吸。当同一排水立（干）管上，其他卫生器具排水时，立管内水气流的上部因短时负压的作用造成存水弯内水封的降低，称为诱导虹吸。

3）吹溅损失。当同一排水立（干）管上，其他卫生器具排水时，立管内水气流的下部因短时正压的作用造成存水弯内水封被吹溅喷出，称为吹溅损失。

4）静态损失。因卫生器具长时间的不用，存水弯内的水封自然蒸发，而造成水封高度降低的现象。

5. 排出（横）管中水流状态

污（废）水由立管进入排出管后，排出管中的水流状态可分为急流段、水跃后段、逐渐衰减段，如图 3-4 所示。急流段流速大、水浅、冲刷能力强。急流末端由于管壁阻力使流速减小，水深增加形成水跃。在水流继续向前运动过程中，因管壁阻力，能量减小，水深逐渐减小，趋于均匀流。

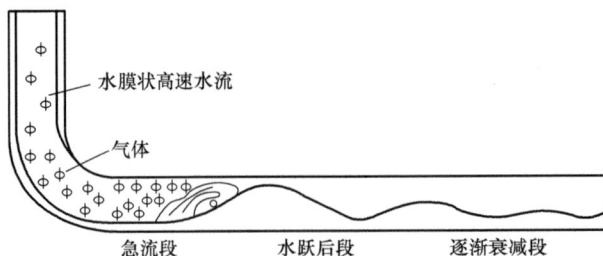

图 3-4　排出横管中水流状态示意图

6. 立管中水流状态

1）断续非均匀流。卫生器具的使用是断续的，其排水也不连续。某一器具使用后，污水由横支管流入立管，初期立管中的流量瞬间递增，排水末期流量递减；卫生器具没有排水时，立管中只有空气。平时立管中的排水量也会随着住户集中使用卫生器具程度的变化而变化。所以排水管中的水是断续非均匀流，而且水量变化幅度较大。

2）水气两相流。为防止排水管道中的气压变化太大而破坏水封，排水管是按非满流设计的。当横管排出的水，经与立管撞击，并高速下降时，与空气混合形成水气两相流。

3）管内压力变化。图3-5所示为排水立管内压力分布示意图，横支管排出的水在立管中与空气混合形成水气两相流充满立管，如果不及时补充空气，在立管水气两相流的上部就会形成负压。水气两相流进入排出管后，因流速减小，气体析出，水形成水跃，充满排出管，从水中析出的气体不能及时排出，在立管水气两相流的下部就会形成正压。负压达到一定数值，就会因虹吸而破坏水封；正压高到一定数值，就会将水封吹出而破坏水封。

7. 水流流动状态

排水立管中的水流运动形态，与排水量、管径、水质、管壁的粗糙度、横支管与立管之间的连接几何形状有关，其中管径、排水量是影响水流流动状态的主要因素，通常用充水率，即水流断面面积与管道断面面积的比值，表示两者之间的关系。对于一定管径的排水立管，随着排水量的变化，立管水流状态主要分为：附壁螺旋流、水膜流、水塞流三种，如图3-6所示。

（1）附壁螺旋流　当横支管排水量较小时，横支管中的水深较浅，水平流速较小。因排水立管的内壁粗糙，排水的界面力大于其分子间的内聚力，进入立管的水不能以水团的形式脱离管壁在管中心坠落，而是沿管内壁向下做螺旋流动。因螺旋运动离心力作用，水流密实，气液分界面清晰，水挟气作用不明显，管内气流通畅，气压稳定。试验证明，充水率小于1/4时，排水状态为附壁螺旋流，如图3-6a所示。

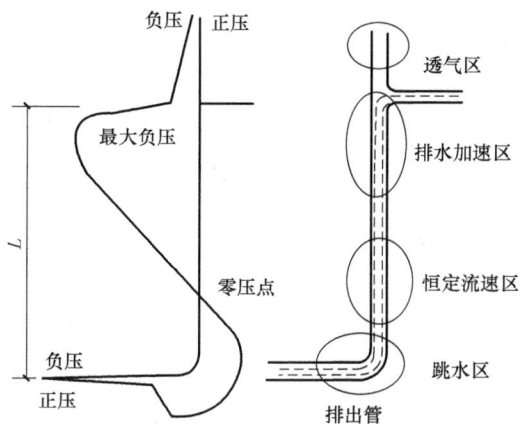

图3-5　排水立管内压力分布示意图

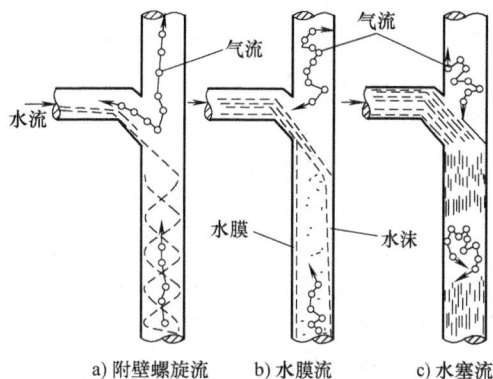

图3-6　排水立管水流状态

（2）水膜流　当排水流量进一步增加，在空气阻力与管壁摩擦力的共同作用下，水流沿管壁做下落运动，形成一定厚度的带有横向隔膜的附壁环状水膜。附壁环状水膜与其上部的横向隔膜连在一起向下运动，如图3-6b所示。附壁环状水膜与横向隔膜的运动方式不同，附壁环状水膜形成后比较稳定向下做加速运动，水膜厚度与下降速度近似成正比。随着流速的增加，水膜受管壁的摩擦随之增加。当水膜受的摩擦力与重力平衡时，水膜下降速度及其厚度不再发生变化，这时的流速称为终限流速，从污（废）水排出横支管到形成终限速度所处的高度称为终限长度。

而横向隔膜不稳定，向下运动过程中，横向隔膜下部的管内压力不断增加，压力达到一定数值，横向隔膜破裂，通气畅通，管内压力恢复正常。继续下降过程中，再形成新的隔膜。隔膜的形成与破坏交替进行，排水立管内压力变化不大，不会产生足以破坏水封的压力。当立管内充水率为 1/4～1/3 时，排水状态为水膜流。

（3）水塞流　随着排水量的继续增加，充水率超过 1/3 时，横向隔膜的形成与破坏越来越频繁，水膜厚度不断增加，水膜下部的压力不能冲破水膜，最后形成稳定的水塞，水塞向下运动，管内气体压力波动剧烈，超过 245Pa，水封破坏，整个排水系统不能正常使用。

综合考虑造价与运行安全，排水设计中皆选用水膜流作为设计排水立管的依据。

3.2.2　高层建筑排水技术

高层建筑中每组立管所连接的卫生器具多，排水量大，水的落差大，水的流速高。在立管底部连接的排出（横）管中形成严重的水跃，必将导致立管中的压力大幅波动，从而破坏水封造成室内空气污染。

因此高层建筑排水系统必须解决好立管的通气问题，稳定管内压力，保证排水系统稳定可靠地运行。在生产实践中，工程技术人员研制出了苏维托排水系统、旋流排水系统、芯型排水系统、UPVC 螺旋排水系统等先进排水工艺，在高层建筑排水系统中得到了广泛的应用。

1. 苏维托排水系统

苏维托排水系统由瑞士苏玛（Fritz Sommr）于 1961 年研制成功，其有两个特殊配件，如下：

（1）气水混合器　如图 3-7 所示，气水混合器安装在立管与横支管的连接处，代替普通的三通，由上流入口、乙字管、隔板、横支管流入口、混合室、排出口组成。自立管下降的污（废）水，在乙字管撞击分散，形成质量小呈水沫状的气水混合物，下降速度减缓，减小了上部负压，降低虹吸效应，保护了水封的安全。横支管排出的污水受隔板阻挡，只能从隔板右侧向下排放，不会在立管中形成水舌，能确保立管中气流畅通，气压稳定。

（2）气水分离器　如图 3-8 所示，气水分离器安装在立管底部与排出管的连接处，代替普通弯头，由流入口、顶部通气口、有突块的空气分离室、跑气管、排出口组成。自立管下降的气水混合物，遇突块被溅散，并改变方向冲击到突块对面的斜面上，分离出气体。气体经跑气管排入水跃后面的排出管下段，排气畅通，大大降低了下部正压，避免了水封被吹出而破坏水封。

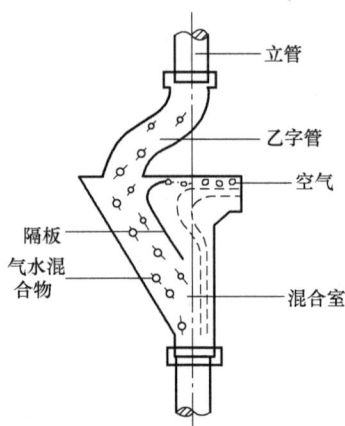

图 3-7　气水混合器

2. 旋流排水系统

旋流排水系统由法国工程师 1967 年研制成功。旋流接头、特殊排水弯头为其两个主要部件。

（1）旋流接头　如图 3-9 所示，旋流接头设置在立管与横支管的连接处，由底座、盖板（其上带有固定旋转叶片，设置在底座支管与立管接口处）、导流板（设于立管切线方向上）组成。从横支管流出的污水通过导流板从切线方向以旋转状态进入立管，立管下降水流经固定旋转叶片沿壁旋转下降，当水流下降一定距离后旋转作用减弱，但流过下层旋转接头时，经旋转叶片导流，旋转作用加强，使管中间形成气流通畅的空气芯，压力变化很小。

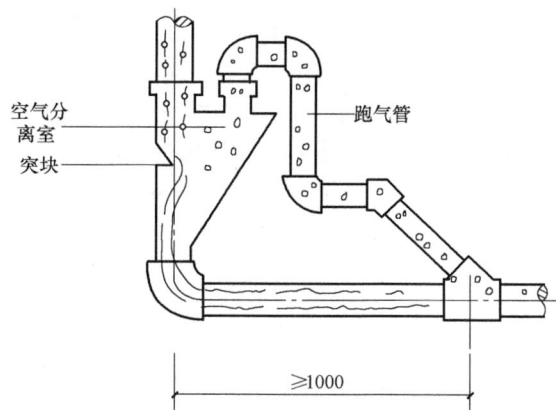

图 3-8　气水分离器

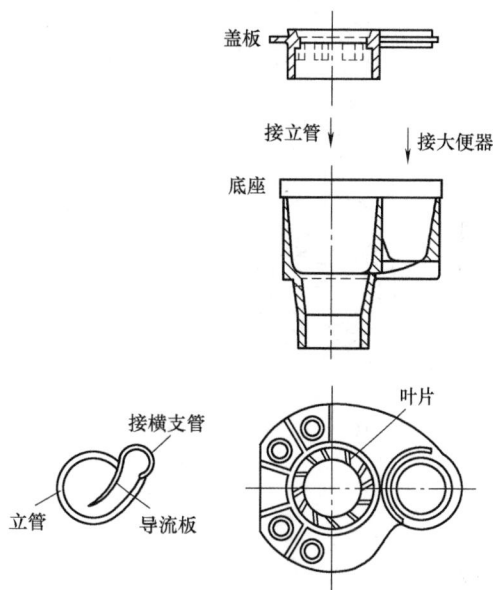

图 3-9　旋流接头

（2）特殊排水弯头　如图 3-10 所示，特殊排水弯头设置在排水立管底部转弯处，为内有导向叶片的 45°弯头，立管下降的附壁膜水流，在导向叶片作用下，旋向弯头对壁，使水流沿弯头下部流入干管，可避免因管内出现水跃而封闭气流造成过大正压。

3. 芯型排水系统

日本工程师小岛德厚于 1973 年研究开发芯型排水系统。其主要有换流器、角笛弯头两个主要部件。

（1）换流器　如图 3-11 所示，换流器设置在立管与横支管的连接处，由上部立管、倒锥体和 2~4 个横向接口组成。横支管排出的污（废）水受插入锥体的立管阻挡后，沿壁下流进入换流器，再流经锥体时形成气水混合物，流速减慢，沿壁呈水膜状下降使管中空气流畅通。

（2）角笛弯头　如图 3-12 所示，角笛弯头设在立管的底部转弯处。自立管下降的水因过流断面扩大，流速变缓，掺杂在污（废）水中的空气释放，且弯头曲率半径大，加强了排水能力，可消除水跃和水塞现象，避免了立管底部产生过大正压。

4. UPVC 螺旋排水系统

20 世纪韩国工程师研制成功 UPVC 螺旋排水系统。其主要配件有：偏心三通和内壁带有 6 条间距 50mm 呈三角形的螺旋导流凸起组成,如图 3-13 所示。偏心三通设置在立管与横支管的连接处。由横支管流入的污(废)水经偏心三通从切线方向流入立管,在螺旋导流凸起的引导下,在管内壁形成较为密实的水膜螺旋下落,使排水立管中心保持空气畅通,降低了管内压力波动,保证了水封的安全。同时横支管进入立管的水流沿切线方向流入,减少了水流间及水与管壁的撞击,大大降低了排水噪声。

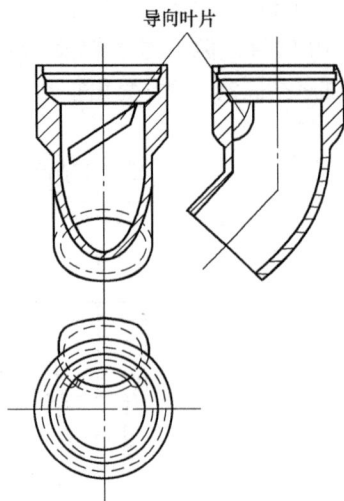

图 3-10 特殊排水弯头

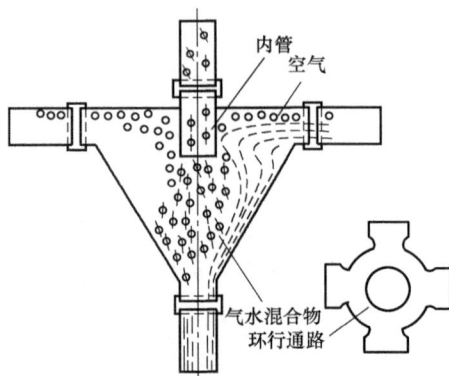

图 3-11 换流器

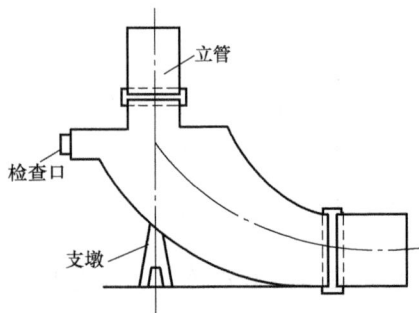

图 3-12 角笛弯头

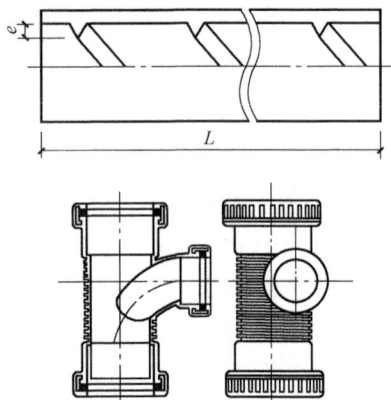

图 3-13 螺旋 UPVC 管及偏心三通

3.2.3 室内排水管道敷设

1)建筑物内排水管道布置应符合下列要求:

① 自卫生器具至排出管的距离应最短,管道转弯应最少。

② 排水立管宜靠近排水量最大的排水点。

③ 排水管道不得敷设在对生产工艺或卫生有特殊要求的生产厂房内,以及食品和贵重商品仓库、通风小室、电气机房和电梯机房内。

④ 排水管道不得穿过沉降缝、伸缩缝、变形缝、烟道和风道;当排水管道必须穿过沉

降缝、伸缩缝和变形缝时，应采取相应的技术措施。

⑤ 排水埋地管道不得布置在可能受重物压坏处或穿越生产设备基础。

⑥ 排水管道不得穿越住宅客厅、餐厅，并不宜靠近与卧室相邻的内墙。

⑦ 排水管道不宜穿越橱窗、壁柜。

⑧ 塑料排水立管应避免布置在易受机械撞击处；当不能避免时，应采取保护措施。

⑨ 塑料排水管应避免布置在热源附近；当不能避免，并导致管道表面受热温度大于60℃时，应采取隔热措施；塑料排水立管与家用灶具边的净距不得小于0.4m。

⑩ 当排水管道外表面可能结露时，应根据建筑物性质和使用要求，采取防结露措施。

⑪ 排水管道不得穿越卧室。

2) 排水管道不得穿越生活饮用水水池部位的上方。

3) 室内排水管道不得布置在遇水会引起燃烧、爆炸的原料、产品和设备的上面。

4) 排水横管不得布置在食堂、饮食业厨房的主副食操作、烹调和备餐的上方。当受条件限制不能避免时，应采取防护措施。厨房间和卫生间的排水立管应分别设置。

5) 排水管道宜在地下或楼板填层中埋设或在地面上、楼板下明设。当建筑有要求时，可在管槽、管道井、管窿、管沟或吊顶、架空层内暗设，但应便于安装和检修。在气温较高、全年不结冻的地区，可沿建筑物外墙敷设。

6) 住宅卫生间同层排水形式应根据卫生间、卫生器具布置、室外环境气温等因素，经技术经济比较确定。住宅卫生间的卫生器具排水管要求不穿越楼板，进入他户时，卫生器具排水横支管应设置同层排水。同层排水设计应符合下列要求：

① 器具排水横支管布置和设置标高不得造成排水滞留、地漏冒溢。

② 埋设于填层中的管道不得采用橡胶圈密封接口。

③ 当排水横支管设置在沟槽内时，回填材料的面层应能承载器具、设备的荷载。

④ 卫生间地坪应采取可靠的防渗漏措施。

7) 室内管道的连接应符合下列规定：

① 卫生器具排水管与排水横支管垂直连接，宜采用90°斜三通。

② 排水管道的横管与立管连接，宜采用45°斜三通或45°斜四通和顺水三通或顺水四通。

③ 排水立管与排出管端部的连接，宜采用两个45°弯头、弯曲半径不小于4倍管径的90°弯头或90°变径弯头。

④ 排水立管应避免在轴线偏置；当受条件限制时，宜用乙字管或两个45°弯头连接。

⑤ 当排水支管、排水立管接入横干管时，应在横干管管顶或其两侧45°范围内采用45°斜三通接入。

8) 塑料排水管道应根据其管道的伸缩量设置伸缩节，伸缩节宜设置在汇合配件处。排水横管应设置专用伸缩节。当排水管道采用橡胶密封配件时，可不设伸缩节；室内外埋地管道可不设伸缩节。

9) 当建筑塑料排水管穿越楼层、防火墙、管道井井壁时，应根据建筑物性质、管径和设置条件以及穿越部位防火等级等要求设置阻火装置。

10) 靠近排水立管底部的排水支管连接，应符合下列要求：

① 最低排水横支管与立管连接处距排水立管管底的垂直距离不得小于表3-1的规定。

表 3-1　最低排水横支管与立管连接处距排水立管管底的最小垂直距离　（单位：m）

立管连接卫生器具	垂直距离	
	仅设伸顶通气	设通气立管
≤4	0.45	按配件最小安装尺寸确定
5~6	0.75	
7~12	1.20	
13~19	3.00	0.75
≥20	3.00	1.20

注：单根排水立管的排出管宜与排水立管相同管径。

② 排水支管连接在排出管或排水横干管上时，连接点距立管底部下游的水平距离不得小于 1.5m。

③ 横支管接入横干管竖直转向管段时，连接点距转向处以下不得小于 0.6m。

④下列情况下底层排水支管应单独排至室外检查井或采取有效的防反压措施：

A. 当靠近排水立管底部的排水支管的连接不能满足①、②的要求时。

B. 在距排水立管底部 1.5m 距离之内的排出管、排水横管有 90°水平转弯管段时。

⑤ 当排水立管采用内螺旋管时，排水立管底部宜采用长弯变径接头，且排出管管径宜放大一号。

11）下列构筑物和设备的排水管不得与污（废）水管道系统直接连接，应采取间接排水的方式：

① 生活饮用水贮水箱（池）的泄水管和溢流管。

② 开水器、热水器排水。

③ 医疗灭菌消毒设备的排水。

④ 蒸发式冷却器、空调设备冷凝水的排水。

⑤ 贮存食品或饮料的冷藏库房的地面排水和冷风机溶霜水盘的排水。

12）设备间接排水宜排入邻近的洗涤盆、地漏。无法满足时，可设置排水明沟、排水漏斗或容器。间接排水的漏斗或容器不得产生溅水、溢流，并应布置在容易检查、清洁的位置。

13）间接排水口最小空气间隙宜按表 3-2 确定。

表 3-2　间接排水口最小空气间隙

间接排水管管径/mm	排水口最小空气间隙/mm
≤25	50
32~50	100
>50	150

注：饮用水贮水箱的间接排水口最小空气间隙不得小于 150mm。

14）生活废水在下列情况下，可采用有盖的排水沟排除：

① 废水中含有大量悬浮物或沉淀物需经常冲洗。

② 设备排水支管很多，用管道连接有困难。

③ 设备排水点的位置不固定。

④ 地面需要经常冲洗。

15）当废水中可能夹带纤维或有大块物体时，应在排水管道连接处设置格栅或带网筐地漏。

16）隐蔽或埋地的排水管道在隐蔽前必须做灌水试验，其灌水高度应不低于底层卫生器具的上边缘或底层地面高度。满水 15min 水面下降后，再灌满观察 5min，液面不降，管道及接口无渗漏为合格。

17）排水塑料管道支架、吊架最大间距应符合表 3-3 的规定。

表 3-3 排水塑料管道支架、吊架最大间距

管径/mm	50	75	110	125	160
立管/m	1.2	1.5	2.0	2.0	2.0
横管/m	0.5	0.75	1.10	1.30	1.60

18）立管需要穿越楼层时，预留的孔洞尺寸一般较通过的管径大 50～100mm，可参照表 3-4。确定，并且应在通过的立管外加设一段套管，现浇楼板可预先镶入套管。

表 3-4 立管穿越楼板时应预留的孔洞尺寸

管径/mm	50	75～100	125～150	200～300
孔洞尺寸/mm	150×150	200×200	300×300	400×400

3.3 建筑雨水排放系统

为了将建筑物屋面的雨水和融化的雪水，迅速可控地排除，以免造成雨雪水在屋面长时间滞留、因积水而造成漏水甚至压塌屋面事故，应设置建筑雨水排放系统。根据屋面雨雪水的排除方式，一般可分为外排水和内排水两种。根据建筑结构形式、气候条件及生产使用要求，在技术经济合理的情况下，屋面排水应尽量采用外排水。

3.3.1 外排水系统

1. 檐沟外排水（雨水管外排水）

对一般居住建筑、屋面面积较小的公共建筑及单跨的工业建筑，雨水由屋面檐沟汇集，然后通过设在墙外的雨水管排入建筑物外的明沟，再通过雨水管引至室外雨水检查井，檐沟外排水系统如图 3-14 所示。雨水管管径一般为 100mm 或 150mm，一般选用塑料管或镀锌薄钢管，截面为矩形或圆形。民用建筑间距为 12～16m；工业建筑间距为 18～24m。

2. 天沟外排水

多跨工业厂房一般采用天沟外排水方式。所谓天沟外排水，就是在建筑屋面上利用构造形成的排水沟，接收屋面雨水，雨水沿着排水沟流向建筑物两端，经外墙排水立管将雨水排入雨水管网。这种排水方式的优点是，可以消除厂房内部检查井冒水的问题，而且节约投资，施工方便，安全可靠。但若设计不善或施工质量不佳，将会发生天沟渗漏的问题。天沟以伸缩缝为分水线坡向两端，其坡度不小于 0.005，天沟伸出山墙 0.4 m。天沟外排水如

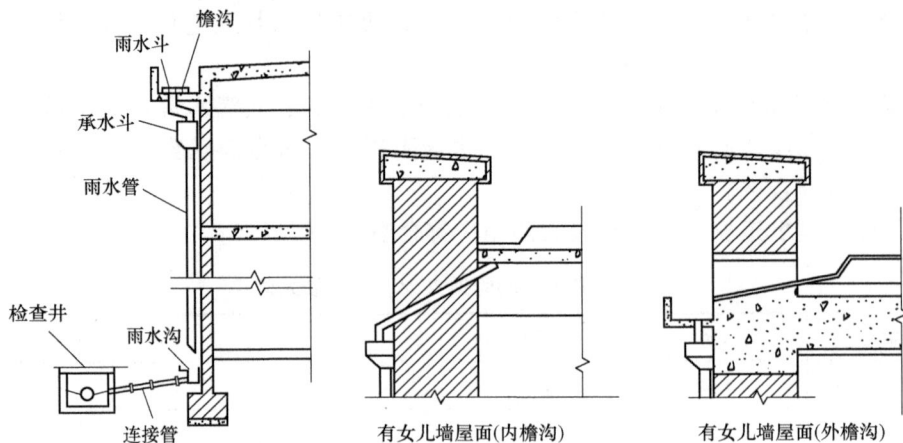

图 3-14　檐沟外排水

有女儿墙屋面(内檐沟)　　有女儿墙屋面(外檐沟)

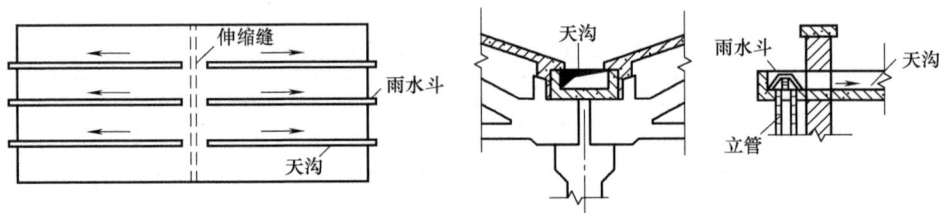

图 3-15　天沟外排水

图 3-15 所示。

天沟流水长度应根据暴雨强度、建筑物跨度（即汇水面积）、屋面结构形式（涉及天沟断面大小）等，进行水力计算而定，一般以 $40 \sim 50\mathrm{m}$ 为宜；天沟底的坡度不得小于 0.003，天沟的水面宽度常用 $0.5 \sim 1.0\mathrm{m}$（大型屋面板可再宽些），水深常按 $0.1 \sim 0.3\mathrm{m}$ 设计（天沟全深，需再加不小于 $0.02\mathrm{m}$ 的保护高度），天沟始端的深度应不小于 $0.08\mathrm{m}$，天沟的终端宜穿出山墙，雨水沿墙外的立管而下（为防止阻塞，其管径宜不小于 $100\mathrm{mm}$，在寒冷的地区，为避免冰冻阻塞，可将雨水立管设于外墙内壁一侧），为了防止当暴雨使立管超负荷时能应急排泄天沟内的过量积水（防止雨水经过天窗进入室内而增大屋顶的荷载，影响结构安全），宜于天沟墙壁设置溢流口（其下缘比天沟上缘宜低 $50 \sim 100\mathrm{mm}$）。

3.3.2　内排水系统

大跨度大屋面面积的工业建筑和民用建筑，如多跨度、锯齿形屋面等工业厂房，如图 3-16 所示，其屋面面积大或曲折，排水距离较长，采用天沟外排水有困难时，可采用内排水系统。

1. 内排水系统的组成

屋面雨雪水要求安全地排除，而不允许有溢水、漏水、冒水等现象发生。内排水系统由雨水斗、悬吊管、立管、排出管和检查口等组成，但视具体情况和不同要求，也有用悬吊管直接吊出室外，或无悬吊管的单斗系统，如图 3-17 所示。

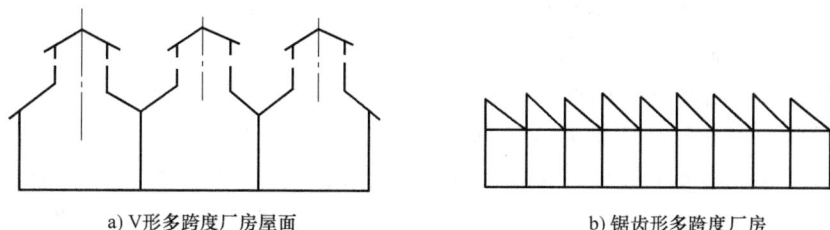

a) V形多跨度厂房屋面　　　　b) 锯齿形多跨度厂房

图 3-16　多跨度厂房屋面实例

2. 系统的布置和安装

（1）雨水斗　雨水斗的作用为汇集屋面雨水，使流过的水流平稳、畅通和截留杂物，防止管道阻塞。为此，要求选用导水畅通、排水量大、斗前水位低和泄水时渗水量小的雨水斗。常用的雨水斗为 65 型和 79 型，65 型为铸铁浇铸，79 型为钢板焊制，目前多采用 87 型。图 3-18 所示为虹吸式雨水斗在屋面的安装示意图。

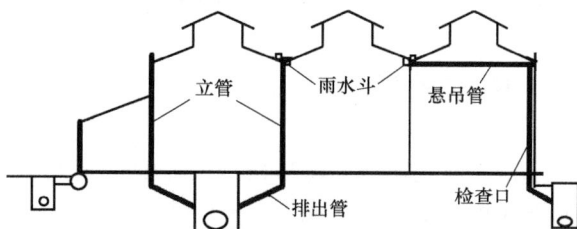

图 3-17　内排水系统示意图

雨水斗布置的位置要考虑集水面积比较均匀和便于与悬吊管及雨水斗立管的连接以确保雨水能畅通流入。布置雨水斗时，应以伸缩缝或沉降缝作为屋面排水分水线，否则应在该缝的两侧各设一个雨水斗。在防火墙处设置雨水斗时，应在该墙的两侧各设一个雨水斗。雨水斗的间距一般应根据建筑结构的特点（如柱子的布置等）决定，一般间距采用 12~24m。雨水斗与天沟连接处，应做好防水，避免雨水由该处漏入房间内。

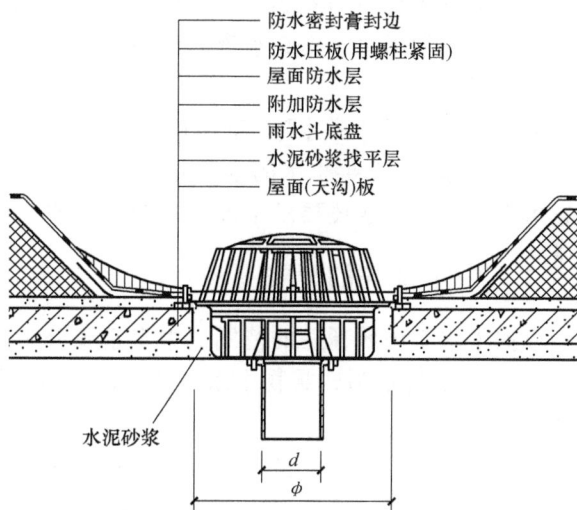

防水密封膏封边
防水压板(用螺栓紧固)
屋面防水层
附加防水层
雨水斗底盘
水泥砂浆找平层
屋面(天沟)板

水泥砂浆

图 3-18　虹吸式雨水斗在屋面的安装示意图

（2）连接管　连接管为承接雨水斗流来的雨水，并将其引入悬吊管的一段短管。连接管的管径不得小于雨水斗短管的管径。连接管应牢固地固定在建筑物的承重结构（如桁架梁）上。

（3）悬吊管　悬吊管承接连接管流来的雨水并将它引入立管。根据悬吊管连接雨水斗的数量可分为单斗悬吊管和连接两个及以上雨水斗的多斗悬吊管。悬吊管一般沿桁架或梁敷设，并牢固地固定在其上。悬吊管需有不小于 0.003 的管坡坡向立管。

（4）立管　立管接纳悬吊管或雨水斗流来的水流。立管宜沿墙、柱安装，一般为明装，若建筑或工艺要求暗装时，可敷设于墙槽或管井内，但必须考虑安装和检修方便，立管上应装设检查口，检查口中心距地面 1.0m。立管的管径不得小于与其连接的悬吊管的管径。

（5）排出管　排出管是将立管雨水引入检查井的一段埋地管。排出管的管径不得小于立管的管径；当穿越地下室墙壁时，应有防水措施。排出管穿越基础墙处应预留孔洞，洞口尺寸应保证建筑物沉陷时不压坏管道，在一般情况下，管顶宜有不小于 150mm 的净空。

（6）埋地管　埋地管是接纳各立管流来的雨水，敷设于室内地下的横管，并将雨水引至室外的雨水管道。其最小管径不得小于 200mm，最大管径不宜大于 600mm。埋地管不得穿越设备基础及其他可能受水发生危害的构筑物，埋地管坡度应不小于 0.003。

连接管、悬吊管和立管一般用 UPVC 管、铸铁管（石棉水泥接口），如管道有可能受到振动和生产工艺等有特殊要求时，可采用钢管，焊接接口，外涂防锈油漆。埋地管一般采用非金属管道，如混凝土管、钢筋混凝土管、UPVC 管或加筋 UPVC 管等。

3.4　中水系统

水是生命之源，是城市发展的血液，是人类生存生产的必要条件。联合国有关机构公布的标准人均水资源 3000m³ 以下为轻度缺水，2000m³ 以下为中度缺水，1750m³ 以下为用水紧张警戒线，1000m³ 以下为严重缺水，500m³ 以下为极度缺水，我国人均 2202m³。按联合国的标准，人均水资源量低于 2000m³ 的地方是不适合人类生存的地方，而我国北方大部分地区人均水资源量不到 400m³。河北省人均 330m³，北京人均 300m³，属于极度缺水地区。

因此，节约用水、提高水资源的利用率已到了刻不容缓的境地。中水系统是水资源重复利用的重要设施。

再生水即所谓"中水"，是沿用了日本的叫法，通常人们把自来水称为"上水"，把污水称为"下水"，而再生水的水质介于上水和下水之间，故名"中水"。再生水虽不能饮用，但它可以用于一些水质要求不高的场合，如冲洗厕所、冲洗汽车、喷洒道路、绿化等。

3.4.1　中水系统的分类

根据中水系统所覆盖的范围，中水系统分为建筑物中水系统、小区中水系统、城镇中水系统。图 3-19 所示为建筑物中水系统，图 3-20 所示为小区中水系统，图 3-21 所示为城镇中水系统。

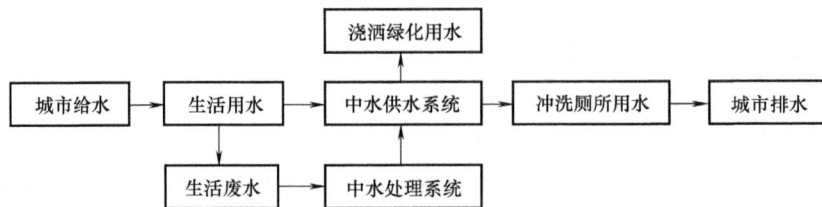

图 3-19　建筑物中水系统

3.4.2　中水系统的组成

1. 中水原水

中水原水主要分为优质杂排水、综合生活污水、粪便水及城市污水处理厂出水。优质杂排水一般指生活废水，排水系统污水、废水分流，污水直接排放，废水作为中水水源；综合

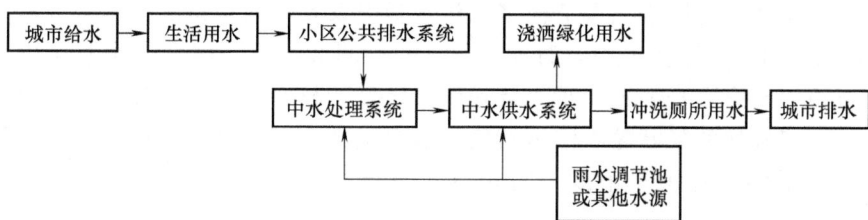

图 3-20 小区中水系统

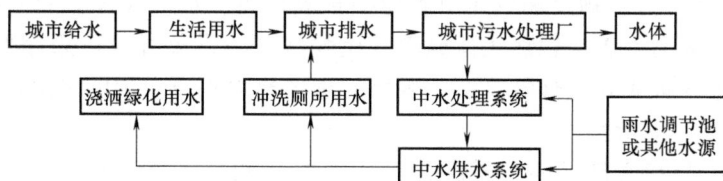

图 3-21 城镇中水系统

生活污水属于排水系统污水、废水合流，一起作为中水水源；粪便水是指生活污水，作为中水水源；城市污水处理厂出水作为中水水源，经中水设备二次处理后，再进行利用。

1）建筑中水原水的选择顺序及种类为：

① 卫生间、公共浴室的盆浴和淋浴等的排水。

② 盥洗排水。

③ 空调循环冷却系统排水。

④ 冷凝水。

⑤ 游泳池排水。

⑥ 洗衣排水。

⑦ 厨房排水。

⑧ 冲厕排水。

2）小区中水原水种类为：

① 小区内建筑物杂排水。

② 小区或城市污水处理厂出水。

③ 小区附近相对洁净的工业排水。

④ 小区生活污水。

2. 中水处理流程

中水处理流程由各种水处理单元优化组合而成，通常包括预处理单元（格栅、调节池）、主处理单元（絮凝沉淀或气浮、生物处理、膜分离、土地处理等）和后处理单元（膜过滤、活性炭过滤、消毒等）三部分组成。

其中，预处理单元和后处理单元在各种工艺流程中基本相同。主处理单元工艺设计则需根据中水水源的类型和水质选择确定。还应进行技术经济比较，确定最佳处理方案。

（1）预处理单元 预处理单元一般由格栅、毛发聚集器、调节池及提升泵组成。

1）格栅。格栅是中水处理系统的第一道预处理设备，格栅选用机械格栅、格网，污水泵吸管设毛发聚集器，其主要作用是滤除原水中粗大的杂物，如纤维状杂质、毛发及其他固体漂浮物等，防止此类物质进入调节池堵塞污水提升泵及曝气设备。

2）调节池。调节池是将不均匀的排水进行贮存调节，使处理设备能够连续、均匀稳定地工作。调节池内设有曝气装置，曝气泵是曝气装置的核心部件，其吸入口可以利用负压作用吸入气体，高速旋转的泵叶轮将液体与气体混合搅拌，充氧曝气，使原水不断翻腾，避免水中的悬浮物及活性污泥沉于池底，防止沉积发臭，可有效降低 COD、BOD 等有机物的浓度。

（2）主处理单元　中水主处理单元处理工艺分为生物处理单元和物化处理单元两类。

1）生物处理单元。生物处理单元由生物接触氧化池、水下曝气器和生物填料组成。建筑中水生物处理可采用生物接触氧化池或曝气生物滤池，供氧方式可采用低噪声的鼓风机、布气装置、潜水曝气机或其他曝气设备。生物处理主要去除原水中的可溶性有机物，降低原水中的 COD、BOD、SS 等指标。

① 厌氧处理：厌氧发酵池的主要目的是去除 COD 和改善废水的可生化性。厌氧过程可以将浓度较高的有机废水中的有机物分解为甲基等，以气体的形式从池中排出，可去除废水中 50%～80% 的 COD；还可以将废水中的芳烃类有机物质所带的苯、萘、蒽醌等环打开，提高难降解有机物的好氧生物降解性能，为后续的好氧生物处理创造良好的条件。厌氧处理过程分为水解阶段、酸化阶段、酸性衰退阶段及甲烷化四个阶段。厌氧过程具有下列优点：无须搅拌和供氧，动力消耗少；能产生大量含甲烷的沼气，可用于发电和家庭燃气；可高浓度进水，保持高污泥浓度，所以其溶剂有机负荷达到国家标准仍需要进一步处理；初次启动时间长；对温度要求较高；对毒物影响较敏感；遭破坏后，恢复期较长。

② 好氧处理：好氧处理是在不投加其他有机物的条件下，对污泥进行较长时间的曝气，使污泥中微生物处于内源呼吸阶段进行自身氧化。在此过程中，细胞物质中可生物降解的组分被逐渐氧化成 CO_2、H_2O 和 NH_3，NH_3 再进一步被氧化成硝酸根离子。好氧处理的机制取决于所处理污泥的类型。好氧处理的优势在于设备投资少、操作相对简单、无臭味、杀菌效果好。局限性主要是能耗大、污泥脱水性能差。

2）物化处理单元。物化处理单元主要由沉淀池、中间水池、提升泵、砂缸、反冲洗水泵、混凝剂和消毒剂投加系统、水表、管道混合器等组成。物化处理多采用混凝沉淀、混凝气浮或微絮处理技术。

混凝工艺能除去原水中的悬浮物和胶状杂质，是物化处理的主体单元。根据不同的原水水质选择相应的混凝剂，混凝剂的种类及最佳投药量，需通过试验确定，目前多采用聚合氯化铝等。沉淀、气浮均为固液分离的重要手段。

沉淀的功能是使固液分离。混凝反应后产生较大粒状絮凝物，靠重力通过沉淀去除，大大降低水中污染物。常用的处理设施有竖流式沉淀池、斜板（管）沉淀池和气浮池。根据不同对象选择混凝剂种类和投药量非常重要。

气浮处理设施由气浮池、溶气罐、释放器、回流水泵和空压机等组成。它是通过大量的微气泡，使其与污水中密度接近于水的固体或液体污染物微粒黏附，形成密度小于水的气浮体，在浮力的作用下，上浮至水面形成浮渣，进行固液分离。

（3）后处理单元　后处理单元进一步去除水中残存的有机物、悬浮物及胶状物质。常用的技术有过滤、活性炭吸附、膜分离及消毒。

1）过滤。过滤是中水处理工艺中必不可少的后置工艺，是最常用的深度处理单元，经过吸附、筛滤、沉淀等作用，主要去除水中的悬浮和胶体等细小杂质，降低 COD、BOD、磷、重金属含量，起到去除细菌、病菌、臭味等作用。它对保证中水的水质起到决定性的作用。常用滤料有石英砂单层滤料、石英砂无烟煤双层滤料、纤维球滤料、陶粒滤料等。

2）活性炭吸附。活性炭过滤置于处理流程后部，是常用的深度处理单元。用于进一步吸附、去除可溶性物质，如原水中的有机物合成洗涤剂和人体排泄物等分解产物。

3）膜分离。随着膜工业的发展，膜技术在污水处理方面的应用越来越广泛，处理效果越来越好。污水处理膜法的工作过程是在外力的作用下，被分离的溶液以一定的流速沿着滤膜表面流动，溶液中溶剂和低分子量物质、无机离子从高压侧透过滤膜进入低压侧，并作为滤液而排出，而溶液中的高分子物质、胶体颗粒及微生物等被超滤膜截留，溶液被浓缩并以浓缩液的形式排出，由于它的分离机理主要是借助机械筛分作用，膜的化学性质对膜的分离影响不大。

4）消毒。消毒剂主要有次氯酸钠、二氧化氯、二氯异氰尿酸钠、液氯等，对保证中水的卫生起到重要作用。

3.4.3 中水供水设施

中水供水设施与生活供水设施应分别设置，但跟自来水生活供水相似，中水供水设施主要有贮水池、加压泵、水箱、管网等组成。由于其水质的特殊性，在设备材料选择、安装使用方面与自来水相比，有其特殊的要求。

1）中水供水管道应采用塑料给水管、塑料管和金属复合管或其他具有可靠防腐性能的给水管材。

2）中水贮水池（箱）宜采用耐腐蚀、易清垢的材料制作。钢板池（箱）内外壁及其附配件均应采取防腐蚀处理。

3）中水管道上不得装设取水水龙头。当装有取水接口时，必须采取严格的防误饮、误用的防护措施。

4）中水管道严禁与生活饮用水管道连接。

5）中水贮水池（箱）内的自来水补水管道应采取防污染的措施，其补水管应从水箱上部接入，补水关口最低点高出溢流边缘的空气间隙不应小于 150mm。

6）中水管道应采取下列防止误接、误用、误饮的措施：

① 中水管道外壁应涂浅绿色标志，埋地中水管道应做连续标志。

② 水池（箱）、阀门、水表及消火栓、取水口均应有明显"中水"标志。

③ 公共场所及绿化中水用水口应设带锁装置。

④ 工程验收时应逐段进行检查，防止误接。

中水处理工艺流程：

1）当以盥洗排水、污水处理厂二级处理出水或其他较为清洁的排水作为中水原水时，可采用以物化处理为主的工艺流程。具体工艺流程如下：

① 絮凝沉淀或气浮工艺流程。

原水 ⟶ 格栅 ⟶ 调节池 ⟶ 絮凝沉淀或气浮 ⟶ 过滤 ⟶ 消毒 ⟶ 中水

② 微絮凝过滤工艺流程。

原水——→ 格栅 ——→ 调节池 ——→ 微絮凝沉淀 ——→ 消毒 ——→中水

③ 膜分离工艺流程。

原水——→ 格栅 ——→ 调节池 ——→ 预处理 ——→ 膜分离 ——→ 消毒 ——→中水

2）当以含有洗浴排水的优质杂排水、杂排水或生活污水作为中水原水时，宜采用以生物处理为主的工艺流程；在有可利用的土地和适宜的场地条件时，也可采用生物处理与生态处理相结合或者以生态处理为主的工艺流程。

① 生物处理和物化相结合的工艺流程。

原水——→ 格栅 ——→ 调节池 ——→ 生物接触氧化池 ——→ 沉淀 ——→ 过滤 ——→ 消毒 ——→中水

原水——→ 格栅 ——→ 调节池 ——→ 暖气生物滤池 ——→ 过滤 ——→ 消毒 ——→中水

原水——→ 格栅 ——→ 调节池 ——→ CASS池 ——→ 沉淀 ——→ 过滤 ——→ 消毒 ——→中水

原水——→ 格栅 ——→ 调节池 ——→ 流离生化池 ——→ 过滤 ——→ 消毒 ——→中水

② 膜生物反应器（MBR）工艺流程。

原水——→ 格栅 ——→ 调节池 ——→ 膜生物反应器 ——→ 消毒 ——→中水

③ 生物处理与生态处理相结合的工艺流程。

原水——→ 格栅 ——→ 调节池 ——→ 生物处理 ——→ 生态处理 ——→ 消毒 ——→中水

④ 以生态处理为主的工艺流程。

原水——→ 格栅 ——→ 调节池 ——→ 预处理 ——→ 生态处理 ——→ 消毒 ——→中水

3）中水用于工业循环冷却水、供暖系统补水等其他用途时，应根据水质需要增加相应的深度处理措施。

4）在确保中水水质的前提下，可采用能耗低、效率高、经过试验或实践检验的新工艺流程。

5）采用膜处理工艺时，应有保证其可靠进水水质的预处理工艺和易于膜的清洗、更换的技术措施。

6）中水处理产生的初沉污泥、活性污泥、化学污泥，当泥量较小时，可排至化粪池处理；当污泥量较大时，可采用机械脱水装置或其他方法进行妥善处理。

7）中水系统工艺流程实例如图 3-22 和图 3-23 所示。

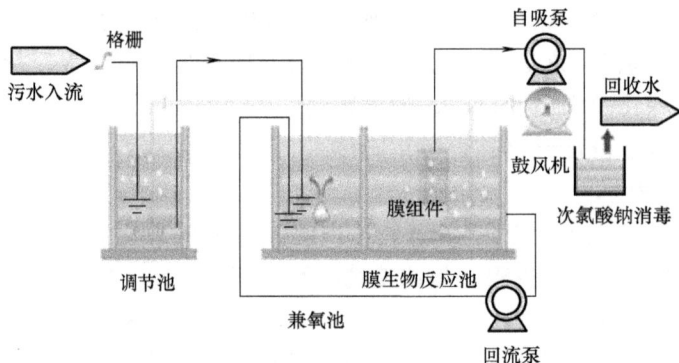

图 3-22　以膜生物反应器（MBR）为主的工艺流程

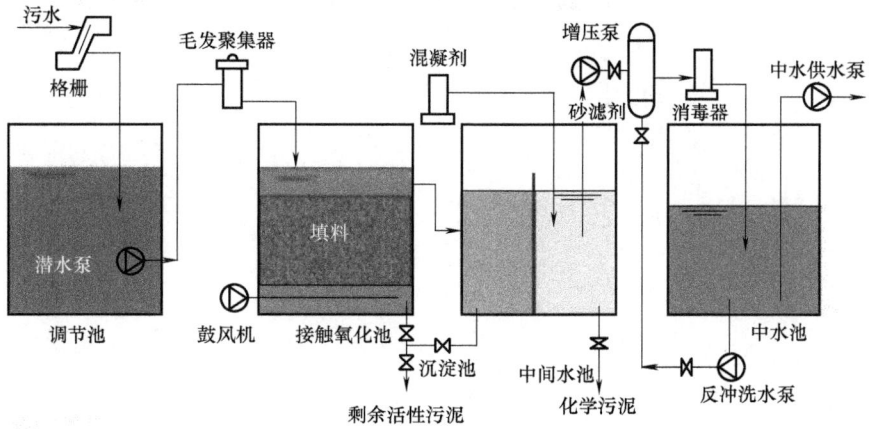

图 3-23 以物化处理为主的工艺流程

第 2 篇

供暖与通风空调

第 4 章

供 暖 系 统

4.1 供暖系统的组成、供暖方式与分类

4.1.1 供暖系统的组成

供暖系统一般由热源、管网、散热设备、加压设备及膨胀水箱组成，如图 4-1 所示。

（1）热源 热源泛指锅炉房、热电厂等。作为热能的发生器，通过燃料在其内部的燃烧经载热体热能转化，形成热水或蒸汽。也可利用工业余热、太阳能、地热、核能等为供暖系统提供热源。

（2）管网 管网是指由热源传送热媒至用户散热设备，散热冷却后再返回热源的闭式循环管道网络。其一般由供水管道、回水管道组成。

（3）散热设备 散热设备是供暖房间的放热设备。热媒（一般为水或蒸汽）通过散热设备放出热量加热室内空气，为用户创造一个温暖舒适的环境。

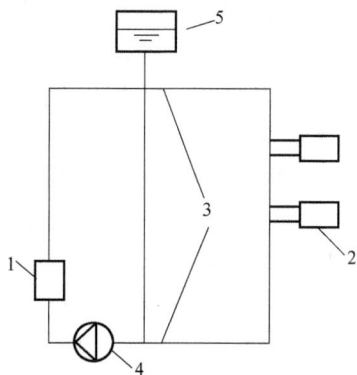

图 4-1 供暖系统示意图

1—热源（热水锅炉） 2—散热设备（散热器）
3—管网 4—加压设备（循环水泵） 5—膨胀水箱

4.1.2 供暖方式

（1）集中供暖与分散供暖 集中供暖是一个城域或一个小型城市的用户，集中由一个热源供热，通过管网将热能输送到各个用户，热源与散热设备距离较远。分散供暖供热范围很小，局限于一个用户、一栋建筑或一群建筑，热源、管网、散热设备局限在相应供暖区域内，距离较近。

集中供热因热源集中度高、管理严格、控制技术先进等优势，从而实现高效、低污染供热，尤其是以煤炭为主要燃料的热源系统，集中供热比分散供热有着更加明显的优点。因此《民用建筑供暖通风与空气调节设计规范》（GB 50736—2012），提出了以下要求：

1）累年日平均温度稳定低于或等于 5℃ 的日数大于或等于 90d 的地区，应设置供暖设施，并宜采用集中供暖。

2）符合下列条件之一的地区，宜设置供暖设施；其中幼儿园、养老院、中小学校、医

疗机构等建筑宜采用集中供暖。

①累年日平均温度稳定低于或等于5℃的日数为60~89d。

②累年日平均温度稳定低于或等于5℃的日数不足60d，但累年日平均温度稳定低于或等于8℃的日数大于或等于75d。

集中供暖也有其自身的缺点，如供热距离较长，管网投资较大，传输过程中散热量较大。对于比较偏远的郊区，或住户比较分散的区域，选择集中供暖不经济或集中供暖很难送达的城区则选择分散供暖。特别是大力推广以清洁能源作为热源燃料的城市，在具备天然气入户的条件下，选择以户为单位的分散供暖也是一种非常好的选择。

（2）全面供暖与局部供暖　全面供暖是指整个房间均安装供暖设备，通过供暖保持设计温度的供暖系统。局部供暖是指根据生产或生活要求，房间内局部区域通过供暖保持设计温度的供暖系统。

一般建筑在入住率较高、经济条件允许的情况下，通常采用全面供暖。有些工业厂房为了降低供暖费用，只在休息室及办公室设供暖设备。部分民用建筑为了降低供暖费用也采取局部供暖的方式，如有些住宅面积大、房间多，在常住人口较少的情况下，可只在长时间生活的区域供暖，其他区域的暖气设施关闭；楼层较多的公共建筑，在入住率不足的情况下，也可以把工作人员集中在某些楼层进行供暖，其他空置楼层可关闭暖气设施。因此局部供暖的灵活运用，对于节约能源消耗、实现节能减排有着重要的意义。

（3）连续供暖与间歇供暖　连续供暖是指整个房间或建筑物，全天24h保持设计温度的供暖方式。间歇供暖是指根据工作或生活需要，确定供暖时间，在相应时间段内保持设计温度。

间歇性供暖也是一种节约能源的有效方法，如绝大部分公共建筑晚上下班以后，基本是空置的，完全可以将暖气设施关闭，或只保持值班供暖，早上上班前再把暖气设施打开，使能源得到有效的利用；再如住宅如果主人长时间出差，或者白天家里没人，也可以关闭或调低暖气设施，需要时再提前打开。

（4）值班供暖　值班供暖是指在非工作时间或中断使用时间内，为防止供暖系统冻坏，使建筑物室内保持一定安全最低温度而设置的供暖。

设置供暖的公共建筑，在非使用时间内，室内温度应保持0℃以上；当利用房间蓄热量不能满足要求时，应按保证室内温度5℃设置值班供暖。当工艺有特殊要求时，应按工艺要求确定值班供暖温度。

局部供暖、间歇供暖是节约供热资源、实现节能减排目标的有效措施，有必要引起全社会重视。一方面要提高全民的节能意识，做到自觉自愿地实现局部供暖、间歇供暖；另一方面，在集中供暖系统中大力推广一户一表，制定合理的价格体系，真正做到节能省钱，让用户通过节能行为有获得感。此外，分散供暖也是一种有效约束自我自觉节能的供暖方式；开发对供暖系统便捷的开关、调节室温等自动控制技术，对于实现节能减排目标，也有着非常重要的意义。

4.1.3　供暖系统的分类

1. 按热媒分类

在供暖系统中，把热量从热源输送到散热器的物质称为热媒。按所用热媒不同，供暖系统分为热水供暖系统、蒸汽供暖系统和热风供暖系统等三类。热水供暖系统被广泛用于民用建筑与工业建筑中。按照热媒温度，热水供暖系统又分为供水温度低于100℃的低温热水供暖系统与供水温度高于100℃的高温热水供暖系统两类，常用的热水供暖系统为低温热水供暖系统。

2. 按散热设备分类

按供暖系统中使用的散热设备不同，供暖系统可分为散热器供暖系统和热风供暖系统。以对流或辐射为主要传热方式的室内散热设备组成的供暖系统称为散热器供暖系统，常用的暖气片主要以空气对流散热，属于对流散热设备；地暖、浴霸等主要以辐射方式传导热量，属于辐射散热设备，但辐射与对流散热往往同时存在。以热空气为传热媒介的供暖系统称为热风供暖系统。

3. 供暖室内设计温度

供暖室内设计温度应符合下列规定：

1）严寒和寒冷地区主要房间应采用18~24℃。

2）夏热冬冷地区主要房间宜采用16~22℃。

3）设置值班供暖房间不应低于5℃。

人员短期逗留区域空调供冷工况室内设计参数宜比长期逗留区域提高1~2℃，供热工况宜降低1~2℃。

4.2　热水供暖系统

4.2.1　重力（自然）循环供暖系统

图4-2所示为重力循环供暖系统示意图。

在系统工作之前，先将系统中充满冷水。当水在锅炉内被加热后，密度减小，热水沿供水总立管上升，到达供水干管，体积膨胀多出的水进入膨胀水箱。在坡度及密度变化的驱动下，从供水干管进入供水立管，再进入各散热器。将热量传导给室内空气，温度下降，水的密度增加，驱动水下行，进入回水立管，最终沿着回水干管流回锅炉。这样，水被连续加热，热水沿供水总立管不断上升，在散热器及管路中散热冷却后，经回水干管又流回锅炉被重新加热，不断循环。这种系统不设水泵，仅靠水随温度的升高或降低而产生密度变化，促使

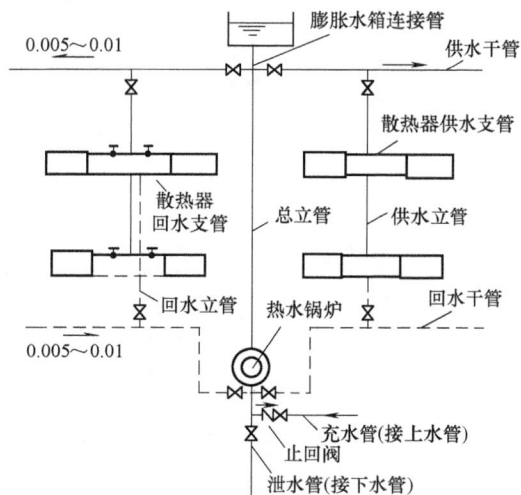

图4-2　重力循环供暖系统示意图

水在系统内循环的供暖系统，称为重力（自然）循环供暖系统。

重力循环供暖系统因仅靠自然力的驱动循环，所以循环速度较慢，适用于半径不超过50m的三层以下建筑。其特点是：作用力小、管径大、系统简单、不消耗电能。

4.2.2 机械循环供暖系统

在回水干管上增加水泵，靠水泵的机械能使水在系统中强制循环，提高了循环速度，改善了供暖效果。因此机械循环供暖系统的供暖面积比重力循环供暖系统大大提高，可用于单栋和多栋建筑的供暖。但也增加了供暖系统的运行及维护工作量和费用。

1. 机械循环供暖系统的形式

机械循环供暖系统根据立干管与水平支管的连接方式，又分为垂直式系统与水平式系统。单管系统竖向布置的散热器沿一根立管串接；双管系统竖向布置的散热器沿供、回水立管串接均称为垂直式系统。水平布置的散热器沿供、回水水平管串接即为水平式系统。

（1）垂直式系统 根据供、回水干管位置的不同，垂直式系统又分为：上供下回式单、双管热水供暖系统，下供上回式单、双管热水供暖系统，下供下回式双管热水供暖系统，上供上回式双管热水供暖系统，中供式热水供暖系统。

1）上供下回式单、双管热水供暖系统。图 4-3 所示为上供下回式单、双管热水供暖系统，供水干管在顶部（顶层上部），回水干管在底部（在底层地沟内），适用于不设热量计量装置的多层建筑或高层建筑。因机械循环方向与重力循环方向一致，所以该系统是一种相对高效节能的系统，也广泛应用在建筑供暖中。

图 4-3 中供暖立管有单管与双管两种形式，单管节约管材，串接时热媒循环速度快，但不能通过阀门单独控制某个散热器的温度，要求阀门平时全部开到最大，不得随意关闭，规范中也不提倡这种连接方式；跨越式连接时，散热器热媒循环速度较慢，但控制相对灵活，垂直单管跨越式系统的楼层层数不宜超过 6 层，水平单管跨越式系统的散热器组数不宜超过6 组。双管系统管材用量大，但控制灵活，任何一个散热器都可以根据需要，通过阀门的开度调节其温度。

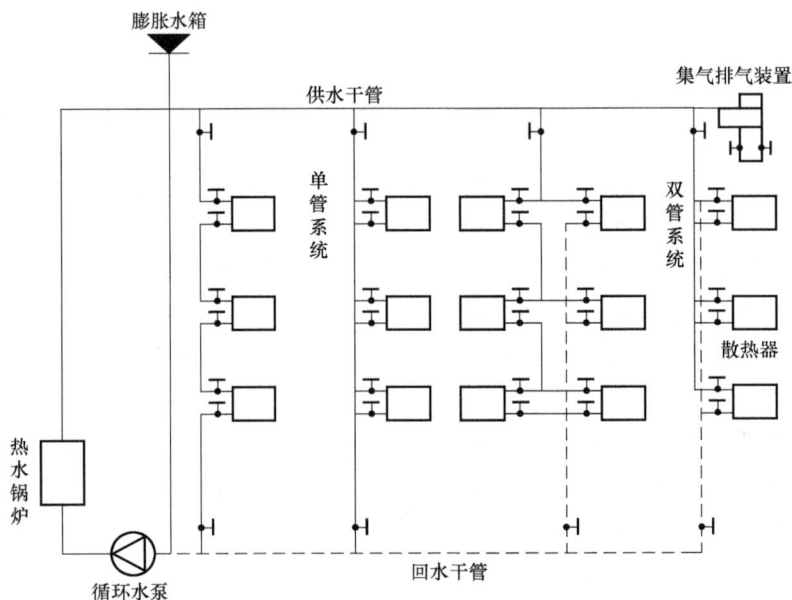

图 4-3 上供下回式单、双管热水供暖系统

2）下供上回式单、双管热水供暖系统。图 4-4 所示为下供上回式单、双管热水供暖系

统，供水干管在底部（在底层地沟内），回水干管在顶部（顶层上部），适于不设热量计量装置、热媒为高温水的多层建筑。供水干管设在底部，可降低防止高温水汽化所需的膨胀水箱的标高。

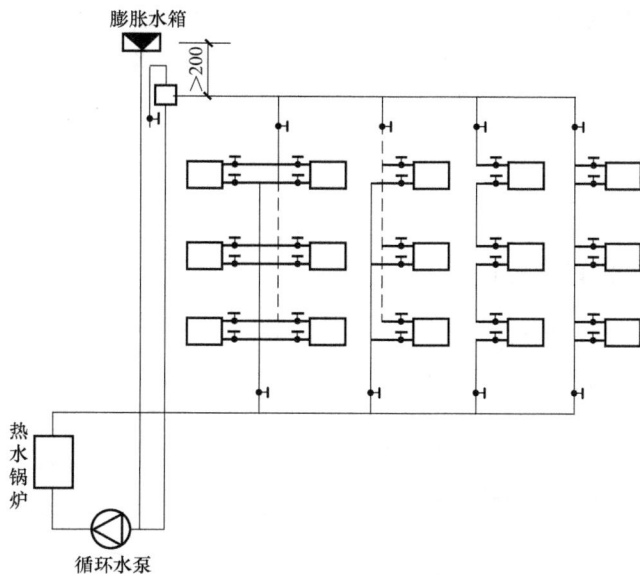

图 4-4 下供上回式单、双管热水供暖系统

3）下供下回式双管热水供暖系统。图 4-5 所示为下供下回式双管热水供暖系统，供水干管、回水干管均设在底部（在底层地沟内），适用于不可能将供暖管道设置在顶部（顶层上部）的建筑物。

4）上供上回式双管热水供暖系统。图 4-6 所示为上供上回式双管热水供暖系统，供水干管、回水干管均设在顶部（顶层上部），每根立管下端应装一个泄水阀，可在必要时将水泄空，避免冻结。它适用于工业建筑及不可能将供暖管道设置在地板上或地沟内的建筑物。

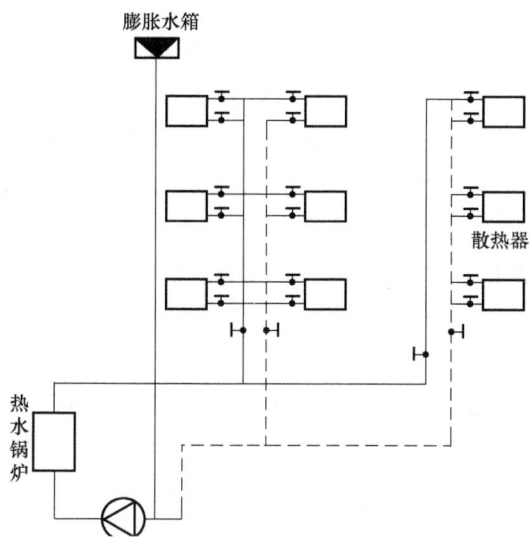

图 4-5 下供下回式双管热水供暖系统

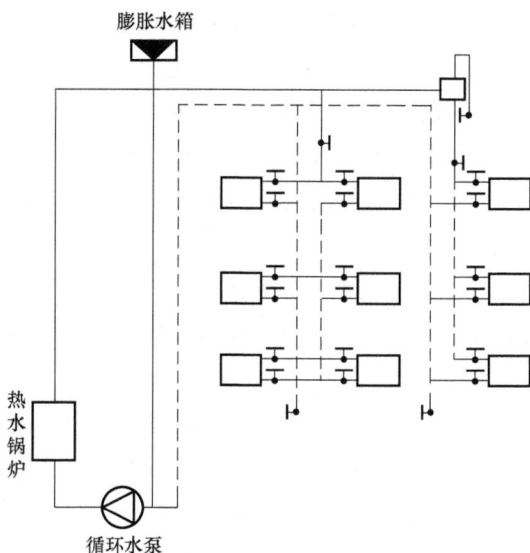

图 4-6 上供上回式双管热水供暖系统

5）中供式热水供暖系统。图4-7所示为中供式热水供暖系统，供水干管敷设在系统的中部。

（2）水平式系统　散热器水平连接，常用在住宅一户一表的系统设计中，立管沿管道间向上，在各层横支管入户，户内散热器水平连接。每户只有一组供回水管，安装一套热能计量表即可。通常采用双管系统或单管跨越式系统，便于对散热器的单独控制。水平式系统如图4-8所示。

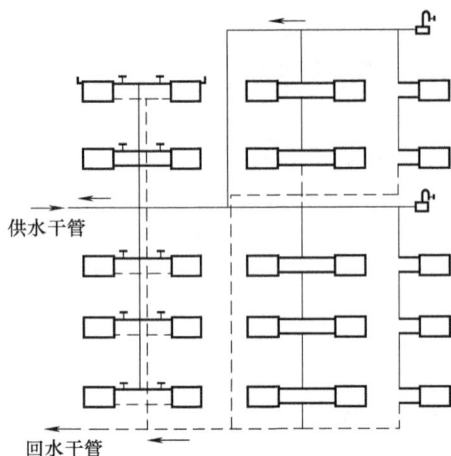

图 4-7　中供式热水供暖系统

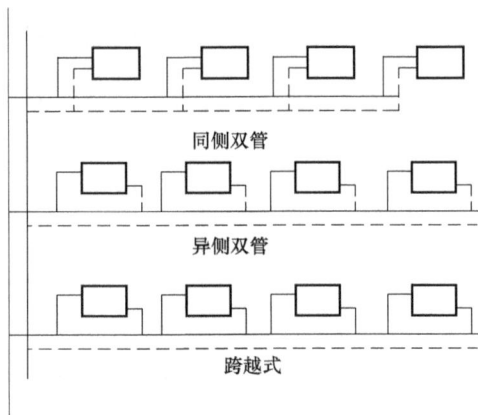

图 4-8　水平式系统

2. 异程与同程系统

按热媒在环路中流过的路径情况，供暖系统又分为异程系统、同程系统。异程系统：热媒通过各个循环环路或散热器的总路径长度不相等的系统。同程系统：热媒通过各个循环环路或散热器的总路径长度相等的系统。

（1）异程系统　管道用量小，但因热媒通过各循环环路的路径不同，热媒的循环速度不同，各散热器的热水温度就不同，导致供暖效果不同。离热源近的散热器或用户温度较高，离热源远的散热器或用户温度较低，造成严重的供热不平衡。通过自动控制手段或人工的手段，控制阀门的开度调节平衡。离热源近的用户减小阀门开度，离热源远的用户加大阀门开度。

（2）同程系统　管道用量大，但由于热媒在各循环环路中流过的路径长度相等，很好地保证了供热的平衡。异程、同程热水供暖系统如图4-9所示。

3. 分区供暖

因高层建筑低层与上层之间高差大，供暖系统的静压差也大，在满足上层供暖压力的情况下，低层将承受较大的压力。低层需采用耐压能力更强的无缝钢管，造价会大大提高，且一旦热媒泄漏，也会造成很大的破坏。为了解决上述问题，参照高层建筑分区供水方法，在垂直方向把供暖系统分成两个或两个以上的独立供暖区域，即称为分区供暖，如图4-10所示。

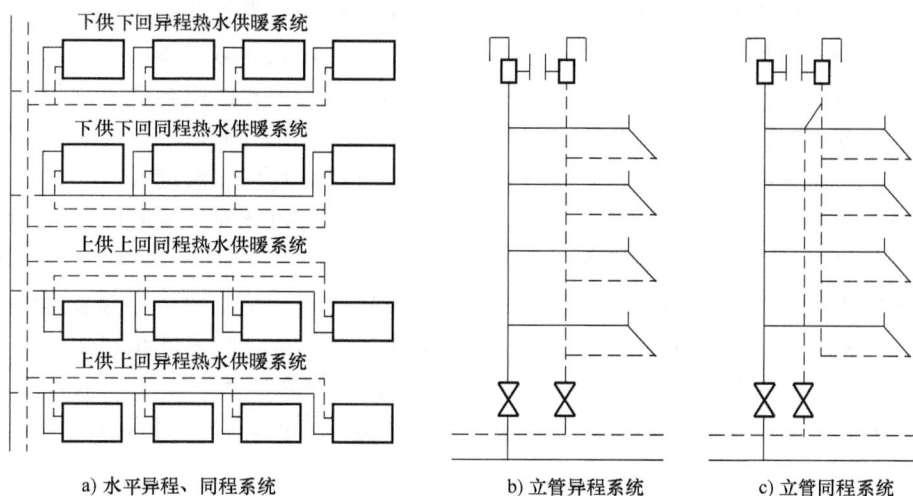

a) 水平异程、同程系统　　　b) 立管异程系统　　　c) 立管同程系统

图 4-9　异程、同程热水供暖系统

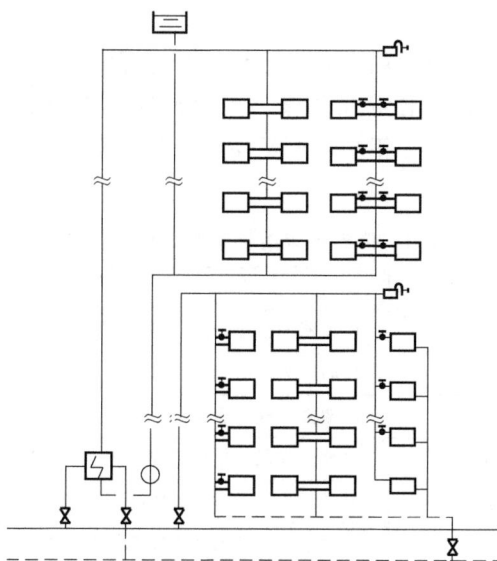

图 4-10　分区供暖示意图

4.3　热辐射供暖系统

4.3.1　热辐射供暖系统的种类及特点

热辐射供暖系统是一种利用建筑物内部的顶面、墙面、地面或其他表面进行供暖的系统。热辐射供暖是一种卫生条件和舒适标准都比较高的供暖方式。早在 20 世纪 30 年代，国外有些高级住宅就已经开始应用，近 20 年来，应用范围已经逐步扩大，几乎各类建筑都有应用热辐射供暖系统的，而且使用效果比较好，在我国建筑设计中近年来热辐射供暖方式已得到逐步推广应用。

热辐射供暖系统具有辐射强度和温度的双重作用，造成了真正符合人体散热要求的热环境，由于室内围护结构内表面温度比较高，从而减少了四周表面对人体的冷辐射，具有最佳的舒适感。热辐射供暖系统与土建专业关系比较密切，对于土建的配合度要求较高。热辐射供暖系统不需要在室内布置散热器和连接散热器的支管、立管，所以不仅美观，而且不占建筑面积，也便于布置家具。而且室内沿竖向上的温度分布较均匀，温度梯度小。

同样舒适条件的前提下，热辐射供暖房间的设计温度可以比对流供暖时降低 2~3℃，因此，可以降低供暖热负荷，节约能源。

在热辐射供暖系统中，热量的传播主要以辐射形式出现，但同时也伴随着对流形式的热传播，所以，衡量热供暖效果的标准，既不能单纯地以辐射强度也不能仍以室内设计温度作为标准，通常以实感温度作为衡量热辐射供暖的标准。实感温度也称为等感温度或黑球温度，它标志着在辐射供暖环境中，人或物体辐射和对流热交换综合作用时以温度表示出来的实际感觉。

热辐射供暖系统的形式较多，按辐射供暖表面温度可分为：低温热辐射（辐射板面温度<80℃）、中温热辐射（辐射板面温度一般为 80~200℃）、高温热辐射（辐射板面温度 500℃）。

目前，低温热辐射供暖系统使用较多，可设计成粉刷顶面辐射板、混凝土地面辐射板、混凝土楼面辐射板等各种形式，通常在顶棚、地面或墙面埋管，具体分类及特点见表 4-1。埋管用盘管形状一般为蛇形管，近年来采用新型塑料管、铝塑复合管，这些管材耐腐蚀、承压高、不结垢、无毒性、易安装。

表 4-1　低温热辐射供暖系统分类及特点

分类依据	类型	特点
辐射板位置	顶棚式	以顶棚为辐射表面,辐射热占70%左右
	墙面式	以墙面为辐射表面,辐射热占65%左右
	地面式	以地面为辐射表面,辐射热占55%左右
	踢脚板式	以窗下或踢脚板处为辐射表面,辐射热占65%左右
辐射板构造	埋管式	直径为 15~32mm 的管道埋设于建筑表面内构成辐射表面
	风道式	利用建筑构件的空腔使其间热空气循环流动构成辐射表面
	组合式	利用金属板焊以金属管构成辐射板

地面热辐射供暖系统已广泛用于住宅建筑和公共建筑。住宅建筑采用低温地面热辐射供暖系统，可以取得良好的舒适效果，节约能耗，便于用户热计量；用于游泳馆、展览厅、宾馆大堂等高大空间的公共建筑，可以克服冬季温度梯度大，上热下冷的现象。

4.3.2　低温热水地面辐射供暖系统

1. 低温热水地面辐射供暖系统的结构

如图 4-11 所示，低温热水地面辐射供暖系统主要由立管、入户阀、自动排气阀、热能计量装置、集水器、分水器、加热盘管等组成，立管将热力公司的热水送入各层用户，通过入户装置（一般由供回水入户阀、热能表等组成。住宅建筑供水阀带锁，便于缴费供暖的管理）进入室内，热水从供水管进入分水器，分水器将热水送入各房间的加热盘管，在加热盘管循环放热后进入集水器，集水器将回水送入回水管。为了方便用户控制，在分水器前加装温控阀。

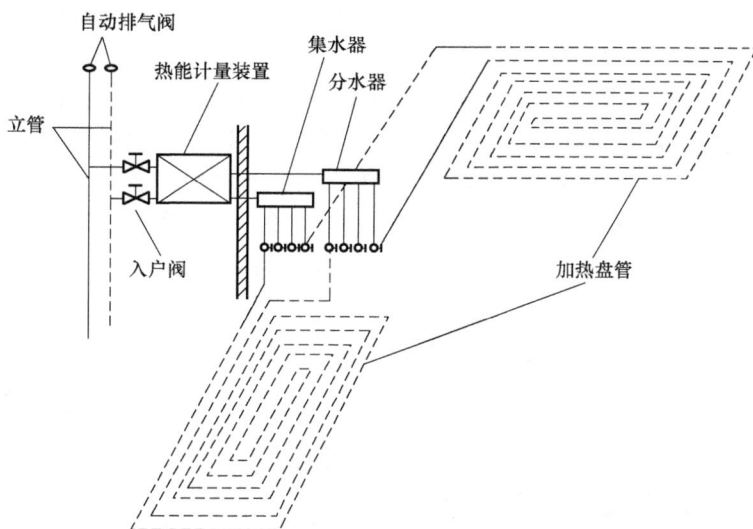

图 4-11　低温热水地面辐射供暖系统

集水器、分水器一般安装在厨房、洗手间、走廊两头等不占主要面积、便于操作的地方，且组装在同一箱体内，并留有一定操作空间。低温热水地面辐射供暖系统集水器、分水器的安装示意图如图 4-12 所示。

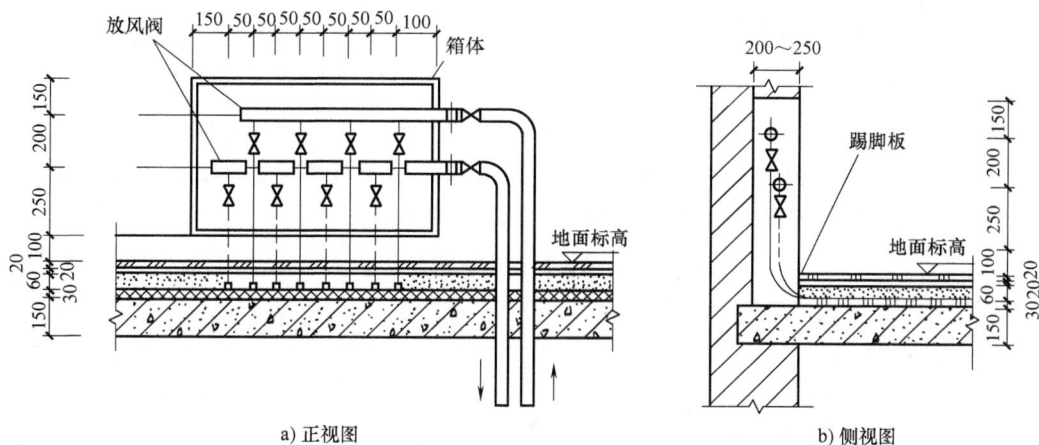

a) 正视图　　　　　　　　　　　b) 侧视图

图 4-12　低温热水地面辐射供暖系统集水器、分水器的安装示意图

为了减少流动阻力、保证供回水温差不致过大，加热盘管均采用并联布置。户内每个房间均应设置分支加热盘管，每个房间都是一个单独的供暖回路，并在加热盘管的两端均设阀门，便于通过控制热水流量来控制相应房间的温度。大房间一般 20~30m² 为一个回路，根据房间面积布置成多个回路。每个回路长度应尽量接近，一般为 60~80m，最长不超过 120m。

2. 加热盘管的敷设

低温热水地面辐射供暖系统舒适、方便、节能，便于分户计量，还可有效利用太阳能、地热、人工热能等低温热源。低温热水地面辐射供暖系统以≤60℃低温热水为热媒，采用塑料管为加热盘管，预埋在不宜小于30mm的混凝土地面内。安装示意图如图4-13所示。

地面结构一般由结构层（楼板或土壤）、绝热层（上部敷设一定规范间距的固定的加热盘管）、填充层、防水层、防潮层和地面层（如大理石、瓷砖、木板等）组成。绝热层控制热量的传递方向，填充层埋置保护加热盘管并使地面温度均匀，地面层即地面装饰层。

当工程允许按双向散热进行设计时，可不设绝热层。但对住宅建筑而言，因涉及分户计量，必须有绝热层。加热盘管埋设及固定示意图如图4-14所示。

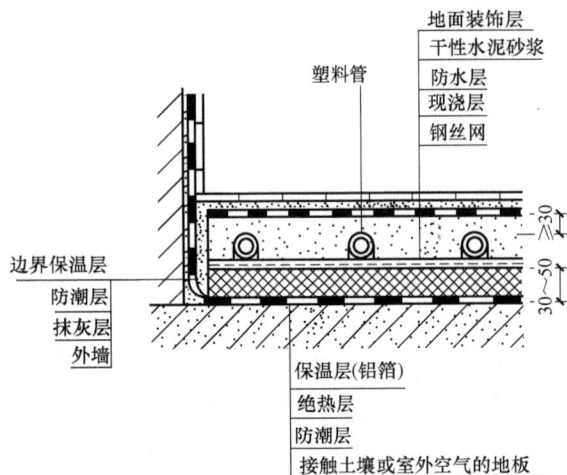

图 4-13　加热盘管安装示意图

图 4-14　加热盘管埋设及固定示意图

3. 相关规范要求

1）热水地面辐射供暖系统，供水温度宜采用35~45℃，不应大于60℃；供回水温差不宜大于10℃，且不宜小于5℃；毛细管网辐射系统供水温度宜满足表4-2的规定，供回水温差宜采用3~6℃。辐射体表面平均温度宜符合表4-3的规定。

表 4-2　毛细管网辐射系统供水温度

设置位置	宜采用温度/℃
顶棚	25~35
墙面	25~35
地面	30~40

表 4-3　辐射体表面平均温度

设置位置	宜采用的温度/℃	温度上限值/℃
人员经常停留的地面	25~27	29
人员短暂停留的地面	28~30	32
无人停留的地面	35~40	42

（续）

设置位置	宜采用的温度/℃	温度上限值/℃
房间高度为 2.5~3.0m 的顶棚	28~30	—
房间高度为 3.1~4.0m 的顶棚	33~36	—
距地面 1m 以下的墙面	35	—
距地面 1m 以上 3.5m 以下的墙面	45	—

2）确定地面散热量时，应校核地面表面平均温度，确保其不高于表 4-3 的温度上限值；否则应改善建筑热工性能或设置其他辅助供暖设备，减少地面辐射供暖系统负担的热负荷。

3）热水地面辐射供暖系统地面构造，应符合下列规定：

① 直接与室外空气接触的楼板、与不供暖房间相邻的地板为供暖地面时，必须设置绝热层。

② 与土壤接触的底层，应设置绝热层；设置绝热层时，绝热层与土壤之间应设置防潮层。

③ 潮湿房间，填充层上或面层下应设置隔离层。

④ 毛细管网辐射系统单独供暖时，宜首先考虑地面埋置方式，地面面积不足时再考虑墙面埋置方式；毛细管网同时用于冬季供暖和夏季供冷时，宜首先考虑顶棚安装方式，顶棚面积不足时再考虑墙面或地面埋置方式。

⑤ 热水地面辐射供暖系统的工作压力不宜大于 0.8MPa，毛细管网辐射系统的工作压力不应大于 0.6MPa。当超过上述压力时，应采取相应的措施。

⑥ 热水地面辐射供暖塑料加热管的材质和壁厚的选择，应根据工程的耐久年限、管材的性能以及系统的运行水温、工作压力等条件确定。

⑦ 在居住建筑中，热水地面辐射供暖系统应按户划分系统，并配置分水器、集水器；户内的各主要房间，宜分环路布置加热盘管。

⑧ 加热管的敷设间距，应根据地面散热量、室内设计温度、平均水温及地面传热热阻等通过计算确定。

⑨ 每个环路加热盘管的进、出水口，应分别与分水器、集水器相连接。分水器、集水器内径不应小于总供、回水管内径，且分水器、集水器最大断面流速不宜大于 0.8m/s。每个分水器、集水器分支环路不宜超过 8 路。每个分支环路供回水管上均应设置可关断阀门。

⑩ 在分水器的总进水管与集水器的总出水管之间，宜设置旁通管，旁通管上应设置阀门。分水器、集水器上均应设置手动或自动排气阀。

⑪ 地面下敷设的盘管埋地部分不应有接头。

⑫ 盘管隐蔽前必须进行水压试验，试验压力为工作压力的 1.5 倍，但不小于 0.6MPa。

4.4　供暖设施

4.4.1　散热器

散热器是安装在房间里的一种放热设备，通过热媒在其内部的循环加热室内空气，使室内保持所需要的温度达到供暖目的。热媒从散热器内流过，使散热器的温度高于室内空气温度，热媒的热量便通过散热以对流、辐射方式不断地传给室内空气。

散热器按其制造材质分为铸铁、钢制和其他材质的散热器；按其结构形状分为管型、翼型、柱型、平板型和串片式等；按其传热方式分为对流型（对流换热占 60% 以上）和辐射型（辐射换热占 60% 以上）。

1. 常见散热器类型

（1）柱型散热器　柱型散热器由铸铁制成，是呈柱状的单片散热器，表面光滑，无肋，每片各有几个中空的立柱相互连通。根据散热面积的需要，可把各个单片组对在一起形成一组。我国常用的柱型散热器有五柱、四柱和二柱 M-132 等类型，如图 4-15 所示。

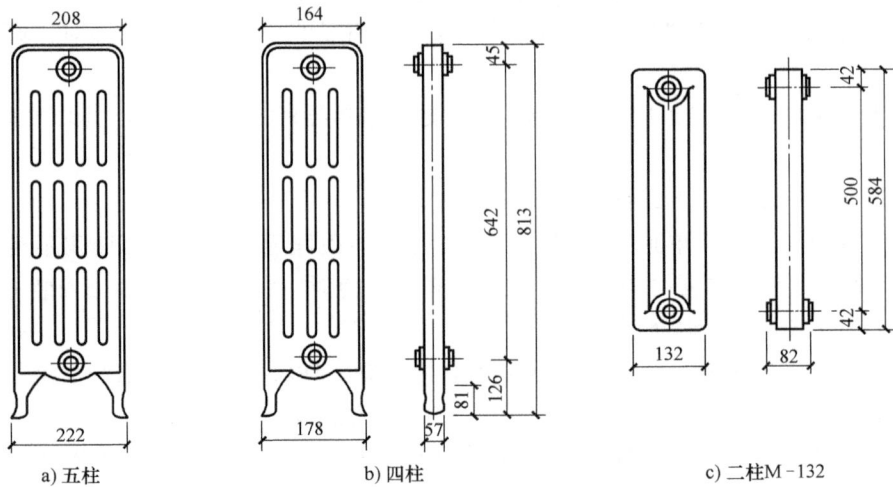

图 4-15　柱型散热器

（2）翼型散热器　翼型散热器分为圆翼型和长翼型两种，如图 4-16 所示。

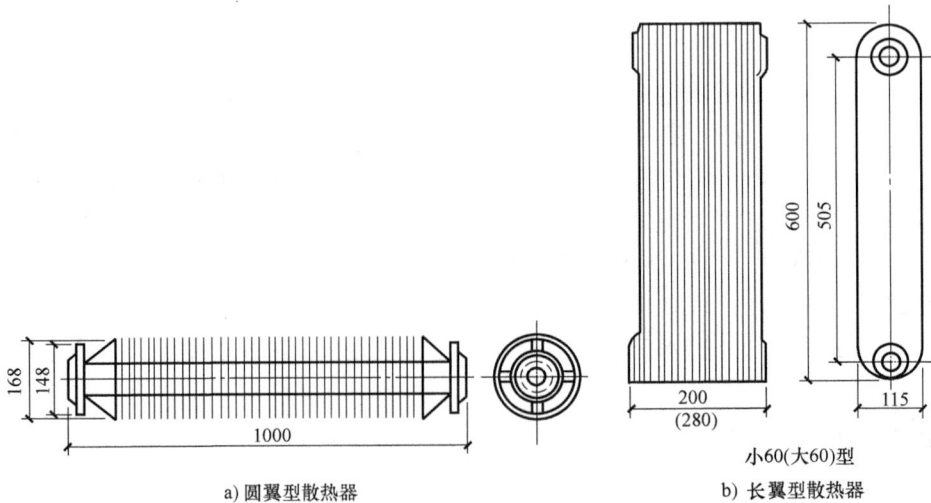

图 4-16　翼型散热器

（3）钢串片对流散热器　钢串片对流散热器外形美观，体积小，质量小，金属耗量少，热工性能好，由钢管、钢片、联箱、放气阀及管接头组成，散热器串片采用 0.5mm 薄钢片，运输安装易损坏，串片易伤人。因此对该结构修正后改成闭式钢串片散热器，如图 4-17 所示。闭式钢串片散热器适用于公共建筑以及工厂车间的供暖系统。

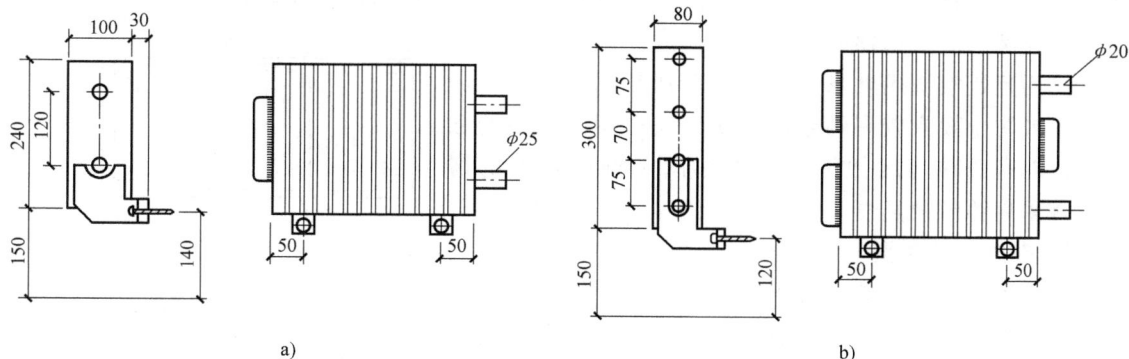

图 4-17　闭式钢串片散热器

（4）钢制柱型散热器　图 4-18 所示为钢制柱型散热器，其金属耗量少，耐压强度高，但钢制散热器易腐蚀。

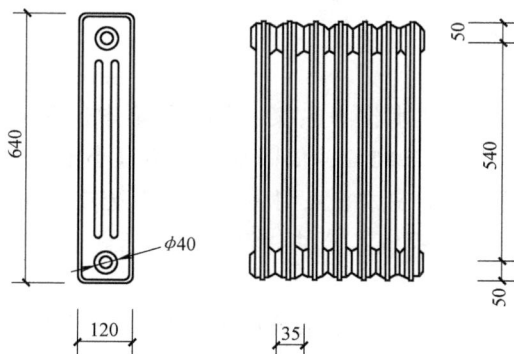

图 4-18　钢制柱型散热器

（5）板式散热器　这类散热器由面板、背板、对流片、进出水口接头、放水阀门固定套及上下支架组成，如图 4-19 所示。

（6）扁管式散热器　它采用 52mm×11mm×1.5mm（宽×高×厚）的水通路扁管作为片状半柱型经压力滚焊复合成单片，一般每组片数不宜超过 20 片，如图 4-20 所示。

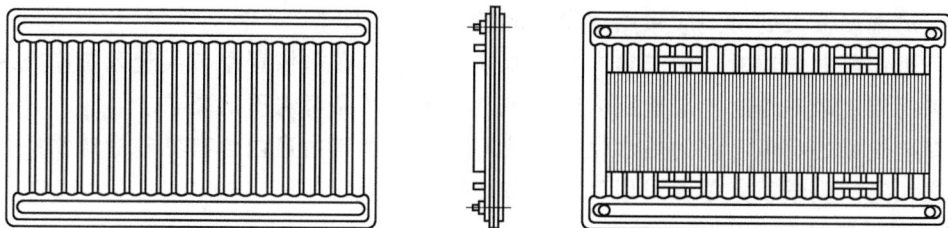

图 4-19　板式散热器

钢制散热器金属耗量少,耐压强度高,尤其适用于高层建筑供暖和高温水系统中。但是钢制散热器容易受腐蚀,使用寿命比铸铁散热器短。为了防止内腐蚀,热水供暖系统的补水最好进行除氧处理,非供暖期散热器内也应充满水。散热器的选择应根据房间的使用要求而定。民用建筑宜选用外形美观,易于清扫的散热器;放散粉尘或防尘要求较高的生产厂房,应采用易清扫的散热器;对有酸碱等腐蚀性气体的车间及湿度较大的房间,宜采用铸铁散热器。

2. 散热器的布置

散热器设置在外墙窗口下最为合理,经散热器加热的空气沿外窗上升,能阻止渗入的冷空气沿墙及外窗下降,因而防止了冷空气直接进入室内工作区域。对于要求不高的房间,散热器也可靠内墙设置。散热器宜明装,明装散热效果好,易于清除灰尘。若某些建筑物为了美观,将散热器装在窗下壁龛内,外面用装饰性栅格把散热器遮挡,会严重影响取暖效果。在采用高压蒸汽供暖的浴室中,要将散热器加以围挡,防止人体烫伤。

图 4-20 扁管式散热器
a) 正面
b) 背面
c) 俯视

楼梯间内的散热器应尽量设置于底层,因为底层散热器所加热的空气能够自行上升,从而补偿上部的热损失。

3. 相关规范规定

1)散热器供暖系统应采用热水作为热媒;散热器集中供暖系统宜按 75℃/50℃ 连续供暖进行设计,且供水温度不宜大于 85℃,供回水温差不宜小于 20℃。

2)居住建筑室内供暖系统的制式宜采用垂直双管系统或共用立管的分户独立循环双管系统,也可采用垂直单管跨越式系统;公共建筑供暖系统宜采用双管系统,也可采用单管跨越式系统。

3)既有建筑的室内垂直单管顺流式系统应改成垂直双管系统或垂直单管跨越式系统,不宜改造为分户独立循环系统。

4)垂直单管跨越式系统的楼层层数不宜超过 6 层,水平单管跨越式系统的散热器组数不宜超过 6 组。

5)管道有冻结危险的场所,散热器的供暖立管或支管应单独设置。

6)选择散热器时,应符合下列规定:

① 应根据供暖系统的压力要求,确定散热器的工作压力,并符合国家现行有关产品标准的规定。

② 相对湿度较大的房间应采用耐腐蚀的散热器。

③ 采用钢制散热器时,应满足产品对水质的要求,在非供暖季节供暖系统应充水保养。

④ 采用铝制散热器时,应选用内防腐型,并满足产品对水质的要求。

⑤ 安装热量表和恒温阀的热水供暖系统不宜采用水流通道内含有黏砂的铸铁散热器。

⑥ 高大空间供暖不宜单独采用对流型散热器。

7)布置散热器时,应符合下列规定:

① 散热器宜安装在外墙窗台下,当安装或布置管道有困难时,也可靠内墙安装。

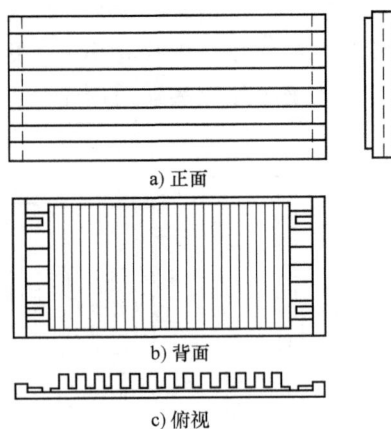

② 两道外门之间的门斗内，不应设置散热器。

③ 楼梯间的散热器，应分配在底层或按一定比例分配在下部各层。

8）铸铁散热器的组装片数，宜符合下列规定：

① 粗柱型（包括柱翼型）不宜超过 20 片。

② 细柱型不宜超过 25 片。

9）除幼儿园、老年人照料设施和特殊功能要求的建筑外，散热器应明装。必须暗装时，装饰罩应有合理的气流通道、足够的通道面积，并方便维修。散热器的外表面应刷非金属性涂料。

10）幼儿园、老年人照料设施和特殊功能要求的建筑的散热器必须暗装或加防护罩。

11）确定散热器数量时，应根据其连接方式、安装形式、组装片数、热水流量以及表面涂料等对散热量的影响，对散热器数量进行修正。

12）供暖系统非保温管道明设时，应计算管道的散热量对散热器数量的折减；非保温管道暗设时宜考虑管道的散热量对散热器数量的影响。

13）垂直单管和垂直双管供暖系统，同一房间的两组散热器，可采用异侧连接的水平单管串联的连接方式，也可采用上下接口同侧连接方式。当采用上下接口同侧连接方式时，散热器之间的上下连接管应与散热器接口同径。

14）散热器组对后，以及整组出厂的散热器在安装之前应做水压试验。试验压力如设计无要求时应为工作压力的 1.5 倍，但不小于 0.6MPa。

4.4.2 膨胀水箱

膨胀水箱在供暖系统中用来贮存系统加热后的膨胀水量，在自然循环上供下回式系统中起排气作用，此外，还能起恒定供暖系统压力的作用。膨胀水箱一般用钢板制作，通常是圆形或矩形，图 4-21 所示为圆形膨胀水箱。

膨胀水箱的设置位置应考虑防冻。若水箱设置在非供暖房间内，应采取保温措施。重力循环供暖系统中，膨胀管与供暖系统管路连接，应接在总立管的顶端。机械循环供暖系统中，膨胀管与机械循环供暖系统管路连接时，一般接在水泵吸入口前，如图 4-22 所示。连接点的压力，在系统停止或运行下都是恒定的，因而该点称为定压点。

当系统充水的水位超过溢流管管口时，通过溢流管将水自动溢流排出。溢流管一般可接到附近下水道。信号管用来检查膨胀水箱是否存水，一般应引到管理人员容易观察到的地方（如接回锅炉房或建筑物底层的卫生间等）。排水管用来清洗水箱时放空存水和污垢，它可与溢流管一起接至附近下水道。

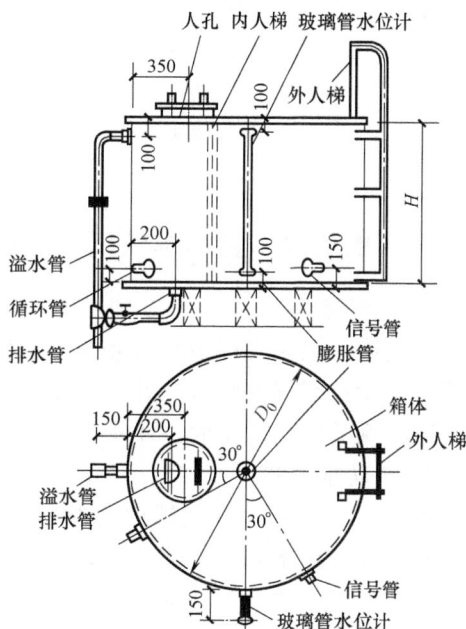

图 4-21　圆形膨胀水箱

在机械循环供暖系统中，循环管应接到系统定压点前的水平回水干管上。该点与定压点之间应保持 1.5~3m 的距离，这样可让少量热水能缓慢地通过循环管和膨胀管流过水箱，以防水箱里的水冻结。

4.4.3 除污器

除污器可以阻留热网水中的污物以防它们造成室内系统管路的堵塞。除污器一般为圆形钢制筒体，如图 4-23 所示。除污器一般安装在供暖系统的人口调压装置前；或锅炉房循环水泵的吸入口和热交换器前；其他小孔口阀也应该设除污器或过滤器。除污器或过滤器接管直径可取与干管相同的直径。

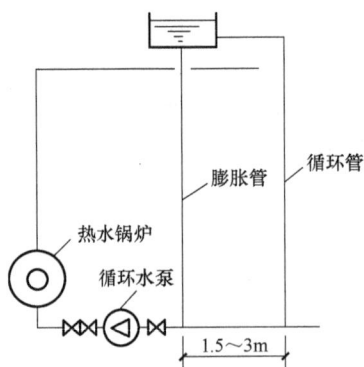

图 4-22 膨胀管与机械循环供暖
系统的连接方式

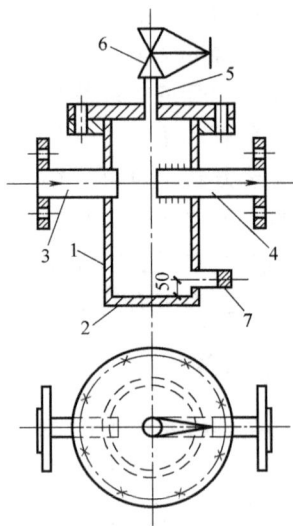

图 4-23 除污器
1—筒体 2—底板 3—进水管 4—出水花管
5—排气管 6—排气阀 7—排污口

4.4.4 集气罐、自动排气阀、冷风阀及疏水器

1. 集气罐

集气罐一般用直径 100~250mm 的短管制成，分为立式和卧式两种，如图 4-24 所示。集气罐一般设在系统末端最高处，因立式集气罐容纳的空气比卧式多，一般采用立式，只有在干管距顶棚的距离太小时，才用卧式。

2. 自动排气阀

如图 4-25 所示，集气罐内的浮标会随着水面的变化而上浮下沉。当集气罐内充满气体时，浮标在腔体下部，顶部的阀口打开，气体在压力作用下排出。随着气体排尽，热水进入腔体，浮标随水位上浮，最终由耐热橡胶皮将阀口堵死，避免热水喷出。随着新的气体聚集，阀体内液面下降，浮标下沉，阀口再次打开，继续排气，该过程不断进行实现自动排气。自动排气阀应设在系统的最高处，热水供暖系统最好设在末端最高处。

自动排气阀有时会经常出现故障，如橡胶堵与阀口粘连打不开，气排不出去；橡胶堵不

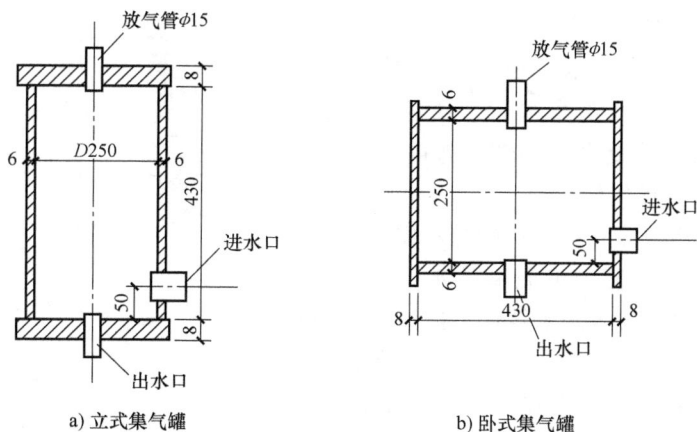

a) 立式集气罐　　　　　　　　b) 卧式集气罐

图 4-24　集气罐

能很好地把阀口堵严，造成漏水等。为了避免自动排气阀故障，造成排气不畅或出现漏水问题，自动排气阀宜安装在无重要设施的房间，如库房、楼梯间、卫生间等；也可以将自动排气阀的集气罐连接管道，引到卫生间或楼梯间，并安装在人容易操作的高度安装手动阀门，改为手动排气，如图 4-26 所示。

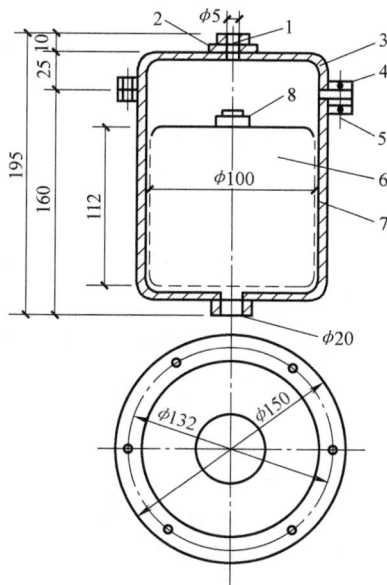

图 4-25　自动排气阀
1—排气口　2、5—橡胶石棉垫
3—罐盖　4—螺栓　6—浮标　7—集气罐　8—耐热橡胶

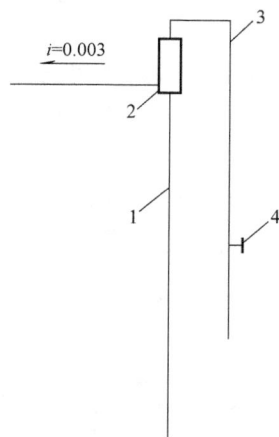

图 4-26　集气罐及手动排气示意图
1—立管　2—集气罐或自动排气阀
3—排气管　4—手动排气阀

3. 冷风阀

如图 4-27 所示，冷风阀多用在水平式和下供下回式系统中，它旋紧在散热器上部专设的丝孔上，以手动方式排除空气。

4．疏水器

疏水器是蒸汽供暖系统中不可缺少的重要设备，通常设置在散热器回水支管或系统的凝水管上。它的作用是自动阻止蒸汽逸漏，且能迅速地排出散热设备及管道中的凝水，同时能排除系统中积留的空气和其他不凝性气体。

疏水器的种类比较多，最常用的疏水器有机械型疏水器、热动力型疏水器和恒温型疏水器。图 4-28 为恒温型疏水器，凝水流入疏水器后，经过缩小的孔口排出。此孔的启动由一个能热胀冷缩的薄金属片波纹盒操纵。盒中装有少量受热易蒸发的液体（如酒精），当蒸汽流入疏水器时，小盒被迅速加热，液体蒸发产生压力，使波纹盒伸长，带动盒底的锥形阀，堵住小孔，防止蒸汽逸漏，直到疏水器内的蒸汽全部凝成饱和水并冷却后，则波纹盒收缩阀孔打开，排出凝水。当空气或凝水流入时，疏水器的锥形阀阀门一直打开，它们可以顺利通过。

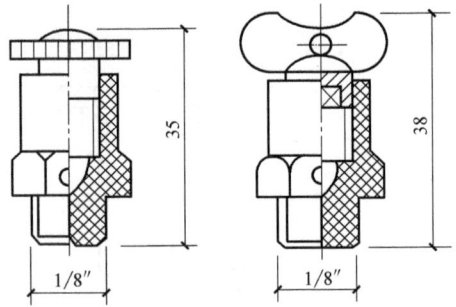

图 4-27　冷风阀

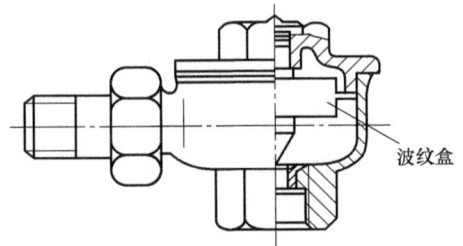

图 4-28　恒温型疏水器

4.4.5　补偿器

为了避免热伸长或温度应力，对管道造成变形或破坏，在管道上设置补偿装置，以减小应力补偿热伸长。供热管道上常用补偿器有以下几种：

（1）自然补偿装置　自然补偿装置即管道的自然转弯所形成的几何形状，以此来补偿管道的热膨胀，减小其应力。不增加投资、简单可靠、不额外占空间。但管道变形时会产生横向位移，补偿管段不能太长。

（2）方形补偿器　方形补偿器是由 4 个 90°的弯头构成的方形补偿器，如图 4-29 所示，此外可做成 S、Ω 等多种形式。以此补偿管道的热膨胀，减小其应力。安装方便，不许经常维修，作用在固定点的推力小，可适用于各种压力及温度条件。但热媒流动阻力大，占空间大。

（3）波形补偿器　图 4-30 所示为波形补偿器，这种补偿器在供热管道上，只有当管径

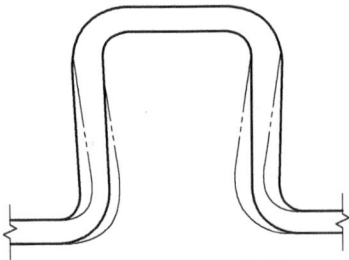

图 4-29　方形补偿器

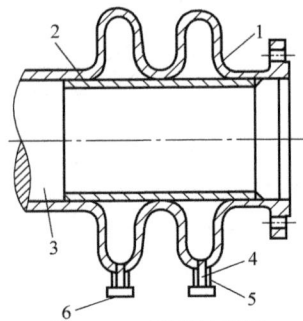

图 4-30　波形补偿器

1—波形节　2—套筒　3—管子　4—疏水管　5—垫片　6—螺母

>300mm且压力较低时才使用。波形补偿器采用3~4mm钢板或铸铁制成,一般以3~6个波形为宜。体积小、节省材料、热媒阻力小。但补偿能力小,轴向推力大。

4.4.6 热能表

热能表是指用于测量在热交换环路中,热(冷)媒所放出或吸收热能的仪器。它由流量传感器、温度传感器和热能积算仪三部分组成。

将一对温度传感器分别安装在通过载热流体的上行管和下行管上,在热水供暖系统中,流量计安装在入户供水管或回水管上,流量计发出与流量成正比的脉冲信号,温度传感器输出表示温度高低的模拟信号,而积算仪采集来自流量和温度传感器的信号,利用积算公式算出热交换系统获得的热量。

长期以来,我国北方地区城镇居民的供暖一般按住宅面积而不是实际使用热量收费的,家里热的受不了也不主动关小热水阀,而是开窗散热,造成能源浪费。而欧美等发达国家在20世纪80年代初,热量表的使用已相当普遍。热力公司以热量表作为计价收费的依据和手段,可节能20%~30%。所以国家相关规范明确规定:新建建筑和既有建筑节能改造必须设置热量计量装置,并具备室温调控功能。用于热量结算的热量计量装置必须采用热量表。图4-31所示为某类型热能表。

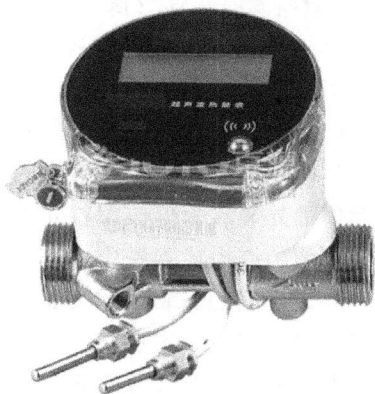

图4-31 某类型热能表

4.5 室内供暖管道的布置

供暖管道的布置和敷设必须满足相关规范及技术标准的要求。布置和敷设的合理性直接影响系统的造价和使用效果。因此,布置管道时,既要考虑建筑物的类型、用途、建筑物外形、结构尺寸和使用要求,又要考虑已确定的供暖系统的种类和系统形式以及热源的种类、位置和连接方式等诸方面的因素。

室内管道除了在建筑美观要求较高的房间内采用暗装外,一般都是明装。这样便于系统安装和维修。在布置管道之前,首先应确定管道引入口位置。引入口宜设置在建筑物热负荷对称分配的位置,即建筑物中部,这样可缩短系统的作用半径。

对于干管的布置,应首先确定系统的形式。系统应合理地分成若干支路,而且尽量使它们的阻力损失易于平衡。

对于上供下回式系统,美观要求比较高的民用建筑,供暖干管可布置在建筑物顶部的吊顶内,明装时可布置在顶层的顶棚以下,顶棚的过梁底面标高距窗户顶部之间的距离应满足供暖干管的坡度和集气罐的设置要求。图4-32所示为敷设在吊顶内的供热干管平面布置图。

大型民用建筑和美观要求较高、地下水位很低以及建设管道沟比较经济时,宜地下敷设管道,即采用

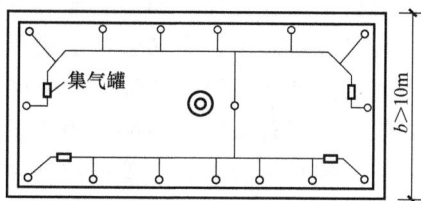

图4-32 敷设在吊顶内的供热干管平面布置图

下供下回式系统。

对于下供下回式系统或上供下回式系统的回水干管，一般都布置在建筑物底层地坪下面的管道沟内，如图4-33所示。管道沟的高度、宽度应根据管道的数量、管径、管道长度、坡度以及安装与检修所需的空间决定。为了检修方便，在管道沟中的有些地方应设有活动盖板或检修人孔。沟底应有0.003的坡度坡向供暖系统引入口，用以排水。

如建筑物有不供暖的地下室，则供暖干管可设置在地下室的顶板下面，或沿墙明装在底层地面上，干管必须穿（跨）越门洞时，穿（跨）越门洞部分应暗装在沟槽内。

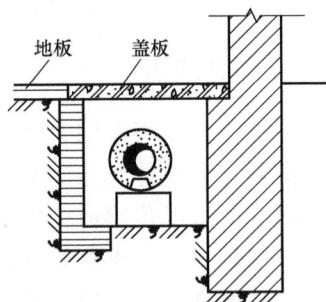

图4-33 供暖管道沟

供暖管道穿越建筑物基础发生变形缝时，应采取预防建筑物下沉而损坏管道的措施。当供暖管道必须穿过建筑物防火墙时，在管道穿过处应采取固定和密封措施，并使管道可向两侧伸缩。

供暖立管一般布置在房间的窗间墙处，可向两侧连接散热器，对于两面有外墙的房间，在房间的外墙转角处应布置立管，楼梯间的立管一般单独设置。供暖立管靠墙布置时则可布置在预留的墙槽或管槽内。

供暖管道的安装有明装和暗装两种方式。一般均采用明装，装饰要求较高的建筑物常采用暗装。管道系统安装时，立管应与地面垂直安装，同一房间内的散热器的安装高度应保持一致并且要使干管及散热器支管具有规范要求的坡度。管道安装坡度，当设计未注明时，应符合下列规定：

1）汽水同向流动的热水供暖管道、汽水同向流动的蒸汽管道及凝结水管道，坡度应为0.003，不得小于0.002。

2）汽水逆向流动的热水供暖管道、汽水逆向流动的蒸汽管道，坡度不应小于0.005。

3）散热器支管的坡度应为0.01，坡向应利于排气和泄水。

管道穿过楼板或隔墙时，为了使管道可自由移动且不损坏楼板或墙面，应在穿楼板或隔墙的位置预埋套管，如图4-34所示。套管的内径应稍大于管道的外径，套管长度顶部应高出地面不少于20mm，底部与楼板下部齐平。在管道与套管之间，应填以石棉绳。

管道安装，最重要的是确保质量。管道及配件在安装前仔细检查，安装后按规范要求进行打压试验，打压试验合格后再进行保温，以免有漏水、漏气等事故发生。

在供暖系统中，金属管道会因受热而伸长，每米钢管当它本身的温度每升高1℃时，便会伸长0.012mm。因此，平直管道的两端都被固定不能自由伸长时，管道就会因伸长而弯曲；当伸长量很大时，管道的管件就有可能因弯曲而破裂。因此一定长度的管道上要安装伸缩器。

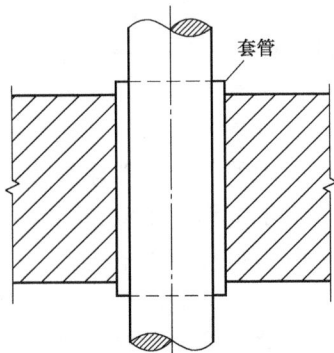

图4-34 管道穿楼板或穿隔墙

供暖管道在下列情况下必须保温：

1）管道内输送必须保证一定参数的热媒时。

2）管道敷设在室外、非供暖房间、外门内及有冻结危险的地方。

3）管道敷设在管道沟、技术夹层、闷顶或管道井内。

4）热媒温度高于100℃的管道安装在易于使人烫伤的地方。

5）保温应采用不易腐烂、导热系数小的非可燃材料。保温层的厚度根据管道的管径确定，保温层外面应做保护层。

4.6 锅炉

热源是供暖系统的重要组成部分，是供暖系统的动力中心和热能供应中心。供热工程中采用的热源主要有区域锅炉房、热电厂、地热、工业余热、核能和太阳能。

4.6.1 常用锅炉类型

锅炉是供热之源，它将燃料的化学能转换成热能，通过传热的方式将热能传递给冷水继而产生热水或蒸汽。

根据用途不同，锅炉可分为供热锅炉和动力锅炉，供热锅炉主要用于民用建筑生活供热或工业生产供热；动力锅炉用于动力、发电。按工作介质不同，锅炉可分为蒸汽锅炉和热水锅炉；按压力大小不同，又可分为低压锅炉和高压锅炉。

蒸汽锅炉中，当蒸汽压力低于0.7MPa时称为低压锅炉；当蒸汽压力高于0.7MPa时称为高压锅炉。在热水锅炉中，热水温度低于100℃时称为低压锅炉，热水温度高于100℃时称为高压锅炉。集中供暖系统常用的热水温度为95℃，常用的蒸汽压力小于0.7MPa。所以大多用低压锅炉。低压锅炉用铸铁或钢制造，高压锅炉用钢制造。

按高温烟气与受热面的相对位置不同，锅炉可分为水管锅炉和火管锅炉。按锅筒放置方式不同，锅炉又可分为立式锅炉和卧式锅炉两种。

按所用燃料种类不同，锅炉可分为燃煤锅炉、燃油锅炉和燃气锅炉三类。

蒸汽锅炉工作时，在锅炉内部有三个工作过程，即燃料的燃烧过程、烟气和水的热交换过程以及水的受热和汽化过程。

4.6.2 锅炉的主要技术参数

为了表明锅炉的容量、参数和经济性，通常用下列指标说明锅炉的基本特性。

1）蒸发量：是指蒸汽锅炉每小时的蒸汽产量，它表明锅炉容量的大小，一般用 D 表示，单位为 kg/h 或 t/h。

2）产热量：是指热水锅炉每小时产生的热量，它同样表明锅炉的容量，一般用 Q 表示，单位为 MW。

3）蒸汽或热水参数：是指蒸汽或热水的压力和温度，单位分别为 MPa 和℃。

4）受热面发热率或发热率：是指每平方米受热面每小时生产的蒸汽量或热量，单位为 kg/(m²·h) 或 MW/m²。

5）锅炉效率：是指锅炉产生蒸汽或热水的热量与燃料在锅炉内完全燃烧时放出的全部热量的比值，通常用符号 η 表示，得数用百分数表示。η 数值的大小直接说明锅炉运行的经济性。

4.6.3 锅炉的结构

图 4-35 所示为锅炉机组工作过程示意图，煤斗 1 的煤经给煤机 2 进入磨煤机 3 粉碎，由排粉机 5 将煤粉送入燃烧器 6，与送风机 16 送入、空气预热器 4 加热的空气混合，在炉膛 7 内燃烧；冷水处理后由给水泵送入省煤器 12 预加热，再进入水冷壁 8 加热经立管 18 进入锅筒 17，锅筒内的饱和蒸汽可直接送入供热管网，或经屏式过热器 9、高温过热器 10、低温过热器 11、顶棚过热器 19 加热形成过热蒸汽，输送到汽轮机发电，燃烧产生的灰渣进入排渣室 20。燃烧产生的烟气将热量充分交换后，在引风机 14 作用下，经除尘器 13 除尘后进入烟囱 15 排出室外。

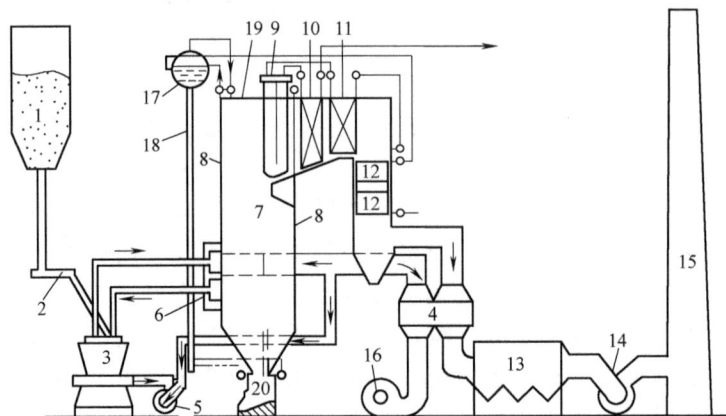

图 4-35 锅炉机组工作过程示意图

过热器的作用是把蒸汽进一步加热加压。对流式过热器最为常用，采用蛇形管式。它具有比较密集的管组，布置在 450~1000℃ 烟气温度的烟道中，受烟气的横向和纵向冲刷。烟气主要以对流的方式将热量传递给管子，也有一部分辐射热量。屏式过热器由多片管屏组成，布置在炉膛内上部或出口处，属于辐射或半辐射式过热器。前者吸收炉膛火焰的辐射热，后者还吸收一部分对流热量。在 10MPa 以上的电站锅炉中，一般都兼用屏式和蛇形管式两种过热器，以增加吸热量。敷在炉膛内壁上的墙式过热器为辐射式过热器，较少采用。包墙式过热器用在大容量的电站锅炉中构成炉顶和对流烟道的壁面，外面敷以绝热材料组成轻型炉墙。图 4-36 所示为几种过热器的布置。装有过热器的小容量工业锅炉一般只用单级管组的对流式过热器即能满足要求。

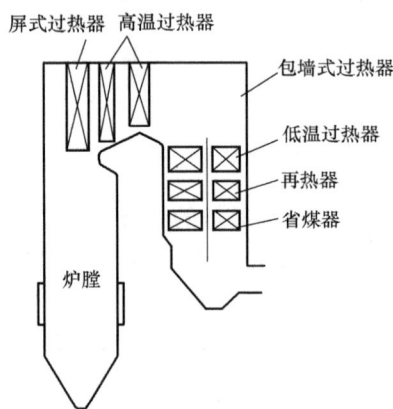

图 4-36 几种过热器的布置

4.6.4 锅炉房

设计锅炉房应根据批准的城市（地区）或企业总体规划和供热规划进行，做到远近结合，以近期为主，并宜留有扩建余地。对扩建和改建锅炉房，应取得既有工艺设备和管道的原始资料，并应合理利用既有建筑物、构筑物、设备和管道，同时应与既有生产系统、设备和管道的布置、建筑物和构筑物形式相协调。

设计锅炉房时应取得热负荷、燃料和水质资料，并应取得当地的气象、地质、水文、电力和供水等有关基础资料。

锅炉房燃料的选用，应做到合理利用能源和节约能源，并与安全生产、经济效益和环境保护相协调，选用的燃料应有其产地、元素成分分析等资料和相应的燃料供应协议，并应符合下列规定：

1) 设在其他建筑物内的锅炉房，应选用燃油或燃气燃料。

2) 选用燃油作燃料时，不宜选用重油或渣油。

3) 地下、半地下、地下室和半地下室锅炉房，严禁选用液化石油气或相对密度大于或等于 0.75 的气体燃料。

4) 燃气锅炉房的备用燃料，应根据供热系统的安全性、重要性、供气部门的保证程度和备用燃料的可能性等因素确定。

1. 位置的选择

1) 锅炉房位置的选择，应根据下列因素分析后确定：

① 应靠近热负荷比较集中的地区，并应使引出热力管道和室外管网的布置在技术、经济上合理。

② 应便于燃料贮运和灰渣的排送，并宜使人流和燃料、灰渣运输的物流分开。

③ 扩建端宜留有扩建余地。

④ 应有利于自然通风和采光。

⑤ 应位于地质条件较好的地区。

⑥ 应有利于减少烟尘、有害气体、噪声和灰渣对居民区和主要环境保护区的影响，全年运行的锅炉房应设置于总体最小频率风向的上风侧，季节性运行的锅炉房应设置于该季节最大频率风向的下风侧，并应符合环境影响评价报告提出的各项要求。

⑦ 燃煤锅炉房和煤气发生站宜布置在同一区域内。

⑧ 应有利于凝结水的回收。

⑨ 区域锅炉房尚应符合城市总体规划、区域供热规划的要求。

⑩ 易燃、易爆物品生产企业锅炉房的位置，除应满足上述要求外，还应符合有关专业规范的规定。

2) 锅炉房宜为独立的建筑物。

3) 当锅炉房和其他建筑物相连或设置在其内部时，严禁设置在人员密集场所和重要部门的上一层、下一层、贴邻位置以及主要通道、疏散口的两旁，并应设置在首层或地下室一层靠建筑物外墙部位。

4) 住宅建筑物内不宜设置锅炉房。

5) 采用煤粉锅炉的锅炉房，不应设置在居民区、风景名胜区和其他主要环境保护区内。

6）采用循环流化床锅炉的锅炉房，不宜设置在居民区。

2. 建筑物、构筑物和场地的布置

1）独立锅炉房区域内的各建筑物、构筑物的平面布置和空间组合，应紧凑合理、功能分区明确、建筑简洁协调、满足工艺流程顺畅、安全运行、方便运输、有利安装和检修的要求。

2）新建区域锅炉房的厂前区规划，应与所在区域规划相协调。锅炉房的主体建筑和附属建筑宜采用整体布置。锅炉房区域内的建筑物主立面，宜面向主要道路，且整体布局应合理、美观。

3）工业锅炉房的建筑形式和布局，应与所在企业的建筑风格相协调；民用锅炉房、区域锅炉房的建筑形式和布局，应与所在城市（区域）的建筑风格相协调。

4）锅炉房区域内的各建筑物、构筑物与场地的布置，应充分利用地形，使挖方量和填方量最小，排水顺畅，且应防止水流入地下室和管沟。

5）锅炉间、煤场、灰渣场、贮油罐、燃气调压站之间以及和其他建筑物、构筑物之间的间距，应符合《建筑设计防火规范》（GB 50016—2014）（2018年版）、《城镇燃气设计规范》（GB 50028—2008）及有关标准规定，并满足安装、运行和检修的要求。

6）运煤系统的布置应利用地形，使提升高度小、运输距离短。煤场、灰渣场宜位于主要建筑物的全年最小频率风向的上风侧。

7）锅炉房建筑物室内底层标高和构筑物基础顶面标高，应高出室外地坪或周围地坪0.15m及以上。锅炉间和同层的辅助间地面标高应一致。

3. 锅炉间、辅助间和生活间的布置

1）单台蒸汽锅炉额定蒸发量为1~20t/h或单台热水锅炉额定热功率为0.7~14MW的锅炉房，其辅助间和生活间宜贴邻锅炉间固定端一侧布置。单台蒸汽锅炉额定蒸发量为35~75t/h或单台热水锅炉额定热功率为29~70MW的锅炉房，其辅助间和生活间根据具体情况，可贴邻锅炉间布置或单独布置。

2）锅炉房集中仪表控制室，应符合下列要求：

① 应与锅炉间运行层同层布置。

② 宜布置在便于司炉人员观察和操作的炉前适中地段。

③ 室内光线应柔和。

④ 朝锅炉操作面方向应采用隔声玻璃大观察窗。

⑤ 控制室应采用隔声门。

⑥ 布置在热力除氧器和给水箱下面及水泵间上面时，应采取有效的防振和防水措施。

3）容量大的水处理系统、热交换系统、运煤系统和油泵房，宜分别设置各系统的就地机柜室。

4）锅炉房宜设置修理间、仪表校验间、化验室等生产辅助间，并宜设置值班室、更衣室、浴室、厕所等生活间。当就近有生活间可利用时，可不设置。二、三班制的锅炉房可设置休息室或与值班室、更衣室合并设置。锅炉房按车间、工段设置时，可设置办公室。

5）化验室应布置在采光较好、噪声和振动影响较小处，并使取样方便。

6）锅炉房运煤系统的布置宜使煤自固定端运入锅炉炉前。

7）锅炉房出入口的设置，必须符合下列规定：

① 出入口不应少于 2 个。但对独立锅炉房，当炉前走道总长度小于 12m，且总建筑面积小于 200m² 时，其出入口可设 1 个。

② 非独立锅炉房，其人员出入口必须有 1 个直通室外。

③ 锅炉房为多层布置时，其各层的人员出入口不应少于 2 个。楼层上的人员出入口，应有直接通向地面的安全楼梯。

8）锅炉房通向室外的门应向室外开启，锅炉房内的工作间或生活间直通锅炉间的门应向锅炉间内开启。

4. 工艺布置

1）锅炉房工艺布置应确保设备安装、操作运行、维护检修的安全和方便，并应使各种管线流程短、结构简单，使锅炉房面积和空间使用合理紧凑。

2）建筑气候年日平均气温大于等于 25℃ 的日数在 80d 以上、雨水相对较少的地区，锅炉可采用露天或半露天布置。当锅炉采用露天或半露天布置时，除应符合 1）的规定外，尚应符合下列要求：

① 应选择适合露天布置的锅炉本体及其附属设备。

② 管道、阀门、仪表附件等应有防雨、防风、防冻、防腐和减少热损失的措施。

③ 应将锅炉水位、锅炉压力等测量控制仪表，集中设置在控制室内。

3）风机、水箱、除氧装置、加热装置、除尘装置、蓄热器、水处理装置等辅助设备和测量仪表露天布置时，应有防雨、防风、防冻、防腐和防噪等措施。居民区内锅炉房的风机不应露天布置。

4）锅炉之间的操作平台宜连通。锅炉房内所有高位布置的辅助设施及监测、控制装置和管道阀门等需操作和维修的场所，应设置方便操作的安全平台和扶梯。阀门可设传动装置引至楼（地）面进行操作。

5）锅炉操作地点和通道的净空高度不应小于 2m，并应符合起吊设备操作高度的要求。在锅筒、省煤器及其他发热部位的上方，当不需操作和通行时，其净空高度可为 0.7m。

6）锅炉与建筑物的净距不应小于表 4-4 的规定，并应符合下列规定：

① 当需在炉前更换锅管时，炉前净距应能满足操作要求。大于 6t/h 的蒸汽锅炉或大于 4.2MW 的热水锅炉，当炉前设置仪表控制室时，锅炉前端到仪表控制室的净距可减为 3m。

② 当锅炉需吹灰、拨火、除渣、安装或检修螺旋除渣机时，通道净距应能满足操作的要求；装有快装锅炉的锅炉房，应有更新整装锅炉时能顺利通过的通道；锅炉后部通道的距离应根据后烟箱能否旋转开启确定。

表 4-4　锅炉与建筑物的净距

单台锅炉容量		炉前/m		锅炉两侧和后部通道/m
蒸汽锅炉/(t/h)	热水锅炉/MW	燃煤锅炉	燃气(油)锅炉	
1~4	0.7~2.8	3.00	2.50	0.80
6~20	4.2~14	4.00	3.00	1.50
≥35	≥29	5.00	4.00	1.80

第 5 章

建筑通风

建筑通风系统在建筑中相当于人的呼吸系统。其首要任务是向建筑物内部不断补充新鲜空气，并排除建筑物内人类生活、生产所产生的各种污染空气，为人类工作生活提供一个卫生健康清新的环境。

建筑通风的第二个任务是防暑降温，即排除建筑物内的热湿空气，使建筑有一个较舒适的空气环境。

建筑通风的第三任务是安全疏散，一旦发生火灾，及时排除火灾现场所产生的有毒高温烟气。在密闭建筑物内发生火灾，除了排烟通风外，还应向紧急疏散通道正压送风，以防止有毒烟气侵入，以保证人员的安全疏散。

5.1 通风的分类及室内污染

5.1.1 通风的分类

1. 自然通风和机械通风

自然通风不需额外提供能量，利用室内外温差和建筑高度产生的热压差使室内空气产生自下而上的流动，或利用室外风力提供的风压，使室内空气产生流动。

机械通风是在风机的作用下进行通风，按风机的作用方向又分为机械送风、机械排风、机械送排风。

机械送风：机械通风设备将处理好的新鲜空气送入室内，在风压下污染空气通过门窗缝隙自然排出；机械排风：机械通风设备将室内污染空气，经过处理排出室外，在室内负压下新鲜空气通过门窗缝隙自然进入室内；机械送排风：机械送风设备将处理好的新鲜空气送入室内，机械通风设备将室内污染空气，经过处理排出室外。

2. 全面通风和局部通风

全面通风是对整个房间进行通风换气，它可以排除室内空气污染物，补入新鲜空气，使室内空气质量达到卫生标准。局部通风指采用局部气流排除局部污染源散发的气体污染物，以此保证局部污染源之外的场所不受污染的通风措施，如厨房的油烟机、厕所的换气扇等。

5.1.2 室内污染及评价

1. 室内污染源

1）人自身及其进行的活动，如人类呼吸排出的 CO_2，厨房产生的油烟及燃烧废气、人厕产生的挥发性污染气体，活动扬起灰尘，吸烟产生的污染气体等。

2）建筑材料中的合成材料，如建筑材料中挥发出的甲醛及其他挥发性气体等。

3）生产设备，如工业生产中产生的有害气体、粉尘等。

4）宠物，如宠物活动产生的灰尘，宠物自身产生的气味、扬起的细小绒毛、细菌、病毒等。

5）家具、日用品的挥发物。

6）室外进入的污染物等。

2. 室内污染物的分类

1）二氧化碳（CO_2）。CO_2产生于动物的呼吸和燃烧过程。其无毒，含量高时会使人的呼吸加快、头痛，含量太高会产生中毒，失去知觉甚至死亡。CO_2含量一般控制在 0.5%，世界卫生组织（WHO）建议控制值为 0.25%。

2）一氧化碳（CO）。CO产生于炉灶、热水器、汽车尾气等不完全燃烧。国六 B 汽车排放标准 500mg/km，吸烟 CO 的排放量为 1.8～17mg/支。其与血红蛋白的亲和力是氧气的 250 余倍，浓度过高会导致缺氧窒息而死。规定浓度不超过 40mg/m³。

3）可吸入的颗粒物 $PM_{2.5}$。可吸入的颗粒物 $PM_{2.5}$产生于衣物、鞋、扬尘、烟尘、室外空气中的悬浮粒子。可吸入物又分为可溶性粒子，可进入血液循环运行全身；难溶性粒子，长期沉积于体内，使肺泡及淋巴组织纤维化，形成"尘肺病"。

4）吸烟的烟气。吸烟产生大量有害物质，主动吸烟和被动吸烟都有较大危害。据统计，全世界每年因吸烟死亡 300 万人以上。每天两包以上的烟民，肺癌患病率 14%。

5）挥发性的有机化合物 VOC。已证实室内空气中有 250 余种。主要来源如下：

① 人体自身自然散发 VOC，如丙酮、异戊二烯等。

② 建材、家居释放有机化合物，如甲醛等。

③ 绝热保温材料和密封材料也会产生 VOC。

VOC 是室内各种异味的主要根源，影响空气品质。试验显示，各种 VOC 混合，并与臭氧反应产生对人体有诸多严重危害的物质。

3. 室内空气品质评价

丹麦哥本哈根大学 P. O. Fanger 提出，空气品质反映了满足人们要求的程度，如果人对空气满意，就是高品质，衡量空气品质的标准是人们的主观感受，也就是主观评价。美国供暖制冷空调工程学会标准 ASHRAE62-1989R 首次提出了可接受的室内空气品质和感受到的可接受的室内空气品质，前者为客观评价，包括了对无臭无味有害气体的浓度要求；后者为主观评价，只包括对嗅觉能够感受到的气味的评价。

（1）主观评价 室内空气品质好坏和人们主观感受联系密切，因此，可用人的主观感受评价室内空气品质。人对室内空气品质最敏感的是嗅觉，因此一般主观评价室内空气品质主要靠嗅觉。

气味浓度就是依赖于嗅觉的一种可测量，是用将气味用无味、清洁空气稀释到可感阈值或可识别阈值的稀释倍数来描述的。可感阈值定义为一定比例人群（一般为 50%）能将这种气味与无味空气以不定义差别区分开的气味浓度。可识别阈值定义为一定比例人群（一般为 50%）能将这种气味与无味空气以某种已知差别区分开的气味浓度。可识别阈值比可感阈值高 2～5 倍。

气味测量的单位为"阈值稀释倍数"（dilutions-to-threshold），简写为 D/T。美国已制定测量标准——ASTM Method E679-91。一般调查对象被安排在三个不同的测试口测试，其中两个口通无味的空气，另外一个口通有味的空气，测试者尝试识别出有味的空气。测试从高稀释倍数开始，最初测试者一般都不能判断出有味的气体，但是随着稀释倍数的降低，测试者逐渐能够判断出有气味的气体。不同测试者判断阈值不同，取大部分人（一般 50%）能够识别出的稀释倍数作为气味浓度的识别阈值。

（2）客观评价　室内空气品质的客观评价依赖于仪器测试。我国《室内空气质量标准》（GB/T 18883—2002）规定的 19 种应测参数为：可吸入颗粒物、甲醛、CO、CO_2、氮氧化物、苯并［α］芘、苯、氨、氡、TVOC、O_3、细菌总数、甲苯、二甲苯、温度、相对湿度、空气流速、SO_2 和新风量。要实时连续测定这些污染物的成分和浓度，可采用在线检测仪。

基于检测到的空气污染物的种类和浓度，与国家标准中规定的该种污染物浓度限值相比，可评价室内空气品质是否达到标准。

此外，当今一种比较常用的做法是采用下式评价室内空气品质：

$$R = \sum_{i=1}^{n} \frac{C_i}{C_I} \tag{5-1}$$

其中 C_i 为某种污染物的摩尔浓度，C_I 为某种污染物的摩尔浓度国标上限值，单位均为 mol/m^3。R 值越大，室内空气品质越差。当 R 值小于 1 时，可认为室内空气品质是可以接受的。

（3）主客观评价的优缺点　两种方法各有优点，也各有局限。客观评价方法是对气体成分和浓度通过仪器测定后，和相关标准比较，就可确定室内空气品质，便于掌握和理解，且重复性好。但在一些情况下，有害气体种类很多，难以识别，而且一些有害成分浓度很低，仪器也很难精确测定，因此这类方法在有害气体成分复杂或浓度很低的情况下会遇到困难。而且，这种思路忽略了人是室内空气品质的评价主体以及人的感觉存在个体差异。

主观评价方法中，"感知空气品质"强调了人的感觉。但空气污染对人的危害与其气味和刺激性不完全相关对应，而且空气品质问题涉及多组分，每种组分对人的影响不尽相同，这些组分并存时，其危害按何规则进行叠加尚不清晰。如，对多种 VOCs 成分，一些研究者采用了 TVOC 的概念，但问题是，不同 VOCs 成分对人的影响会很不一样，因此同样 TVOC 浓度但成分不同的气体"感知的空气品质"会不一样，危害也会不一样，甚至会出现 TVOC 浓度低的危害反而高的情况。如何确定空气成分与"感知的空气品质"的关系是值得深入研究的课题。此外，一些无色、无味的有毒、有害气体，短时间人体难以感受到它的危害，又不能通过实验方法让人去感知它的长期危害。应该说，这两种方法不可互相取代，而应互相补充，否则对空气品质的评价就不全面。

4. 提高空气品质的措施

（1）控制污染源

1）对从室外送入室内的空气进行清洁过滤处理。随着城市化进程的推进、城市人口密度的增加、汽车拥有量的增加、生活生产产生的废气增多，空气中的污染物浓度大大提高。在提高节能环保意识，倡导绿色出行的同时，通过通风技术改善室内空气质量。

2）选择环保型建材。提高建材的环保指标，淘汰落后高污染的产品，生产高环保性能的建筑材料。

3）消除室内污染源，减少其排放量，或隔离室内污染。

（2）进行科学的通风设计

1）增加通风设施，提高通风效率，将室内污染空气及时排除，补充足够的新鲜空气。

2）合理设计通风管道，避免交叉污染。

3）及时清扫维护设备，防止微生物污染。

5.2 自然通风

自然通风是靠室外自然风和室内热量的扩散因素形成的自然能实现的，因此，自然通风、绿色环保、经济节能、造价低廉，是许多工业建筑、民用建筑通风换气、改善室内空气质量广泛采用的通风方式。建筑通风设计应首先采用自然通风消除建筑物余热、余湿和进行室内污染物浓度控制。但自然通风受室外气象条件的影响较大，特别是风速的作用很不稳定，室内环境也容易受到室外污染气体的损害，对于室外空气污染和噪声污染严重的地区，不宜采用自然通风。自然通风分为热压作用下的自然通风、风压作用下的自然通风及热压和风压同时作用的自然通风。

5.2.1 热压作用下的自然通风

当室内空气温度比室外空气温度高时，室内空气的密度就比室外空气的密度小。在建筑物下部，由室外空气柱形成的压力要比室内空气柱形成的压力大。这种因温度差形成的压力差促使室外温度较低的空气从建筑物下部门窗孔隙处进入室内。同时，室内温度较高的空气被置换抬升后从建筑物上部窗孔缝隙处排出室外。这种因室内外空气温度差而形成的空气自然交换形式就是热压作用下的自然通风，如图5-1所示。

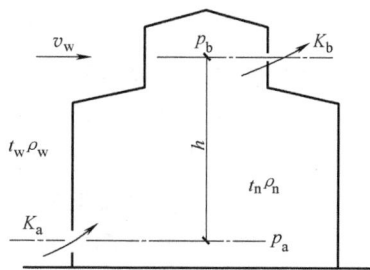

图 5-1　热压作用下的自然通风

在高温车间内及民用建筑的厨房内，热设备不断地散发大量热量，从而使室内空气温度不断升高，室内外的空气温度差变大，因而形成的热压值也变大。这时，室内热成了热压通风的主要动力。由此可见，高温室内热压作用下的自然通风，热源是室内能获得巨大的自然通风换气量的根本原因。

相同压力状态下的空气密度，温度高的密度小于温度低的密度。因此，当室内外空气温度存在差别时就会形成重力压差，这种重力压差就称为"热压"。如图5-2所示，热压值的大小取决于室内外空气的不同密度和建筑物外围护结构进、排风口之间的垂直距离。即

$$\Delta p_r = h(\rho_w - \rho_n) \tag{5-2}$$

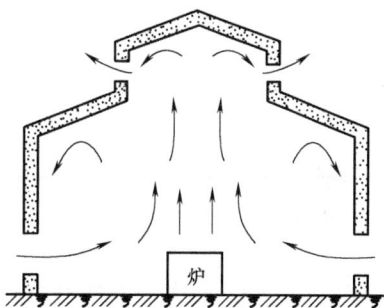

图 5-2　热压作用下的自然通风计算参数

式中　Δp_r——热压（Pa）；

　　　h——进、排风口中心线的垂直距离（m）；

　　　ρ_w——室外空气密度（kg/m³）；

　　　ρ_n——室内空气密度（kg/m³）。

由式（5-2）可以看出，在室内外空气密度差一定的情况下，加大进、排风口之间的垂

直距离，就可以加大热压，从而增加通风换气量。

夏季的热压由于室外温度的增加而减小，在这种情况下要保证车间的通风量，除要求建筑上采取增加上、下窗口面积外，还要求增加上、下窗口之间的垂直距离。

5.2.2　风压作用下的自然通风

图 5-3 所示为风压作用下的自然通风。室外自然风遇到建筑物时，在建筑物顶部和背风面形成弯曲的绕流，如图 5-4 所示。由于建筑物的阻挡，建筑物四周室外气流的压力发生变化，室外气流首先冲击到建筑物的迎风面，此时，动压降低，静压升高，迎风面为正压区。屋顶上部的涡流区称为回流空腔，背风面的涡流区称为回旋气流区，这两个区的压力均低于大气压，形成负压区，这个区域称为空气动力阴影区。建筑物迎风面与背风面、上部之间就形成压差，通过建筑物的前后窗、门及缝隙，就可以推动室内外空气的流动，达到通风换气的目的。

如图 5-4 所示，双凹形天窗窗口 2 和 4 直观看处于迎风面，似乎承受正压，但由于它们处于整个建筑所形成的动力阴影区下，所以仍处于负压。

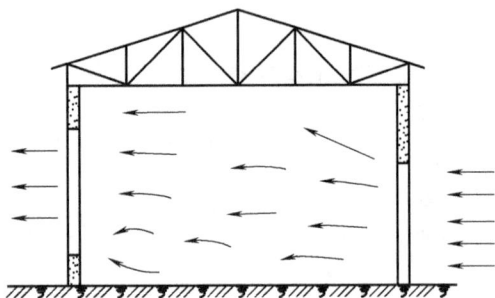

图 5-3　风压作用下的自然通风

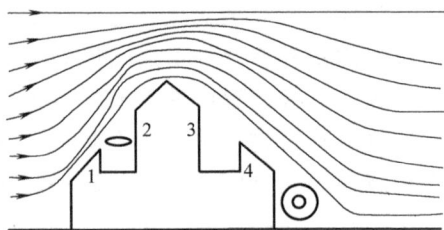

图 5-4　双凹形天窗

建筑物周围的风压分布与建筑物的几何形状、室外风向有关。风向一定时，建筑物某点的风压为：

$$p_r = K \frac{v_w^2}{2} \rho_w \tag{5-3}$$

式中　　p_r——风压（Pa）；

K——空气动力系数；

v_w——室外空气速度（m/s）；

ρ_w——室外空气密度（kg/m^3）。

K 值为正，该点的风压为正值；K 值为负，该点的风压为负值。空气动力系数受建筑外形及风向影响，需在风洞内通过模型试验求得。

同一建筑物的外围结构上，如果有两个不同风压的窗口，风压大的窗口进风，风压小的窗口排风，如图 5-2 所示。在速度 v_w 的风力作用下，假设热压为零，在 a、b 窗口都打开的情况下，室内空气承受的压差为：

$$\Delta p_f = p_a - p_b \tag{5-4}$$

5.2.3 热压和风压同时作用的自然通风

在大多数情况下，建筑物是在热压和风压同时作用下进行自然通风换气的，如图5-5所示。一般说来，热压作用的变化较小，而风压作用的变化较大。显然，当热压和风压共同作用时，在建筑物迎风面外墙下部的开口，热压和风压的作用方向是一致的。因此，从下部开口的排风量比热压单独作用时大。风压的数值应为热压、风压共同作用的结果。

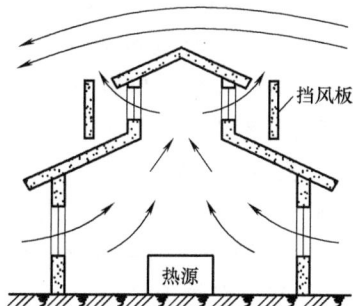

图 5-5 热压和风压同时作用的自然通风

$$\Delta p = \Delta p_r + \Delta p_f \tag{5-5}$$

建筑物迎风面外墙上部开口，在未加挡风板的情况下，热压和风压的作用方向却相反，因此从上部开口的排风量要比热压单独作用时小。如果上部开口所受的风压大于热压，那就根本不可能从上部开口排风，相反地将会进风，形成"灌风"现象。

对建筑物背风面的外墙来说，当热压和风压共同作用时，在上部开口两者作用的方向是一致的，而在下部开口两者作用的方向是相反的。因此，从上部开口的排风量将比热压单独作用时大，但从下部开口的进风量将会减少。

当车间外墙上的开口面积很大，约占外墙总面积30%以上时，在较大的风速下，车间内就会形成穿堂风，即车间外的气流将以较大的速度从迎风面开口进入，横贯车间而从背风面开口排出。当有穿堂风作用时，车间的通风换气量将显著增大。

应该指出，风压除了取决于空气动力系数外，也取决于风的速度。由于风的速度和风向在不同的季节变化很大，即使在同一天内也变化不定。因而，在自然通风设计时，如果考虑了风压的作用在没有风的时候，车间的实际通风量就小于计算的通风量，使车间自然通风量达不到设计的要求，造成车间气象条件恶化。因此，为了保证车间有足够的通风量，通常在进行自然通风开口面积计算时，只考虑热压而不考虑风压的作用。但是为了保证生产车间获得良好的通风效果，在自然通风中必须充分考虑风压对建筑物的影响。

自然通风是利用室内外空气密度差引起的热压或室外风力造成的风压使室内空气流动的一种通风换气方式。充分合理地利用自然通风是一项绿色环保、经济节能的重要技术措施，在满足工艺要求的前提下，工业建筑设计应优选采纳自然通风方案，以改善工作场区的劳动卫生条件。由于自然通风利用的是自然能和建筑物内产生的热能，因此建筑物的环境气象条件、建筑方位、建筑间距、建筑布局、建筑形式及构造特点对建筑物的自然通风都有着直接的影响。

5.2.4 建筑自然通风设计要求

1）利用自然通风的建筑在设计时，应符合下列规定：

① 利用穿堂风进行自然通风的建筑，其迎风面与夏季最多风向宜呈60°~90°角，且不应小于45°，同时应考虑可利用的春秋季风向以充分利用自然通风。

② 建筑群平面布置应重视有利自然通风因素，如优先考虑错列式、斜列式等布置形式。

2）自然通风应采用阻力系数小、噪声低、易于操作和维修的进、排风口或窗扇。严寒寒冷地区的进、排风口还应考虑保温措施。

3）夏季自然通风用的进风口，其下缘距室内地面的高度不宜大于 1.2m。自然通风进风口应远离污染源 3m 以上；冬季自然通风用的进风口，当其下缘距室内地面的高度小于 4m 时，宜采取防止冷风吹向人员活动区的措施。

4）采用自然通风的生活、工作的房间的通风开口有效面积不应小于该房间地板面积的 5%；厨房的通风开口有效面积不应小于该房间地板面积的 10%，并不得小于 0.60m²。

5）自然通风设计时，宜对建筑进行自然通风潜力分析，依据气候条件确定自然通风策略并优化建筑设计。

6）采用自然通风的建筑，自然通风量的计算应同时考虑热压以及风压的作用。

7）热压作用的通风量，宜按下列方法确定：

① 室内发热量较均匀、空间形式较简单的单层大空间建筑，可采用简化计算方法确定。

② 住宅和办公建筑中，考虑多个房间之间或多个楼层之间的通风，可采用多区域网络法进行计算。

③ 建筑体形复杂或室内发热量明显不均的建筑，可按计算流体动力学（CFD）数值模拟方法确定。

8）风压作用的通风量，宜按下列原则确定：

① 分别计算过渡季及夏季的自然通风量，并按其最小值确定。

② 室外风向按计算季节中的当地室外最多风向确定。

③ 室外风速按基准高度室外最多风向的平均风速确定。当采用计算流体动力学（CFD）数值模拟时，应考虑当地地形条件及其梯度风、遮挡物的影响。

④ 仅当建筑迎风面与计算季节的最多风向成 45°~90°角时，该面上的外窗或有效开口利用面积可作为进风口进行计算。

9）宜结合建筑设计，合理利用被动式通风技术强化自然通风。被动通风可采用下列方式：

① 当常规自然通风系统不能提供足够风量时，可采用捕风装置加强自然通风。

② 当采用常规自然通风难以排除建筑内的余热、余湿或污染物时，可采用屋顶无动力风帽装置，无动力风帽的接口直径宜与其连接的风管管径相同。

③ 当建筑物利用风压有局限或热压不足时，可采用太阳能诱导等通风方式。

5.2.5 自然通风设施

建筑中的门、窗除了通行、采光等功能外，也是建筑物最基础的自然通风设施。有些建筑，特别是生产车间，在生产过程中，会产生大量的热量，通过普通的门窗已远远不能满足其通风散热的要求。为增加其通风能力，而专门设置的天窗、风帽等均为通风设施。

1. 避风天窗

在工业车间的自然通风中，常依靠天窗排出室内的余热及烟尘等污染物。在风的作用下，普通迎风面的窗洞会发生倒灌，此时只能关闭迎风面的窗洞，仅依靠背风面的窗洞进行排风。要想达到相应的排风效果，必须增加排风窗面积。为了减少风向对排风效果的影响，采取增设挡风板、下沉天窗等措施保证通风窗口在任何风向的时候都处于负压状态，这种天窗称为避风天窗。

（1）矩形避风天窗 图 5-6 所示为矩形避风天窗，挡风板常用钢板、木板或木棉板等材料制作，两端应封闭。挡风板上缘应与天窗檐高度相同，挡风板与天窗窗扇之间的距离为天窗高度的 1.2~1.3 倍。挡风板下缘与屋顶间的距离为 50 ~ 100mm。矩形避风天窗采光面积大，便于热气流排除，但结构复杂，造价高。

（2）下沉避风天窗 图 5-7 所示下沉避风天窗，其部分屋面下沉，利用屋架本身的高差形成下凹的避风区。不需要专门的挡风板和天窗架，但不易于清扫灰尘，且不便于排水。

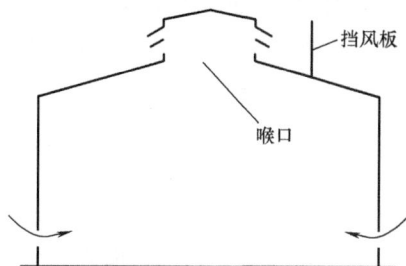

图 5-6 矩形避风天窗

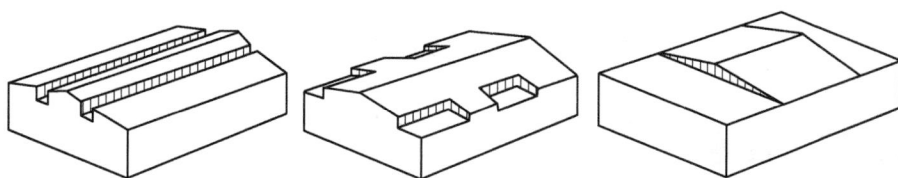

图 5-7 下沉避风天窗

2. 避风风帽

避风风帽结构如图 5-8 所示。气流通过风帽时，在排风口形成负压区，风帽多设于局部自然通风和设有排风天窗的自然通风系统中，一般安装在局部自然排风罩出口末端或全面自然通风的建筑物的屋顶。风帽可以使排风口处和风道内产生负压，防止室外风倒灌及雨雪、污物等进入风道和室内。风帽自然通风如图 5-9 所示。

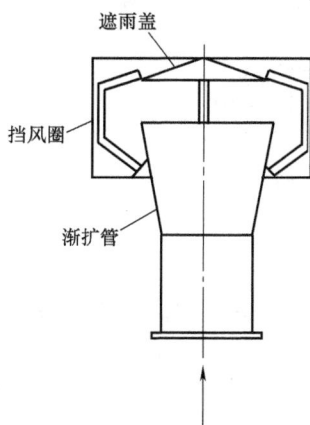

图 5-8 避风风帽结构

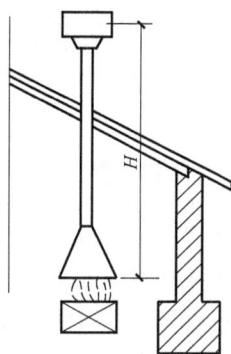

图 5-9 风帽自然通风

3. 捕风装置

捕风装置是一种自然风捕集装置，是利用对自然风的阻挡在捕风装置迎风面形成正压、背风面形成负压，与室内的压力形成一定的压力梯度，将新鲜空气引入室内，并将室内的浑浊空气抽吸出来，从而加强自然通风换气的能力。为保持捕风系统的通风效果，捕风装置内部用隔板将其分为两个或四个垂直风道，每个风道随外界风向改变轮流充当送风口或排风口。捕风装置可以适用于大部分的气候条件，即使在风速比较小的情况下也可以成功地将大部分经过捕风装置的自然风导入室内。捕风装置一般安装在建筑物的顶部，其通风口位于建筑上部 2~20m 的位置。四个风道捕风装置的原理如图 5-10 所示。

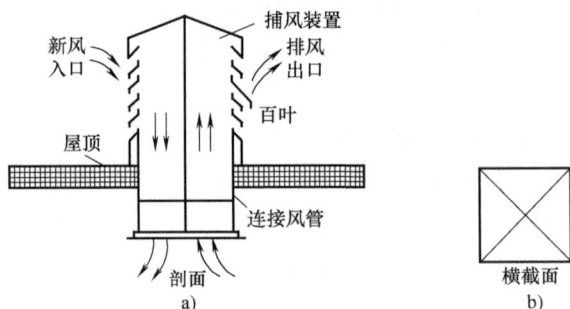

图 5-10　四个风道捕风装置的原理

5.3　机械通风设施

图 5-11 所示为机械通风设施，主要由室外进排风装置、风机、空气处理设备、风道、室内风口、风阀等设施组成。

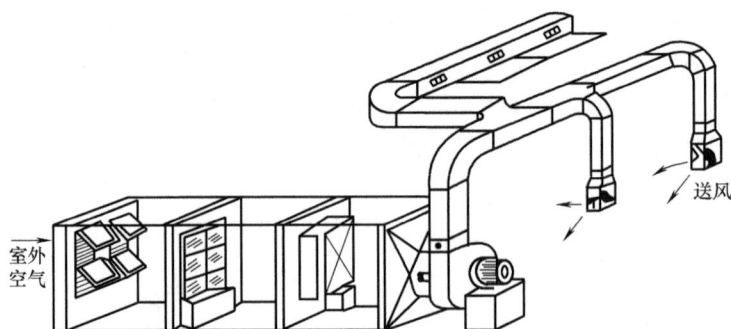

图 5-11　机械通风设施

5.3.1　室外进排风装置

室外进排风装置一般由室外风口、风机前的一段风道组成。对于机械送风系统，室外风口是室外空气进入室内的入口；对于机械排风系统，室外风口是室内空气排出室外的出口。通风口可选择垂帘式结构，平时一般关闭，通风时在风力作用下打开；也可采用电动方式通过管理人员操作，或者与风机联动控制，风机启动风口联动打开。

1. 室外进风装置

室外进风口应设在室外空气比较清洁的地方，在水平和垂直方向上都要尽量远离和避开污染源。根据建筑设计要求的不同，室外进风装置可以设置在地面上，也可以设置在屋顶上。图 5-12a 所示是贴附在建筑物的外墙上，图 5-12b 所示是做成离开建筑物而独立的构造物，这两种方式不仅增加了专门构筑物的造价，还占用了更多的空间，除了建筑外造型上或功能上有特殊要求外，建筑设计采用较少。图 5-12c 所示是设置在外墙壁上的进风装置，这是现代建筑最常用的进风设施，不额外占室外空间，不需要专门的构筑物设施，造价低，但在室内要有风筒与风机相连。

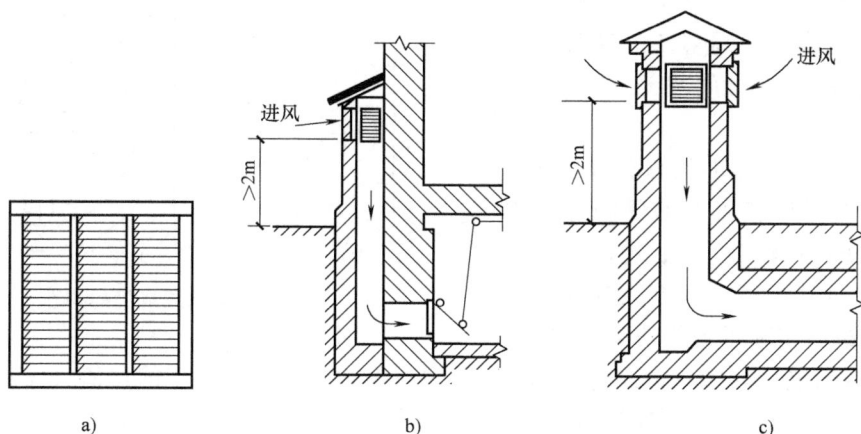

图 5-12　室外进风装置

2. 室外排风装置

室外排风装置的作用是将室内被污染的空气通过排风装置直接排至室外大气。排风系统的排风口一般设置在屋顶上，如图 5-13 所示。为保证排风效果，往往在排风口上加设一个风帽或百叶风口。若从屋顶排风不便时，也可以从侧墙上排出。

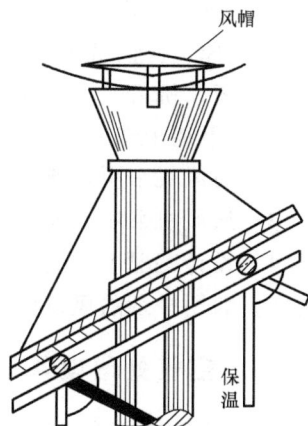

图 5-13　室外排风装置

5.3.2　风机

风机是机械通风系统的最主要设备，是机械通风的动力源。根据风机的原理与结构不同可分为离心式、轴流式、贯流式三大类，离心式与轴流式风机在建筑上有着更广泛的应用。为了满足一些特殊场所的使用环境的要求，还有高温风机、防爆风机、防腐风机及耐磨风机等类型。

（1）离心式风机　离心式风机的叶轮叶片可以做成向心的直片式，也可做成与旋转方向一致的前曲式或相反方向的后曲式。叶片角度不同的叶轮旋转时叶片间获得的离心力大小也不同，空气流出风机时的压力也就不同。因此，根据压力不同，离心式风机分为低压、中压和高压三类。一般将风压小于1kPa的风机称为低压通风机，风压在 1~3kPa 的风机称为中压通风机，风压大于 3kPa 的风机称为高压通风机。

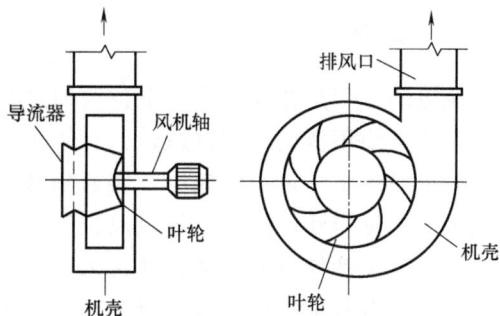

图 5-14　离心式风机的构造

离心式风机的构造如图 5-14 所示。

（2）轴流式风机　轴流式风机的叶轮安装在圆筒形的机壳内，当叶轮在电动机带动下旋转时，空气从吸风口进入，轴向流过叶轮和扩压管，静压升高，最后从排气口流出。轴流

123

式风机结构比较简单，能够提供的风压较低，一般用于阻力较小的通风换气系统中。轴流式风机的构造如图 5-15 所示。

（3）风机的主要性能参数　风机有如下主要性能参数：风量 L，表明风机在标准状态下单位时间输送的空气量（m^3/h）；

全压 p，表明在标准状态下每立方米空气通过风机后所获得的动压和静压之和（Pa 或 kPa）；轴功率 P，电动机加在风机轴上的功率（kW）；有效功率 P_x，空气通过风机后实际得到的功率（kW）；

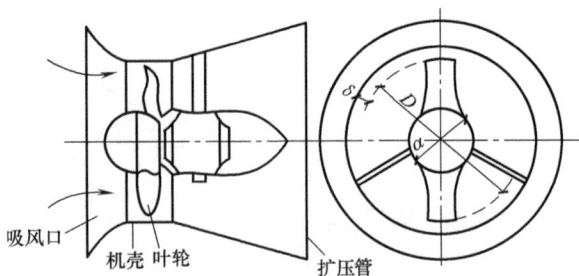

图 5-15　轴流式风机的构造

转速 n，叶轮旋转的转数（r/min）；效率 η，风机有效功率与轴功率的比值（%）。

（4）风机的选择　根据输送气体的成分、所需风压，选择不同用途和类型的风机。用于输送含爆炸、腐蚀气体时，需选用防爆防腐风机；用于输送强酸强碱类气体时，可选用塑料风机；对于一般工厂、仓库、公共和民用建筑可选离心式风机；对通风量大且所需压力小以及用于车间散热的通风系统，多选轴流式风机。通风机应根据管路特性曲线和风机性能曲线进行选择，保证风机在正常运行工况处于高效状态，并应符合下列规定：

1）通风机风量应附加风管和设备的漏风量。送、排风系统可附加 5%~10%，排烟兼排风系统宜附加 10%~20%。

2）通风机采用定速时，通风机的压力在计算系统压力损失上宜附加 10%~15%。

3）通风机采用变速时，通风机的压力应以计算系统总压力损失作为额定压力。

4）设计工况下，通风机效率不应低于其最高效率的 90%。

5）兼用排烟的风机应符合国家现行建筑设计防火规范的规定。

5.3.3　空气处理设备

在通风系统运行过程中，为了保证送风系统送入空气的质量，需要对室外空气进行过滤、消毒、加热等处理；对于排风系统排出的空气在不满足环保要求的情况下，也要对排出空气进行除尘、除硫等净化处理。空气处理设备就承担了这些任务。

5.3.4　风道

风道的作用是在风机作用下，为通风提供可控的路径。制作风道的材料很多，一般工业通风系统常使用薄钢板制作风道，有时也采用铝板或不锈钢板制作；高层民用建筑中，主风道常采用混凝土浇筑，从底层一直通到楼顶，从功能上主要分为排烟风道、正压送风风道、新风风道、厕所及厨房专用排风风道等。

输送腐蚀性气体的风道，往往采用硬质聚氯乙烯塑料板或玻璃钢制作；埋在地坪下的风道，通常用混凝土板做底板，两边砌砖，内表面抹光，上面再用预制的钢筋混凝土板做顶板，如地下水位较高，还需做防水层。风道截面面积可按下式计算：

$$F=\frac{L}{3600v} \tag{5-6}$$

式中 L——通过风道的风量（m³/h）；

v——风道中的流速（m/s）。

在确定风道截面面积时，必须先定风速，如果流速取得较大，则相应减少风道的截面面积，从而降低通风系统的造价和减少风道占用的空间；但却增大了空气流动的阻力，增加风机消耗的动能，并且气流流动的噪声也随之增大。如果流速取得偏低，则与上述情况相反，将增加系统的造价和降低运行费用。因此，对流速的选定应该进行技术经济比较，其原则是对初投资和运行费用综合评价，同时兼顾噪声和风管布置方面的因素。

风道的布置应服从整个通风系统的布局，在确定送风口、排风口、风机的位置后进行，并与土建、生产工艺和给水排水、电气、空调等专业互相协调、配合。风道布置应尽量避免穿越沉降缝、伸缩缝和防火墙等，对于埋地风道应尽量避开建筑物基础及生产设备基础。

图 5-16 所示为风道连接示意图。

风道的设计要求如下：

1）通风与空调系统的风管，宜采用圆

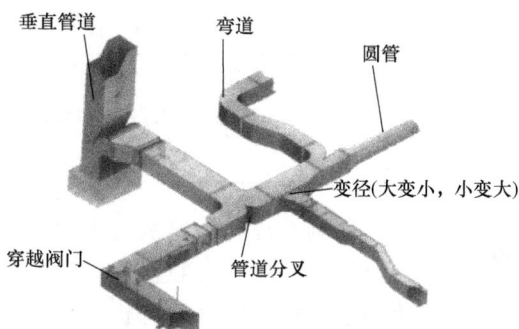

图 5-16 风道连接示意图

形、扁圆形或长、短边之比不宜大于 4 的矩形截面。风管的截面尺寸宜按《通风与空调工程施工质量验收规范》（GB 50243—2016）的有关规定执行。

2）通风与空调系统的风管材料、配件及柔性接头等应符合《建筑设计防火规范》（GB 50016—2014）（2018 年版）的有关规定。当输送腐蚀性或潮湿气体时，应采用防腐材料或采取相应的防腐措施。

3）通风与空调系统风管内的空气流速宜依据表 5-1 设计。

表 5-1 风管内的空气流速（低速风管）

风管类型	住宅/（m/s）	公共建筑/（m/s）
干管	（3.5~4.5）/6.0	（5.0~6.5）/8.0
支管	3.0/5.0	（3.0~4.5）/6.5
从支管接出去的风管	2.5/4.0	（3.0~3.5）/6.0
风机入口	3.5/4.5	4.0/5.0
风机出口	（5.0~8.0）/8.5	（6.5~10）/11.0

注：1. 表中列出的分子为推荐流速，分母为最大流速。

2. 对消声有要求的系统，风管内的流速宜符合消声降噪有关的要求。

4）自然通风的进、排风口空气流速宜按表 5-2 设计。自然通风的风道内空气流速宜按表 5-3 设计。

5）机械通风的进、排风口空气流速宜按表 5-4 设计。

表 5-2　自然通风的进、排风口空气流速

部位	进风百叶	排风口	地面出风口	顶棚出风口
空气流速/(m/s)	0.5~1.0	0.5~1.0	0.2~0.5	0.5~1.0

表 5-3　自然通风的风道内空气流速

部位	进风竖井	水平干管	通风竖井	排风道
空气流速/(m/s)	1.0~1.2	0.5~1.0	0.5~1.0	1.0~1.5

表 5-4　机械通风的进、排风口空气流速

部位		新风入口	风机入口
空气流速/(m/s)	住宅和公共建筑	3.5~4.5	5.0~10.5
	机房、库房	4.5~5.0	8.0~14.0

6）通风与空调系统各环路的压力损失应进行水力平衡计算。各并联环路压力损失的相对差额，不宜超过 15%。当通过调整管径仍无法达到上述要求时，应设置调节装置。

7）风管与通风机及空气处理机组等振动设备的连接处，应装设柔性接头，其长度宜为 150~300mm。

8）通风与空调系统通风机及空气处理机组等设备的进风口或出风口处宜设调节阀，调节阀宜选用多叶式或花瓣式。

9）多台通风机并联运行的系统应在各自的管路上设置止回或自动关断装置。

10）通风与空调系统的风管布置，防火阀、排烟阀、排烟口等的设置，均应符合国家现行有关建筑设计防火规范的规定。

11）矩形风管采取内外同心弧形弯管时，曲率半径宜大于 1.5 倍的平面边长；当平面边长大于 500mm，且曲率半径小于 1.5 倍的平面边长时，应设置弯管导流叶片。

12）风管系统的主干支管应设置风管测定孔、风管检查孔和清洗孔。

13）高温烟气管道应采取热补偿措施。

14）输送空气温度超过 80℃的通风管道，应采取一定的保温隔热措施，其厚度按隔热层外表面温度不超过 80℃确定。

15）当风管内设有电加热器时，电加热器前后各 800mm 范围内的风管和穿过设有火源等容易起火房间的风管及其保温材料均应采用不燃材料。

16）可燃气体管道、可燃液体管道和电线等，不得穿过风管的内腔，也不得沿风管的外壁敷设。可燃气体管道和可燃液体管道，不应穿过通风、空调机房。

17）当风管内可能产生沉积物、凝结水或其他液体时，风管应设置不小于 0.005 的坡度，并在风管的最低点和通风机的底部设排液装置；当排除有氢气或其他比空气密度小的可燃气体混合物时，排风系统的风管应沿气体流动方向具有上倾的坡度，其值不小于 0.005。

18）对于排除有害气体的通风系统，其风管的排风口宜设置在建筑物顶端，且宜采用防雨风帽。屋面送、排（烟）风机的吸、排风（烟）口应考虑冬季不被积雪掩埋的措施。

5.3.5　室内风口

室内送风口是送风系统的末端装置，由送风道输送来的空气，通过送风口以一定速度均

匀地分配到各送风区域。室内排风口是排风系统的始端吸入装置，污染空气通过排风口进入风道。

图 5-17 所示为两种简易送风口，送风口直接开设在风道上，用于侧向或下向送风。图 5-17a 中的送风口无任何调节装置，既不能调节风向也不能调节风量。图 5-17b 中的送风口有插板，只能调节风量，不能调节风向。

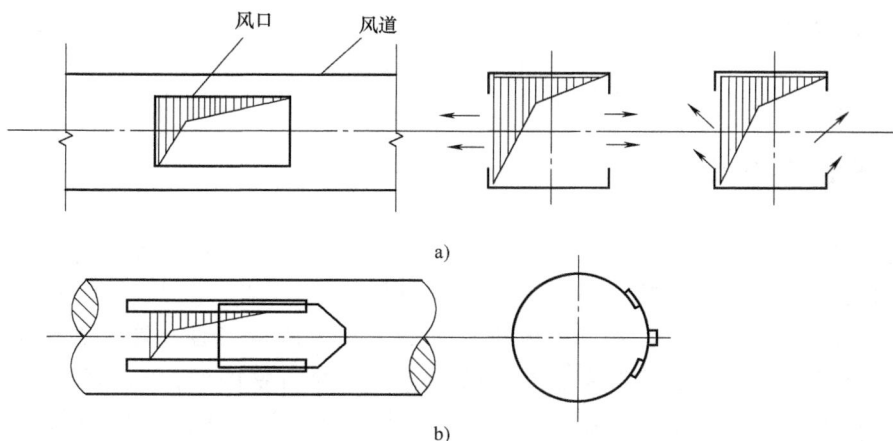

a)

b)

图 5-17　简易送风口

图 5-18 所示是常用的一种百叶送风口，可安装在风管上，也可安装在墙上。其中双层百叶送风口不仅可以调节出风口风量，也可以调节气流方向。

a) 单层百叶　　　　　　　　　　b) 双层百叶

图 5-18　百叶送风口

室内排风口一般没有特殊要求，其种类也较少，常采用单层百叶风口作为排风口。

5.3.6　风阀

风阀主要用于关闭风道、风口，调节风量，平衡阻力。风阀安装于风机出口的风道上、主干风道上、分支风道上或送风口前。风阀有插板阀、蝶阀等种类。

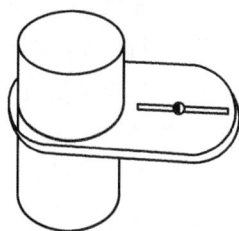

图 5-19　插板阀

插板阀如图 5-19 所示，多装于风机出口或主干风道。通过拉动手柄调节插板插入深度改变通风面大小，从而调节风量。调节效果好，但占空间大。

蝶阀如图 5-20 所示，多装于风道分支处或送风口前端。转动阀柄的角度以调节阀板的角度即可调节送风量大小。使用方便，占空间小，但严密性较差。

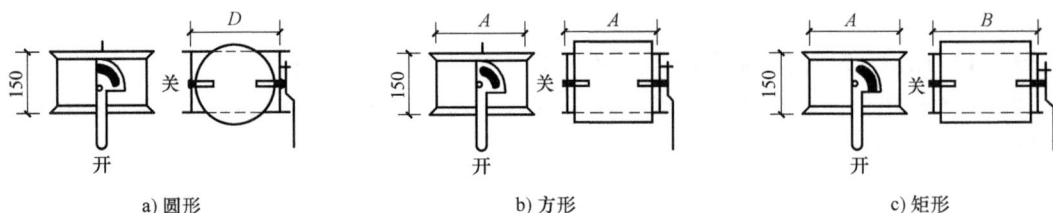

a) 圆形　　　　　　　b) 方形　　　　　　　c) 矩形

图 5-20　蝶阀

5.4　机械通风设计

　　自然通风虽然具有绿色环保、经济节能、结构简单、无须专人管理等优点，但自然通风容易受室外自然环境影响，通风量及通风效果不易控制，且风压较小，难以胜任对通风要求较高的场所。机械通风依靠风机提供的风压、风量，通过管道和送、排风口系统可以有效地将室外新鲜空气或经过处理的空气送到建筑物的任何工作场所；还可以将建筑物内受到污染的空气及时排至室外，或者净化处理合格后再予排放。因此，机械通风作用范围大，风量、风压易受控制，通风效果显著，可满足建筑物内任何位置上的工作场所对通风的要求。

5.4.1　局部通风

　　局部通风包括局部送风与局部排风两种形式，利用局部气流的流动通风换气，使工作空间的污染物迅速排除，保持空气清新，提高工作效率，保证工作人员的身体健康。

　　局部送风是指将干净的空气直接送到室内人员工作台的位置，改善每位工作人员的局部环境，如图 5-21 所示。局部送风系统主要用于面积大、层高高，且工作人员岗位比较分散、不太密集的场所。

图 5-21　局部送风

　　局部排风是指在产生污染物的地点，通过排风设备直接将污染物收集起来，经处理后排到室外。局部排风针对污染点定点布置，有效控制了污染物的扩散，避免其他区域遭受污染，且经济实惠，是排风系统设计中最优先选择的方案。局部排风系统由局部排风罩、风管、净化设备和风机等组成。图 5-22 所示为局部排风典型示意图。

　　局部排风系统在风机产生的负压作用下，依靠排风罩用于收集有害物质。在不妨碍生产操作的前提下，使排风罩尽量靠近有污染源，并朝向污染物散发的方向，尽量降低污染物对操作人员的侵害。排风罩的形式多种多样，选择排风罩时必须充分了解建筑物内局部产生的有害物质的特性和散发规律，熟悉设备工艺结构及操作情况。一般情况下首先考虑选择密闭式排风罩，其次考虑采用半密闭式排风罩等其他形式。各种排风罩的结构及特点如下：

图 5-22　局部排风典型示意图

1. 密闭式排风罩

如图 5-23 所示，密闭式排风罩是将工艺设备及其散发的有害物质密闭起来，防止污染物外溢，并及时净化，通过风机产生的负压迅速排出。其特点是不受周围气流干扰，所需风量小，污染物排出效果好。缺点是检修、状态监视不方便。

2. 柜式排风罩

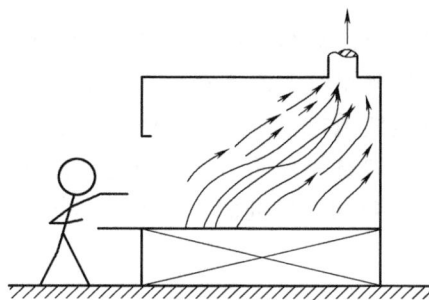

如图 5-24 所示，柜式排风罩是密闭式排风罩的另一种形式，柜的一侧有可启闭的操作孔和观察孔。根据车间内散发有害气体的密度大小，或室内空气温度的高低可将排风口布置在不同位置，若被污染气体的密度小于空气密度，排风口位置应布置在上部；当被污染气体的密度大于空气密度时，吸风口位置可布置在下部或侧面。

3. 外部吸气式排风罩

对生产设备不能密闭的车间，一般将排风罩安装在污染物产生地点，在风机作用下，将污染物排出。图 5-25 所示为外部吸气式排风罩。

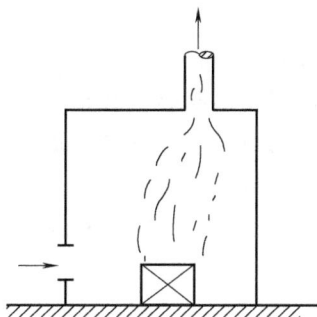

图 5-23 密闭式排风罩　　　图 5-24 柜式排风罩　　　图 5-25 外部吸气式排风罩

4. 吹吸式排风罩

当工艺要求不允许在污染源上部或附近设置密闭式或外部吸气式排风罩时，采用吹吸式排风罩将是很好的选择。吹吸式排风罩以射流作为动力，在污染源散发出的有害气体四周形成一道风幕，使之与周围空气隔绝，由吸气口排出，如图 5-26 所示。

5. 接受式排风罩

当设备产生的污染物以一定方向散发时，可选择接受式排风罩。图 5-27 所示为接受式排风罩。

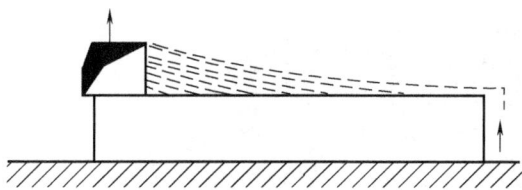

图 5-26 吹吸式排风罩　　　　　　图 5-27 接受式排风罩

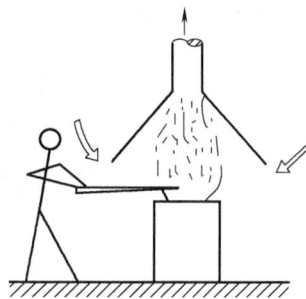

129

5.4.2 全面通风

全面通风是对整个建筑物或者整个房间进行机械通风换气的通风方式。全面通风的主要目的是把散发在整个建筑空间内的污浊空气排至室外，同时将新鲜空气从室外送入室内，使室内空气达到卫生标准。全面通风分为全面排风、全面送风、全面送排风三种形式。

1. 全面排风

全面排风，严格意义来说应是全面机械排风、自然进风。室内污浊空气通过排风口、风管、净化处理由风机排至室外。由于室内空气连续排出，室内造成负压状态，室外新鲜空气通过建筑物的门、窗和缝隙补充到室内，从而达到全面通风的目的。这种通风方式在室内存在热湿及大气污染物质时较为适用，但相邻房间同样存在热湿及大气污染物质时就欠妥。因为在负压状态下，相邻房间内的危害物质会经过渗入通道进入室内，使室内全面通风达不到预期的效果。图 5-28 所示为全面排风。

2. 全面送风

全面送风即全面机械送风、自然排风。室外新鲜空气经过热湿处理达标后，由风机通过风管、送风口送入室内。由于室外空气源源不断地送入室内，室内呈正压状态。在正压作用下，室内空气通过门、窗或其他缝隙排至室外，从而达到全面通风的目的。这种全面通风方式在以产生辐射热为主要危害的建筑物内采纳比较合适。若建筑物内有大气污染物存在，其浓度较高，且自然排风时会渗入到相邻房间时，采纳这种通风方式就不太合理。图 5-29 所示为全面送风。

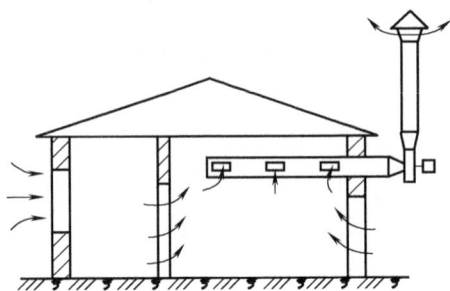

图 5-28　全面排风

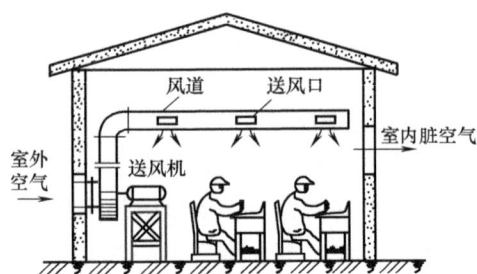

图 5-29　全面送风

3. 全面送排风

图 5-30 所示为全面送排风。室外新鲜空气经过热湿处理达到要求的空气状态后，由风

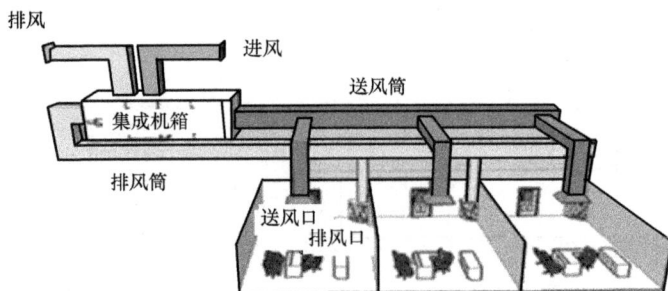

图 5-30　全面送排风

机通过风管、送风口送入室内。室内污浊空气通过排风口、风管、净化处理后由风机排至室外。这种全面通风系统可以根据室内工艺及大气污染物散发情况灵活、合理地进行气流组织，达到全室全面通风的预期效果。当然，这种系统的投资及运行费用比前两种通风方式要大。

5.4.3 置换通风

置换通风是于 20 世纪 70 年代从北欧兴起的一种通风方式，其很好地解决了空调界空气品质、病态建筑和高耗能问题。置换通风是基于空气密度差而形成热气流上升、冷气流下降的原理，而形成室内近似活塞流的流动状态，如图 5-31 所示。与置换通风相对应的另一种通风方式称为稀释通风，稀释通风只能减少空气中污染气体的浓度，而不能全部干净地使污染气体排出。而置换通风与稀释通风相比，在通风区域可以获得更好的空气品质、较好的热舒适性和通风效率。

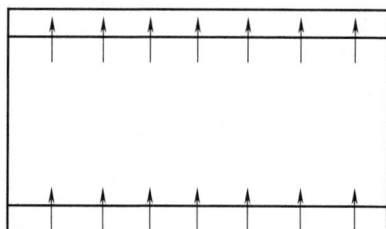

图 5-31 活塞流

置换通风与稀释通风的比较见表 5-5。

表 5-5 置换通风与稀释通风的比较

通风方式	稀释通风	置换通风
目标	全室温湿度均匀	工作区舒适性
动力	流体动力控制	浮力控制
机理	气流强烈掺混	气流扩散浮力提升
送风	大温差高风速	小温差低风速
气流组织	上送下回	下送上回
末端装置	风口紊乱系数大，风口掺混性好	送风紊流小，风口扩散性好
流态	回风区为紊流区	送风区为层流区
分布	上下均匀	温度、浓度分层
效率 1	消除全室负荷	消除工作区负荷
效率 2	空气品质接近于回风	空气品质接近于新风

置换通风温度通常低于室内温度 2~4℃，以 0.5m/s 以下，一般为 0.25m/s 的极低速度，从房间底部送入，由于其动量低，不会对室内主导气流形成影响，像倒水一样在地面形成一层很薄的空气层，热源引起的空气热对流使室内产生温度梯度。最终使室内空气在流态上分成两个区：上部混合流动的高温区，下部单向流动的低温区。两个区之间存在一个过渡区，或称为界面，高度很小，然而温度梯度和污染物的梯度却很大。由于低温空气区内空气流动小，污染物横向扩散速度很慢，从而直接被上升气流带到上部非人活动的高温空气区，最终被房间顶部的排风口排走。这就是低温空气区与高温空气区污染浓度相差很大的主要原因。置换通风的流态如图 5-32 所示。

置换通风的热源有人员、办公设备、机器设备、人工取暖热源等四大类。站姿人员产生的热上升气流如图 5-33 所示。置换通风热分层情况如图 5-34 所示，上部为紊流混合区，下部为单向流动清洁区。

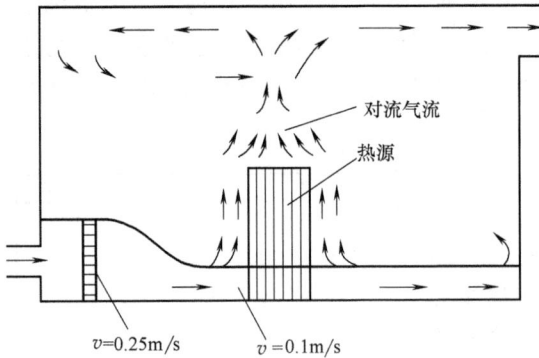

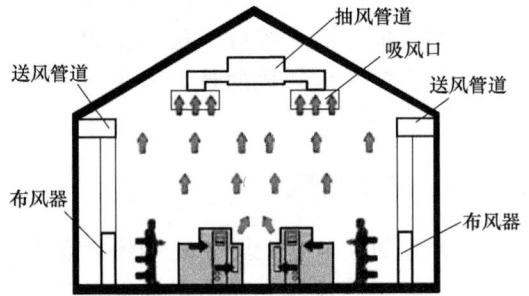

图 5-32　置换通风的流态

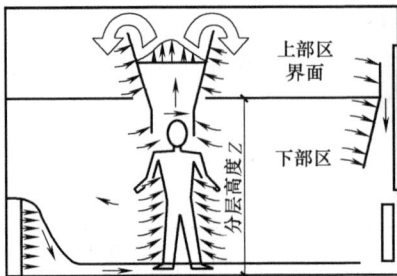

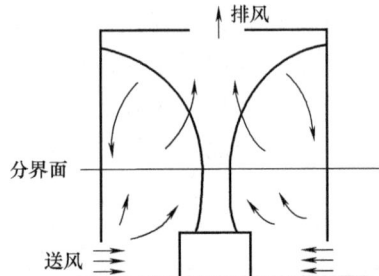

图 5-33　站姿人员产生的上升气流

图 5-34　置换通风热分层示意图

5.4.4　机械通风的设计要求

（1）机械送风系统进风口的位置应符合下列规定

1）应设在室外空气较清洁的地点。

2）应避免进风、排风短路。

3）进风口的下缘距室外地坪不宜小于 2m，当设在绿化地带时，不宜小于 1m。

（2）建筑物全面排风系统吸风口的布置应符合下列规定

1）位于房间上部区域的吸风口，除用于排除氢气与空气混合物时，吸风口上缘至顶棚平面或屋顶的距离不大于 0.4m。

2）用于排除氢气与空气混合物时，吸风口上缘至顶棚平面或屋顶的距离不大于 0.1m。

3）用于排出密度大于空气的有害气体时，位于房间下部区域的排风口，其下缘至地板距离不大于 0.3m。

4）因建筑结构造成有爆炸危险气体排出的死角处，应设置导流设施。

（3）室外温度计算　选择机械送风系统的空气加热器时，室外空气计算参数应采用供暖室外计算温度；当其用于补偿全面排风耗热量时，应采用冬季通风室外计算温度。

（4）住宅通风系统设计应符合下列规定

1）自然通风不能满足室内卫生要求的住宅，应设置机械通风系统或自然通风与机械通风结合的复合通风系统。室外新风应先进入人员的主要活动区。

2）厨房、无外窗卫生间应采用机械排风系统或预留机械排风系统开口，且应留有必要的进风面积。

3）厨房和卫生间全面通风换气次数不宜小于 3 次/h。

4）厨房、卫生间宜设竖向排风道，竖向排风道应具有防火、防倒灌及均匀排气的功能，并应采取防止支管回流和竖井泄漏的措施。顶部应设置防止室外风倒灌装置。

（5）公共厨房通风应符合下列规定

1）发热量大且散发大量油烟和蒸汽的厨房设备应设排气罩等局部机械排风设施；其他区域当自然通风达不到要求时，应设置机械通风。

2）采用机械排风的区域，当自然补风满足不了要求时，应采用机械补风。厨房相对于其他区域应保持负压，补风量应与排风量相匹配，且宜为排风量的 80%~90%。严寒和寒冷地区宜对机械补风采取加热措施。

3）产生油烟设备的排风应设置油烟净化设施，其油烟排放浓度及净化设备的最低去除效率不应低于国家现行相关标准的规定，排风口的位置应符合相关的规定。

4）厨房排油烟风道不应与防火排烟风道共用。

5）排风罩、排油烟风道及排风机设置安装应便于油、水的收集和油污清理，且应采取防止油烟气味外溢的措施。

（6）公共卫生间和浴室通风应符合下列规定

1）公共卫生间应设置机械排风系统。公共浴室宜设气窗；无条件设气窗时，应设独立的机械排风系统。应采取措施保证浴室、卫生间对更衣室以及其他公共区域的负压。

2）公共卫生间、浴室及附属房间采用机械通风时，其通风量宜按换气次数确定。

（7）设备机房通风应符合下列规定

1）设备机房应保持良好的通风，无自然通风条件时，应设置机械通风系统。设备有特殊要求时，其通风应满足设备工艺要求。

2）制冷机房的通风应符合下列规定：

① 制冷机房设备间排风系统宜独立设置且应直接排向室外。冬季室内温度不宜低于 10℃，夏季不宜高于 35℃，冬季值班温度不应低于 5℃。

② 机械排风宜按制冷剂的种类确定事故排风口的高度。当设于地下制冷机房，且泄漏气体密度大于空气时，排风口应上、下分别设置。

③ 氟制冷机房应分别计算通风量和事故通风量。当机房内设备放热量的数据不全时，通风量可取 4~6 次/h。事故通风量不应小于 12 次/h。事故排风口上沿距室内地坪的距离不应大于 1.2m。

④ 氨冷冻站应设置机械排风和事故通风排风系统。通风量不应小于 3 次/h，事故通风量宜按 183m³/(m²·h) 进行计算，且最小排风量不应小于 34000m³/h。事故排风机应选用防爆型，排风口应位于侧墙高处或屋顶。

⑤ 直燃溴化锂制冷机房宜设置独立的送、排风系统。燃气直燃溴化锂制冷机房的通风量不应小于 6 次/h，事故通风量不应小于 12 次/h。燃油直燃溴化锂制冷机房的通风量不应小于 3 次/h，事故通风量不应小于 6 次/h。机房的送风量应为排风量与燃烧所需的空气量之和。

3）柴油发电机房宜设置独立的送、排风系统。其送风量应为排风量与发电机组燃烧所需的空气量之和。

4）变配电室宜设置独立的送、排风系统。设在地下的变配电室送风气流宜从高低压配电区流向变压器区，从变压器区排至室外。排风温度不宜高于 40℃。当通风无法保障变配电室设备工作要求时，宜设置空调降温系统。

5）泵房、热力机房、中水处理机房、电梯机房等采用机械通风时，换气次数可按表 5-6 选用。

表 5-6　部分设备机房机械通风换气次数

机房名称	清水泵房	软化水间	污水泵房	中水处理机房	蓄电池室	电梯机房	热力机房
换气次数/(次/h)	4	4	8~12	8~12	10~12	10	6~12

（8）汽车库通风应符合下列规定

1）自然通风时，车库内 CO 最高允许浓度大于 30mg/m³ 时，应设机械通风系统。

2）地下汽车库宜设置独立的送、排风系统；具备自然进风条件时，可采用自然进风、机械排风的方式。室外排风口应设于建筑下风向，且远离人员活动区并宜做消声处理。

3）送排风量宜采用稀释浓度法计算，对于单层停放的汽车库可采用换气次数法计算，并应取两者较大值。送风量宜为排风量的 80%~90%。

4）可采用风管通风或诱导通风方式，以保证室内不产生气流死角。

5）车流量随时间变化较大的车库，风机宜采用多台并联方式或设置风机调速装置。

6）严寒和寒冷地区，地下汽车库宜在坡道出入口处设热空气幕。

7）车库内排风与排烟可共用一套系统，但应满足消防规范要求。

（9）事故通风应符合下列规定

1）可能突然放散大量有害气体或有爆炸危险气体的场所应设置事故通风。事故通风量宜根据放散物的种类、安全及卫生浓度要求，按全面排风计算确定，且换气次数不应小于 12 次/h。

2）事故通风应根据放散物的种类，设置相应的检测报警及控制系统。事故通风的手动控制装置应在室内外便于操作的地点分别设置。

3）放散有爆炸危险气体的场所应设置防爆通风设备。

4）事故排风宜由经常使用的通风系统和事故通风系统共同保证，当事故通风量大于经常使用的通风系统所要求的风量时，宜设置双风机或变频调速风机；但在发生事故时，必须保证事故通风要求。

5）事故排风系统室内吸风口和传感器位置应根据放散物的位置及密度合理设计。

6）事故排风的室外排风口应符合下列规定：

① 不应布置在人员经常停留或经常通行的地点以及邻近窗户、天窗、室门等设施的位置。

② 排风口与机械送风系统的进风口的水平距离不应小于 20m；当水平距离不足 20m 时，排风口应高出进风口，并不宜小于 6m。

③ 当排气中含有可燃气体时，事故通风系统排风口应远离火源 30m 以上，距可能火花溅落地点应大于 20m。

④ 排风口不应朝向室外空气动力阴影区，不宜朝向空气正压区。

第 6 章

建筑防排烟

6.1 建筑火灾烟气的危害及防治措施

6.1.1 烟气的危害

火灾烟气是一种混合物，主要包括：可燃物热解或燃烧产生的气相产物，如未燃燃气、水蒸气、CO_2、CO 及多种有毒或有腐蚀性的气体；由于卷吸而进入的空气；多种微小的固体颗粒和液滴。绝大多数情况下，火灾发生时，会伴随着大量的烟气产生。其危害主要有：

（1）烟气的毒性 烟气中含有大量有毒气体，统计结果表明，火灾中死亡人员约有85%以上，是由于死者吸入 CO 或其他因燃烧而产生的有毒性气体中毒昏迷而致死的。尽管现有火灾数据还无法提供其他有毒气体对人员死亡的可能影响，但大多数研究机构已达成共识，即火灾燃烧的烟雾能对人产生极大危害，且多种气体的共同存在、共同作用可能会增强烟气的毒性。

（2）烟气的高温危害 火灾烟气的高温对人的生存带来很大的威胁。研究表明，人暴露在高温烟气中，65℃时人可短时忍受，在100℃左右时，一般人只能忍受几分钟，否则会使口腔及喉头肿胀而发生窒息。

（3）烟气的遮光性 光学测量发现，烟气具有很强的减光作用，在烟气环境中能见度大大降低，给人们在紧急情况下寻找正确的逃生路径带来了很大的障碍，危机状态下很容易带来恐慌和混乱，严重妨碍了人员安全疏散。烟雾弥漫的状况也严重影响了消防人员扑灭火灾，及时救援工作。

6.1.2 防排烟措施

（1）划分防烟分区 设置排烟系统的场所或部位，火灾发生时，为了将烟雾控制在一定范围内，在建筑平面上进行区域划分，对大的空间、走廊加以防烟隔断，能在一定时间内防止火灾烟气向同一建筑的其余部分蔓延的局部空间，称为防烟分区。建筑中的墙壁、隔板、楼板、挡烟垂壁等阻挡物都可作为防烟分隔的构件。

挡烟垂壁用不燃材料制成，垂直安装在建筑顶棚、梁或吊顶下，向下突出不小于 0.5m，能在火灾时形成一定的蓄烟空间。可以通过联动控制，平时卷起，火灾时放下。

设置挡烟垂壁（垂帘）是划分防烟分区的主要措施。挡烟垂壁（垂帘）所需高度应根据建筑所需的清晰高度以及设置排烟的可开启外窗或排烟风机的量，针对区域内是否有吊顶以及吊顶方式分别进行确定。如图 6-1 所示，对于有吊顶的空间，当吊顶开孔不均匀或开孔率小于或等于 25%时，吊顶内空间高度不得计入储烟仓厚度。

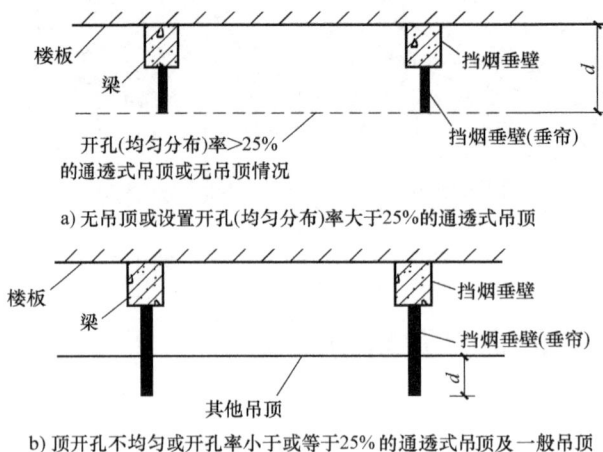

a) 无吊顶或设置开孔(均匀分布)率大于25%的通透式吊顶

b) 顶开孔不均匀或开孔率小于或等于25%的通透式吊顶及一般吊顶

图 6-1 储烟仓厚度计算示意图

设置排烟设施的建筑内，敞开楼梯和自动扶梯穿越楼板的开口部位应设置挡烟垂壁等设施。公共建筑、工业建筑防烟分区的最大允许面积及其长边最大允许长度应符合表 6-1 的规定，当工业建筑采用自然排烟系统时，其防烟分区的长边长度尚不应大于建筑内空间净高的 8 倍。

表 6-1 公共建筑、工业建筑防烟分区的最大允许面积及其长边最大允许长度

空间净高 H/m	最大允许面积/m²	长边最大允许长度/m
$H \le 3.0$	500	24
$3.0 < H \le 6.0$	1000	36
$H > 6.0$	2000	60；具有自然对流条件时，不应大于 75

注：1. 公共建筑、工业建筑中的走道宽度不大于 2.5m 时，其防烟分区的长边长度不应大于 60m。

2. 当空间净高大于 9m 时，防烟分区之间可不设置挡烟设施。

3. 汽车库防烟分区的划分及其排烟量应符合《汽车库、修车库、停车场设计防火规范》（GB 50067—2014）的相关规定。

（2）防烟措施 防烟楼梯间、防烟楼梯间前室、消防电梯前室、合用前室及避难层等场所，是人员逃生的重要通道或躲避火灾侵害的重要场所，为保证人员迅速逃离火灾现场，及时转移到安全区域，必须保证上述区域不得有烟雾进入。除了上述区域要通过防火门与火灾区域相隔离外，还要设置防烟系统。防烟系统，就是通过采用自然通风方式，防止火灾烟气在楼梯间、前室、避难层（间）等空间内积聚，或通过采用机械加压送风方式阻止火灾烟气侵入楼梯间、前室、避难层（间）等空间的系统。防烟系统分为自然通风系统和机械加压送风系统。

（3）排烟措施 排烟系统是采用自然排烟或机械排烟的方式，将房间、走道等空间的火灾烟气排至建筑物外的系统，分为自然排烟系统和机械排烟系统。利用火灾热烟气流的浮力和外部风压作用，通过建筑开口将建筑内的烟气直接排至室外的排烟方式，称为自然排烟。排烟窗、排烟井、可熔性采光带等是建筑物自然排烟的重要设施，主要用于多层建筑且自然排烟面积满足国家相关规范的区域。但自然排烟只能靠自然力排烟，所以排烟的速度，

排烟的方向受自然风向、气温等因素影响较大。自然排烟口应具备自动、手动、温控释放等多种开启方式。

当建筑物没有足够的直通室外的自然排烟口,自然排烟不能满足建筑排烟要求,根据国家相关规范应选择机械排烟。机械排烟克服了自然排烟的种种局限,能够更加准确、快速地把烟气排到室外。排烟系统大大降低了烟雾对人员的侵害,为更多的人员顺利逃生提供了条件。

6.1.3 排烟设施的设置

(1) 厂房或仓库的下列场所或部位应设置排烟设施

1) 人员或可燃物较多的丙类生产场所,丙类厂房内建筑面积大于300m² 且经常有人停留或可燃物较多的地上房间。

2) 建筑面积大于5000m² 的丁类生产车间。

3) 占地面积大于1000m² 的丙类仓库。

4) 高度大于32m 的高层厂房(仓库)内长度大于20m 的疏散走道,其他厂房(仓库)内长度大于40m 的疏散走道。

(2) 民用建筑的下列场所或部位应设置排烟设施

1) 设置在一、二、三层且房间建筑面积大于100m² 的歌舞娱乐放映游艺场所,设置在四层及以上楼层、地下或半地下的歌舞娱乐放映游艺场所。

2) 中庭。

3) 公共建筑内建筑面积大于100m² 且经常有人停留的地上房间。

4) 公共建筑内建筑面积大于300m² 且可燃物较多的地上房间。

5) 建筑内长度大于20m 的疏散走道。

(3) 其他场所 地下或半地下建筑(室)、地上建筑内的无窗房间,当总建筑面积大于200m² 或一个房间建筑面积大于50m²,且经常有人停留或可燃物较多时,应设置排烟设施。

6.2 自然排烟

6.2.1 自然排烟设施

(1) 自然排烟窗 利用对外的窗户进行排烟,如图6-2所示。

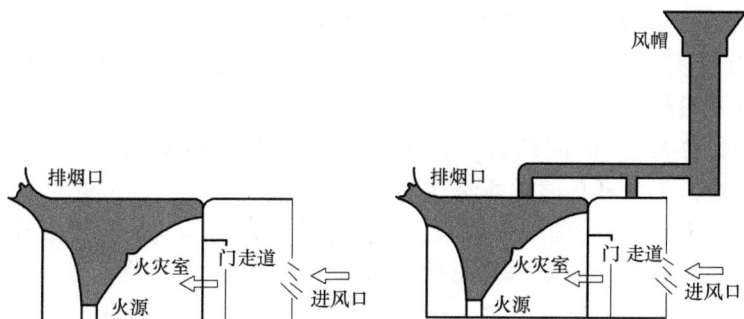

图6-2 自然排烟窗、排烟口

两个排烟窗在防烟分区短边外墙面的同一高度位置上，窗的底边在室内 2/3 高度以上且在储烟仓以内，房间补风口应设置在室内 1/2 高度以下且不高于 10m 等，具备对流条件的室内场所，可采用自然对流排烟的方式。具备自然排烟条件的自然排烟窗的布置如图 6-3 所示。

（2）利用专门的排烟竖井排烟　在建筑设计中，根据相关规范，专门建设的排烟风道作为火灾时专用排烟设施。

（3）可熔性采光带　可熔性采光带（窗）是采用在 120～150℃ 能自行熔化且不产生熔滴的材料制作，设置在建筑空间上部，用于排出火场中的烟和热的设施。

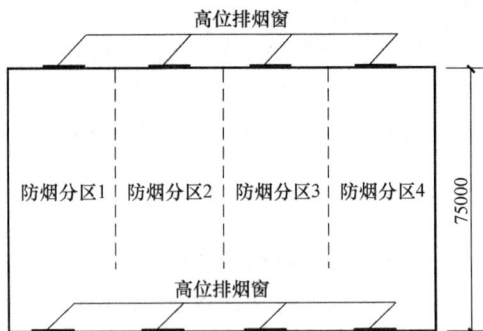

图 6-3　具备自然排烟条件的自然排烟窗的布置

6.2.2　自然排烟的设计要求

1）采用自然排烟系统的场所应设置自然排烟窗（口）。

2）防烟分区内自然排烟窗（口）的面积、数量、位置应经计算确定，且防烟分区内任一点与最近的自然排烟窗（口）之间的水平距离不应大于 30m。当工业建筑采用自然排烟方式时，其水平距离尚不应大于建筑内空间净高的 2.8 倍；当公共建筑空间净高大于或等于 6m，且具有自然对流条件时，其水平距离不应大于 37.5m。

3）自然排烟窗（口）应设置在排烟区域的顶部或外墙，并应符合下列规定：

① 当设置在外墙上时，自然排烟窗（口）应在储烟仓以内，但走道、室内空间净高不大于 3m 的区域的自然排烟窗（口）可设置在室内净高的 1/2 以上。

② 自然排烟窗（口）的开启形式应有利于火灾烟气的排出。

③ 当房间面积不大于 200m² 时，自然排烟窗（口）的开启方向可不限。

④ 自然排烟窗（口）宜分散均匀布置，且每组的长度不宜大于 3.0m。

⑤ 设置在防火墙两侧的自然排烟窗（口）之间最近边缘的水平距离不应小于 2.0m。

4）厂房、仓库的自然排烟窗（口）设置尚应符合下列规定：

① 当设置在外墙时，自然排烟窗（口）应沿建筑物的两条对边均匀设置。

② 当设置在屋顶时，自然排烟窗（口）应在屋面均匀设置且宜采用自动控制方式开启；当屋面斜度小于或等于 12° 时，每 200m² 的建筑面积应设置相应的自然排烟窗（口）；当屋面斜度大于 12° 时，每 400m² 的建筑面积应设置相应的自然排烟窗（口）。

5）除国家标准另有规定外，自然排烟窗（口）开启的有效面积尚应符合下列规定（图 6-4 所示为可开启外窗示意图）：

① 当采用开窗角大于 70° 的悬窗时，其面积应按窗的面积计算；当开窗角小于或等于 70° 时，其面积应按窗最大开启时的水平投影面积计算。

② 当采用开窗角大于 70° 的平开窗时，其面积应按窗的面积计算；当开窗角小于或等于 70° 时，其面积应按窗最大开启时的竖向投影面积计算。

③ 当采用推拉窗时，其面积应按开启的最大窗口面积计算。

④ 当采用百叶窗时，其面积应按窗的有效开口面积计算。

⑤ 当平推窗设置在顶部时，其面积可按窗的 1/2 周长与平推距离乘积计算，且不应大于窗面积。

⑥ 当平推窗设置在外墙时，其面积可按窗的 1/4 周长与平推距离乘积计算，且不应大于窗面积。

6) 自然排烟窗（口）应设置手动开启装置，设置在高位不便于直接开启的自然排烟窗（口），应设置距地面高度 1.3~1.5m 的手动开启装置。净高大于 9m 的中庭、建筑面积大于 2000m² 的营业厅、展览厅、多功能厅等场所，尚应设置集中手动开启装置和自动开启设施。

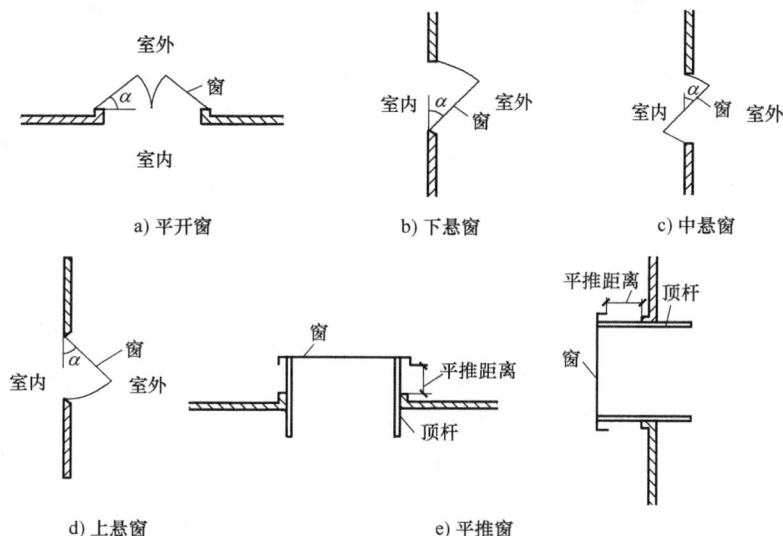

a) 平开窗　　　　b) 下悬窗　　　　c) 中悬窗

d) 上悬窗　　　　　　　e) 平推窗

图 6-4　可开启外窗示意图

7) 除洁净厂房外，设置自然排烟系统的任一层建筑面积大于 2500m² 的制鞋、制衣、玩具、塑料、木器加工储存等丙类工业建筑，除自然排烟所需排烟窗（口）外，尚宜在屋面上增设可熔性采光带（窗），其面积应符合下列规定：

① 未设置自动喷水灭火系统的，或采用钢结构屋顶，或采用预应力钢筋混凝土屋面板的建筑，不应小于楼地面面积的 10%。

② 其他建筑不应小于楼地面面积的 5%。

③ 可熔性采光带（窗）的有效面积应按其实际面积计算。

6.3 机械排烟

对于自然排烟不能满足消防安全要求的建筑，尤其是高层建筑，必须设置机械排烟系统，如图 6-5 所示。机械排烟系统主要由室外排烟出口、排烟机、排烟防火阀、排烟管道、室内排烟口组成。发生火灾时，排烟机启动，火灾现场的排烟口、排烟阀打开，通过排烟管道向室外排烟。当通过烟道的烟气温度达到 280℃ 时，排烟防火阀关闭，排烟机停机。排烟系统是建筑重要的消防安全设施，为了保证其工作的可靠性，其电源控制箱必须是双电源。

6.3.1 机械排烟设施

（1）排烟防火阀　排烟防火阀安装在机械排烟系统的管道上，平时呈开启状态。火灾发生后开启排烟，当排烟管道内烟气温度达到 280℃ 时，熔片熔断关闭排烟防火阀，停止排烟以防止火灾向其他区域蔓延。排烟防火阀能在一定时间内满足漏烟量和耐火完整性要求，起隔烟阻火作用。排烟防火阀一般由阀体、叶片、熔断器、执行机构和拉杆等部件组成，如图 6-6 所示。

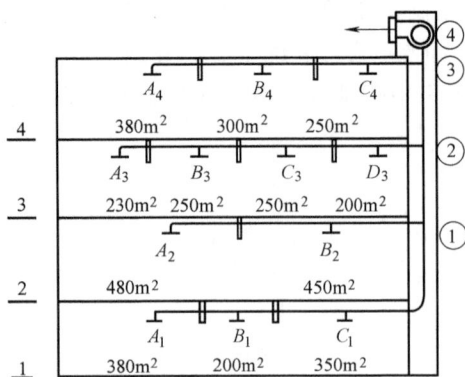

图 6-5　机械排烟系统

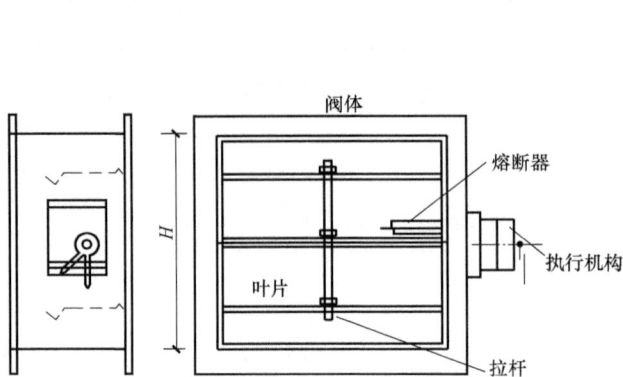

图 6-6　排烟防火阀结构示意图

（2）室内排烟口　排烟口安装在走廊、大厅、大的会议室、配电室等空间较大、重要的疏散通道、人员比较集中、比较重要的建筑空间，在现场排烟口下方的墙壁上安装有手动开启的按钮，消防报警系统联动并具备在消防控制中心操作的手动、自动启动功能。图 6-7a、b 所示分别为板式排烟口与百叶排烟口。

a) 板式排烟口

b) 百叶排烟口

图 6-7　排烟口

6.3.2　机械排烟系统设计

1）当建筑的机械排烟系统沿水平方向布置时，每个防火分区的机械排烟系统应独立设置。

2）建筑高度超过 50m 的公共建筑和建筑高度超过 100m 的住宅，其排烟系统应竖向分段独立设置，且公共建筑每段高度不应超过 50m，住宅建筑每段高度不应超过 100m。

3）排烟系统与通风、空气调节系统应分开设置；当确有困难时可以合用，但应符合排烟系统的要求，且当排烟口打开时，每个排烟合用系统的管道上需联动关闭的通风和空气调节系统的控制阀门不应超过 10 个。

4）排烟风机宜设置在排烟系统的最高处，烟气出口宜朝上，并应高于加压送风机和补风机的进风口。竖向布置时，送风机的进风口应设置在排烟出口的下方，其两者边缘最小垂直距离不应小于 6.0m；水平布置时，两者边缘最小水平距离不应小于 20.0m。

5）排烟风机应设置在专用机房内，并应符合《建筑防烟排烟系统技术标准》（GB 51251—2017）第 3.3.5 条第 5 款的规定，且风机两侧应有 600mm 以上的空间。对于排烟系统与通风、空气调节系统共用的系统，其排烟风机与排风风机的合用机房应符合下列规定：

① 机房内应设置自动喷水灭火系统。

② 机房内不得设置用于机械加压送风的风机与管道。

③ 排烟风机与排烟管道的连接部件应能在 280℃时连续 30min 保证其结构完整性。

6）排烟风机应满足 280℃时连续工作 30min 的要求，排烟风机应与风机入口处的排烟防火阀联锁，当该阀关闭时，排烟风机应能停止运转。

7）机械排烟系统应采用管道排烟，且不应采用土建风道。排烟管道应采用不燃材料制作且内壁应光滑。当排烟管道内壁为金属时，管道设计风速不应大于 20m/s；当排烟管道内壁为非金属时，管道设计风速不应大于 15m/s；排烟管道的厚度应按《通风与空调工程施工质量验收规范》（GB 50243—2016）的有关规定执行。

8）排烟管道的设置和耐火极限应符合下列规定：

① 排烟管道及其连接部件应能在 280℃时连续 30min 保证其结构完整。

② 竖向设置的排烟管道应设置在独立的管道井内，排烟管道的耐火极限不应低于 0.50h。

③ 水平设置的排烟管道应设置在吊顶内，其耐火极限不应低于 0.50h；当确有困难时，可直接设置在室内，但管道的耐火极限不应小于 1.00h。

④ 设置在走道部位吊顶内的排烟管道，以及穿越防火分区的排烟管道，其管道的耐火极限不应小于 1.00h，但设备用房和汽车库的排烟管道耐火极限可不低于 0.50h。

9）当吊顶内有可燃物时，吊顶内的排烟管道应采用不燃材料进行隔热，并应与可燃物保持不小于 150mm 的距离。

10）排烟管道下列部位应设置排烟防火阀：

① 垂直风管与每层水平风管交接处的水平管段上。

② 一个排烟系统负担多个防烟分区的排烟支管上。

③ 排烟风机入口处。

④ 穿越防火分区处。

11）设置排烟管道的管道井应采用耐火极限不小于 1.00h 的隔墙与相邻区域分隔；当墙上必须设置检修门时，应采用乙级防火门。

12）防烟分区内任一点与最近的排烟口之间的水平距离不应大于 30m。排烟口的设置应符合下列规定：

① 排烟口宜设置在顶棚或靠近顶棚的墙面上。

② 排烟口应设在储烟仓内，但走道、室内空间净高不大于 3m 的区域，其排烟口可设置在其净高的 1/2 以上；当设置在侧墙时，吊顶与其最近边缘的距离不应大于 0.50m。

③ 对于需要设置机械排烟系统的房间，当其建筑面积小于 50m² 时，可通过走道排烟，排烟口可设置在疏散走道；排烟量应按相关规范计算。

④ 火灾时由火灾自动报警系统联动开启排烟区域的排烟阀或排烟口，应在现场设置手动开启装置。

⑤ 排烟口的设置宜使烟流方向与人员疏散方向相反，排烟口与附近安全出口相邻边缘之间的水平距离不应小于 1.5m。

⑥ 每个排烟口的排烟量不应大于最大允许排烟量，最大允许排烟量应按相关规范计算确定。

⑦ 排烟口的风速不宜大于 10m/s。

13）当排烟口设在吊顶内且通过吊顶上部空间进行排烟时，应符合下列规定：

① 吊顶应采用不燃材料，且吊顶内不应有可燃物。

② 封闭式吊顶上设置的烟气流入口的颈部烟气速度不宜大于 1.5m/s。

③ 非封闭式吊顶的开孔率不应小于吊顶净面积的 25%，且孔洞应均匀布置。

14）按相关规范需要设置固定窗时，固定窗的布置应符合下列规定：

① 非顶层区域的固定窗应布置在每层的外墙上。

② 顶层区域的固定窗应布置在屋顶或顶层的外墙上，但未设置自动喷水灭火系统的以及采用钢结构屋顶或预应力钢筋混凝土屋面板的建筑应布置在屋顶。

15）固定窗的设置和有效面积应符合下列规定：

① 设置在顶层区域的固定窗，其总面积不应小于楼地面面积的 2%。

② 设置在靠外墙且不位于顶层区域的固定窗，单个固定窗的面积不应小于 $1m^2$，且间距不宜大于 20m，其下沿距室内地面的高度不宜小于层高的 1/2。供消防救援人员进入的窗口面积不计入固定窗面积，但可组合布置。

③ 设置在中庭区域的固定窗，其总面积不应小于中庭楼地面面积的 5%。

④ 固定玻璃窗应按可破拆的玻璃面积计算，带有温控功能的可开启设施应按开启时的水平投影面积计算。

16）固定窗宜按每个防烟分区在屋顶或建筑外墙上均匀布置且不应跨越防火分区。

17）除洁净厂房外，设置机械排烟系统的任一层建筑面积大于 2000m² 的制鞋、制衣、玩具、塑料、木器加工储存等丙类工业建筑，可采用可熔性采光带（窗）替代固定窗，其面积应符合下列规定：

① 未设置自动喷水灭火系统的，或采用钢结构屋顶，或采用预应力钢筋混凝土屋面板的建筑，不应小于楼地面面积的 10%。

② 其他建筑不应小于楼地面面积的 5%。

③ 可熔性采光带（窗）的有效面积应按其实际面积计算。

6.3.3 排烟系统计算

1）排烟系统的设计风量不应小于该系统计算风量的 1.2 倍。

2）当采用自然排烟方式时，储烟仓的厚度不应小于空间净高的 20%，且不应小于 500mm；当采用机械排烟方式时，不应小于空间净高的 10%，且不应小于 500mm。同时储烟仓底部距地面的高度应大于安全疏散所需的最小清晰高度，最小清晰高度应按相关规范计算确定。

3）除中庭外下列场所一个防烟分区的排烟量计算应符合下列规定：

① 建筑空间净高小于或等于 6m 的场所，其排烟量应按不小于 $60m^3/(h \cdot m^2)$ 计算，且取值不小于 $15000m^3/h$，或设置有效面积不小于该房间建筑面积 2% 的自然排烟窗（口）。

② 公共建筑、工业建筑中空间净高大于 6m 的场所，其每个防烟分区排烟量应根据场所内的热释放速率以及相关规范的规定计算确定，且不应小于表 6-2 中的数值，或设置自然排烟窗（口），其所需有效排烟面积应根据表 6-2 及自然排烟窗（口）处风速计算。

表 6-2　公共建筑、工业建筑中空间净高大于 6m 场所的计算排烟量及自然排烟侧窗（口）部风速

空间净高/m	办公室、学校 /($\times 10^4 m^3/h$)		商店、展览厅 /($\times 10^4 m^3/h$)		厂房、其他公共建筑 /($\times 10^4 m^3/h$)		仓库 /($\times 10^4 m^3/h$)	
	无喷淋	有喷淋	无喷淋	有喷淋	无喷淋	有喷淋	无喷淋	有喷淋
6.0	12.2	5.2	17.6	7.8	15.0	7.0	30.1	9.3
7.0	13.9	6.3	19.6	9.1	16.8	8.2	32.8	10.8
8.0	15.8	7.4	21.8	10.6	18.9	9.6	35.4	12.4
9.0	17.8	8.7	24.2	12.1	21.1	11.1	38.5	14.2
自然排烟侧窗（口）部风速/(m/s)	0.94	0.64	1.06	0.78	1.01	0.74	1.26	0.84

注：1. 建筑空间净高大于 9.0m 的，按 9.0m 取值；建筑空间净高位于表中两个高度之间的，按线性插值法取值；表中建筑空间净高为 6m 处的各排烟量值为线性插值法的计算基准值。

2. 当采用自然排烟方式时，储烟仓厚度应大于房间净高的 20%；自然排烟窗（口）面积＝计算排烟量/自然排烟窗（口）处风速；当采用顶开窗排烟时，其自然排烟窗（口）的风速可按侧窗口部风速的 1.4 倍计。

③ 当公共建筑仅需在走道或回廊设置排烟时，其机械排烟量不应小于 $13000m^3/h$，或在走道两端（侧）均设置面积不小于 $2m^2$ 的自然排烟窗（口）且两侧自然排烟窗（口）的距离不应小于走道长度的 2/3。

④ 当公共建筑房间内与走道或回廊均需设置排烟时，其走道或回廊的机械排烟量可按 $60m^3/(h \cdot m^2)$ 计算且不小于 $13000m^3/h$，或设置有效面积不小于走道、回廊建筑面积 2% 的自然排烟窗（口）。

4）当一个排烟系统担负多个防烟分区排烟时，其系统排烟量的计算应符合下列规定：

① 当系统负担具有相同净高场所时，对于建筑空间净高大于 6m 的场所，应按排烟量最大的一个防烟分区的排烟量计算；对于建筑空间净高为 6m 及以下的场所，应按同一防火分区中任意两个相邻防烟分区的排烟量之和的最大值计算。

② 当系统负担具有不同净高场所时，应采用上述方法对系统中每个场所所需的排烟量进行计算，并取其中的最大值作为系统排烟量。

5）中庭排烟量的设计计算应符合下列规定：

① 中庭周围场所设有排烟系统时，中庭采用机械排烟系统的，中庭排烟量应按周围场所防烟分区中最大排烟量的 2 倍数值计算，且不应小于 $107000m^3/h$；中庭采用自然排烟系统时，应按上述排烟量和自然排烟窗（口）的风速不大于 0.5m/s 计算有效开窗面积。

② 当中庭周围场所不需设置排烟系统，仅在回廊设置排烟系统时，回廊的排烟量不应小于相关规范的规定，中庭的排烟量不应小于 $40000m^3/h$；中庭采用自然排烟系统时，应按上述排烟量和自然排烟窗（口）的风速不大于 0.4m/s 计算有效开窗面积。

6）除相关规范规定的场所外，其他场所的排烟量或自然排烟窗（口）面积应按照烟羽流类型，根据火灾热释放速率、清晰高度、烟羽流质量流量及烟羽流温度等参数计算确定。

7）各类场所的火灾热释放速率可按相关规范规定计算且不应小于表 6-3 规定的值。设置自动喷水灭火系统（简称喷淋）的场所，其室内净高大于 8m 时，应按无喷淋场所对待。

表 6-3　火灾达到稳态时的热释放速率

建筑类别	喷淋设置情况	热释放速率 Q/MW
办公室、教室、客房、走道	无喷淋	6.0
	有喷淋	1.5
商店、展览厅	无喷淋	10.0
	有喷淋	3.0
其他公共场所	无喷淋	8.0
	有喷淋	2.5
汽车库	无喷淋	3.0
	有喷淋	1.5
厂房	无喷淋	8.0
	有喷淋	2.5
仓库	无喷淋	20.0
	有喷淋	4.0

8）当储烟仓的烟层与周围空气温差小于 15℃ 时，应通过降低排烟口的位置等措施重新调整排烟设计。

9）走道、室内空间净高不大于 3m 的区域，其最小清晰高度不宜小于其净高的 1/2，其他区域的最小清晰高度应按下式计算：

$$H_q = 1.6 + 0.1H' \tag{6-1}$$

式中　H_q——最小清晰高度（m）；

　　　H'——对于单层空间，取排烟空间的建筑净高度；对于多层空间，取最高疏散层的层高（m）。

10）火灾热释放速率应按下式计算：

$$Q = \alpha t^2 \tag{6-2}$$

式中　Q——热释放速率（kW）；

　　　t——火灾增长时间（s）；

　　　α——火灾增长系数（按表 6-4 取值）（kW/s^2）。

表 6-4　火灾增长系数

火灾类别	典型的可燃材料	火灾增长系数/(kW/s^2)
慢速火	硬木家具	0.00278
中速火	棉质、聚酯垫子	0.011
快速火	装满的邮件袋、木制货架托盘、泡沫塑料	0.044
超快速火	池火、快速燃烧的装饰家具、轻质窗帘	0.178

11）烟羽流质量流量计算宜符合下列规定：

① 轴对称型烟羽流：

当 $Z > Z_1$ 时
$$M_\rho = 0.071 Q_c^{\frac{1}{3}} Z^{\frac{5}{3}} + 0.0018 Q_c \tag{6-3}$$

当 $Z \leqslant Z_1$ 时
$$M_\rho = 0.032 Q_c^{\frac{3}{5}} Z$$

$$Z_1 = 0.166 Q_c^{\frac{2}{5}} \tag{6-4}$$

式中　Q_c——热释放速率的对流部分（kW），一般取值 $Q_c = 0.7Q$；

　　　Z——燃料面到烟层底部的高度（m）（取值应大于或等于最小清晰高度与燃料面高度之差）；

　　　Z_1——火焰极限高度（m）；

　　　M_ρ——烟羽流质量流量（kg/s）。

② 阳台溢出型烟羽流：

$$M_\rho = 0.36 (QW^2)^{\frac{1}{3}} (Z_b + 0.25 H_1) \tag{6-5}$$

$$W = w + b$$

式中　H_1——燃料面至阳台的高度（m）；

　　　Z_b——从阳台下缘至烟层底部的高度（m）；

　　　W——烟羽流扩散宽度（m）；

　　　w——火源区域的开口宽度（m）；

　　　b——从开口至阳台边沿的距离（m），$b \neq 0$。

③ 窗口型烟羽流：

$$M_\rho = 0.68 (A_w H_w^{\frac{1}{2}})^{\frac{1}{3}} (Z_w + \alpha_w)^{\frac{5}{3}} + 1.59 A_w H_w^{\frac{1}{2}} \tag{6-6}$$

$$\alpha_w = 2.4 A_w^{\frac{2}{5}} H_w^{\frac{1}{2}} - 2.1 H_w$$

式中　A_w——窗口开口的面积（m²）；

　　　H_w——窗口开口的高度（m）；

　　　Z_w——窗口开口的顶部到烟层底部的高度（m）；

　　　α_w——窗口型烟羽流的修正系数（m）。

12）烟层平均温度与环境温度的差应按下式计算：

$$\Delta T = K Q_c / M_\rho C_p \tag{6-7}$$

式中　ΔT——烟层平均温度与环境温度的差（K）；

　　　C_p——空气的比定压热容[kJ/(kg·K)]，一般取 $C_p = 1.01$kJ/(kg·K)；

　　　K——烟气中对流放热量因子，当采用机械排烟时，取 $K = 1.0$；当采用自然排烟时，取 $K = 0.5$。

13）每个防烟分区排烟量应按下列公式计算：

$$V = M_\rho T / \rho_0 T_0 \tag{6-8}$$

$$T = T_0 + \Delta T \tag{6-9}$$

式中　V——排烟量（m³/s）；

ρ_0——环境温度下的气体密度（kg/m^3），通常 $T_0 = 293.15K$，$\rho_0 = 1.2kg/m^3$；

T_0——环境的绝对温度（K）；

T——烟层的平均绝对温度（K）。

14）机械排烟系统中，单个排烟口的最大允许排烟量 V_{max} 宜按下式计算：

$$V_{max} = 4.16\gamma d_b^{\frac{5}{2}}\left(\frac{T-T_0}{T_0}\right)^{\frac{1}{2}} \tag{6-10}$$

式中 V_{max}——排烟口最大允许排烟量（m^3/s）；

γ——排烟位置系数，当风口中心点到最近墙体的距离 ≥ 2 倍的排烟口当量直径时：γ 取 1.0；当风口中心点到最近墙体的距离 < 2 倍的排烟口当量直径时：γ 取 0.5；当吸入口位于墙体上时，γ 取 0.5；

d_b——排烟系统吸入口最低点之下烟气层厚度（m）；

T——烟层的平均绝对温度（K）；

T_0——环境的绝对温度（K）。

15）采用自然排烟方式所需自然排烟窗（口）截面面积宜按下式计算：

$$A_v C_v = \frac{M_\rho}{\rho_0}\left[\frac{T^2 + (A_v C_v/A_0 C_0)^2 TT_0}{2g d_b \Delta TT_0}\right]^{\frac{1}{2}} \tag{6-11}$$

式中 A_v——自然排烟窗（口）截面面积（m^2）；

A_0——所有进气口总面积（m^2）；

C_v——自然排烟窗（口）流量系数（通常选定在 0.5~0.7）；

C_0——进气口流量系数（通常约为 0.6）；

g——重力加速度（m/s^2）。

16）烟道及排烟防火阀的设计图示如图 6-8 所示。

6.3.4 排烟系统的控制要求

1）机械排烟系统应与火灾自动报警系统联动，其联动控制应符合《火灾自动报警系统设计规范》（GB 50116—2013）的有关规定。

2）排烟风机、补风机的控制方式应符合下列规定：

① 现场手动启动。

② 火灾自动报警系统自动启动。

③ 消防控制室手动启动。

④ 系统中任一排烟阀或排烟口开启时，排烟风机、补风机自动启动。

⑤ 排烟防火阀在 280℃时应自行关闭，并应联锁关闭排烟风机和补风机。

3）机械排烟系统中的常闭排烟阀或排烟口应具有火灾自动报警系统自动开启、消防控制室手动开启和现场手动开启功能，其开启信号应与排烟风机联动。当火灾确认后，火灾自动报警系统应在 15s 内联动开启相应防烟分区的全部排烟阀、排烟口、排烟风机和补风设施，并应在 30s 内自动关闭与排烟无关的通风、空调系统。

4）当火灾确认后，担负两个及以上防烟分区的排烟系统，应仅打开着火防烟分区的排烟阀或排烟口，其他防烟分区的排烟阀或排烟口应呈关闭状态。

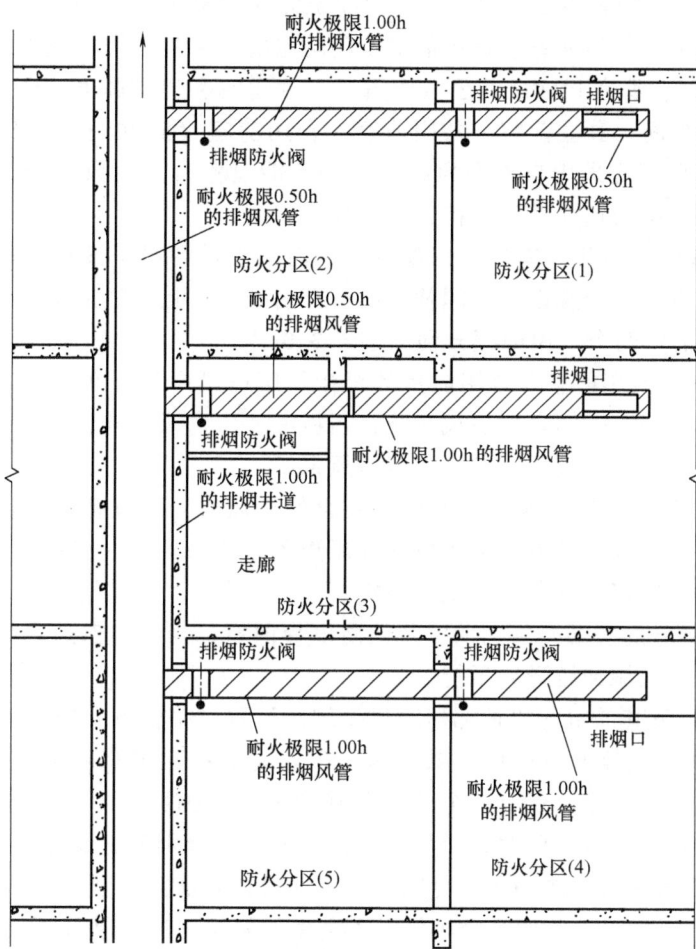

图 6-8　烟道及排烟防火阀的设计图示

　　5）活动挡烟垂壁应具有火灾自动报警系统自动启动和现场手动启动功能，当火灾确认后，火灾自动报警系统应在 15s 内联动相应防烟分区的全部活动挡烟垂壁，60s 以内挡烟垂壁应开启到位。

　　6）自动排烟窗可采用与火灾自动报警系统联动和温度释放装置联动的控制方式。当采用与火灾自动报警系统自动启动时，自动排烟窗应在 60s 内或小于烟气充满储烟仓时间内开启完毕。带有温控功能自动排烟窗，其温控释放温度应大于环境温度 30℃ 且小于 100℃。

　　7）消防控制设备应显示排烟系统的排烟风机、补风机、阀门等设施启闭状态。

6.4　防烟系统

6.4.1　建筑防烟设施的设置

　　建筑防烟系统的设计应根据建筑高度、使用性质等因素，采用自然通风系统或机械加压送风系统。

1）建筑高度大于 50m 的公共建筑、工业建筑和建筑高度大于 100m 的住宅建筑，其防烟楼梯间、独立前室、共用前室、合用前室及消防电梯前室应采用机械加压送风系统。

2）建筑高度小于或等于 50m 的公共建筑、工业建筑和建筑高度小于或等于 100m 的住宅建筑，其防烟楼梯间、独立前室、共用前室、合用前室（除共用前室与消防电梯前室合用外）及消防电梯前室应采用自然通风系统；当不能设置自然通风系统时，应采用机械加压送风系统。防烟系统的选择，尚应符合下列规定：

① 当独立前室或合用前室满足下列条件之一时，楼梯间可不设置防烟系统：采用全敞开的阳台或凹廊；设有两个及以上不同朝向的可开启外窗，且独立前室两个外窗面积分别不小于 $2.0m^2$，合用前室两个外窗面积分别不小于 $3.0m^2$。

② 当独立前室、共用前室及合用前室的机械加压送风口设置在前室的顶部或正对前室入口的墙面时，楼梯间可采用自然通风系统；当机械加压送风口未设置在前室的顶部或正对前室入口的墙面时，楼梯间应采用机械加压送风系统。

③ 当防烟楼梯间在裙房高度以上部分采用自然通风时，不具备自然通风条件的裙房的独立前室、共用前室及合用前室应采用机械加压送风系统，且独立前室、共用前室及合用前室送风口的设置方式应符合本条第 2 款的规定。

3）建筑地下部分的防烟楼梯间前室及消防电梯前室，当无自然通风条件或自然通风不符合要求时，应采用机械加压送风系统。

4）防烟楼梯间及其前室的机械加压送风系统的设置应符合下列规定：

① 建筑高度小于或等于 50m 的公共建筑、工业建筑和建筑高度小于或等于 100m 的住宅建筑，当采用独立前室且其仅有一个门与走道或房间相通时，可仅在楼梯间设置机械加压送风系统；当独立前室有多个门时，楼梯间、独立前室应分别独立设置机械加压送风系统。

② 当采用合用前室时，楼梯间、合用前室应分别独立设置机械加压送风系统。

③ 当采用剪刀楼梯时，其两个楼梯间及其前室的机械加压送风系统应分别独立设置。

5）封闭楼梯间应采用自然通风系统，不能满足自然通风条件的封闭楼梯间，应设置机械加压送风系统。当地下、半地下建筑（室）的封闭楼梯间不与地上楼梯间共用且地下仅为一层时，可不设置机械加压送风系统，但首层应设置有效面积不小于 $1.2m^2$ 的可开启外窗或直通室外的疏散门。

6）设置机械加压送风系统的场所，楼梯间应设置常开风口，前室应设置常闭风口；火灾时其联动开启方式应符合相关规范的规定。

7）避难层的防烟系统可根据建筑构造、设备布置等因素选择自然通风系统或机械加压送风系统。

8）避难走道应在其前室及避难走道分别设置机械加压送风系统，但下列情况可仅在前室设置机械加压送风系统：

① 避难走道一端设置安全出口，且总长度小于 30m。

② 避难走道两端设置安全出口，且总长度小于 60m。

6.4.2　新风系统防烟隔火设计

新风系统是密闭建筑的重要通风系统，新风系统就是送新风系统。新风系统主要由室外进风口、空气处理装置、新风机、70℃防火阀、送风筒、室内送风口等组成。正常状态时，在新风机作用下，室外空气从室外进风口进入，经过空气处理装置处理，通过送风筒输送至室内送风口，最终进入室内，为工作人员提供新鲜的空气。

火灾发生时，通过与消防报警系统的联动，切断新风机电源，停止新风机送风，关闭防火阀，避免火灾及烟气沿风筒向其他区域蔓延。

（1）70℃防火阀　70℃防火阀是一种特殊的风阀，在新风系统中起到防烟隔火安全作用，如图6-9所示。正常状态下开启，发生火灾时，当温度达到70℃时熔片熔断，阀板落下，阀口关闭。

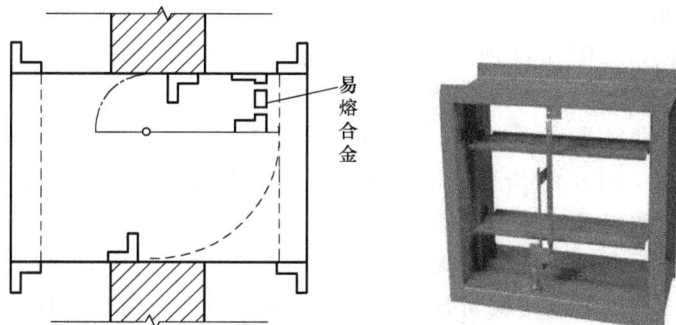

图6-9　70℃防火阀

（2）防火阀的设置　通风、空气调节系统的风管在下列部位应设置公称动作温度为70℃的防火阀（见图6-10）：

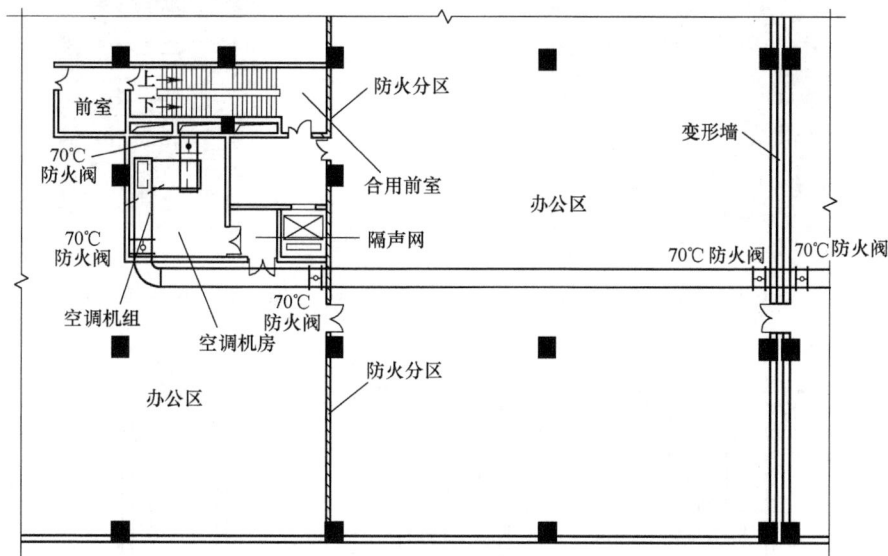

图6-10　70℃防火阀的设计图示

1）穿越防火分区处。

2）穿越通风、空气调节机房的房间隔墙和楼板处。

3）穿越重要或火灾危险性大的场所的房间隔墙和楼板处。

4）穿越防火分隔处的变形缝两侧。

5）竖向风管与每层水平风管交接处的水平管段上。

6.4.3 加压送风系统

加压送风系统由室外进风口、送风机、风道、室内送风口组成。室内送风口又分为无控制的垂帘式送风口，一般安装在楼梯间；能够联动控制的电动送风口，一般安装在前室。正常状态下风机停机，垂帘式送风口垂闭，电动送风口关闭；发生火灾时，送风机启动，垂帘式送风口在风压下打开送风，电动送风口联动打开送风。加压送风系统是重要的消防设施，为保证其可靠工作，其控制电源箱必须采用双电源供电。

1. 加压送风设施

（1）垂帘式送风口　图 6-11 所示为垂帘式送风口，正常情况下，靠帘片的偏心重力维持关闭状态；发生火灾时，在风压作用下，帘片打开。根据结构不同，垂帘式送风口可分为单层与双层两类，根据风量调节又可分为风量可调与固定不变两类。

（2）电动送风口　图 6-12 所示为电动送风口，正常情况下，电动送风口处于关闭状态；火灾时，在电磁力的作用下打开，开始送风。

送风口在楼梯及前室的安装如图 6-13 所示，在楼梯间一般安装垂帘式送风口，在前室一般安装电动送风口。前室或楼梯间有外窗且通风面积满足设计要求时，可以不设加压送风装置。

图 6-11　垂帘式送风口

图 6-12　电动送风口

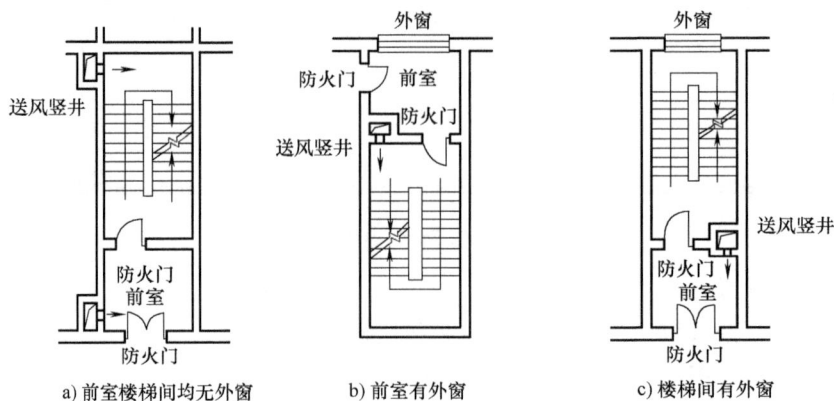

a) 前室楼梯间均无外窗　　b) 前室有外窗　　c) 楼梯间有外窗

图 6-13　楼梯及前室的送风口设计图示

2. 加压送风系统的设计要求

1）建筑高度大于 100m 的建筑，其机械加压送风系统应竖向分段独立设置，且每段高度不应超过 100m。

2）除相关规范另有规定外，采用机械加压送风系统的防烟楼梯间及其前室应分别设置送风井（管）道、送风口（阀）和送风机。

3）建筑高度小于或等于 50m 的建筑，当楼梯间设置加压送风井（管）道确有困难时，楼梯间可采用直灌式加压送风系统，并应符合下列规定：

① 建筑高度大于 32m 的高层建筑，应采用楼梯间两点部位送风的方式，送风口之间的距离不宜小于建筑高度的 1/2。

② 送风量应按计算值或相关标准规定的送风量增加 20%。

③ 加压送风口不宜设在影响人员疏散的部位。

4）设置机械加压送风系统的楼梯间的地上部分与地下部分，其机械加压送风系统应分别独立设置。当受建筑条件限制，且地下部分为汽车库或设备用房时，可共用机械加压送风系统，并应符合下列规定：

① 应按相关规范的规定分别计算地上、地下部分的加压送风量，相加后作为共用加压送风系统的风量。

② 应采取有效措施分别满足地上、地下部分的送风量的要求。

5）机械加压送风机宜采用轴流风机或中、低压离心风机，其设置应符合下列规定：

① 送风机的进风口应直通室外，且应采取防止烟气被吸入的措施。

② 送风机的进风口宜设在机械加压送风系统的下部。

③ 送风机的进风口不应与排烟风机的出风口设在同一面上。当确有困难时，送风机的进风口与排烟风机的出风口应分开布置，且竖向布置时，送风机的进风口应设置在排烟出口的下方，其两者边缘最小垂直距离不应小于 6.0m；水平布置时，两者边缘最小水平距离不应小于 20.0m。

④ 送风机宜设置在系统的下部，且应采取保证各层送风量均匀性的措施。

⑤ 送风机应设置在专用机房内，送风机房应符合《建筑设计防火规范》（GB 50016—2014）（2018 年版）的规定。

⑥ 当送风机出风管或进风管上安装单向风阀或电动风阀时，应采取火灾时自动开启阀门的措施。

6）加压送风口的设置应符合下列规定：

① 除直灌式加压送风方式外，楼梯间宜每隔 2 或 3 层设一个常开式百叶送风口。

② 前室应每层设一个常闭式加压送风口，并应设手动开启装置。

③ 送风口的风速不宜大于 7m/s。

④ 送风口不宜设置在被门挡住的部位。

7）机械加压送风系统应采用管道送风，且不应采用土建风道。送风管道应采用不燃材料制作且内壁应光滑。当送风管道内壁为金属时，设计风速不应大于 20m/s；当送风管道内壁为非金属时，设计风速不应大于 15m/s；送风管道的厚度应符合《通风与空调工程施工质量验收规范》（GB 50243—2016）的规定。

8）机械加压送风管道的设置和耐火极限应符合下列规定：

① 竖向设置的送风管道应独立设置在管道井内，当确有困难时，未设置在管道井内或与其他管道合用管道井的送风管道，其耐火极限不应低于 1.00h。

② 水平设置的送风管道，当设置在吊顶内时，其耐火极限不应低于 0.50h；当未设置在吊顶内时，其耐火极限不应低于 1.00h。

9）机械加压送风系统的管道井应采用耐火极限不低于 1.00h 的隔墙与相邻部位分隔，当墙上必须设置检修门时，应采用乙级防火门。

10）采用机械加压送风的场所不应设置百叶窗，且不宜设置可开启外窗。

11）设置机械加压送风系统的封闭楼梯间、防烟楼梯间，尚应在其顶部设置不小于 $1m^2$ 的固定窗。靠外墙的防烟楼梯间，尚应在其外墙上每 5 层内设置总面积不小于 $2m^2$ 的固定窗。

12）设置机械加压送风系统的避难层（间），尚应在外墙设置可开启外窗，其有效面积不应小于该避难层（间）地面面积的 1%。有效面积的计算应符合相关标准的规定。

3. 加压送风系统送风量的计算

1）机械加压送风系统的设计风量不应小于计算风量的 1.2 倍。

2）防烟楼梯间、独立前室、共用前室、合用前室和消防电梯前室的机械加压送风的计算风量应按相关规范的规定计算确定。当系统负担建筑高度大于 24m 时，防烟楼梯间、独立前室、合用前室和消防电梯前室应按计算值与表 6-5～表 6-8 中的较大值确定。

表 6-5 消防电梯前室加压送风的计算风量

系统负担高度 h/m	加压送风量/（m^3/h）
$24 < h \leqslant 50$	35400～36900
$50 < h \leqslant 100$	37100～40200

表 6-6 楼梯间自然通风、独立前室、合用前室加压送风的计算风量

系统负担高度 h/m	加压送风量/（m^3/h）
$24 < h \leqslant 50$	42400～44700
$50 < h \leqslant 100$	45000～48600

表 6-7 前室不送风、封闭楼梯间、防烟楼梯间加压送风的计算风量

系统负担高度 h/m	加压送风量/（m^3/h）
$24 < h \leqslant 50$	36100～39200
$50 < h \leqslant 100$	39600～45800

表 6-8 防烟楼梯间及独立前室、合用前室分别加压送风的计算风量

系统负担高度 h/m	送风部位	加压送风量/（m^3/h）
$24 < h \leqslant 50$	楼梯间	25300～27500
	独立前室、合用前室	24800～25800
$50 < h \leqslant 100$	楼梯间	27800～32200
	独立前室、合用前室	26000～28100

注：1. 表 6-5～表 6-8 的风量按开启 1 个 2.0m×1.6m 的双扇门确定。当采用单扇门时，其风量可乘以系数 0.75 计算。

2. 表中风量按开启着火层及其上下层，共开启三层的风量计算。

3. 表中风量的选取应按建筑高度或层数、风道材料、防火门漏风量等因素综合确定。

3）封闭避难层（间）、避难走道的机械加压送风量应按避难层（间）、避难走道的净面积每平方米不少于 30m³/h 计算。避难走道前室的送风量应按直接开向前室的疏散门的总断面面积乘以 1.0m/s 门洞断面风速计算。

4）机械加压送风量应满足走廊至前室至楼梯间的压力呈递增分布，余压值应符合下列规定：

① 前室、封闭避难层（间）与走道之间的压差应为 25~30Pa。

② 楼梯间与走道之间的压差应为 40~50Pa。

③ 当系统余压值超过最大允许压力差时应采取泄压措施。最大允许压力差应由相关规范计算确定。

5）楼梯间或前室的机械加压送风量应按下列公式计算：

$$L_j = L_1 + L_2 \tag{6-12}$$

$$L_s = L_1 + L_3 \tag{6-13}$$

式中　L_j——楼梯间的机械加压送风量（m³/s）；

L_s——前室的机械加压送风量（m³/s）；

L_1——门开启时，达到规定风速值所需的送风量（m³/s）；

L_2——门开启时，规定风速值下，其他门缝漏风总量（m³/s）；

L_3——未开启的常闭送风阀的漏风总量（m³/s）。

6）门开启时，达到规定风速值所需的送风量应按下式计算：

$$L_1 = A_k v N_1 \tag{6-14}$$

式中　A_k——1 层内开启门的截面面积（m²），对于住宅楼梯前室，可按一个门的面积取值；

v——门洞断面风速（m/s）；当楼梯间和独立前室、共用前室、合用前室均机械加压送风时，通向楼梯间和独立前室、共用前室、合用前室疏散门的门洞断面风速均不应小于 0.7m/s；当楼梯间机械加压送风、只有一个开启门的独立前室不送风时，通向楼梯间疏散门的门洞断面风速不应小于 1.0m/s；当消防电梯前室机械加压送风时，通向消防电梯前室门的门洞断面风速不应小于 1.0m/s；当独立前室、共用前室或合用前室机械加压送风而楼梯间采用可开启外窗的自然通风系统时，通向独立前室、共用前室或合用前室疏散门的门洞风速不应小于 $0.6(A_1/A_g + 1)$（m/s），A_1 为楼梯间疏散门的总面积（m²），A_g 为前室疏散门的总面积（m²）；

N_1——设计疏散门开启的楼层数量。楼梯间：采用常开风口，当地上楼梯间为 24m 以下时，设计 2 层内的疏散门开启，取 $N_1 = 2$；当地上楼梯间为 24m 及以上时，设计 3 层内的疏散门开启，取 $N_1 = 3$；当为地下楼梯间时，设计 1 层内的疏散门开启，取 $N_1 = 1$。前室：采用常闭风口，计算风量时取 $N_1 = 3$。

7）门开启时，规定风速值下的其他门漏风总量应按下式计算：

$$L_2 = 0.827A\Delta p^{\frac{1}{n}} \times 1.25N_2 \tag{6-15}$$

式中　A——每个疏散门的有效漏风面积（m²）；疏散门的门缝宽度取 0.002~0.004m；

Δp——计算漏风量的平均压力差（Pa）；当开启门洞处风速为 0.7m/s 时，取 $\Delta p =$

6.0Pa；当开启门洞处风速为 1.0m/s 时，取 $\Delta p = 12.0$Pa；当开启门洞处风速为 1.2m/s 时，取 $\Delta p = 17.0$Pa；

n——指数（一般取 $n = 2$）；

1.25——不严密处附加系数；

N_2——漏风疏散门的数量，楼梯间采用常开风口，取 $N_2 =$ 加压楼梯间的总门数 $-N_1$ 楼层数上的总门数。

8）未开启的常闭送风阀的漏风总量应按下式计算：

$$L_3 = 0.083 A_f N_3 \qquad (6-16)$$

式中　0.083——阀门单位面积的漏风量（m^3）；

A_f——单个送风阀门的面积（m^2）；

N_3——漏风阀门的数量；前室采用常闭风口，取 $N_3 =$ 楼层数 -3。

9）疏散门的最大允许压力差应按下列公式计算：

$$p = 2(F' - F_{dc})(W_m - d_m)/(W_m A_m) \qquad (6-17)$$

$$F_{dc} = M/(W_m - d_m) \qquad (6-18)$$

式中　p——疏散门的最大允许压力差（Pa）；

F'——门的总推力（N），一般取 110N；

F_{dc}——门把手处克服闭门器所需的力（N）；

W_m——单扇门的宽度（m）；

A_m——门的面积（m^2）；

d_m——门的把手到门闩的距离（m）；

M——闭门器的开启力矩（N·m）。

4. 加压送系统控制要求

1）机械加压送风系统应与火灾自动报警系统联动，其联动控制应符合《火灾自动报警系统设计规范》（GB 50116—2013）的有关规定。

2）加压送风机的启动应符合下列规定：

① 现场手动启动。

② 通过火灾自动报警系统自动启动。

③ 消防控制室手动启动。

④ 系统中任一常闭加压送风口开启时，加压风机应能自动启动。

3）当防火分区内火灾确认后，应能在 15s 内联动开启常闭加压送风口和加压送风机，并应符合下列规定：

① 应开启该防火分区楼梯间的全部加压送风机。

② 应开启该防火分区内着火层及其相邻上下层前室及合用前室的常闭送风口，同时开启加压送风机。

4）机械加压送风系统宜设有测压装置及风压调节措施。

5）消防控制设备应显示防烟系统的送风机、阀门等设施启闭状态。

第7章

空气调节

7.1 概述

7.1.1 空气调节的意义

通过加热或冷却、加湿或去湿等方法调节空气温度和湿度，通过过滤、补充洁净空气、排出污染空气等手段调节空气洁净与新鲜度。这种使室内空气温度、相对湿度、风速、空气洁净度等参数保持在一定范围内，为人类创造一个舒适、洁净、健康、高效环境的技术称为空气调节。

民用建筑中，如商场、超市、影剧院、大型会议室、体育场馆、机场、车站等建筑，跨度大、自然通风效果差、人流量大，人的活动及呼吸会产生大量的污染气体。为了保证人员的舒适性及身体健康，室内温度、湿度、风速、空气洁净度等必须保持在合理的范围内。

工业农业生产及科学研究中，为稳定生产环境和保证产品质量，某些建筑对空气环境提出了严格的要求。如精密机械加工、各种计量室、高精度刻划机等，对空气温度和湿度的基数和允许波动的范围都有较高的要求。棉纺织工业主要原料为纯棉、化学纤维等，棉及纤维具有吸湿和放湿性能，对空气湿度比较敏感，如果空气湿度太低，会使纱线变粗而脆，加工时易产生静电，容易造成飞花和断头；如果湿度太高，会使纱线黏结，影响产品的质量。

对于不同类型的建筑物，根据其性质、用途对空气环境提出各种不同的要求，空气调节可分为民用建筑的舒适性空气调节和工业建筑的工艺性空气调节。当采用供暖通风达不到人体舒适、设备等对室内环境的要求，或条件不允许、不经济时，当采用供暖通风达不到工艺对室内温度、湿度、洁净度等要求时，当对提高工作效率和经济效益有显著作用时，当对身体健康有利，或对促进康复有效果时，均应设置空气调节系统。空调区宜集中布置，功能、温湿度基数、使用要求等相近的空调区宜相邻布置。工艺性空调在满足空调区环境要求的条件下，宜减少空调区的面积和散热、散湿设备。

工业建筑的室内空气调节目标参数由工艺而定，民用建筑舒适性空气调节目标参数根据不同用途而确定。空调系统的室内设计参数如下：

1）供暖室内设计温度应符合下列规定：

① 严寒和寒冷地区主要房间应采用 18～24℃。

② 夏热冬冷地区主要房间宜采用 16～22℃。

③ 设置值班供暖房间不应低于 5℃。

2）舒适性空调室内设计参数应符合以下规定：

① 人员长期逗留区域空调室内设计参数应符合表 7-1 的规定。

表 7-1　人员长期逗留区域空调室内设计参数

类别	热舒适度等级	温度/℃	相对湿度(%)	风速/(m/s)
供热工况	Ⅰ 级	22~24	≥30	≤0.2
	Ⅱ 级	18~22	—	≤0.2
供冷工况	Ⅰ 级	24~26	40~60	≤0.25
	Ⅱ 级	26~28	≤70	≤0.3

注：1. Ⅰ级舒适度较高，Ⅱ热舒适度一般。

　　2. 热舒适度的等级划分见表 7-2。

② 人员短期逗留区域空调供冷工况室内设计参数宜比长期逗留区域提高 1~2℃，供热工况宜降低 1~2℃。短期逗留区域供冷工况风速不宜大于 0.5m/s，供热工况风速不宜大于 0.3m/s。

3）工艺性空调室内设计温度、相对湿度及其允许波动范围，应根据工艺需要及健康要求确定。人员活动区的风速，供热工况时，不宜大于 0.3m/s；供冷工况时，宜采用 0.2~0.5m/s。

4）供暖与空调的室内热舒适性应按《热环境的人类工效学　通过计算 PMV 和 PPD 指数与局部热舒适准则进行分析测定与解释》（GB/T 18049—2017）的有关规定执行，采用预计平均热感觉指数（PMV）和预计不满意者的百分数（PPD）评价，热舒适度等级划分应按表 7-2 执行。

表 7-2　不同热舒适度等级对应的 PMV、PPD 值

热舒适度等级	PMV	PPD
Ⅰ 级	$-0.5 \leqslant PMV \leqslant 0.5$	≤10%
Ⅱ 级	$-1 \leqslant PMV < -0.5, 0.5 < PMV \leqslant 1$	≤27%

5）辐射供暖室内设计温度宜降低 2℃；辐射供冷室内设计温度宜提高 0.5~1.5℃。

6）设计最小新风量应符合下列规定：

① 公共建筑主要房间每人所需最小新风量应符合表 7-3 规定。

表 7-3　公共建筑主要房间最小新风量

建筑房间类型	新风量/[m³/(h·人)]
办公室	30
客房	30
大堂、四季厅	10

② 设置新风系统的居住建筑和医院建筑，所需最小新风量宜按换气次数法确定。居住建筑换气次数宜符合表 7-4 的规定，医院建筑换气次数宜符合表 7-5 的规定。

表 7-4　居住建筑设计最小换气次数

人均居住面积 F_p	每小时换气次数
$F_p \leqslant 10\text{m}^2$	0.7
$10\text{m}^2 < F_p \leqslant 20\text{m}^2$	0.6
$20\text{m}^2 < F_p \leqslant 50\text{m}^2$	0.5
$F_p > 50\text{m}^2$	0.45

表 7-5　医院建筑设计最小换气次数

功能房间	每小时换气次数
门诊室	2
急诊室	2
配药室	5
放射室	2
病房	2

③ 高密人群建筑每人所需最小新风量应按人员密度确定，且应符合表 7-6 的规定。

表 7-6　高密人群建筑所需最小新风量　　　[单位:m³/(h·人)]

建筑类型	人员密度		
	≤0.4人/m³	0.4~1.0人/m³	>1.0人/m³
影剧院、音乐厅、大会厅、多功能厅、会议厅	14	12	11
商场、超市	19	16	15
博物馆、展览厅	19	16	15
公共交通等候室	19	16	15
歌厅	23	20	19
酒吧、咖啡厅、宴会厅、餐厅	30	25	23
游艺厅、保龄球房	30	25	23
体育馆	19	16	15
健身房	40	38	37
教室	28	24	22
图书馆	20	17	16
幼儿园	30	25	23

7.1.2　人工制冷技术

1. 压缩式制冷

图 7-1 所示为压缩式制冷循环原理图。压缩式制冷机组由制冷压缩机、冷凝器、膨胀阀、蒸发器组成。

低温低压的液态制冷剂，在蒸发器中吸收被冷却介质（冷水、空气）的热量，产生相变蒸发成低温低压的制冷剂蒸汽。蒸发器吸收热量 Q_0，制冷机的制冷量就是单位时间内吸收的热量。

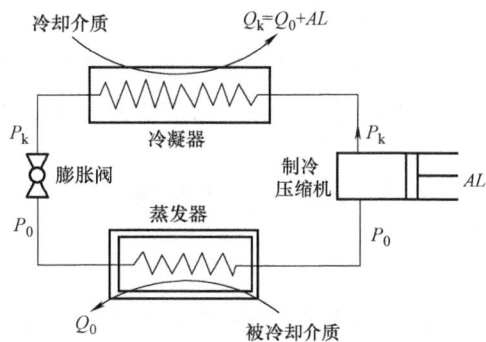

图 7-1　压缩式制冷循环原理图

吸热后蒸发为蒸汽的制冷剂进入压缩机，被压缩机压缩成高温高压的饱和蒸汽，进入冷凝器。压缩机做功 AL。

高温高压的制冷剂饱和蒸汽在冷凝器中，被冷却剂（冷却水、空气）换热，放出热量

Q_k，相变为高压液体。放出的热量就等于蒸发器吸收的热量与压缩机做功的和，即

$$Q_k = Q_0 + AL \tag{7-1}$$

从冷凝器排出的高压液态制冷剂，经膨胀阀节流后变成低压低温的液体，再进入蒸发器中进行蒸发制冷。制冷剂在制冷机中不断相变循环，就不断地把热量由蒸发器端搬运到冷凝器端，在蒸发器端实现制冷，在冷凝器端完成制热。

2. 吸收式制冷

图 7-2 所示为吸收式制冷循环原理图。吸收式制冷机组由蒸发器、吸收器、泵、发生器、冷凝器、膨胀阀组成。吸收器、泵、发生器的作用相当于压缩式制冷机的压缩机。

低温低压的液态制冷剂，在蒸发器中吸收热量，由液体变成气体。

吸热后蒸发为蒸汽的制冷剂进入吸收器被吸收液吸收，变成吸收液与制冷剂的混合液体。再由水泵将混合液打入发生器。在发生器中加热，制冷剂蒸发析出，与吸收液分离，成高温高压气体。

高温高压的制冷剂饱和蒸汽在冷凝器中，放出热量，相变为高压液体。从冷凝器排出的高压液态制冷剂，经膨胀阀节流后变成低压低温的液体，再进入蒸发器中进行蒸发制冷。循环过程与压缩式制冷机组相同。

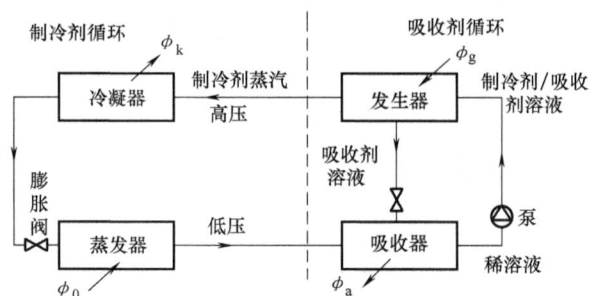

图 7-2　吸收式制冷循环原理图

7.1.3　集中空调系统的组成

集中空调系统主要由冷却系统、制冷机组、冷水系统、风系统等几部分组成，具体组成如图 7-3 所示。

1. 冷却系统

冷却系统的主要设备有冷却塔、冷却泵。冷却水在冷却泵的驱动下不断循环流动，把制冷机组冷凝器产生的热量，通过换热带入冷却塔；在冷却塔内通过喷洒，借助于风扇风力将热量散发到空气中，冷却后的水重新进入制冷机组与冷凝器换热。

2. 制冷机组

制冷机组主要分为压缩式制冷机组与吸收式制冷机组两大类，蒸发器吸热制冷，冷凝器发热制热。

3. 冷水系统

冷水系统的主要设备为冷水泵等。在冷水泵的驱动下，冷水不断流动循环，将制冷机组蒸发器产生的冷量，通过换热进入冷水系统；冷水与送风换热，将冷量带入室内制冷。放冷后的冷水再回到制冷机组换冷，不断循环。

4. 风系统

风系统包括送风系统与回风系统。送风系统主要包括空调机箱、送风机、消声器等主要设备。送风机将空调机箱处理好的空气，通过风道送入空调房间；空调机箱主要包括空气过滤设备、消毒设备、空气温湿度调节设备（如喷水室等），是空气处理的主体设备。回风系

统主要包括回风机、消声器等。由送风机送入房间的空气，在空调房间换热、换湿等后，在回风机驱动下，通过风道一部分与新风换热后排放，另一部分与新风混合重新进入空调机箱进行处理，再次利用。

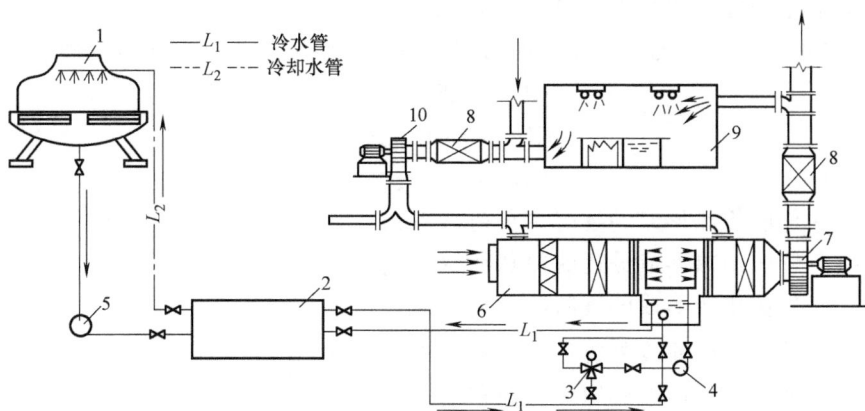

图 7-3　集中空调系统

1—冷却塔　2—制冷机组　3—三通混合阀　4—冷水泵　5—冷却泵　6—空调机箱
7—送风机　8—消声器　9—空调房间　10—回风机

7.1.4　空调冷负荷

1. 负荷计算的相关规定

除在方案设计或初步设计阶段可使用热、冷负荷指标进行必要的估算外，施工图设计阶段应对空调区的冬季热负荷和夏季逐时冷负荷进行计算。

空调区的夏季计算得热量，主要包括通过围护结构传入的热量，通过透明围护结构进入的太阳辐射热量，人体散热量，照明散热量，设备、器具、管道及其他内部热源的散热量，食品或物料的散热量，渗透空气带入的热量，伴随各种散湿过程产生的潜热量等几个方面。

通过围护结构传入的非稳态传热量，通过透明围护结构进入的太阳辐射热量，人体散热量，非全天使用的设备、照明灯具散热量等，应按非稳态方法计算其形成的夏季冷负荷，不应将其逐时值直接作为各对应时刻的逐时冷负荷值。

室温允许波动范围大于或等于±1℃的空调区，通过非轻型外墙传入的传热量；空调区与邻室的夏季温差大于3℃时，通过隔墙、楼板等内围护结构传入的传热量；人员密集空调区的人体散热量；全天使用的设备、照明灯具散热量等，可按稳态方法计算其形成的夏季冷负荷。

舒适性空调可不计算地面传热形成的冷负荷；工艺性空调有外墙时，宜计算距外墙2m范围内的地面传热形成的冷负荷；计算人体、照明和设备等散热形成的冷负荷时，应考虑人员群集系数、同时使用系数、设备功率系数和通风保温系数等；屋顶处于空调区之外时，只计算屋顶进入空调区的辐射部分形成的冷负荷；高大空间采用分层空调时，空调区的逐时冷负荷可按全室性空调计算的逐时冷负荷乘以小于1的系数确定。

2. 负荷计算

空调区的夏季冷负荷宜采用计算软件进行计算。若采用简化计算方法，可按下列方法逐一计算。

（1）按非稳态方法计算的各项逐时冷负荷

1）通过围护结构传入的非稳态传热形成的逐时冷负荷，按下列公式计算：

$$CL_{wq} = KF(t_{wlq} - t_n) \tag{7-2}$$

$$CL_{wm} = KF(t_{wlm} - t_n) \tag{7-3}$$

$$CL_{wc} = KF(t_{wlc} - t_n) \tag{7-4}$$

式中　CL_{wq}——外墙传热形成的逐时冷负荷（W）；

　　　CL_{wm}——屋面传热形成的逐时冷负荷（W）；

　　　CL_{wc}——外窗传热形成的逐时冷负荷（W）；

　　　K——外墙、屋面或外窗传热系数 [W/(m² · K)]；

　　　F——外墙、屋面或外窗传热面积（m²）；

　　　t_{wlq}——外墙的逐时冷负荷计算温度（℃），可按《民用建筑供暖通风与空气调节设计规范》（GB 50736—2016）附录 H 确定；

　　　t_{wlm}——屋面的逐时冷负荷计算温度（℃），可按《民用建筑供暖通风与空气调节设计规范》附录 H 确定；

　　　t_{wlc}——外窗的逐时冷负荷计算温度（℃），可按《民用建筑供暖通风与空气调节设计规范》附录 H 确定；

　　　t_n——夏季空调区设计温度（℃）。

2）透过玻璃窗进入的太阳辐射得热形成的逐时冷负荷，按下列公式计算：

$$CL_C = C_{CL_C} C_z D_{Jmax} F_c \tag{7-5}$$

$$C_z = C_w C_n C_s \tag{7-6}$$

式中　CL_C——透过玻璃窗进入的太阳辐射得热形成的逐时冷负荷（W）；

　　　C_{CL_C}——透过无遮阳标准玻璃太阳辐射冷负荷系数，可按《民用建筑供暖通风与空气调节设计规范》附录 H 确定；

　　　C_z——外窗综合遮挡系数；

　　　C_w——外遮阳修正系数；

　　　C_n——内遮阳修正系数；

　　　C_s——玻璃修正系数；

　　　D_{Jmax}——夏季日射得热因数最大值，可按《民用建筑供暖通风与空气调节设计规范》附录 H 确定；

　　　F_c——窗玻璃净面积。

3）人体、照明和设备等散热形成的逐时冷负荷，分别按下列公式计算：

$$CL_{rt} = C_{CL_{rt}} \phi Q_{rt} \tag{7-7}$$

$$CL_{zm} = C_{CL_{zm}} C_{zm} Q_{zm} \tag{7-8}$$

$$CL_{sb} = C_{CL_{sb}} C_{sb} Q_{sb} \tag{7-9}$$

式中　CL_{rt}——人体散热形成的逐时冷负荷（W）；

$C_{CL_{rt}}$——人体冷负荷系数，可按《民用建筑供暖通风与空气调节设计规范》附录 H 确定；

ϕ——群集系数；

Q_{rt}——人体散热量（W）；

CL_{zm}——照明散热形成的逐时冷负荷（W）；

$C_{CL_{zm}}$——照明冷负荷系数；

C_{zm}——照明修正系数；

Q_{zm}——照明散热量（W）；

CL_{sb}——设备散热形成的逐时冷负荷（W）；

$C_{CL_{sb}}$——设备冷负荷系数；

C_{sb}——设备修正系数；

Q_{sb}——设备散热量（W）。

（2）按稳态方法计算的空调区夏季冷负荷

1）室温允许波动范围大于或等于±1.0℃的空调区，其非轻型外墙传热形成的冷负荷，可近似按下列公式计算：

$$CL_{wq} = KF(t_{zp} - t_n) \tag{7-10}$$

$$t_{zp} = t_{wp} + \frac{\rho J_p}{\alpha_w} \tag{7-11}$$

式中　t_{zp}——夏季空调室外计算日平均综合温度（℃）；

t_{wp}——夏季空调室外计算日平均温度（℃），按相关规范的规定确定；

J_p——围护结构所在朝向太阳总辐射照度的日平均值（W/m²）；

ρ——围护结构外表面对于太阳辐射热的吸收系数；

α_w——围护结构外表面传热系数 [W/(m²·K)]。

2）空调区与邻室的夏季温差大于3℃时，其通过隔墙、楼板等内围护结构传热形成的冷负荷可按下式计算：

$$CL_{wn} = KF(t_{wp} - \Delta t_{ls} - t_n) \tag{7-12}$$

式中　CL_{wn}——内围护结构传热形成的冷负荷（W）；

Δt_{ls}——邻室计算平均温度与夏季空调室外计算日平均温度的差值（℃）。

7.2　空气处理设备及消声减振设备

7.2.1　空气处理设备

1. 喷水室

空调机箱中的喷水室，在夏季可以对空气进行等湿冷却、减湿冷却处理；在冬季可以对空气加热、加湿处理。通过在喷水室喷入不同温度的水，使水与被处理的空气直接接触发生热水交换，从而实现对空气的热湿处理。

喷水室的主要优点是能够实现多种空气处理过程，具有一定的净化空气能力，耗金属量少和容易加工，冬季、夏季可共用一套空气处理设备。缺点是对水质要求高、占地面积大、水泵耗能多等。所以在一般建筑中已不常使用或仅作为加湿设备使用，但在以调节湿度为主要目的的纺织厂、卷烟厂等工程中仍大量使用。

喷水室有卧式和立式，单级和双级，低速和高速之分。立式喷水室的特点是占地面积小，空气流动自下而上，喷水由上而下，因此空气与水的热湿交换效果更好，一般是在处理风量小或空调机房层高允许的地方采用。

双级喷水室能够使水重复使用，因而水的温升大、水量小，在使空气得到较大焓降的同时节省了水量。因此，它适用于以自然界冷水或空气焓降要求大的地方。双级喷水室的缺点是占地面积大，水系统复杂。

低速喷水室内空气流速为 $2\sim3m/s$，而高速喷水室内空气流速更高，有的为 $3.5\sim6.5m/s$。高速喷水室为了减少空气阻力，它的均风板用流线型导流格栅代替，后挡板为双波型，这种高速喷水室已在我国纺织行业推广应用。

喷水室由喷嘴、喷水管路、顶板、滤水器、水泵等组成。图7-4所示为喷水室结构示意图。

2. 表面式换热器

空调系统中的表面式换热器，在夏季可对空气等湿冷却、去湿冷却，在冬季可以对空气进行等湿加热。在空气处理过程中，工作介质不直接与空气接触，而是通过换热器的金属表面与空调房间空气进行热湿交换。当在表面式换热器内通入热水或蒸汽时，可以对空气进行等湿加热；当在表面式换热器内通入冷水或制冷剂时，可以实现空气的去湿冷却。

表面式换热器有光管式与肋管式两种，光管式表面换热器因传热效率低已很少采用。肋管式表面换热器由管子和肋片组成，如图7-5所示。

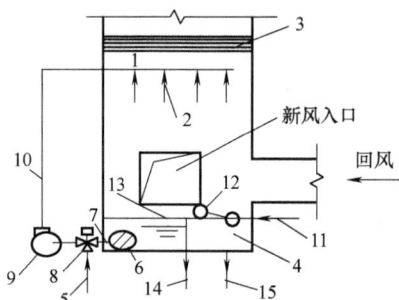

图7-4 喷水室结构示意图

1—喷嘴 2—排管 3—顶板 4—空调水 5—冷水 6—滤水器
7—循环水管 8—三通阀 9—水泵 10—供水管 11—补水管
12—浮球阀 13—溢流口 14—溢流管 15—泄水管

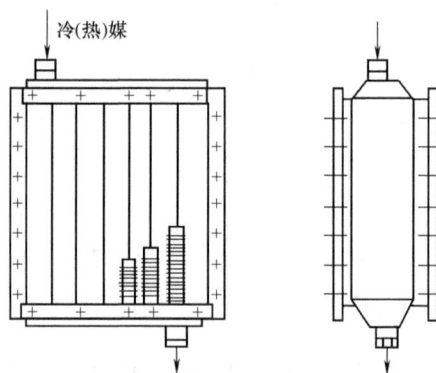

图7-5 肋管式表面换热器

3. 其他空气加热加湿设备

（1）电加热器 电加热器是由电流通过电阻丝发热加热空气的设备。此类加热器结构简单，热惰性小，加热均匀，热量稳定，控制方便。但使用时必须有可行的接地装置，以便安全运行，且耗电量大。

常用电加热器由裸线式电加热器和管式电加热器两种。图7-6所示为裸线式电加热器，为方便检修，常做成抽屉式。管式电加热器是由若干根管状电热元件组成的，管状电热元件是将螺旋形的电阻丝装在细钢管里，并在空隙部分用导热而不导电的结构晶氯镁绝缘，如图 7-7 所示。

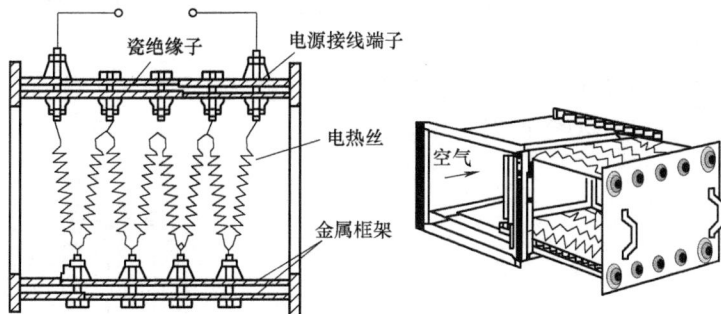

图 7-6　裸线式电加热器

（2）加湿器

1）干蒸汽加湿器。图 7-8 所示为干蒸汽加湿器，饱和蒸汽从蒸汽入口进入加湿器，蒸汽在蒸汽套杆中轴向流动，利用蒸汽的潜热将中心喷杆加热，确保中心喷杆中喷出纯的干蒸汽，即不夹带冷凝水的蒸汽。

饱和蒸汽进入套管后，进入汽水分离室。分离室内设折流板，使蒸汽进入分离室后产生旋转，且垂直上升流动，从而高效地将蒸汽和冷凝水分离；分离出的冷凝水从分离室底部通过疏水器排出。

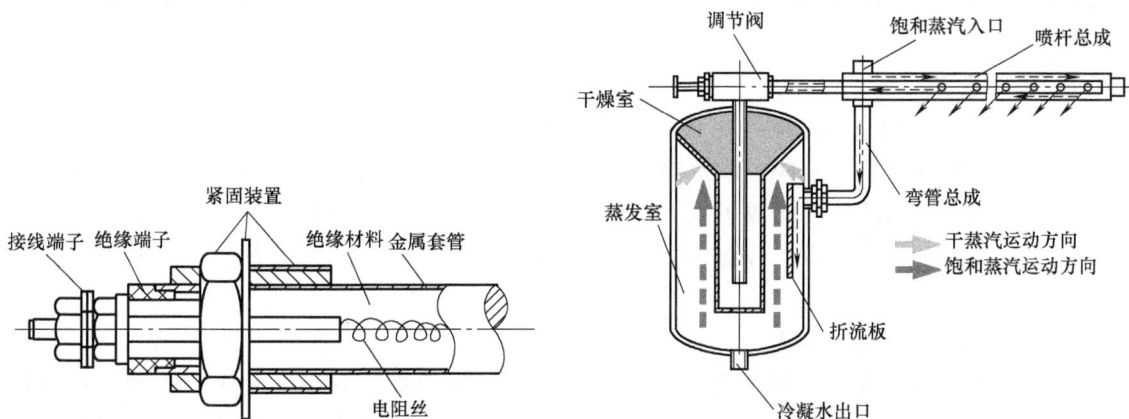

图 7-7　管式电加热器

图 7-8　干蒸汽加湿器

当需要加湿时，打开调节阀，干燥的蒸汽进入中心喷杆，从带有消声装置的喷孔中喷出，实现对空气的加湿。

2）电加湿器。电加湿器是使用电能产生蒸汽给空气加湿的设备。根据原理不同，电加湿器分为电热式加湿器、电极式加湿器、红外加湿器和 PTC 加湿器等。

如图 7-9a 所示，电热式加湿器是由管状电热元件置于水槽中，电热元件通电后加热水至沸腾产生蒸汽，补水通常采用浮球阀自动控制。为了避免蒸汽中带水滴，在电热式加湿器的后面应装蒸汽过热器；为了减少加湿器的热耗和电耗，电热式加湿器的外壳应做好保温。

如图 7-9b 所示，电极式加湿器是利用三根不锈钢棒或镀铬铜棒作为电极，插入水容器中组成，以水作为电阻，通电后水被加热产生蒸汽，蒸汽由排气管送到空气中。水位越高导热面积越大，通过电流越强，产生的蒸汽也越多。通过改变溢流管的高低调节水位的高低，从而调节加湿量。使用电极式加湿器时，应注意外壳有良好的接地，使用中要经常排污并定期清洗。

这两种电加湿器的缺点是耗电量大，电热元件与电极上易结垢；优点是结构紧凑，加湿量易于控制，经常应用于小型空调系统中。

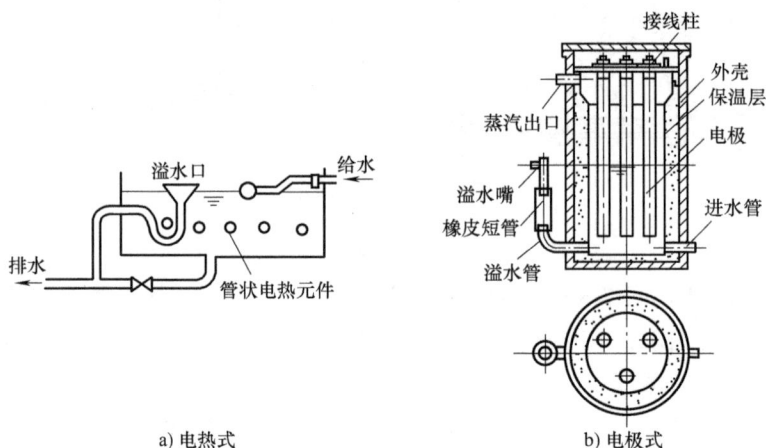

a) 电热式　　　　　　　　　　b) 电极式

图 7-9　电加湿器

此外，还有高压喷雾加湿器、湿膜加湿器、透湿膜加湿器、超声波加湿器和离心式加湿器等类型。

4. 减湿设备

（1）冷冻减湿机　冷冻减湿机也称为冷冻除湿机，原理是常温和相对高湿的空气中的水蒸气遇到冷却铜管翅片冷却形成水滴的液化过程，简单说，就是水蒸气遇冷变成水滴的过程。由于空气中的水蒸气液化成了水滴，所以空气中的含水量就下降了，空气中含水量下降了，空气就变得干燥。所以，在整个过程中，除湿机就是一个提供气态水转化成液态水的装置。

图 7-10 所示为冷冻减湿机。

（2）液体减湿设备　某些盐类的水溶液，对空气中的水分有很强的吸收作用，在空调系统减湿环节中得到了广泛的应用。图 7-11 所示为蒸发冷凝再生式液体减湿设备，经过过滤消毒处理的新风，在喷水室与氯化钠溶液接触空气中的水分被溶液吸收。减湿后的新风与回风混合，经表面冷却器冷却后，由风机送入空调房间。

在喷液室吸收了新风中的水分被稀释后的溶液，流入溶液箱内，与来自热交换器的再生溶液混合后，大部分在溶液泵作用下，经溶液冷却后送入喷液室，小部分经热交换器加热后排至蒸发器。在蒸发器中的溶液，被蒸汽盘管加热浓缩，然后再由再生溶液泵经热交换器冷却后送入溶液箱。从蒸发器排出的水蒸气进入冷凝器，冷凝后与冷却水混合，一同排入下水道。

（3）固体减湿设备　固体吸附剂本身具有大量的空隙，因此具有极大的空隙内表面。

图 7-12 所示为转轮式除湿机空气固体吸附分离采用国际通用的转轮式金属硅酸盐干燥剂吸附体。在除湿过程中，吸湿转轮在驱动装置带动下缓慢转动，当吸湿转轮在处理空气区域吸附水分子达到饱和状态后，进入再生区域由高温空气进行脱附再生。这一过程周而复始，干燥空气连续地经温度调节后送入指定空间，达到高精度的温湿度控制。

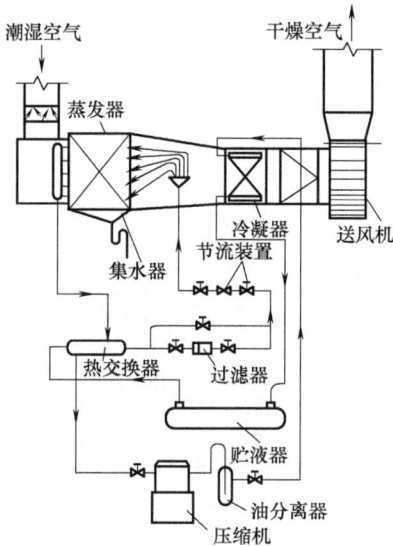

图 7-10　冷冻减湿机

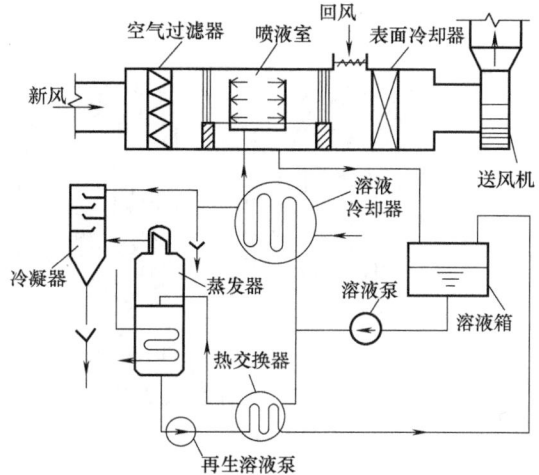

图 7-11　蒸发冷凝再生式液体减湿设备

5. 空气过滤器

来自室外新风和室内回风的混合气体经空调机组温度、湿度调节，过滤、消毒后作为送风送入各空调房间。新风中因室外环境各类污染，而室内空气则因人的生活、工作和生产产生大量污染物，这些污染物不仅严重影响人类的健康，还会对空调设备产生一定损害。

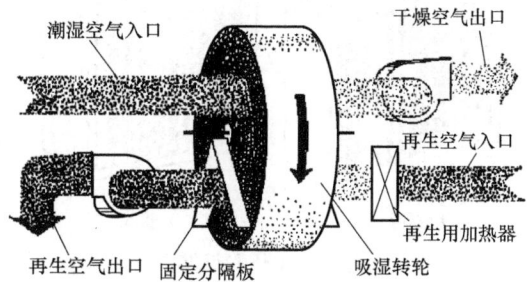

图 7-12　转轮式除湿机

空气过滤器是空调机组的重要组成部分，是对空气进行净化处理的设备。空气过滤器按过滤灰尘颗粒直径的大小可分为：粗效过滤器，过滤>5.0μm 的大颗粒灰尘；中效过滤器，过滤>1.0μm 的中等粒子灰尘；亚高效过滤器，过滤>0.5μm 的小颗粒灰尘；高效过滤器，过滤>0.3μm 的细小颗粒灰尘。

实践表明，过滤器不仅能过滤掉空气中的灰尘，还可以过滤掉细菌。过滤器材料大多采用化纤无纺布滤料，有一部分粗效、中效过滤器仍然采用泡沫塑料，亚高效过滤器多数采用聚丙烯超细纤维滤料，高效过滤器采用超细玻璃纤维滤纸。图 7-13～图 7-17 所示为各类过滤器的结构示意图。

此外，去除空气中某些有味、有毒的气体可以采用活性炭过滤器。利用活性炭对有害气体的吸附性能和内部孔隙中形成的较大表面面积，当污染空气通过活性炭过滤器时，将污浊气体去除掉。近年来，在空气净化的技术领域内，空气的离子化也逐渐受到人们的重视。

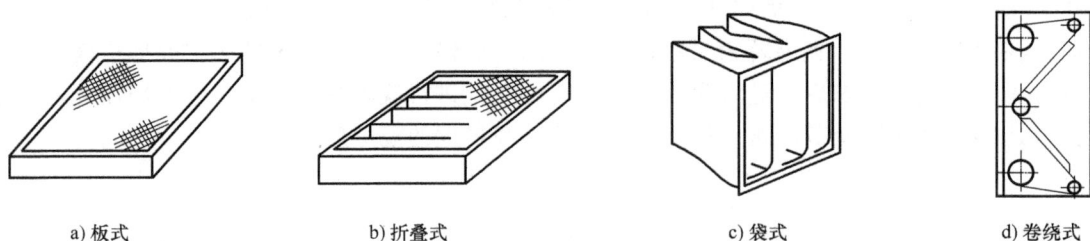

a) 板式 b) 折叠式 c) 袋式 d) 卷绕式

图 7-13　各类粗效过滤器

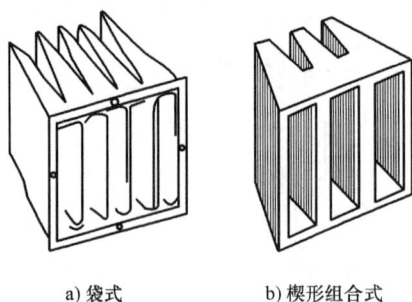

a) 袋式　　　b) 楔形组合式

图 7-14　中效过滤器

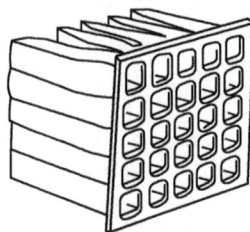

图 7-15　高中效过滤器

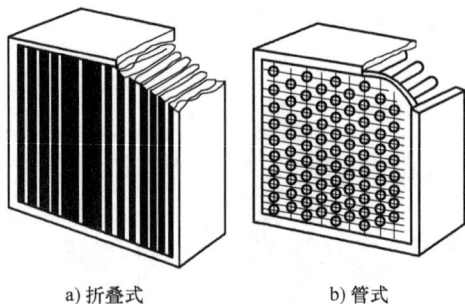

a) 折叠式　　　b) 管式

图 7-16　亚高效过滤器

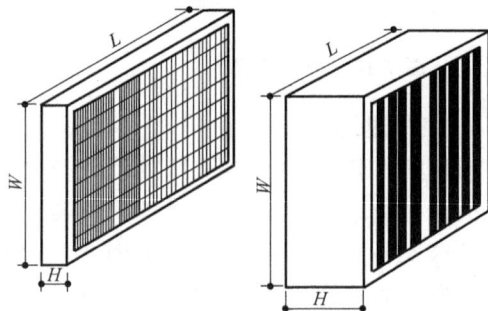

a) 无分隔板式　　　b) 有分隔板式

图 7-17　高效过滤器

6. 新风换热装置

若将新风直接送入室内，因室内外空气有较大温差，必然要消耗大量的能量。新风空气换热器是一种热回收装置，其作用就是将室内排风的冷量（热量）交换给新风，使送入室内的新风温度更接近室内温度，达到节约能源的目的。

按结构不同，热交换器分为以下几种：回转型热交换器、热回收环热交换器、热管式热交换器和静止型板翅式热交换器。热回收环型和热管型一般只能回收显热；回转型是一种蓄热蓄湿型的全热交换器，但是它有转动机构，需要额外提供动力；而静止型板翅式热交换器属于一种空气与空气直接交换式全热回收器，它不需要通过中间媒质进行换热，也没有转动系统。因此，静止型板翅式热交换器（也称为固定式热交换器）是一种比较理想的能量回收设备。新风热交换器如图 7-18 所示。

7. 空调机组

空调机组也称为空气处理机组，是将过滤、消毒、温湿度调节、送风机、回风机、消声

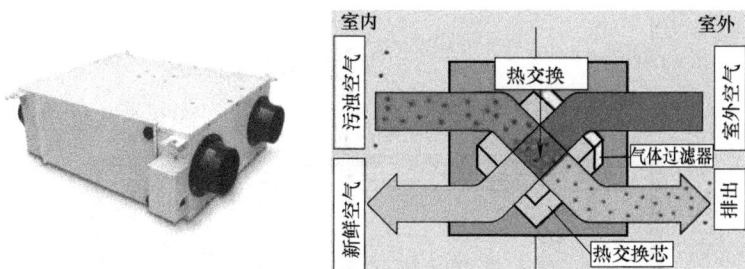

图 7-18 新风热交换器

装置等几个环节集成在一起的一个整体。可以根据空气处理方案要求自行设计，也可选用定型产品。根据结构不同，空调机组有卧式、立式和吊顶式三种类型。图 7-19 所示为空调机组结构示意图。

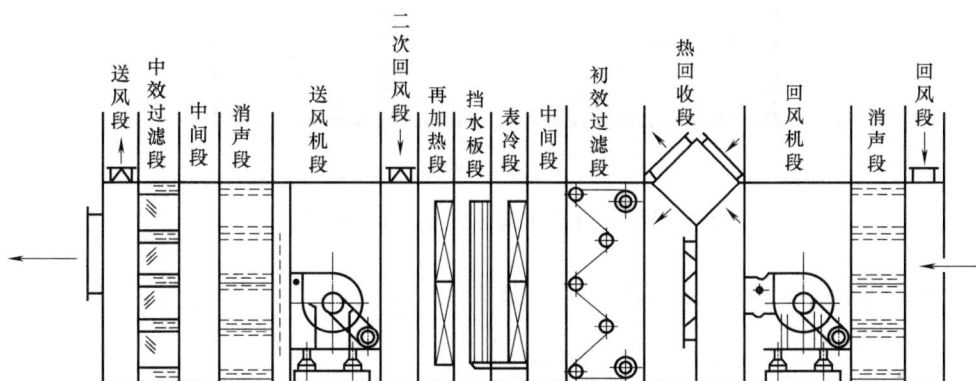

图 7-19 空调机组结构示意图

7.2.2 消声减振设备

1. 空调系统噪声源

空调、给水排水、电梯等建筑设备的运行，是建筑物内部噪声的主要来源。其中空调所产生的噪声影响最大，图 7-20 所示为空调系统的噪声产生源头及传播路径。

2. 消声器

为了保证室内声环境卫生，降低噪声对人类工作、生活、生产的影响。在空调系统设计及安装过程中，根据国家相关规范，采取减振、消声、隔声等设备及技术手段。消声器是减少气流噪声的重要设备，根据消声原理及结构不同，主要有阻性消声器、膨胀型消声器、共振型消声器、复合型消声器等几类。

（1）阻性消声器　把吸声材料固定在气流流动的管道内壁，或按一定方式在管道内排列起来，消耗声能降低噪声。其主要特点是对中高频噪声的消声效果好，对低频噪声消声效果较差。图 7-21 所示为阻性消声器。

（2）膨胀型消声器　如图 7-22 所示，膨胀型消声器由小室与风管组成，利用管内截面的突然变化，使沿风管传播的声波向声源方向反射，起到消声作用。该方式对中、低频噪声消声效果较好，但消声频率较窄，要求风道界面变化在 4 倍以上才较为有效。因此体积较

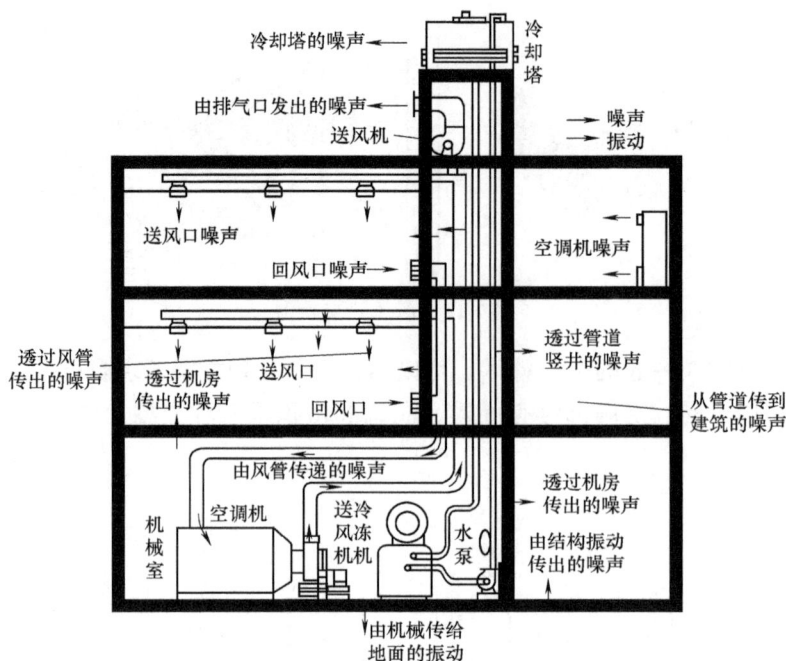

图 7-20　空调系统的噪声产生源头及传播路径

大，在机房建筑空间布局较紧的情况下，实施有一定难度。

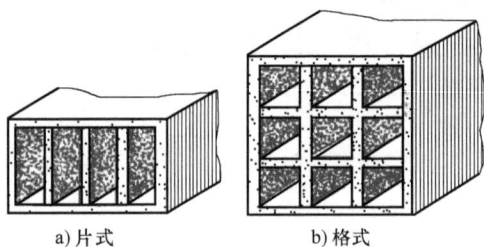

图 7-21　阻性消声器

图 7-22　膨胀型消声器

（3）共振型消声器　如图 7-23 所示，共振型消声器在金属板开许多小孔，金属板后为共振腔，声波传到后，小孔中的气体在声波作用下往复运动，使一部分声能转化为热能。共振型消声器对低频噪声有较好的消声效果。从其工作原理可知，它的消声频率选择性较强，消声频带较窄。

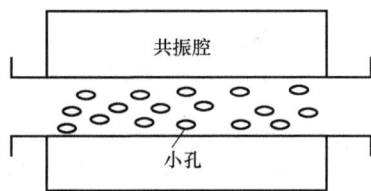

图 7-23　共振型消声器

（4）复合型消声器　因阻性、膨胀型、共振型在消声方面都有它们的局限性，在工程应用中，通过集合各种消声器的优点，生产出由 2 种及以上，或同类不同频段的消声器整合一起的复合型消声器，常用的有阻抗式复合型消声器、阻抗共振式复合型消声器、微穿孔板式复合型消声器。

3. 减振及隔振设备

空调的噪声一部分通过空气传播，一部分通过建筑梁、柱、墙、地面等建筑构件及硬连接的管道传播。如风机、水泵、电梯等由电动机或其他动力驱动的运行设备，运行过程中电动机等驱动设备及从动设备都会因振动而产生噪声。其噪声会通过所安装的建筑构件（一般安装在地面上）及硬连接的管道向建筑物其他空间传播，这种噪声称为固体噪声。减少固体噪声的重要措施就是：在产生振动的建筑设备与其基础之间设置如弹簧、橡胶、软木等弹性构件；在与其连接的刚性管道上，风管一般安装由硅钛防火布、帆布等材料制作的软接头，水管一般安装可曲挠橡胶接头、橡胶避震喉、四氟软连接、单（双）球橡胶接头等软连接，以减少振动噪声，隔断噪声传播途径。图 7-24 所示为水管软接头，图 7-25 所示为风管软接头，图 7-26 所示为橡胶防震垫。

图 7-24　水管软接头

图 7-25　风管软接头

图 7-26　橡胶防震垫

4. 其他消声减振措施

除上述的消声减振措施外，工程实施过程中还有许多消声减振措施，如给管道保温，既可以减少流体流动中管道的振动，又可以隔离流体流动产生的水流（气流）的噪声；在固定管道的支架、吊架上加装弹性柔性材料，以降低管道振动及噪声的传播；在规范允许的范围内，通过加大管道截面，降低流体流速减少噪声。在《民用建筑供暖通风与空气调节设计规范》（GB 50736—2012）中，有消声要求的通风与空调系统，其风管内的空气流速见表 7-7。

表 7-7　风管内的空气流速

室内允许噪声级/dB(A)	主管风速/(m/s)	支管风速/(m/s)
25~35	3~4	≤2
35~50	4~7	2~3

注：通风机与消声装置之间的风管，其风速可采用 8~10m/s。

7.3 空调冷热源

7.3.1 空调冷源

空气调节工程使用的冷源有天然冷源和人工冷源。地下水及温度较低的河水、湖泊水、水库水、深海水等是常用的天然冷源。这些温度较低的水可直接用水泵输送到空调系统喷水室、表面冷却器等空调设备,满足空调温湿度调节的需求。但我国水资源不够丰富,在北方地区尤为突出,大量采集地下水甚至造成地面沉陷。因此,节约用水和重复利用水是空调技术的一个重要课题。由于天然冷源受时间、地区、流量等条件的限制,很难保证空调系统对冷量的需求。因此空调的主要冷源仍为人工冷源,也就是空调系统中的制冷机组。制冷机组根据制冷的方式不同主要分为压缩式制冷与吸收式制冷两种类型。

1. 制冷机组的主要设备

(1) 制冷压缩机 制冷压缩机是压缩式制冷机组的主要设备。根据工作原理不同,制冷压缩机分为容积式制冷压缩机与速度型制冷压缩机。容积式压缩机是通过改变工作腔的体积,周期性地吸入冷媒气体并压缩,其主要分为活塞式制冷压缩机、离心式制冷压缩机、螺杆式制冷压缩机、滚动转子制冷压缩机和涡旋式制冷压缩机等几类。

1) 活塞式制冷压缩机。活塞式制冷压缩机广泛应用在中小型空调系统中。它主要由机体、活塞、曲轴连杆机构、气缸套、进排气阀组、润滑系统等组成。图 7-27 所示为活塞式制冷压缩机的原理图。电动机驱动曲轴不断旋转,偏心机构通过连杆带动活塞往复运动,使冷媒气体不断被吸入并压缩,从而获得能量。

2) 离心式制冷压缩机。如图 7-28 所示,离心式制冷压缩机主要由叶轮、蜗轮壳、出口导叶、入口导叶、高速轴、轴瓦、主动轴、齿轮箱等组成。冷媒气体通过进气口、入口导叶进入蜗腔,在高速旋转的叶轮离心力作用下,被甩向叶轮边缘,获得动能及压力能,从出口导叶、出气口流出。离心式制冷压缩机有单级与多级之分,级数越高转速越高,产生的能量也越大。其特点是制冷能力强,结构紧凑,质量小,占地面积小,工作可靠,维护费用低,

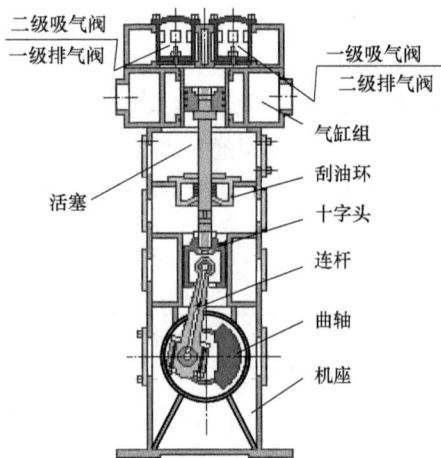

图 7-27 活塞式制冷压缩机的原理图

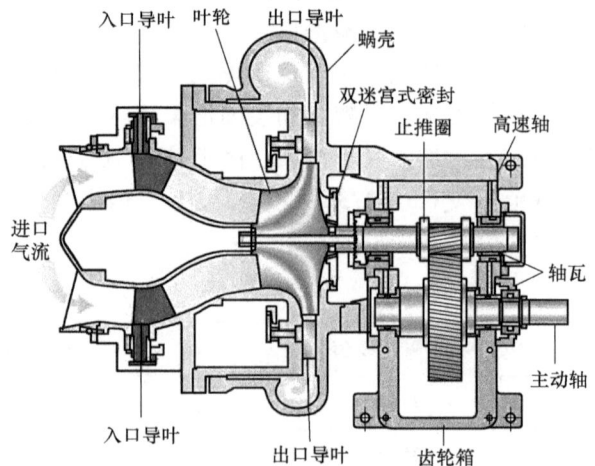

图 7-28 离心式制冷压缩机

振动及噪声低，能合理利用能源，通常可在30%~100%的负荷等级内实现无级调节。

3）螺杆式制冷压缩机。螺杆式制冷压缩机由有单螺杆或双螺杆两种。单螺杆式制冷压缩机主要由螺杆转子和两个星轮组成。双螺杆式制冷压缩机由两个相互啮合的螺杆转子组成，如图7-29所示。螺杆式制冷压缩机的过程分为吸气、压缩和排气三个过程。在压缩机气缸内，相互啮合的螺杆反向旋转，转子的齿槽与气缸间形成V形密封空间，随着转子的转动，空间的容积不断发生变化，周期性吸入、压缩、排出冷媒气体，从而完成一个工作过程。图7-30所示为双螺杆制冷压缩机。

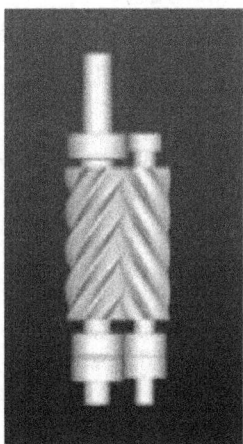

图7-29 双螺杆相互啮合

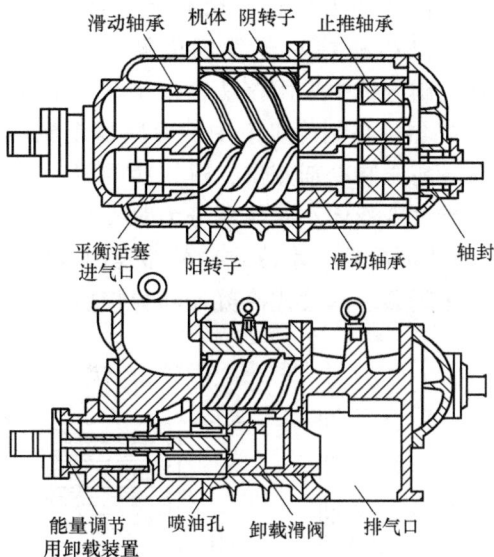

图7-30 双螺杆制冷压缩机

（2）蒸发器 蒸发器是空调制冷机组中的吸热放冷设备。在蒸发器中，制冷剂通过膨胀阀在低温低压下由液态蒸发为气体，吸收热量达到制冷的目的。按供液方式的不同，蒸发器可分为满液式蒸发器、非满液式蒸发器、循环式蒸发器、淋激式蒸发器四种。

1）满液式蒸发器。满液式蒸发器分为壳管式蒸发器和水箱式蒸发器两种，载冷剂均为液体。满液式蒸发器充入大量液体制冷剂，保持一定液面，传热面与液体制冷剂充分接触，传热效果好，但充液量大。图7-31所示为卧式壳管蒸发器。

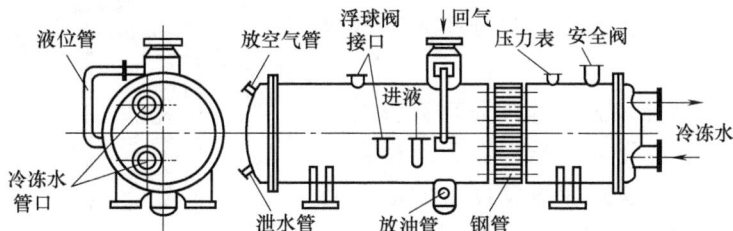

图7-31 卧式壳管蒸发器

2）非满液式蒸发器。非满液式蒸发器按冷却介质分为冷却液干式蒸发器和冷却空气干式蒸发器两种。处于气液共存状态，制冷机边流动，边汽化，无稳定液面。传热面与液态制冷剂只有部分接触面，传热效果较差，但充液少。图7-32所示为直管式干式壳管蒸发器。

3）循环式蒸发器。循环式蒸发器依靠泵强迫制冷剂在蒸发器中循环，循环量是蒸发量的几倍。因此循环式蒸发器吸热量高，冷量释放多，并且润滑油不易在蒸发器内积存，但设备费用及运输费用较高。循环式蒸发器多用于大中型冷库。

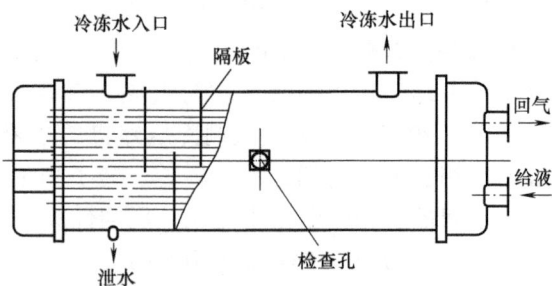

图 7-32　直管式干式壳管蒸发器

4）淋激式蒸发器。淋激式蒸发器是把制冷剂喷淋在传热面上，制冷剂充灌非常少，而且不会产生液柱对蒸发温度影响。溴化锂吸收式制冷机中采用该法，由于其设备费较高，一般很少采用。

（3）冷凝器　在制冷机组中，冷凝器是制冷剂向外放热的热交换器。从压缩机经油分离器来的高温高压制冷剂蒸汽，进入冷凝器后，向冷却介质放热。制冷机状态由过热蒸汽变成饱和液体或过冷液体。冷凝器分为水冷式、风冷式和蒸发式三种类型。

1）水冷式冷凝器。水冷式冷凝器是用水冷却高压高温气态制冷剂的设备。水冷式冷凝器有壳管式冷凝器、套管式冷凝器和焊接板式冷凝器。图 7-33 所示为卧式壳管冷凝器。

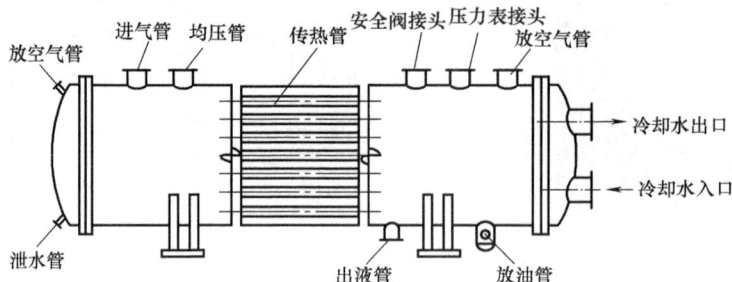

图 7-33　卧式壳管冷凝器

2）风冷式冷凝器。风冷式冷凝器利用空气使气态制冷剂冷凝，分为自然对流和强迫对流。图 7-34 所示为强迫对流风冷式冷凝器。

3）蒸发式冷凝器。图 7-35 所示为蒸发式冷凝器。其冷却水由油盘管上部的喷嘴喷出，淋洒在盘管外面，水吸收制冷剂由气态转化为液态释放的热量，一部分变成水蒸气，一部分落入下部水槽重复利用。

4）节流装置。节流装置的作用是对高温高压的液态制冷剂进行节流降温降压，保证冷凝器与蒸发器之间的压力差，以便使蒸发器中的液态制冷剂在所要求的低温低压下吸热汽化，制取冷量；并调整进入蒸发器的液态制冷剂流量，以适应蒸发器热负荷的变化，使制冷机装置有效运行。常用的节流装置有手动式膨胀阀、浮球式膨胀阀、热力式膨胀阀和毛细管等。

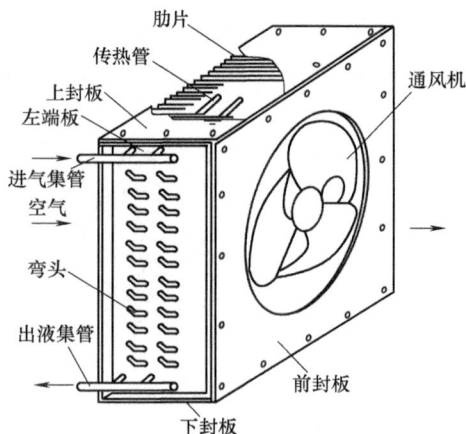

图 7-34　强迫对流风冷式冷凝器

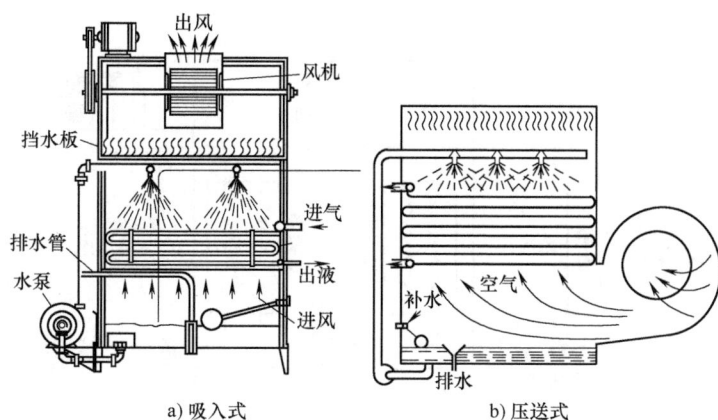

a) 吸入式　　　　　b) 压送式

图 7-35　蒸发式冷凝器

5）制冷剂。可以作为制冷剂的物质很多，空调工程制冷机广泛应用氟利昂作为制冷剂，氟利昂（主要包括 R11、R12、R22、R113、R114、R115、R500、R502 等）制冷剂具有安全、性能稳定、无毒、热效率高等特点，但氟利昂对臭氧层有很大的破坏性。臭氧层是防护地球生物免受太阳紫外线影响的一个天然屏障，因此有关国际组织制定了相关公约，即蒙特利尔公约。根据保护臭氧层的蒙特利尔公约，从 1996 年 1 月 1 日起，全面淘汰氟利昂。在国际上，R134A、R410A 目前到了广泛的应用。

制冷剂 R134A 主要作为 R12 的环保替代品，广泛用于汽车空调、冰箱、中央空调、商业制冷等制冷空调系统，还可作为医药、农药、化妆品、清洗等产品的气雾推进剂、阻燃剂以及发泡剂。此外，R134A 也是一些共沸混合制冷剂（如 R404A 等）的配制原料。

R410A 是一种混合制冷剂，它是由 R32（二氟甲烷）和 R125（五氟乙烷）组成的混合物。其优点在于可以根据具体的使用要求，对各种性质（如易燃性、容量、排气温度和效能）加以考虑，量身合成一种制冷剂。R410A 外观无色，不浑浊，易挥发，沸点为-51.6℃，凝固点为-155℃。R410A 是目前为止国际公认的用来替代 R22 最合适的冷媒，并在欧美、日本等国家得到普及，其主要特点有以下几点：

① 不破坏臭氧层。其分子式中不含氯元素，故其臭氧层破坏潜能值（ODP）为 0。全球变暖潜能值（GWP）小于 0.2。

② 毒性极低。容许浓度和 R22 同样，都是 1000×10^{-6}。

③ 不可燃。空气中的可燃极性为 0。

④ 化学和热稳定性高。

⑤ 水分溶解性与 R22 几乎相同。

⑥ 是混合制冷剂，由两种制冷剂组成。

⑦ 不与矿物油或烷基苯油相溶，与 POE（酯润滑油）、PVE（醚润滑油）相溶。

2. 制冷机组分类

在集中空调系统中，由上述设备组成制冷机组。根据工作原理及制冷剂不同，常用制冷机组分为活塞式制冷机组、离心式水冷机组、螺杆式水冷机组、吸收式水冷机组等。制冷机组原理图如图 7-36 所示。

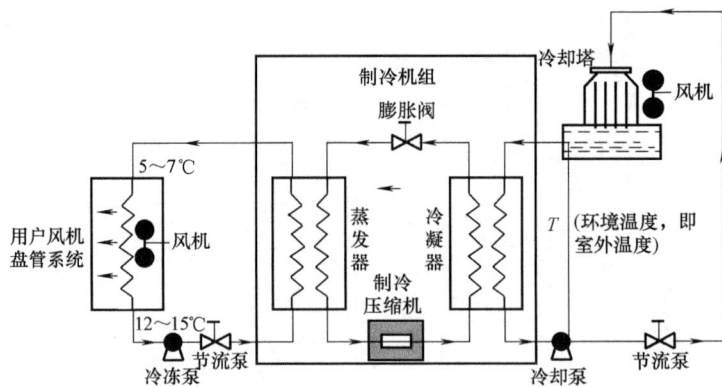

图 7-36　制冷机组原理图

7.3.2　热泵

热泵是能实现蒸发器与冷凝器功能转换，利用驱动能使能量从低位热源流向高位热源的装置。根据换热源不同，热泵空调系统主要分为空气源热泵空调系统、水源热泵空调系统、地热源热泵空调系统。

1. 常用换热源

（1）空气　空气作为低位能的换热源，可以随时随地无偿地使用，具有设备简单、使用方便、清洁无污染、成本低等特点，是目前热泵装置的主要换热源。空气在不同温度下都能提供一定数量的换热量，但因空气的比热容小，为了获得足够的换热量，室外机需要较大的风量，会使热泵体积及功率增大，并造成一定的噪声。并且室外空气的温湿度随着季节、昼夜变化较大，夏季温度高，冬季温度低，与热泵室外机的温差缩小，严重影响换热效率。冬季室外机也容易结霜，如果无除霜装置，排风机很容易冻住而无法工作甚至损坏，而增加除霜装置却会消耗大量能源。

（2）地表水　在水源充沛的地区，靠近江河、湖泊、大海的建筑，可以充分利用地表水作为换热源。水的比热容大，热传导性能好，大大缩小了换热设备的体积。水温稳定，随气温波动的幅度小，冬季不存在结霜问题，具有较好的经济效果。但需要投入一定的水处理设备。

（3）地热源　地热源包括地下水及土壤，地热源与空气、地表水相比，温度更加稳定，冬夏两季能很好地保持与热泵室外机的温差，保证热泵高效运行，是热泵最佳的换热源。土壤传热性能较差，需要较大的传热面积，占地面积较大。采用地热源作为换热源时，必须严格遵守国家及地方的相关法律、规范及条例等，避免对土壤及地下水造成污染。

（4）太阳能　太阳能作为一种取之不尽的清洁能源，为社会绿色发展、保护自然环境、减少碳排放做出了重要贡献。日照时间长的地区，也可以利用太阳能进行取暖。但直接用太阳能取暖受昼夜、天气阴晴的影响较大，会造成取暖温度不稳定、不达标。太阳能与热泵相结合的方式，既可以充分利用太阳能，降低能量损耗，又可以保证供暖温度，是一种可行的、科学的、绿色的供暖方案。

（5）废热　有些生活废水、工业废水、工业固体废物中存在着大量的热量，如果在排放之前通过换热技术，把其中的热（冷）量提取出来，与热泵系统换热，就可以节约大量的能源。

2. 空气源热泵空调系统

图 7-37 所示为空气源热泵空调系统，它的主要设备有压缩机、制冷剂/水换热器、制冷剂/空气换热器、四通换向阀、节流机构、空调用户设施、管网循环泵、补水泵、补水箱等。通过四通换向阀切换，完成制冷剂流向的改变，实现夏季工况与冬季工况的转换。冬季工况，制冷剂/水换热器为冷凝器，把热量换热给水，通过水给室内输送热量，为用户提供55℃的热水；制冷剂/空气换热器为蒸发器，将冷量换热给空气。夏季工况，制冷剂/水换热器为蒸发器，把冷量换热给水，通过水给室内输送冷量，为用户提供7℃的冷水；制冷剂/空气换热器为冷凝器，将热量换热给空气。整个冬夏工况周期，都是制冷剂/空气换热器负责系统与空气换热，由空气将冬季冷量、夏季热量换走，所以称为空气源热泵空调系统。

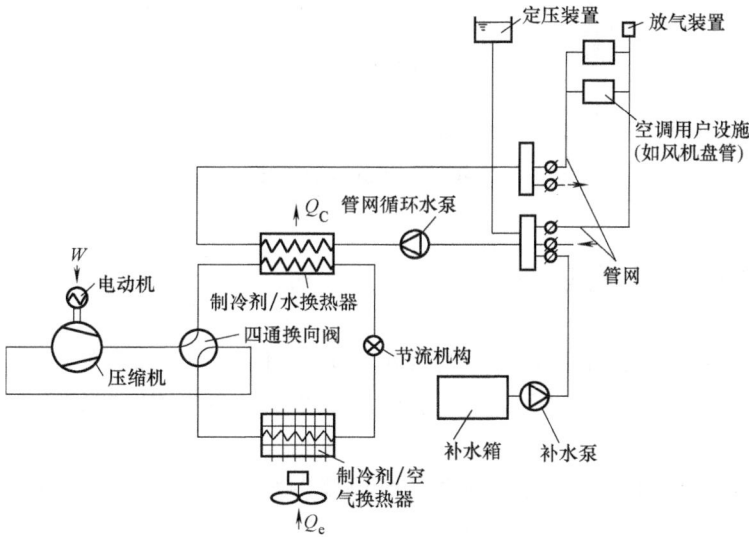

图 7-37　空气源热泵空调系统

3. 水源热泵空调系统

图 7-38 所示为水源热泵空调系统，与图 7-37 相比，只是把系统对外换热对象由空气换成了水，整个冬夏工况周期，都是系统对外换热器负责系统与水换热，由水（地表水、地下水等）将冬季冷量、夏季热量换走，所以称为水源热泵空调系统。

4. 土壤热泵空调系统

图 7-39 所示为土壤热泵空调系统，系统的对外换热对象为土壤，整个冬夏工况周期，都是系统对外换热器负责系统与土壤换热，由土壤将冬季冷量、夏季热量换走，所以称为土壤热泵空调系统。

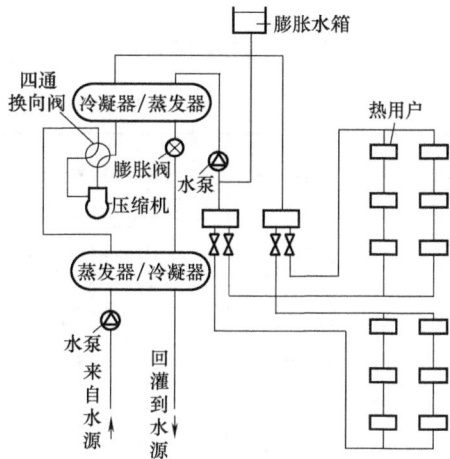

图 7-38　水源热泵空调系统

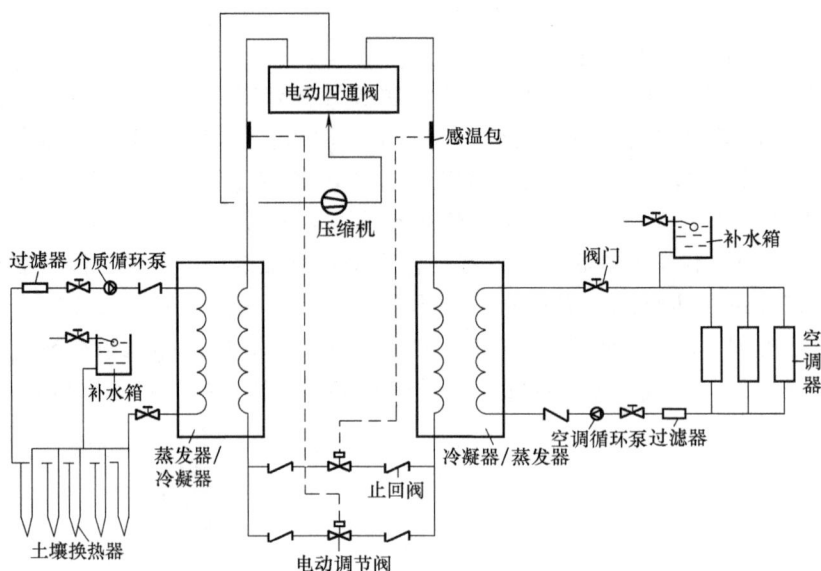

图 7-39 土壤热泵空调系统

7.4 空调房间的气流分布

空调房间的气流分布是指通过对空调房间的送、回风口的选择与布置，使送入房间的空气合理地流动与分布，从而使空调房间的温度、湿度、风速和洁净度等参数满足工艺和人体舒适度的要求。

空调区的气流组织设计应根据空调区的温湿度参数、允许风速、噪声标准、空气质量、温度梯度以及空气分布特性指标（ADPI）等要求，结合内部装修、工艺或家具布置等确定；复杂空间空调区的气流组织设计，宜采用计算流体动力学（CFD）数值模拟计算。

7.4.1 常用送风口的类型

送风口的形式多种多样，表 7-8 中列出了常用送风口的特性参数及使用场所。

表 7-8 常用送风口的特性参数及使用场所

类别	序号	名称	形式	特性参数		说明
				m_1	n_1	
集中射流	1	收缩喷口		7.7	5.8	适用于集中通风
	2	直管喷口		6.8	4.8	
	3	单层活动百叶风口		4.5	3.2	一般空调用,具有一定的导向功能
	4	双层活动百叶风口		3.4	2.4	

（续）

类别	序号	名称	形式	特性参数		说明
				m_1	n_1	
集中射流	5	孔板栅格喷口		6.0	4.2	有效面积系数为 0.5~0.8
				5.0	4.0	有效面积系数为 0.2~0.5
				4.5	3.6	有效面积系数为 0.05~0.2
	6	散流器		1.35	1.10	适用于顶棚下送,具有一定的扩散功能
扁形射流	7	网格式柱形风口		2.40	1.50	适用于下部工作区送风
	8	固定导叶扇形风口		$\alpha = 45°$ 3.5	2.5	适用于侧送风
				$\alpha = 60°$ 2.8	1.7	
				$\alpha = 90°$ 2.0	1.25	
	9	可调导叶扇形风口		1.80	1.2	适用于侧送风
	10	径向贴附散流器		1.2	1.0	$h_0/d_0 = 0.2$
				1.0	0.88	$h_0/d_0 = 0.3$
				0.95	0.88	$h_0/d_0 = 0.4$
平面扁射流	11	带平行百叶条形风口		2.50	2.0	适于侧上通风
	12	管道式孔板		开孔率 —	—	—
				0.092 0.65	0.55	适于下部送风
				0.062 0.53	0.48	
				0.048 0.45	0.40	
	13	圆管式孔板		b_0 取孔板圆周长 —	—	—
				0.092 0.29	0.26	
				0.062 0.24	0.22	
				0.046 0.21	0.19	

7.4.2 回风口的类型

回风口的回流衰减很快，作用范围小。回风口回风速度的大小对空调房间的气流组织影响较小，所以回风口的类型较少。回风口主要有格栅、单层百叶、金属网格等形式。

7.4.3 气流分布形式

空调的风口布置有许多形式，这就决定了空调房间内气流分布随着风口布置方案的不同，而产生多种分布形态。常见的气流分布形态有上送下回式、上送上回式、下送上回式及中送风。气流分布形式的选择，即风口的布置方案设计，应根据空调房间的要求及特点，在满足工艺及舒适度的要求基础上，本着绿色、节能、环保、美观、使用等原则科学地选择。

1. 上送下回式

送风口安装在空调房间上部，回风口安装在下部称为上送下回式。空调风从空调房间上部送入，由下部排出。图 7-40 所示为三种不同上送下回式气流分布。根据空调房间大小，图 7-40a 可以设计成双侧送风，图 7-40b 可设计为多散流器送风。上送下回式气流不直接进入工作区，有较长的与室内空气混合的距离，能形成比较均匀的温度、速度场，图 7-40c 属于置换通风，尤其适用于温湿度、洁净度要求高的场所。

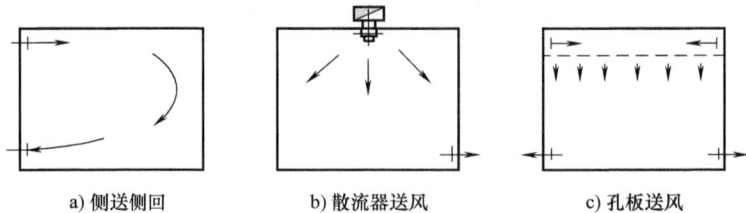

a) 侧送侧回　　　　　b) 散流器送风　　　　　c) 孔板送风

图 7-40　上送下回式气流分布

2. 上送上回式

空调房间内，送风口、回风口均安装在上部，称为上送上回式。图 7-41 所示为三种不同上送上回式气流分布。图 7-41a 单侧上送上回式，为末端装置（风机盘管或诱导器）送风，空气室内循环使用，与室外换气少，环境要求高时应安装专门新风装置；图 7-41b 为两侧上送上回式，图 7-41c 为贴附散流器上送上回式。

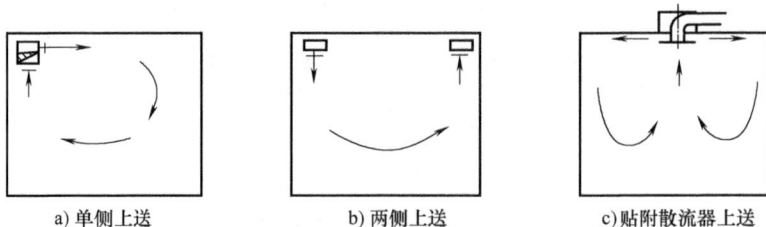

a) 单侧上送　　　　　b) 两侧上送　　　　　c) 贴附散流器上送

图 7-41　上送上回式气流分布

3. 下送上回式

送风口安装在空调房间的下部，回风口安装在上部称为下送上回式。图 7-42 所示为三种不同下送上回式气流分布，图 7-42a 为地板送风；图 7-42b 为末端装置送风，节能但空气质量较差；图 7-42c 为下侧送风。除图 7-42b 外，其他两种下送上回式均属于置换通风，洁净度高，要求降低送风温差，控制工作区风速。其排风温度略高于工作区温度，有利于改善空调区空气质量。

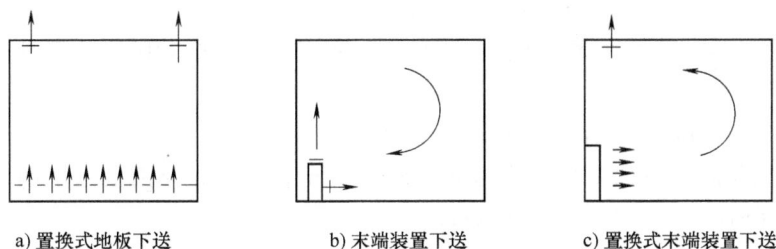

a) 置换式地板下送　　　　b) 末端装置下送　　　　c) 置换式末端装置下送

图 7-42　下送上回式气流分布

4. 中送风

如图 7-43 所示，送风口安装在空调房间的中部，故称为中送风。在某些高大空间内，若工作区在空调房间的下部空间，则不需要整个空间作为空气调节对象。采用中送风方式，可起到很好的节能效果。但这种气流分布会在竖向呈现温度分布不均，存在温度分层现象。

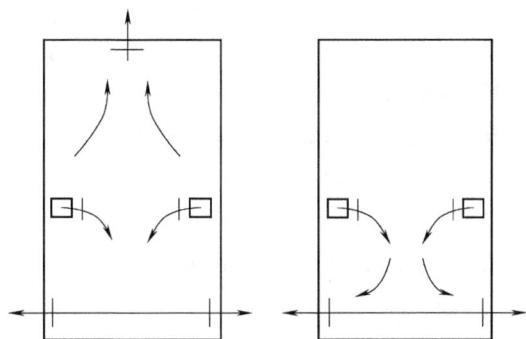

图 7-43　中送风气流分布

7.4.4　风口的设计要求

1）空调区的送风方式及送风口选型，应符合下列规定：

① 宜采用百叶、条缝型等风口贴附侧送；当侧送气流有阻碍或单位面积送风量较大，且人员活动区的风速要求严格时，不应采用侧送。

② 设有吊顶时，应根据空调区的高度及对气流的要求，采用散流器或孔板送风。当单位面积送风量较大，且人员活动区内的风速或区域温差要求较小时，应采用孔板送风。

③ 高大空间宜采用喷口送风、旋流风口送风或下部送风。

④ 变风量末端装置，应保证在风量改变时，气流组织满足空调区环境的基本要求。

⑤ 送风口表面温度应高于室内露点温度；低于室内露点温度时，应采用低温风口。

2）采用贴附侧送风时，应符合下列规定：

① 送风口上缘与顶棚的距离较大时，送风口应设置向上倾斜 10°~20° 的导流片。

② 送风口内宜设置防止射流偏斜的导流片。

③ 射流流程中应无阻挡物。

3）采用孔板送风时，应符合下列规定：

① 孔板上部稳压层的高度应按计算确定，且净高不应小于 0.2m。

② 向稳压层内送风的速度宜采用 3~5m/s。除送风射流较长的以外，稳压层内可不设送风分布支管。稳压层的送风口处，宜设防止送风气流直接吹向孔板的导流片或挡板。

③ 孔板布置应与局部热源分布相适应。

4）采用喷口送风时，应符合下列规定：

① 人员活动区宜位于回流区。

② 喷口安装高度，应根据空调区的高度和回流区分布等确定。

③ 兼作热风供暖时，宜具有改变射流出口角度的功能。

5）采用散流器送风时，应满足下列要求：

① 风口布置应有利于送风气流对周围空气的诱导，风口中心与侧墙的距离不宜小于 1.0m。

② 采用平送方式时，贴附射流区无阻挡物。

③ 兼作热风供暖，且风口安装高度较高时，宜具有改变射流出口角度的功能。

6）采用置换通风时，应符合下列规定：

① 房间净高宜大于 2.7m。

② 送风温度不宜低于 18℃。

③ 空调区的单位面积冷负荷不宜大于 120W。

④ 污染源宜为热源，且污染气体密度较小。

⑤ 室内人员活动区 0.1~1.1m 高度的空气垂直温差不宜大于 3℃。

⑥ 空调区内不宜有其他气流组织。

7）采用地板送风时，应符合下列规定：

① 送风温度不宜低于 16℃。

② 热分层高度应在人员活动区上方。

③ 静压箱应保持密闭，与非空调区之间有保温隔热处理。

④ 空调区内不宜有其他气流组织。

8）分层空调的气流组织设计，应符合下列规定：

① 空调区宜采用双侧送风；当空调区跨度较小时，可采用单侧送风，且回风口宜布置在送风口的同侧下方。

② 侧送多股平行射流应互相搭接；采用双侧对送射流时，其射程可按相对喷口中点距离的 90% 计算。

③ 宜减少非空调区向空调区的热转移；必要时，宜在非空调区设置送、排风装置。

9）上送风方式的夏季送风温差，应根据送风口类型、安装高度、气流射程长度以及是否贴附等确定，并宜符合下列规定：

① 在满足舒适、工艺要求的条件下，宜加大送风温差。

② 舒适性空调宜按表 7-9 采用。

表 7-9　舒适性空调的送风温差

送风口高度/m	送风温差/℃
≤5.0	5~10
>5.0	10~15

注：表中所列的送风温差不适于低温送风空调系统以及置换通风采用上送风方式等。

③ 工艺性空调，宜按表 7-10 采用。

10）送风口的出口风速，应根据送风方式、送风口类型、安装高度、空调区允许风速和噪声标准等确定。

11）回风口的布置，应符合下列规定：

① 不应设在送风射流区内和人员长期停留的地点；采用侧送时，宜设在送风口的同侧下方。

② 兼作热风供暖、房间净高较高时，宜设在房间的下部。

③ 条件允许时，宜采用集中回风或走廊回风，但走廊的断面风速不宜过大。

④ 采用置换通风、地板送风时，应设在人员活动区的上方。

12）回风口的吸风速度，宜按表 7-11 选用。

表 7-10 工艺性空调的送风温差

室温允许波动范围/℃	送风温差/℃
>±1.0	≤15
±1.0	6~9
±0.5	3~6
±0.1~0.2	2~3

表 7-11 回风口的吸风速度

回风口位置		最大吸风速度/(m/s)
房间上部		≤4.0
房间下部	不靠近人经常停留的地点时	≤3.0
	靠近人经常停留的地点时	≤1.5

7.5 空气调节系统

根据结构及组成不同，空气调节系统主要包括集中式空调系统、半集中式空调系统、分散式空调系统三类。根据建筑物的类型及需要，遵照国家有关规范，科学合理地选择空气调节系统。

7.5.1 集中式空调系统

把所有的空调处理设备集为一体，并放置到空调机房内，对空气集中处理，再把处理好的空气输送到空调房间内，称为集中式空调系统，也称为全空气系统，如图 7-44 所示。

送风机把空调机组处理好的空气通过送风管道，送到各空调房间，通过送风口科学分布气流，为室内输送温湿度、清洁度高的空气。在室内循环换热、洁净后，在回风机的驱动下，通过回风管道，将回风返回到空调机组，一部分与新风换热后排到室外，一部分与新风混合进入空调机组，处理后作为送风再次送入空调房间。

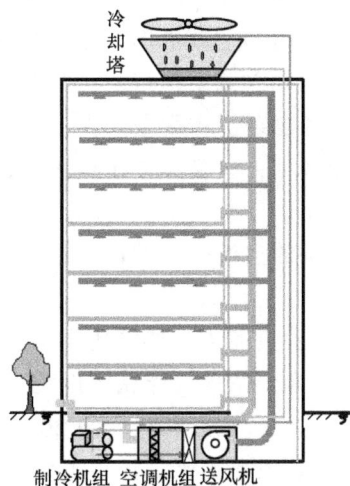

图 7-44 集中式空调系统

1. 集中式空调系统的分类

（1）封闭式系统 图 7-45a 所示为封闭式系统，空调机组处理的空气全部来自空调房间的回风，没有外部空气补充，也没有向外排风，空调房间和空调机组之间形成封闭环路。封闭式系统冷热量消耗最小，能耗低，但空气质量较差。封闭式系统一般用于不需要补充新鲜空气的场所，如冷库、保鲜库、粮库等。

（2）直流式系统 图 7-45b 所示为直流式系统，空调机组处理的空气全部来自室外空气，空调房间的空气全部排到室外，也可以称为全新风系统。直流式系统虽然可以通过排风与新风的换热节约一部分能量，但总是有限的，所以这是一种冷热量消耗最大的系统。但空调房间内能保持清新的空气。直流式系统一般用于空调房间的空气不允许回用的场合，如放射性实验室及散发大量有害物质的车间等，但排风要经处理达标后排放。

（3）混合式系统 直流式系统不经济，封闭式系统不环保，因此只能用于特殊场景。图 7-45c 所示为混合式系统。混合式系统集成了上述 2 个系统的优点，一部分回风进入空调机箱与新风混合继续使用，使回风的冷（热）量得到重复利用，达到节能的目的；另一部分与新风换热后排出，补充新风，排出部分污染空气，保证空调房间的空气清新环保。因此，混合式系统是一般集中式空调系统的典型应用范例。

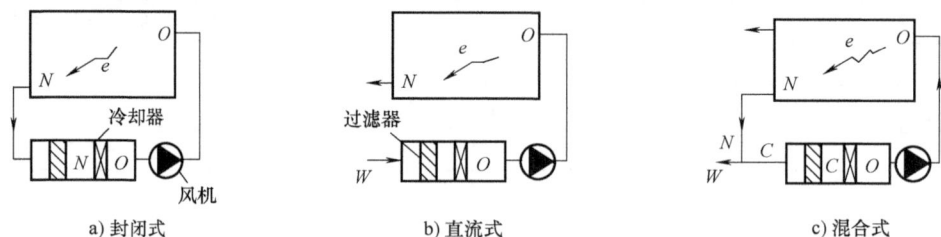

图 7-45 集中式空调系统的类型

2. 集中式空调系统的典型应用

集中式空调系统分为单风道、双风道、定风量、变风量输送系统。全空气定风量应用广泛，可用于要求恒温、恒湿、净化、消声减振等高级场所。如公共建筑的大厅、大型会议室、影剧院、体育场馆、博物馆、商场、车站、机场、车间等较大的建筑空间内，在大空间附近设专用的空调机房，放置空调机组，统一处理输送空调空气。

集中式空调系统特点：处理空气品质好，维护方便，全年多工况自动控制，使用寿命长；管道复杂，占用空间大，布置困难，灵活性差；各空间风道连通，互相污染，火灾时通过风道蔓延；设备集中于机房，消声隔振措施好，但机房面积大。下面为集中式空调商场的典型应用。

商场的空调，大城市商场人员密度为 0.7~1.2 人/m^2，中小城市为 0.2~0.7 人/m^2。其特征：

1）湿负荷大，热湿比小。湿度很难达到设计要求，一般为 70%~80%。

2）含尘浓度，浮菌浓度均超标。在机械进排风不运行条件下，实测含尘浓度 3mg/m^3，为允许值（0.15mg/m^3）的 20 倍；浮菌浓度高出室外 7~24 倍。

3）新风负荷大。因以上特征，商场多采用中央空调系统。其优势如下：

① 集中式空气处理机组中的表面冷却器一般为 2~8 排，对空气去湿能力强，而风机盘

管一般为 2 排或 3 排, 对空气去湿能力较弱。

② 可在集中式空气处理器中设初、中效两级过滤器, 改善空气品质。而风机盘管只设效率很低的空气过滤器, 无法保证空气质量。

集中式全空气处理系统需空调机房, 占地多。可采用吊挂式或柜式空调机组, 减少占地, 但性能较差。

7.5.2 半集中式空调系统

如图 7-46 所示, 半集中式空调系统由制冷机组、供水管道、回水管道、风机盘管等组成。其空气处理设备主要为新风集中处理新风机组, 及在各空调房间内对室内空气进行处理的末端装置 (如风机盘管、诱导器)。半集中式空调系统又分为全水系统与空气-水系统, 空气-水系统根据末端不同又分为风机盘管加新风系统与诱导器加新风系统。半集中式空调系统与集中式空调系统相比, 它一般是通过冷 (热) 水管道, 将制冷机组生产的冷 (热) 水送入室内, 再通过末端装置在室内与空调房间空气换热, 调节空调房间温度。

当有集中热源、房间多、空间小且各房间要求各异、不宜布置大风管时, 可选用半集中式空调系统。风机盘管加新风系统能够满足居住者独自调节的要求, 适用于各民用建筑。诱导器加新风系统用于多房间单独调节控制, 也可用于大型建筑外区。

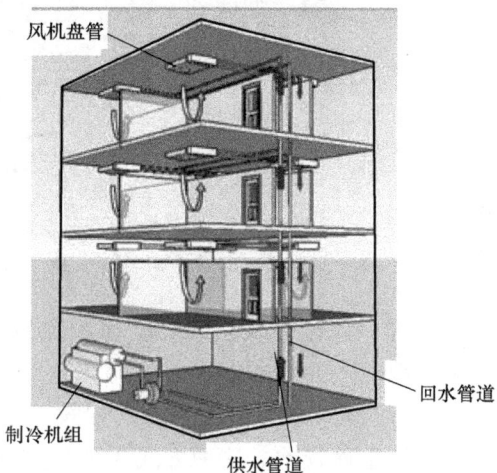

图 7-46 半集中式空调系统

1. 风机盘管系统

风机盘管在空调工程中一般与新风系统使用, 新风集中处理, 再送入各房间; 房间回风由风机盘管处理, 然后与新风混合送入室内, 或送入室内混合。与一次全回风集中式系统比, 送风管小, 一般不设回风管。

(1) 风机盘管机组 如图 7-47 所示, 风机盘管机组由风机、表面换热器 (盘管)、过滤器等组成, 机组形式分为立式及卧式两种。

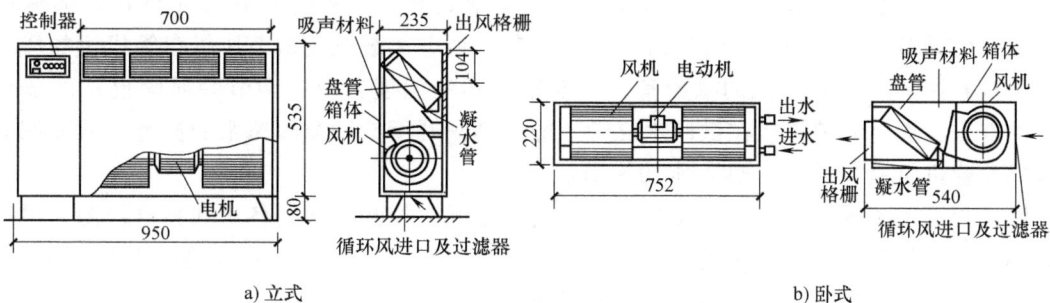

a) 立式   b) 卧式

图 7-47 风机盘管机组

(2) 风机盘管空调系统 风机盘管可以独立承担全部空调房间的湿热负荷, 并能对室内空气进行过滤，成为全水系统空调方式。室内空气循环处理，没有新风补充，会造成污染积累，因此一般要加装新风系统，也就是空气-水系统，此外还要由水系统完成冷（热）量的输送。图7-48所示为风机盘管安装示意图。

图7-48　风机盘管安装示意图

（3）新风供给方式　风机盘管系统的新风供给方式主要有房间门窗缝隙自然渗入、独立新风系统送入等方式。

1）自然渗入方式。自然渗入方式不设专门的新风设施，所以经济实惠，但换气效率、均匀度、稳定性较差。这种方式主要靠室内排风设备形成的负压、外部风力作用、热压作用等引入新风。

2）独立新风系统送入。独立式新风系统需建设专门的新风设施，一般要由新风机组把室外空气吸入并处理以后，通过风道送入各空调房间，达到通风换气的目的。新风量可以根据需要进行调节，定风量系统通过调节风阀的开度实现；变风量系统通过变频调节风机的转速实现。新风的引入必然会增加空调房间的空气压力，在压力作用下一部分室内空气从门窗缝隙渗出，以保证室内压力平衡及新风源源不断地进入。

（4）空调房间的温湿度调节　为了适应空调房间负荷的变化，满足不同用户的温湿度调节要求，可以通过调节风机盘管机组的工作参数，实现对空调房间的温湿度等指标的调节。主要方式有：调节水量、调节风量与调节旁通阀，调节风量是目前广泛采用的一种调节方式。调节水量就是调节安装在回水支管上的电动阀开度，从而调节冷（热）水的流速及流量，从而调节空调房间换热量实现温湿度调节；调节风量就是调节风机盘管机组的风机的转速，从而调节冷（热）风的供给量，实现室内的温湿度调节；调节旁通阀也是调节水量的一种方法，通过调节跨接在供回水支管上的电动阀开度，调节短路水的流量，从而调节进入风机盘管机组盘管的冷（热）水的流量。

风机盘管系统的特点：布置灵活，节约建筑空间；控制灵活，各房间独立控制，根据需要调节大小，甚至关闭，具有很好的节能效果；各空调房间空气互不流通，避免交叉感染；风机盘管的空气净化能力比集中式空调机组效果要差。

2. 诱导系统

末端装置采用诱导器的空气调节系统称为诱导系统。诱导器由外壳、盘管、喷嘴、静压

箱和一次风连接管等组成。按安装方式分为卧式、立式
和吊顶式；按结构分为全空气、空气-水结构。

经空调机箱集中处理的空气，由风机送入空调房间
内的诱导器静压箱，然后以较高速度从喷嘴喷出。在喷
射气流的作用下，诱导器内形成负压，将室内空气吸
入，一、二次风混合进入空调房间。二次风可以通过盘
管进行湿热调节，该诱导器称为空气-水诱导器，如
图 7-49 所示。图 7-50 所示为不带盘管的诱导器，称为
全空气诱导器。

7.5.3 制冷剂空调系统

制冷剂空调系统与前述空调系统相比，它是由制冷
剂直接承担空调房间的冷热负荷的，而不是由换热后水
或空气承担的。制冷剂空调机组主要由空气处理器、通
风机和制冷设备组成。

根据规模不同，制冷剂空调系统主要分为独立式单体空调、组合式一拖多空调。图 7-51
所示为一拖多空调机组示意图。

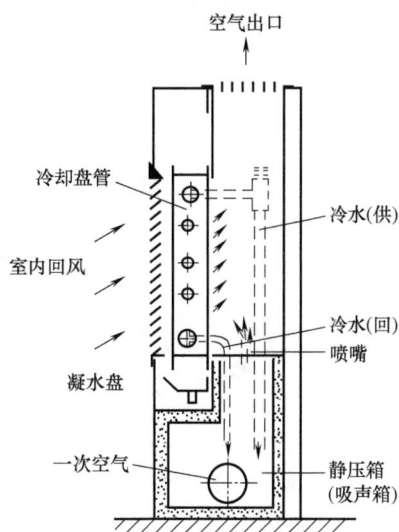

图 7-49 空气-水诱导器

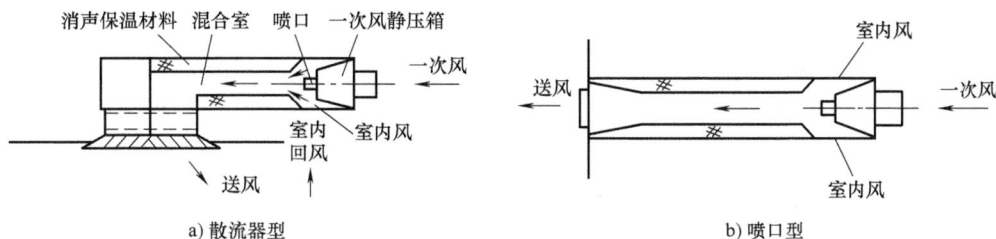

a) 散流器型   b) 喷口型

图 7-50 全空气诱导器

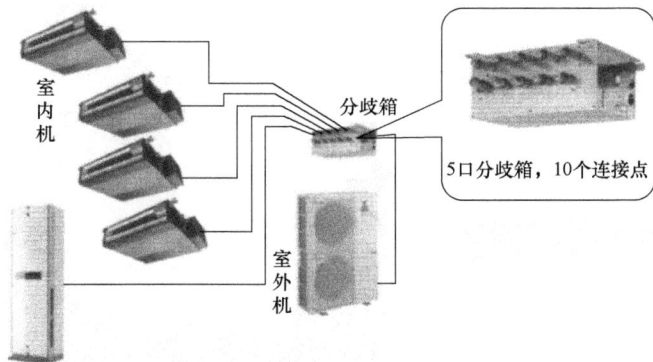

图 7-51 一拖多空调机组示意图

7.5.4 集中空调设备工艺布置

图 7-52 所示为集中空调设备工艺布置图。通过该图可以直观地了解集中空调设备的组

成，及冷机、冷冻泵、集水器、分水器、冷却泵、冷却塔等各设备布置连接层次，相互的对应关系。

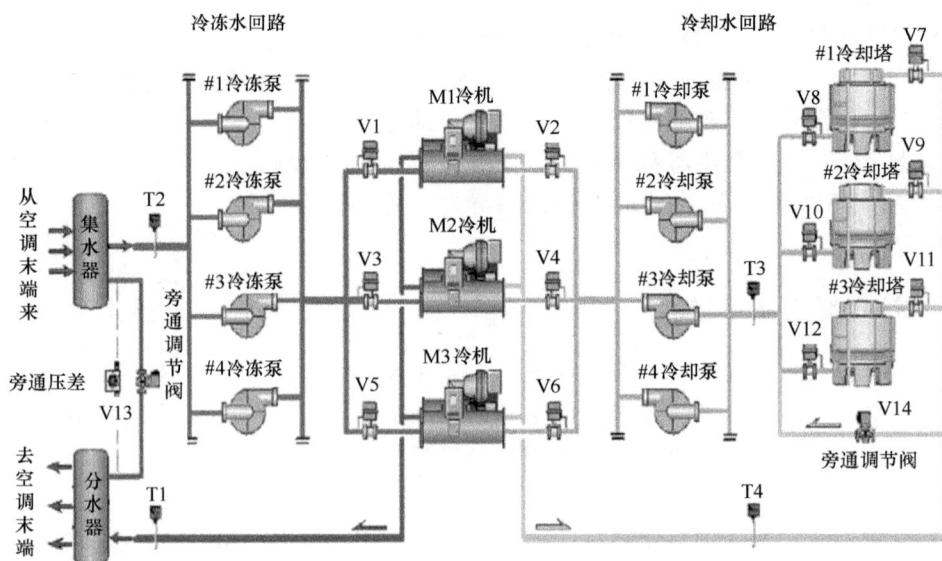

图 7-52　集中空调设备工艺布置图

第 3 篇

电 气 篇

第 8 章

交流电基础知识

本章在介绍交流电路基本概念的基础上，对单相正弦交流电路、三相正弦交流电路进行了分析。正弦交流电具有发电、输电、用电设备简单可靠、成本低、变压方便等优点，与直流电相比有着更广泛的应用；尤其是三相交流电，目前以其自身的优点在发电、输电、用电整个电力系统中，具有绝对的优势。具备了相应的交流电理论知识以后，再介绍正弦交流电的应用，使教学内容更接近于生产实践，更接近于生活，使所学的知识，更好地服务于生产实践，更好地指导生活。

8.1 正弦交流电

本节中主要介绍正弦交流电的基本概念，正弦交流电大小的表示方法，交流电的相位、初相位、相位差，正弦交流电的相量表示法等，为后面交流电路的分析做好充分的准备。本节正弦交流电是指单相正弦交流电。

8.1.1 正弦交流电的基本概念

大小和方向都做周期性变化的电流、电压、电动势统称为交流电。正弦交流电就是随时间按正弦规律变化的交流电，实际生产中的交流电，绝大部分是正弦交流电的形式，所以正弦交流电又简称为交流电。在工程上交流电流是指按照正弦规律变化的正弦交流电电流，如图 8-1 所示。其表达式为

$$i = I_m \sin(\omega t + \psi) \tag{8-1}$$

其中，I_m 决定了交流电的变化范围，ω 决定了交流电的变化速度，ψ 决定了交流电的初位置。I_m、ω、ψ 称为交流电流的三要素。

（1）周期　交流电变化一个完整的波形（2π）所需要的时间称为周期，单位为秒（s），用 T 表示，如图 8-2 所示。

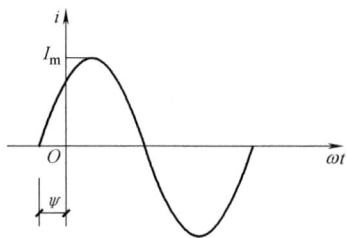

图 8-1　正弦交流电曲线

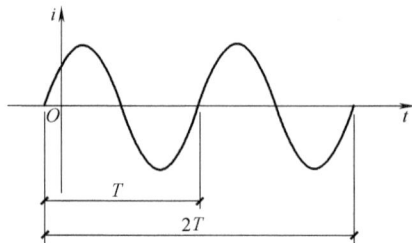

图 8-2　正弦交流曲线

（2）频率　交流电在 1s 内所变化的周期数称为频率，单位为赫兹（Hz），用 f 表示。我国交流电的频率为 50Hz，称为工频；相应周期为 0.02s。

$$f = \frac{1}{T} \tag{8-2}$$

（3）角频率　交流电在 1s 内所变化的角度称为角频率，单位是弧度/秒（rad/s），用 ω 表示。

$$\omega = \frac{2\pi}{T} = 2\pi f \tag{8-3}$$

8.1.2　正弦交流电大小的表示方法

1. 瞬时值

交流电变化过程中每一时刻的数值称为瞬时值，分别用 u、i、e 表示电压、电流、电动势的瞬时值。

2. 最大值

最大值就是交流电变化过程中最大的瞬时值，分别用 U_m、I_m、E_m 表示电压、电流、电动势的最大值。

3. 有效值

瞬时值是随时间不断变化的，而最大值只是一个特定瞬间的数值，两者均不足以计量交流电的大小。因此必须有一个合适的表达方法来表达交流电的大小，也就是有效值。分别用 U、I、E 表示电压、电流、电动势的有效值。

（1）定义　让一个交流电与一个直流电分别通过两个阻值相等的电阻，若在相等的时间（一般取一个周期）内发出的热量相等，就把直流电的值称为交流电的有效值。即交流电的有效值，就是热效应与其相等的直流电的值。这样就可以用一个具体的数表达交流电的大小了。

（2）大小　根据有效值的定义 $\int_0^T i^2 R \mathrm{d}t = I^2 RT$，则

$$I = \sqrt{\frac{1}{T} \int_0^T i^2 R \mathrm{d}t} \tag{8-4}$$

对于正弦交流电，将 $i = I_m \sin(\omega t + \psi)$ 代入式（8-4），得

$$I = \frac{I_m}{\sqrt{2}} \tag{8-5}$$

同理

$$U = \frac{U_m}{\sqrt{2}} \tag{8-6}$$

$$E = \frac{E_m}{\sqrt{2}} \tag{8-7}$$

8.1.3　交流电的相位、初相位、相位差

1. 相位

在表达式 $i = I_m \sin(\omega t + \psi)$ 中，$\omega t + \psi$ 表达了交流电变化的位置，把它称为交流电的相位。

2. 初相位

把时间等于零时的相位称为初相位，即 $\psi=(\omega t+\psi)_{t=0}$。

3. 相位差

在交流电路中，我们探讨的是同频率的交流电的相位差，如 $i=I_m\sin(\omega t+\psi_i)$ 与 $u=U_m\sin(\omega+\psi_u)$ 之间的相位差，$\varphi=(\omega t+\psi_u)-(\omega t+\psi_i)=\psi_u-\psi_i$，即同频率的交流电的相位差就等于初相位之差。

若 $\varphi=\psi_u-\psi_i>0$，则称 u 比 i 超前，若 $\varphi=\psi_u-\psi_i<0$，则称 u 比 i 滞后。

8.1.4 正弦交流电的相量表示法

在数学中，有这样一个结论：两个同频率的正弦函数相加或相减，其和或差仍然是一个正弦函数；也就是说两个同频率的交流电相加或相减，其和或差仍然是一个与两个相加量或相减量频率相同的正弦交流电。前面介绍过交流电的三角函数表达式、三角函数曲线两种表达方式。用三角函数表达式求和，数学计算过程非常烦琐；用三角函数曲线叠加法，误差较大。引入正弦交流电的相量表示法的目的，就是更方便求交流电的和或差。

1. 相量表示法

（1）相量表示　复平面又称为高斯平面，即横轴以 ±1 为单位，称为实轴；纵轴以 $\pm j$（$j=\sqrt{-1}$）为单位，称为虚轴，建立的平面如图 8-3 所示。

在复平面内，有相量 $\dot{A}$ 长度为 A，以角速度 ω 逆时针方向旋转，时间 $t=0$ 时，相量 $\dot{A}$ 与实轴的初位置夹角为 ψ。随着相量 $\dot{A}$ 不断旋转，其在虚轴上的投影 $y=A\sin(\omega t+\psi)$，是标准的正弦函数表达式，其曲线为正弦函数曲线。正弦交流电的表达式为 $i=I_m\sin(\omega t+\psi)$，与 $y=A\sin(\omega t+\psi)$ 相比较，从数学的角度看，如果 $A=I_m$，相量 $\dot{A}$ 初位置夹角等于交流电的初相位，旋转的角速度等于交流电的角频率，则两个表达式就是完全一样的。这样就可以用相量 $\dot{I}_m$ 表示交流电 $i=I_m\sin(\omega t+\psi)$，这就是正弦交流电的相量表示法。ψ 为交流电的初相位，复数中又称为幅角；I 为相量 $\dot{I}$ 的模。

$$I=\sqrt{I_x^2+I_y^2} \tag{8-8}$$

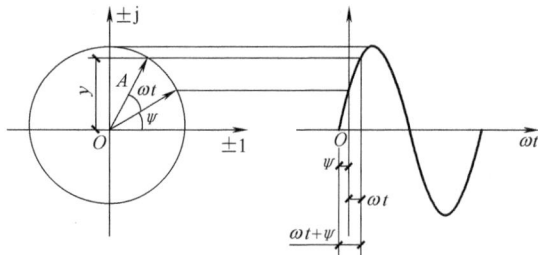

图 8-3　复平面中的旋转相量

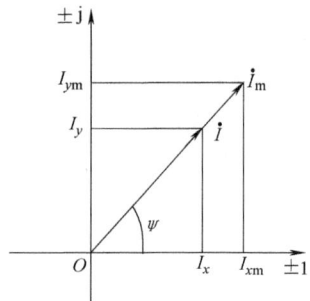

图 8-4　最大值与有效值相量

如图 8-4 所示，$\dot{I}_m$ 为最大值相量，$\dot{I}$ 为有效值相量。

$$\dot{I}=I_x+jI_y=I(\cos\psi+j\sin\psi)=I\angle\psi \tag{8-9}$$

则最大值相量

$$\dot{I}_m = I_{xm} + jI_{ym} = I_m(\cos\psi + j\sin\psi) = I_m \angle \psi$$

同理电动势 $e = E_m\sin(\omega t + \psi)$，电压 $u = U_m\sin(\omega t + \psi)$ 也可以用相量 $\dot{E}$、$\dot{U}$ 表示。

$\dot{I} = I_x + jI_y$ 为交流电复数的代数表达式，通常用来计算交流电的和与差。

$\dot{I} = I \angle \psi$ 为交流电复数的极坐标表达式，通常用来计算交流电的相乘与相除。

（2）参考相量与特殊相量

1）参考相量。在比较几个同频率交流电的相位关系时，由于它们的角频率相等，它们的相量在复平面内的相对位置保持不变。为了简化分析，常常令其中一个相量的幅角 $\psi = 0$，其他各相量的幅角等于与该相量的相位差，该相量即为参考相量。若以 $\dot{U}$ 为参考相量，则

$$\dot{U} = U \angle 0° = U(\cos 0° + j\sin 0°) = U \qquad (8\text{-}10)$$

2）特殊相量。

$$j = \cos 90° + j\sin 90° = 1 \angle 90°$$
$$-j = \cos(-90°) + j\sin(-90°) = 1 \angle -90°$$
$$j\dot{I} = 1 \angle 90° \times I \angle \psi = I \angle (\psi + 90°) \qquad (8\text{-}11)$$
$$-j\dot{I} = 1 \angle -90° \times I \angle \psi = I \angle (\psi - 90°) \qquad (8\text{-}12)$$

相量 $j\dot{I}$ 相当于相量 $\dot{I}$ 逆时针方向旋转了 90°，相量 $-j\dot{I}$ 相当于相量 $\dot{I}$ 顺时针方向旋转了 90°，如图 8-5 所示。

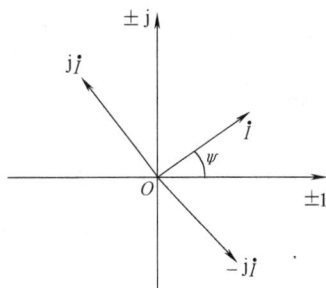

图 8-5 相量 $j\dot{I}$ 与相量 $-j\dot{I}$

2. 相量表示法求同频率交流电的和差

【例 8-1】 已知交流电 $u_1 = 8\sqrt{2}\sin(\omega t + 60°)$，$u_2 = 6\sqrt{2}\sin(\omega t - 30°)$。

（1）求两个交流电的和 $u = u_1 + u_2$ 的表达式。

（2）画出相量图。对照相量图说明为何 u 的频率与 u_1、u_2 的频率相等？

【解】 （1） $\dot{U}_1 = 8 \times (\cos 60° + j\sin 60°) = 4 + j \times 4\sqrt{3}$

$\dot{U}_2 = 6 \times [\cos(-30°) + j\sin(-30°)] = 3\sqrt{3} - j \times 3$

$\dot{U} = \dot{U}_1 + \dot{U}_2 = 4 + j \times 4\sqrt{3} + 3\sqrt{3} - j \times 3 = 3\sqrt{3} + 4 + j \times (4\sqrt{3} - 3) = 10 \angle 23.12°$

$u = 10\sqrt{2}\sin(\omega t + 23.12°)$

（2）相量图如图 8-6 所示，相量 $\dot{U}_1$、$\dot{U}_2$ 角频率相同，二者的相对位置保持不变。

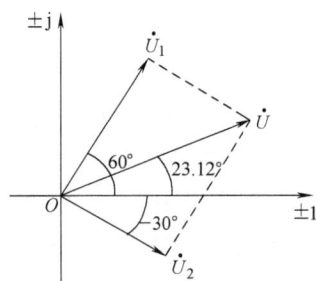

图 8-6 相量图 1

8.2 正弦交流电路

8.2.1 单一参数的正弦交流电路

1. 纯电阻电路

生产实践中把照明光源、电阻炉等电气元件及设备，近似看作纯电阻设备，组成的电路看作纯电阻电路。

在纯电阻两端加以正弦交流电压 u，电路中产生电流 i，电阻两端的电压 u 与流经电阻的电流 i 是同相的，且 u 与 i 为同频率。电压与电流的相量表达式为

$$\dot{I} = \frac{\dot{U}}{R} \tag{8-13}$$

工程上把瞬时功率在一个周期内的平均值称为平均功率，又称为有功功率。电阻的平均功率

$$P = \frac{1}{T}\int_0^T p\mathrm{d}t = \frac{1}{T}\int_0^T 2UI\sin^2\omega t\mathrm{d}t = \frac{UI}{T}\int_0^T (1-\cos 2\omega t)\mathrm{d}t = UI \tag{8-14}$$

当电压单位为伏（V），电流单位为安（A）时，功率的单位为瓦（W）。

2. 纯电容电路

电容器是生产实践中常用的一种电气元件，在整流电路、滤波电路、振荡电路、无功补偿等方面有着广泛的应用。把实际中的电容器近似看作纯电容元件，组成的电路看作纯电容电路。

在纯电容 C 两端加以正弦交流电压 u，电路中产生电流 i。电容两端的电压 u 比流经电容的电流 i 滞后 $90°$ 或者说电流比电压超前 $90°$，且 u 与 i 为同频率。电压与电流的相量表达式为

$$\dot{I} = \frac{\mathrm{j}\dot{U}}{X_\mathrm{C}} = \mathrm{j}\frac{\dot{U}}{X_\mathrm{C}} \tag{8-15}$$

电容消耗的有功功率 $P = \frac{1}{T}\int_0^T p\mathrm{d}t = \frac{1}{T}\int_0^T UI\sin 2\omega t\mathrm{d}t = 0$。电容器虽然不消耗电能，但由于其不断吸收、放出能量，与电源之间就有能量的互换及往返传递。为了表示电容器吸收、放出能量的速度，引入无功功率的概念，即

$$Q = UI \tag{8-16}$$

当电压单位为伏（V），电流单位为安（A）时，为了与有功功率的单位有所区别，无功功率的单位为乏（var）。

3. 纯电感电路

生产实践中电磁铁、变压器、电动机等电气设备中都含有铁心线圈，但我们探讨的线圈是线性元件，即非铁心线圈。把实际中的非铁心线圈近似看作纯电感元件，组成的电路看作纯电感电路。

在纯电感 L 两端加以正弦交流电压 u，电路中产生电流 i，电感两端的电压 u 比流经电容的电流 i 超前 $90°$ 或者说电流比电压滞后 $90°$，且 u 与 i 为同频率。电压与电流的相量表达式为

$$\dot{I} = \frac{-\mathrm{j}\dot{U}}{X_\mathrm{L}} = -\mathrm{j}\frac{\dot{U}}{X_\mathrm{L}} \tag{8-17}$$

电感消耗的有功功率 $P = \frac{1}{T}\int_0^T p\mathrm{d}t = \frac{1}{T}\int_0^T UI\sin 2\omega t\mathrm{d}t = 0$。可见电感也是一种储能元件，不消耗电能。和电容类似，同样也用无功功率描述电感储能、放出能量的规模和速率。

8.2.2　串联交流电路

前面介绍了纯电阻电路、纯电容电路、纯电感电路。大多数电气设备或元件都是由 R、L、C 三种元件组合而成的。如实际的线圈，电感占主要成分，线圈是导体而不是超导体，所以含有电阻，线圈匝与匝之间相互平行，就会形成匝间电容，它是一个典型的 R、L、C 串联电路。下面就对该电路进行分析。

1. 相量关系

（1）相量运算　如图 8-7 所示，根据基尔霍夫电压定律（KVL）得：

$$u = u_R + u_C + u_L \tag{8-18}$$

则相量表达式为

$$\dot{U} = \dot{U}_R + \dot{U}_C + \dot{U}_L \tag{8-19}$$

将式（8-13）、式（8-15）、式（8-17）变换代入式（8-19），则

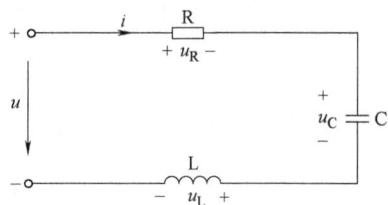

图 8-7　R、L、C 串联电路

$$\dot{U} = \dot{U}_R + \dot{U}_C + \dot{U}_L = R\dot{I} - jX_C\dot{I} + jX_L\dot{I} = \dot{I}\left[R + j(X_L - X_C)\right] \tag{8-20}$$

$$U = \sqrt{U_R^2 + (U_L - U_C)^2} = \sqrt{U_R^2 + U_X^2} \tag{8-21}$$

令 $X = X_L - X_C$ 称为电抗；令 $Z = R + jX$ 称为阻抗，Z 是一般复数，而不是相量。

欧姆定律表达式

$$\dot{I} = \frac{\dot{U}}{Z} \tag{8-22}$$

$$Z = \frac{\dot{U}}{\dot{I}} = \frac{U\angle\psi_u}{I\angle\psi_i} = \frac{U}{I}\angle(\psi_u - \psi_i) = |Z|\angle\varphi \tag{8-23}$$

则

$$\varphi = \psi_u - \psi_i \tag{8-24}$$

$|Z| = \dfrac{U}{I}$，即

$$I = \frac{U}{|Z|} \tag{8-25}$$

（2）阻抗

1）表达式。

$$Z = R + jX = |Z|(\cos\varphi + j\sin\varphi) = |Z|\angle\varphi \tag{8-26}$$

$|Z|$ 是 Z 的模，称为阻抗模，则

$$|Z| = \sqrt{R^2 + X^2} = \sqrt{R^2 + (X_L - X_C)^2} \tag{8-27}$$

φ 是 Z 的幅角，称为阻抗角，则

$$\varphi = \arctan\frac{X}{R} \tag{8-28}$$

2）阻抗三角形。式（8-27）、式（8-28）所表达的关系可以用一个直角三角形表示，称为阻抗三角形，如图 8-8 所示。反过来通过阻抗三角形的边角关系，也可以很方便地表达

出 R、L、C 电路中阻抗之间的关系。

2. 电压与功率分析

（1）电压三角形　在 R、L、C 串联电路中，通过 R、L、C 的电流都是 $\dot{I}$，所以选 $\dot{I}$ 为参考相量，根据多边形法则，将 $\dot{U}_R$、$\dot{U}_L$、$\dot{U}_C$ 按其大小方向首尾顺次连接，然后连接起点终点即为和电压 $\dot{U}$，方向由起点指向终点。图 8-9 ～图 8-11 分别画出了 $U_L > U_C$（$X_L > X_C$）、$U_L < U_C$（$X_L < X_C$）、

图 8-8　阻抗三角形

$U_L = U_C$（$X_L = X_C$）三种情况下的电压三角形。因为电压三角形与阻抗三角形三个边的比都等于电流 I，所以它们是相似的。由电压三角形得

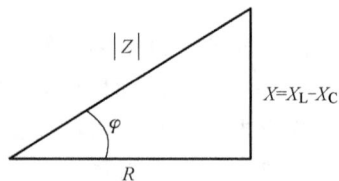

$$U = \sqrt{U_R{}^2 + (U_L - U_C)^2} = \sqrt{U_R{}^2 + U_X{}^2} \tag{8-29}$$

$$\varphi = \arctan \frac{U_X}{U_R} = \arctan \frac{X}{R} \tag{8-30}$$

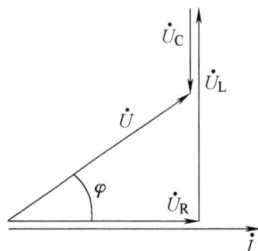

图 8-9　电压三角形 $U_L > U_C$（$X_L > X_C$）　　　图 8-10　电压三角形 $U_L < U_C$（$X_L < X_C$）

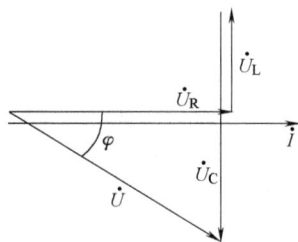

（2）R、L、C 电路的分类

1）感性负载。如图 8-9 所示，$U_L > U_C$（$X_L > X_C$），$\varphi > 0$，电压比电流超前，称为感性负载。

2）容性负载。如图 8-10 所示，$U_L < U_C$（$X_L < X_C$），$\varphi < 0$，电压比电流滞后，称为容性负载。

3）阻性负载。如图 8-11 所示，$U_L = U_C$（$X_L = X_C$），$\varphi = 0$，电压与电流同相，称为阻性负载。

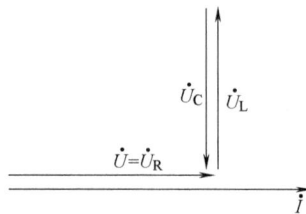

图 8-11　电压三角形 $U_L = U_C$（$X_L = X_C$）

（3）R、L、C 电路的功率

电阻消耗的功率

$$P = I U_R \tag{8-31}$$

称为有功功率，单位为瓦（W）、千瓦（kW），一般用来表示用电设备的大小。

令

$$Q = I U_X \tag{8-32}$$

称为无功功率，单位为乏（var）、千乏（kvar）。

令

$$S = I U \tag{8-33}$$

称为视在功率，单位为伏安（VA）、千伏安（kVA），一般用来表示电源设备的大小。将式（8-29）两边同时乘以电流 I，再将式（8-31）～式（8-33）带入得

$$S = \sqrt{P^2 + Q^2} \tag{8-34}$$

式（8-34）的关系也可以用直角三角形表示，称为功率三角形，如图 8-12 所示。功率三角形与电压三角形、阻抗三角形都相似。由功率三角形得

$$P = S\cos\varphi \qquad (8-35)$$

$$Q = S\sin\varphi \qquad (8-36)$$

$\cos\varphi = \dfrac{P}{S} = \dfrac{U_R}{U} = \dfrac{R}{|Z|}$ 反映了有功功率在视在功率占的比例，称为功率因数，φ 也称为功率因数角。

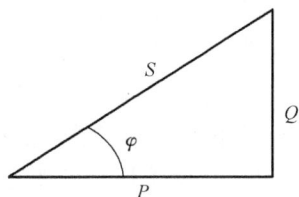

图 8-12　功率三角形

3. 多阻抗电路的功率计算

在多阻抗的电路中，电路中的总功率：

有功功率：

$$P = P_1 + P_2 + \cdots = \sum P_i \qquad (8-37)$$

无功功率：

$$Q = Q_1 + Q_2 + \cdots = \sum Q_i \qquad (8-38)$$

视在功率：

$$S = \sqrt{\left(\sum P_i\right)^2 + \left(\sum Q_i\right)^2} \qquad (8-39)$$

一般情况下 $S \neq S_1 + S_2 + \cdots = \sum S_i$。

8.3　无功补偿

8.3.1　无功补偿的意义和原则

1）电力系统中无功电源和无功负荷必须保持平衡，以保证系统稳定运行，维持系统各级电压。发电机的无功功率通常不能满足无功负荷需求，应装设其他无功电源补偿无功功率的不足。

2）无功补偿的设计，应按全面规划、合理布局、分层分区补偿、就地平衡的原则确定最优补偿容量和分布方式。

3）无功功率就地平衡能降低计算负荷的视在功率，从而减小电网各元件的规格，如变压器容量、线路截面等。无功功率就地平衡能减少无功电流在系统中的流动，从而降低电网各元件的电压降、功率损耗和电能损耗。

8.3.2　无功补偿的方法

（1）无功补偿的设计　应首先提高系统的自然功率因数，不足部分再装设人工补偿装置。

1）电源容量一定时，提高功率因数能提高电源带负载的能力。

由 $P = S\cos\varphi$ 可知，$\cos\varphi$ 越大，电源输出的有功功率 P 越大。

2）设备容量一定时，提高功率因数能降低线路损耗。

由 $P = S\cos\varphi = UI\cos\varphi$ 得 $I = \dfrac{P}{U\cos\varphi}$，$\cos\varphi$ 越大，I 越小，线路损耗 $P_{耗} = I^2 R$ 越小。

（2）无功补偿装置　包括串联补偿装置、同步调相机、并联电抗补偿装置、并联电容补偿装置和静补装置。在 110kV 及以下用户中，人工补偿主要是装设并联电容补偿装置。

（3）提高自然功率因数的措施　配电系统消耗的无功功率中，异步电动机约占 70%，变压器约占 20%，线路约占 10%。

1）合理选择电动机功率，尽量提高其负荷率，避免"大马拉小车"。平均负荷率低于 40% 的电动机，应予以更换。

2）合理选择变压器容量，负荷率宜在 75%～85%，且应计及负荷计算的误差。合理选择变压器台数，适当设置低压联络线，以便切除轻载运行的变压器。

3）优化系统接线和线路设计，减少线路感抗。

4）断续工作的设备（如弧焊机），宜带空载切除控制。

5）功率较大、经常恒速运行的机械，应尽量采用同步电动机。

（4）人工补偿功率因数　建筑物中由于有感性的电力变压器、广泛使用的感应电动机，还有洗衣机、电冰箱、空调、带镇流器的照明灯具等，绝大部分属于电感性负载，无功功率较大，从而使供配电系统的功率因数降低。如果在充分发挥设备潜力、改善设备运行性能、提高其自然功率因数的情况下，尚达不到规定的功率因数要求时，则需要考虑增设无功功率补偿装置，即装设并联电容补偿装置。

1）并联电容器补偿功率因数原理。如图 8-13 所示，在电感两端并联一个电容器。以电压 $\dot{U}$ 为参考相量，电感的电流 $\dot{I}_L$ 比电压 $\dot{U}$ 滞后 90°，电容的电流 $\dot{I}_C$ 比电压 $\dot{U}$ 超前 90°，画出相量图如图 8-14 所示。$\dot{I}_C$ 与 $\dot{I}_L$ 正好相差 180°，方向相反，无功功率 Q_C 与 Q_L 方向相反，即电感吸收能量时电容正好放出能量，电感放出能量时电容正好吸收能量。

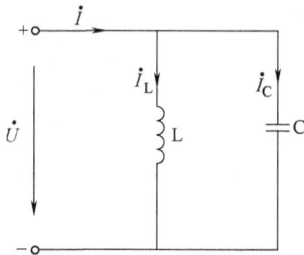

图 8-13　电路图 1　　　　　　图 8-14　相量图 2

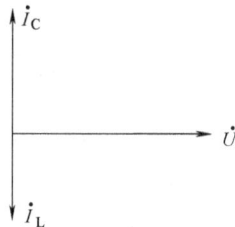

如图 8-15 所示，在感性负载并联电容器以后，电容器提供了部分电感所需要的无功要求，电感从电源上获取的能量会大大减少，功率因数会大大提高，这个过程通常称为无功补偿。

$$Q_C = Q_L - Q = UI_C \tag{8-40}$$

以电压 $\dot{U}$ 为参考相量分别画出各电流相量，相量图如图 8-16 所示。

$$I = \sqrt{(I_L\cos\varphi_1)^2 + (I_L\sin\varphi_1 - I_C)^2} \tag{8-41}$$

$$\varphi = \arctan\frac{I_L\sin\varphi_1 - I_C}{I_C\cos\varphi_1} \tag{8-42}$$

在 $I_C < I_L\sin\varphi_1$ 的条件下，并联电容器以后，电流减小（$I < I_L$），功率因数增加（$\cos\varphi > \cos\varphi_1$），并且当功率因数 $\cos\varphi = 1$ 时，电流 I 最小。

$$I_{\mathrm{L}}\sin\varphi_1 - I_{\mathrm{C}} = I\sin\varphi \tag{8-43}$$

$$I_{\mathrm{C}} = I_{\mathrm{L}}\sin\varphi_1 - I\sin\varphi = \frac{P}{U\cos\varphi_1}\sin\varphi_1 - \frac{P\sin\varphi}{U\cos\varphi} = \frac{P}{U}(\tan\varphi_1 - \tan\varphi) \tag{8-44}$$

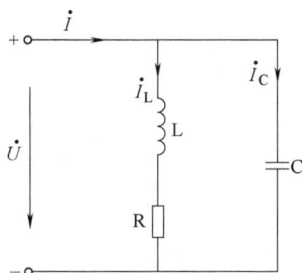

图 8-15　电路图 2　　　　　图 8-16　相量图 3

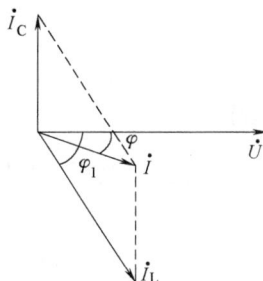

2）并联电容补偿容量计算。要使功率因数 $\cos\varphi_1$ 提高到 $\cos\varphi_2$，必须装设无功补偿装置（并联电容器），其补偿容量为

$$Q_{\mathrm{C}} = P_{\mathrm{C}}(\tan\varphi_1 - \tan\varphi_2) \tag{8-45}$$

3）并联电容器的接线。高压电容器组应采用中性点不接地的星形接线，低压电容器组可采用三角形接线或星形接线，如图 8-17 与图 8-18 所示。

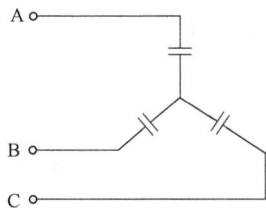

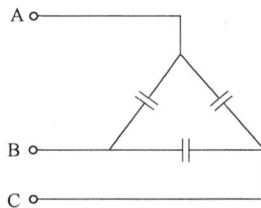

图 8-17　星形接线　　　　　图 8-18　三角形接线

三角形接线的优缺点：

① 三个电容为 C 的电容器接成三角形时的容量为同一电路中接成星形时容量的 3 倍。

② 三角形接线时，任一边电容器断线时，三相线路仍能得到补偿。

③ 三角形接线时，任一相击穿短路时，短路电流很大。

星形接线的优缺点：

① 任一相电容器击穿，该相电流仅为正常工作电流的 3 倍。

② 任一相电容器的电压为相电压。

③ 任一相电容器断线时，该相得不到补偿。

4）无功功率补偿装置的安装方式。无功功率补偿装置按装设位置分为高压集中补偿、低压集中补偿、分散（单独）就地补偿（个别补偿，末端补偿），如图 8-19 所示。

5）采用并联电力电容器作为人工无功补偿装置时。为了尽量减少线损和电压损失，宜就地平衡补偿，即低压部分的无功功率宜由低压电容器补偿，高压部分的无功功率宜由高压电容器补偿。

6）对于容量较大，负荷平稳且经常使用的用电设备的无功功率，宜单独就地补偿。补偿基本无功功率的电容器组宜在变配电所内集中补偿，在环境正常的车间内低压电容宜分

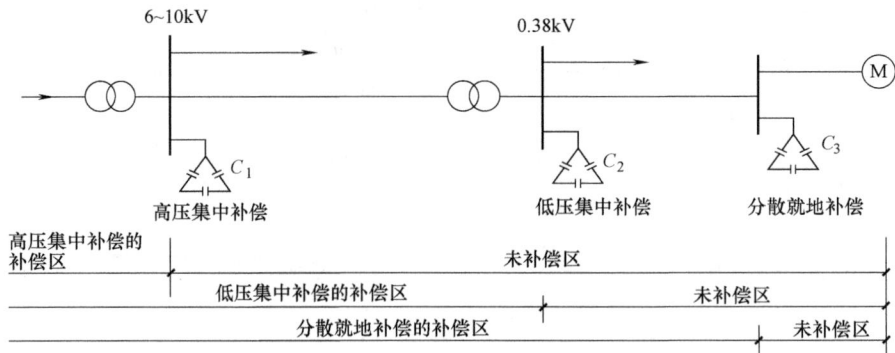

图 8-19 无功功率补偿装置安装方式

散就地补偿；高压电容器组宜在变、配电所内集中装设。

7）供给气体放电灯的配电线路宜在线路或灯具内设置电容补偿，功率因数不应低于 0.9。

8）补偿电容器组的投切方式分为手动和自动两种。对于补偿低压基本无功功率的电容器组以及常年稳定的无功功率和投切次数较少的高压电容器组，宜采用手动投切。为避免过补偿或在轻载时电压过高，造成某些用电设备损坏等，宜采用自动投切。在采用高、低压自动补偿装置效果相同时，宜采用低压自动补偿装置。

9）无功自动补偿的调节方式：以节能为主进行补偿的，采用无功功率参数调节；对冲击性负荷、动态变化快的负荷及三相不平衡负荷，可采用晶闸管（电子开关）控制，使其平滑无涌流，动态效果好，且可分相控制，有三相平衡效果。

10）电容器分组时，应与配套设备的技术参数适应，满足电压偏差的允许范围，适当减少分组组数和加大分组容量。分组电容器投切时，不应产生谐振。

11）高压电容器组宜串联适当参数的电抗器，低压电容器组宜加大投切容量，采用专用投切接触器或晶闸管，以减少合闸冲击电流。受用电设备谐波含量影响较大的线路上装设电容组时，电抗器宜串联。

8.4　三相交流电

目前，三相交流电在发电、供电、用电等环节有着广泛的应用，占有绝对的优势。前面介绍了单相正弦交流电，纯粹以单相交流电的形式存在的电源，在生产实践中占有很小的比例。大多数情况下，我们使用的交流电只是三相交流电的其中一相。

有三个大小相等、频率相同、相位互差 120° 的电动势分别作用着的单相正弦交流电路以一定方式连接起来的系统，称为三相交流电路。三个电动势的这种关系称为对称，每一个电源作用着的单相电路就称为交流电路的某一相。三个电动势大小相等、频率相同、相位互差 120°，即对称。以 e_1 为参考量，瞬时值表达式、相量表达式如下：

$$\begin{cases} e_1 = E_m \sin\omega t \\ e_2 = E_m \sin(\omega t - 120°) \\ e_3 = E_m \sin(\omega t - 240°) \end{cases} \tag{8-46}$$

$$\begin{cases} \dot{E}_1 = E \angle 0° \\ \dot{E}_2 = E \angle -120° \\ \dot{E}_3 = E \angle -240° \end{cases} \qquad (8-47)$$

三相对称电动势的曲线图和相量图如图 8-20 所示。

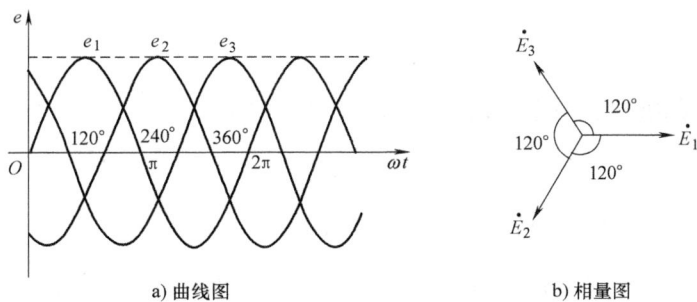

a) 曲线图　　　　　　　　b) 相量图

图 8-20　三相对称电动势

三相电动势依次达到正的最大值的先后顺序称为相序，在图 8-20 中，达到正的最大值的 e_1 比 e_2 超前 120°，e_2 比 e_3 超前 120°，则 $e_1 \rightarrow e_2 \rightarrow e_3$ 为正相序，一般无特殊说明，对称三相电动势的相序均为正相序。

前面提到三相交流电是由三个单相以一定方式连接起来的系统，如果独立存在就失去了其意义。在生产实践中，交流电源的连接方式分为星形（Y）与三角形（△）两种方式。

1. 三相电源的星形（Y）联结

如图 8-21 所示，将三相绕组 L_1L_1'、L_2L_2'、L_3L_3' 三个末端 L_1'、L_2'、L_3' 连在一起，称为中性点 N，然后从三个首端 L_1、L_2、L_3 及中性点 N 向负载引线，这种连接方式称为电源的星形（Y）联结。因有 4 根线完成供电，因此又称为三相四线制供电方式。在传输同样功率的情况下，比单相交流电的形式节约 $\dfrac{1}{3}$ 导线，经济效益显著。

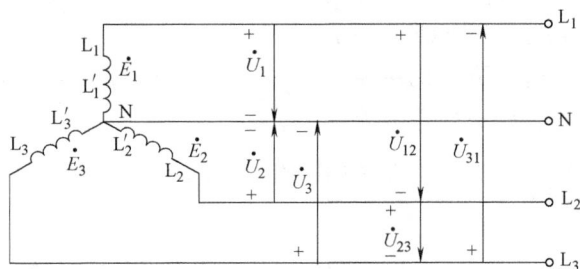

图 8-21　三相电源的星形联结

从三个首端 L_1、L_2、L_3 引出的线称为相线，俗称火线；从中性点 N 引出的线称为中性线，俗称零线。

在图 8-21 中，相线 L_1、L_2、L_3 与中性线 N 之间的电压称为相电压，分别用 $\dot{U}_1$、$\dot{U}_2$、

$\dot{U}_3$ 表示，方向由相线指向中性线；三根相线 L_1、L_2、L_3 中两根相线之间的电压称为线电压，分别用 $\dot{U}_{12}$、$\dot{U}_{23}$、$\dot{U}_{31}$ 表示，方向由起点指向终点，根据基尔霍夫电压定律（KVL）得：

$$\begin{cases} \dot{U}_{12} = \dot{U}_1 - \dot{U}_2 \\ \dot{U}_{23} = \dot{U}_2 - \dot{U}_3 \\ \dot{U}_{31} = \dot{U}_3 - \dot{U}_1 \end{cases} \tag{8-48}$$

当电源绕组的漏阻抗忽略不计时 $\dot{U}_1 + \dot{E}_1 = 0$、$\dot{U}_2 + \dot{E}_2 = 0$、$\dot{U}_3 + \dot{E}_3 = 0$，即 $\dot{U}_1 = -\dot{E}_1$、$\dot{U}_2 = -\dot{E}_2$、$\dot{U}_3 = -\dot{E}_3$，所以 $\dot{U}_1$、$\dot{U}_2$、$\dot{U}_3$ 也对称，用 U_P 表示相电压，则 $U_1 = U_2 = U_3 = U_P$，以 $\dot{U}_1$ 为参考相量，画出相电压及线电压的相量图如图 8-22 所示。

通过图 8-22 可知 $\dot{U}_{12}$、$\dot{U}_{23}$、$\dot{U}_{31}$ 也对称，用 U_L 表示线电压。

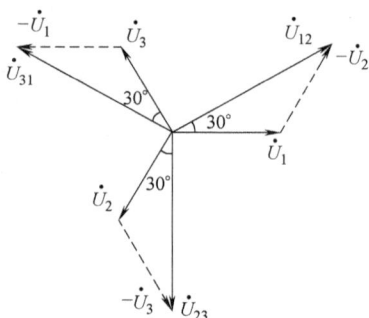

图 8-22　相电压、线电压的相量图

$$\begin{cases} U_{12} = U_{23} = U_{31} = U_L \\ U_{YL} = \sqrt{3}\, U_{YP} \end{cases} \tag{8-49}$$

且 $\dot{U}_{YL}$ 比相应的 $\dot{U}_{YP}$ 超前 30°。

在我国电力系统中，用户一级的电压等级为 380V/220V，即 380V 为线电压，220V 为相压，$380 = 220\sqrt{3}$。

2. 三相电源的三角形（△）联结

如图 8-23 所示，将三相绕组 $L_1 L_1'$、$L_2 L_2'$、$L_3 L_3'$ 首位顺次连接，即 L_1' 与 L_2、L_2' 与 L_3、L_3' 与 L_1 连在一起，然后从三个首端 L_1、L_2、L_3 向负载引线，称为电源绕组的三角形（△）联结。三根线即可完成供电。在传输同样功率的情况下，比单相交流电的形式节约有色金属，经济效益显著。

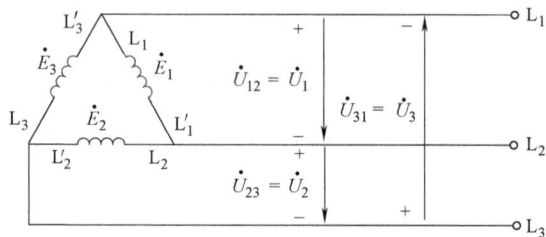

图 8-23　电源的三角形联结

从图 8-23 可知，线电压就是对应的相电压，$\dot{U}_1$、$\dot{U}_2$、$\dot{U}_3$ 对称，$\dot{U}_{12}$、$\dot{U}_{23}$、$\dot{U}_{31}$ 也对称。

$$\begin{cases} \dot{U}_{12} = \dot{U}_1 \\ \dot{U}_{23} = \dot{U}_2 \\ \dot{U}_{31} = \dot{U}_3 \end{cases} \tag{8-50}$$

即 $\qquad\qquad\qquad \dot{U}_{\triangle L} = \dot{U}_{\triangle P} \tag{8-51}$

8.5 三相负载

由三相电源供电的负载称为三相负载，如图 8-24 所示。三相负载分为两类：一类是必须用三相电源供电才能工作的负载，如三相交流电动机、大功率的其他三相用电设备等，其特点是三相阻抗都相等，称为三相对称负载；另一类负载，如家用电器、照明灯具等，只需用单相电源供电就可正常工作，因此分别接在三相电源的各相上，设计时尽量均匀地分配在三相上，但运行过程中，很难保证三相阻抗相等，称为三相不对称负载。

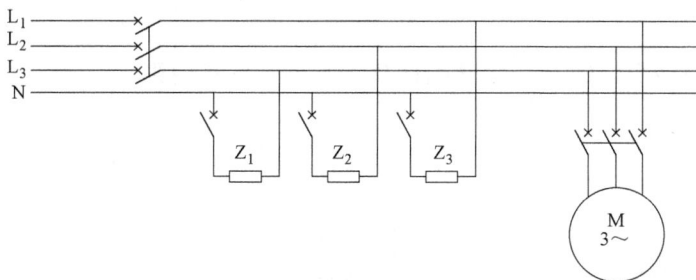

图 8-24 三相负载

三相负载的连接方式与电源一样也有星形与三角形两种连接方式，电动机、变压器等负载在连接时也是有方向的，照明等单相负载一般没有方向。无论负载连接方式如何，电源总是输出对称的相电压、线电压。

8.5.1 三相负载的星形联结

1. 三相非对称负载的星形联结

在图 8-25 中，三相非对称负载 Z_1、Z_2、Z_3 按星形联结方式连接于三相交流电源上。若忽略供电线路上的电压损失，负载两端的相电压就等于电源两端的相电压 $\dot{U}_1$、$\dot{U}_2$、$\dot{U}_3$，负载两端的线电压也等于电源两端的线电压 $\dot{U}_{12}$、$\dot{U}_{23}$、$\dot{U}_{31}$，即负载两端获得对称的线电压、相电压。在电压作用下 Z_1、Z_2、Z_3 中分别产生电流 $\dot{I}_1$、$\dot{I}_2$、$\dot{I}_3$，称为相电流；三根相线 L_1、L_2、L_3 中的电流 $\dot{I}_{L_1}$、$\dot{I}_{L_2}$、$\dot{I}_{L_3}$ 称为线电流；中性线 N 中的电流 $\dot{I}_N$ 称为中性线电流。

$$\begin{cases} \dot{I}_{L_1} = \dot{I}_1 \\ \dot{I}_{L_2} = \dot{I}_2 \\ \dot{I}_{L_3} = \dot{I}_3 \\ \dot{I}_N = \dot{I}_1 + \dot{I}_2 + \dot{I}_3 \end{cases} \tag{8-52}$$

即

$$\dot{I}_{YL} = \dot{I}_{YP} \tag{8-53}$$

三相交流电路是由三个单相交流电路组成的，因此在计算三相交流电路时，可按三个单

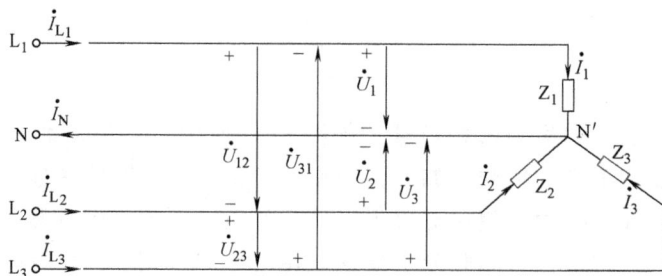

图 8-25　三相非对称负载的星形联结

相交流电路对待，即用式 $\dot{I}_P = \dfrac{\dot{U}_P}{Z_P}$ 为基础计算。具体到各相中则

$$\begin{cases} \dot{I}_1 = \dfrac{\dot{U}_1}{Z_1} \\[2mm] \dot{I}_2 = \dfrac{\dot{U}_2}{Z_2} \\[2mm] \dot{I}_3 = \dfrac{\dot{U}_3}{Z_3} \end{cases} \tag{8-54}$$

三相功率的计算以 $P_P = U_P I_P \cos\varphi_P$、$Q_P = U_P I_P \sin\varphi_P$ 为基础，具体到各相中则

$$\begin{cases} P_1 = U_P I_1 \cos\varphi_1, \quad Q_1 = U_P I_1 \sin\varphi_1 \\ P_2 = U_P I_2 \cos\varphi_2, \quad Q_2 = U_P I_2 \sin\varphi_2 \\ P_3 = U_P I_3 \cos\varphi_3, \quad Q_3 = U_P I_3 \sin\varphi_3 \\ P = P_1 + P_2 + P_3, \quad Q = Q_1 + Q_2 + Q_3 \\ S = \sqrt{P^2 + Q^2} \end{cases} \tag{8-55}$$

2. 三相对称负载的星形联结

在三相对称负载的连接方式中，$Z_1 = Z_2 = Z_3 = Z = R + jX$，则 $\varphi_1 = \varphi_2 = \varphi_3 = \varphi$，$I_1 = I_2 = I_3$，

三个相电流 $\dot{I}_1$、$\dot{I}_2$、$\dot{I}_3$ 对称，$\dot{I}_N = \dot{I}_1 + \dot{I}_2 + \dot{I}_3 = 0$，即中性线中的电流为零。中性线可以省去，成为三相三线制，如图 8-26 所示。在电力设计中，尽量让三相负载对称，负载越接近于对称，中性线电流越小，中性线的截面就可选得比相线小，以达到节约成本的目的。

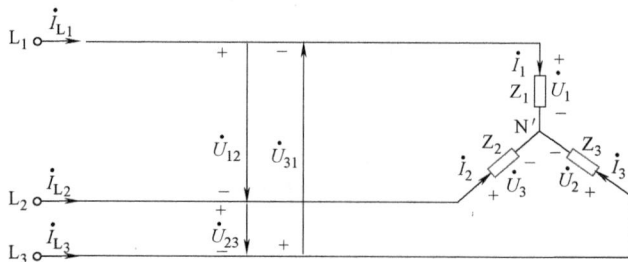

图 8-26　三相对称负载的星形联结

相电流 $$I_1 = I_2 = I_3 = I_P = \frac{U_P}{Z} \tag{8-56}$$

线电流 $$I_{L_1} = I_{L_2} = I_{L_3} = I_P \tag{8-57}$$

电压与电流的相位差 $$\varphi_1 = \varphi_2 = \varphi_3 = \varphi = \arctan\frac{X}{R} \tag{8-58}$$

功率 $$P = P_1 + P_2 + P_3 = 3U_P I_P \cos\varphi = 3\frac{U_L}{\sqrt{3}}I_L\cos\varphi = \sqrt{3}\,U_L I_L\cos\varphi \tag{8-59}$$

3. 在三相非对称负载中中性线的作用

在图 8-25 中由于中性线的存在，若忽略电路中的电压损失，电源的中性点 N 与负载的中性点 N′则等电位，即 $U_{NN'} = 0$；电源的首端与负载的首端都是等电位，因此负载两端获得对称电压，也就是额定电压，保证了负载的正常工作。因负载不对称时中性线中的电流不等于零，当中性线上有电阻时，就会有电压损失，若电阻为无限大，也就是没有中性线的情况，电源的中性点 N 与负载的中性点 N′之间就会有电压产生，即 $U_{NN'} \neq 0$；负载两端的电压不再等于电源电压，而是中性线电压 $U_{NN'}$ 分别与电源电压 $\dot{U}_1$、$\dot{U}_2$、$\dot{U}_3$ 叠加，此时负载两端的电压不再对称，有的高于电源相电压，有的低于电源相电压，不能工作在额定电压下，影响了负载的正常工作。

8.5.2 三相负载的三角形联结

如图 8-27 所示，三相负载 Z_1、Z_2、Z_3 按三角形联结方式连接于三相交流电源上，若忽略供电线路上的电压损失，负载两端电压就等于电源两端的线电压 $\dot{U}_{12}$、$\dot{U}_{23}$、$\dot{U}_{31}$，即无论负载是否对称，其两端都能获得对称的电压，且相电压与线电压相等，$\dot{U}_{12} = \dot{U}_1$、$\dot{U}_{23} = \dot{U}_2$、$\dot{U}_{31} = \dot{U}_3$，$U_P = U_L$。在电压作用下 Z_1、Z_2、Z_3 中分别产生相电流 $\dot{I}_1$、$\dot{I}_2$、$\dot{I}_3$；三根相线 L_1、L_2、L_3 中产生线电流 $\dot{I}_{L_1}$、$\dot{I}_{L_2}$、$\dot{I}_{L_3}$。

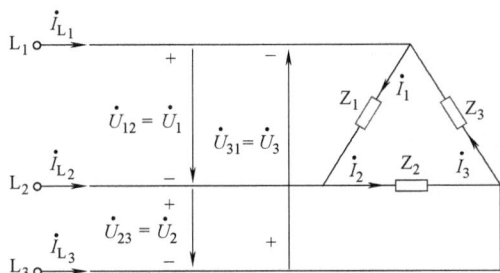

图 8-27 负载的三角形联结

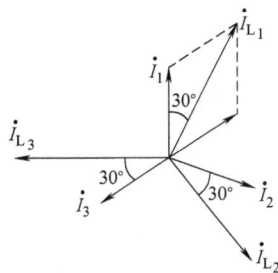

图 8-28 电流的相量图

若三相负载对称，即 $Z_1 = Z_2 = Z_3 = Z = R + jX$，相电流 $I_1 = I_2 = I_3 = \frac{U_P}{Z}$，电压与电流的相位差 $\varphi_1 = \varphi_2 = \varphi_3 = \varphi = \arctan\frac{X}{R}$。

三个相电流 $\dot{I}_1$、$\dot{I}_2$、$\dot{I}_3$ 对称，根据基尔霍夫电流定律（KCL）得：

$$\begin{cases} \dot{I}_{L_1} = \dot{I}_1 - \dot{I}_3 \\ \dot{I}_{L_2} = \dot{I}_2 - \dot{I}_1 \\ \dot{I}_{L_1} = \dot{I}_3 - \dot{I}_2 \end{cases} \tag{8-60}$$

电流的相量图如图 8-28 所示。由相量图可知，线电流等于相电流的 $\sqrt{3}$ 倍，且比它对应的相电流滞后 30°，即

$$I_{\triangle L} = \sqrt{3} I_{\triangle P} \tag{8-61}$$

其功率表达式见式（8-59）。

8.5.3　三相负载连接方式的选择

负载的连接方式与电源的连接方式没有关系，其是由负载的额定相电压 U_N 与电源的线电压 U_L 的关系决定的，当 $U_N = U_L$ 时采用三角形联结，当 $U_N = \dfrac{U_L}{\sqrt{3}}$ 时采用星形联结。在没有特殊说明的情况下，提到三相电源、三相负载的额定电压、额定电流都是指线电压、线电流。

8.5.4　三相功率

1. 一般性负载的功率计算

在计算三相电路的功率时，无论负载是否对称，也无论负载为丫联结或△联结，均可以计算各相的功率，然后按照相关功率关系计算总功率，即每相的有功功率为

$$\begin{cases} P_1 = U_P I_1 \cos\varphi_1 \\ P_2 = U_P I_2 \cos\varphi_2 \\ P_3 = U_P I_3 \cos\varphi_3 \end{cases} \tag{8-62}$$

每相的无功功率为

$$\begin{cases} Q_1 = U_P I_1 \sin\varphi_1 \\ Q_2 = U_P I_2 \sin\varphi_2 \\ Q_3 = U_P I_3 \sin\varphi_3 \end{cases} \tag{8-63}$$

总功率分别为

$$\begin{cases} P = P_1 + P_2 + P_3 \\ Q = Q_1 + Q_2 + Q_3 \\ S = \sqrt{P^2 + Q^2} \end{cases} \tag{8-64}$$

2. 对称性负载的功率计算

1）对于三相对称负载，有 $\varphi_1 = \varphi_2 = \varphi_3 = \varphi_P$。则无论星形（丫）联结或三角形（△）联结，由式（8-62）~式（8-64）按照相电压、相电流计算的功率为

$$\begin{cases} P = 3 U_P I_P \cos\varphi_P \\ Q = 3 U_P I_P \sin\varphi_P \\ S = 3 U_P I_P = \sqrt{P^2 + Q^2} \end{cases} \tag{8-65}$$

2）若按照线电压、线电流计算，则星形（丫）联结时，$U_L = \sqrt{3}\,U_P$，$I_L = I_P$；三角形（△）联结时，$U_L = U_P$，$I_L = \sqrt{3}\,I_P$。所以

$$\begin{cases} P = \sqrt{3}\,U_L I_L \cos\varphi_P \\ Q = \sqrt{3}\,U_L I_L \sin\varphi_P \\ S = \sqrt{3}\,U_L I_L = \sqrt{P^2 + Q^2} \end{cases} \qquad (8\text{-}66)$$

第 9 章

供配电系统

供配电系统是建筑领域的重要组成部分，是关系到工业与民用建筑内部系统能否安全、可靠、经济运行的重要保证，也是提高人们工作质量与效率的重要保障。因此，本章简要介绍电气设备的工作状态、电力系统的组成及特点、安全用电问题、变配电设备以及电动机、照明设备和电梯等用电设备。重点介绍民用建筑供配电系统及组成，变配电设备以及电动机、照明设备和电梯等用电设备。

9.1 电气设备的工作状态

对于机电设备的运行，通常将其分为正常状态、异常状态和故障状态三种情况。正常状态是指设备的整体或局部没有缺陷，或虽有缺陷但其性能仍在允许的限度以内。异常状态是指缺陷已有一定程度的扩展，使设备各状态信号发生一定程度的变化，设备性能已劣化，但仍能维持工作，此时应特别注意设备性能的发展趋势，即设备在监护下运行。故障状态是指设备性能指标已有大的下降，设备不能维持正常工作。

9.1.1 正常状态

电气设备在正常状态下工作时，一般有额定电流、额定电压、额定容量、额定功率、额定频率、额定转速、额定转矩等参数。

1) 额定电流是指用电设备在额定电压下，按照额定功率运行时的电流；也可定义为电气设备在额定环境条件（环境温度、日照、海拔、安装条件等）下可以长期连续工作的电流。用电设备正常工作时的电流不应超过它的额定电流。

2) 额定电压是指由制造商对电气设备（包括用电、供电设备）在规定的工作条件下长期稳定工作的标准电压。

额定电压可以从用电设备和供电设备两方面进行理解，用电设备的额定电压表示设备出厂时设计的最佳输入电压，通常也是比较容易取得的电源供给电压。供电设备的额定电压表示供电系统的最佳输出电压，需要与用电设备的额定电压进行匹配，包括电网额定电压、发电机额定电压和电力变压器的额定电压。

额定电压下，用电设备、发电机和变压器等在正常运行时具有最大经济效益。此时设备中的各部件都工作在最佳状态，性能比较稳定，寿命相对较长。指定用电设备的额定电压有利于电器制造业的生产标准化和系列化，有利于设计的标准化和选型，有利于电器的互相连接和更换，有利于备件的生产和维修等。此外，为了避免电压等级数量的无限制扩大，导致互联困难，必须使电网的额定电压标准化，为取得最佳的技术经济性能，电力设备需要在额定电压下进行优化设计、制造和使用。

按照《标准电压》（GB/T 156—2017）规定，我国三相交流电网和发电机的额定电压见表9-1。表9-1中的电力变压器一、二次绕组额定电压，是依据我国生产的电力变压器标准产品规格确定的。

表9-1 我国三相交流电网和电力设备的额定电压（据 GB/T 156—2017）

分类	电网和用电设备额定电压/kV	发电机额定电压/kV	电力变压器额定电压/kV	
			一次绕组	二次绕组
低压	0.38	0.40	0.38	0.40
	0.66	0.69	0.66	0.69
高压	3	3.15	3 及 3.15	3.15 及 3.3
	6	6.3	6 及 6.3	6.3 及 6.6
	10	10.5	10 及 10.5	10.5 及 11
	20	13.8,15.75,18,20,22,24,26	13.8,15.75,18,20,22,24,26	—
	35	—	35	38.5
	66	—	66	72.5
	110	—	110	121
	220	—	220	242
	330	—	330	363
	500	—	500	550
	750	—	750	825（800）

3）额定容量是指铭牌上所标明的电动机或电器在额定工作条件下能长期持续工作的容量。通常对变压器指视在功率，对电动机指有功功率，对调相设备指视在功率（单位为VA、kVA、MVA）或无功功率（单位为var、kvar、Mvar）。

4）额定功率：对于机械（电气、液压式或其他形式），额定功率通常被定义为所能达到的最大输出功率；电器的额定功率是指用电器正常工作时的功率。它的值为用电器的额定电压乘以额定电流。

5）额定频率是指在交变电流电路中一秒钟内交流电所允许而必须变化的周期数。在交流电路中，电流每秒钟变化的周期次数称为频率。一般交流电力设备的额定频率为50Hz，此频率通称为工频（工业频率）。《电能质量 电力系统频率偏差》（GB/T 15945—2008）规定，在电力系统正常运行条件下频率的偏差限值为±0.2Hz，当系统容量较小时，偏差限值可以放宽至±0.5Hz。频率偏差过大会导致电动机转速转变，影响产品质量，使电子设备不能正常工作。电力系统的调频措施通常都能保证系统频率在国家标准允许的范围之内。在配电设计中，除有特别要求的设备需采用稳频电源外，一般不必采取稳频措施。

9.1.2 故障状态

按照电气装置的构成特点，从查找电气故障的观点出发，常见的电气故障可分为以下三类：

1）电源故障：电压与频率偏差、极性接反、相线和中性线接反、缺一相电源、相序改变。

2）电路故障：开路、短路、短接，接地、接线错误。

3）设备和元件故障：漏电、过热烧毁、不能运行、电气击穿、性能变劣。

1. 短路

（1）短路的定义　供电系统要求正常地不间断地对用电负荷供电，以保证工厂生产和生活的正常进行。但是由于各种原因，总难免出现故障，而使系统的正常运行遭到破坏。系统中最常见的故障就是短路。

短路是指不同电位的导体之间的低阻性短接。短路时电源提供的电流将比通路时提供的电流大得多，一般情况下不允许短路，如果短路，严重时会烧坏电源或设备。

电力系统中，所谓"短路"是指电力系统正常运行情况以外的相与相之间或相与地（或中性线）之间的接通。

电源短路（short circuit）是指在电路中，电流不流经用电器，直接连接电源正负两极。根据欧姆定律 $I=U/R$ 可知，由于导线的电阻很小，电源短路时电路上的电流会非常大。这样大的电流，电池或者其他电源都不能承受，会造成电源损坏；更为严重的是，因为电流太大，会使导线的温度升高，严重时有可能造成火灾。

（2）短路的原因　造成短路的主要原因是电气设备载流部分的绝缘损坏。这种损坏可能是由于设备长期运行、绝缘自然老化或由于设备本身不合格，绝缘强度不够而被正常电压击穿，或设备绝缘正常而被过电压（包括雷电过电压）击穿，或者是设备绝缘受到外力损伤而造成短路。工作人员由于违反安全操作规程而发生误操作，或者误将低电压的设备接入较高电压的电路中，也可能造成短路。鸟兽跨越在裸露的相线之间或相线与接地物体之间，或者设备和导线的绝缘被鸟兽咬坏，也是导致短路的一个原因。

（3）短路的后果　短路后，短路电流比正常电流大得多。在大电力系统中，短路电流可达几万安甚至几十万安。如此大的短路电流可对供电系统产生极大的危害：

1）短路时会产生很大的电动力和很高的温度，使故障元件和短路电路中的其他元件损坏。

2）短路时短路电路中的电压会骤然降低，严重影响电气设备的正常运行。

3）短路时保护装置动作，会造成停电，而且越靠近电源，停电的范围越大，造成的损失也越大。

4）严重的短路会影响电力系统运行的稳定性，可使并列运行的发电机组失去同步，造成系统解列。

5）不对称短路包括单相短路和两相短路，其短路电流将产生较强的不平衡交变磁场，对附近的通信线路、电子设备等产生干扰，影响其正常运行，甚至使之发生误动作。

由此可见，短路的后果是十分严重的，因此必须尽力设法消除可能引起短路的一切因素；同时需要进行短路电流的计算，以便正确地选择电气设备，使设备有足够的动稳定性和热稳定性，以保证在发生可能的最大短路电流时不致损坏。为了选择切除短路故障的开关电器、整定短路保护的继电保护装置和选择限制短路电流的元件（如电抗器）等，也必须计算短路电流。

（4）短路的主要形式　在三相系统中，可能发生三相短路、两相短路、单相短路和两相接地短路。电力系统中发生单相短路的概率最大，而发生三相短路的可能性最小，但是三相短路造成的危害一般来说最为严重。为了使电气设备在最严重的短路状态下也能可靠地工作，在选择和校验电气设备用的短路计算中，常以三相短路计算为主。实际上，不对称短路也可以按对称分量法将其物理量分解为对称的正序、负序和零序分量，然后按对称量研究。所以对称的三相短路分析也是分析研究不对称短路的基础。

2. 开路

开路是指电路中两点间无电流通过或阻抗值（或电阻值）非常大的导体连接时的电路状态。当电路中两点间的支路开路时，该两点间的电位差称为"开路电压"，可用电压表测量。通常又称为断路，是指因为电路中某一处因断开而使电阻无穷大，电流无法正常通过，导致电路中的电流为零，中断点两端电压为电源电压。如有可能导线断了，或用电设备（如灯泡中的灯丝断了）与电路断开等。

3. 漏电

漏电是指由于绝缘损坏或其他原因而引起的电流泄漏。电器外壳和市电相线间由于某种原因连通后和地之间有一定的电位差就会产生漏电。

当电气设备因绝缘损坏而使外壳带电，而工作人员又接触此外壳时，就会导致人身触电事故。此时入地电流的一部分将从人体流过，其数值大到一定程度就会造成工作人员的伤亡。工作人员触及刺破橡套电缆外护套而暴露在空气中的芯线时是一种更加严重的人身触电，此时入地电流绝大部分流经人体，因而对工作人员的危险性更大。

长期存在的漏电电流，尤其是两相经过电阻接地的漏电电流，在通过设备绝缘损坏处时将散发出大量的热，使绝缘进一步损坏，甚至使可燃性材料（如非阻燃性橡套电缆）着火燃烧。实际漏电故障中，有一部分单相接地故障会发展为短路，从而造成更大的电气故障。漏电故障发展为短路的原因是很简单的，长期存在的漏电电流及电火花使漏电处的绝缘进一步损坏，最后危及相间绝缘而造成短路。

9.2　电力系统

电力系统是一个包含发电、输电、变电、配电和用电的统一整体，如图9-1所示，电力系统主要包括发电、输电、用电三个环节。若各发电厂孤立地向用户供电，一旦发生故障或停机检修，很容易造成相应用户停电，供电可靠性很难保障。通常把某一区域的发电厂、变配电设备、用户通过输电线路连接起来，形成一个整体，称为电力系统。电力系统的形成不仅保证了供电的可靠性，而且可以合理地调节各发电厂的发电能力，充分利用水电、核电、风电等清洁发电方式，随时减少火力发电量。

9.2.1　发电

按照被转换的能源不同，发电分为火力发电、水力发电、核能发电、风力发电、太阳能发电、潮汐发电等几种类型。我国的电力工业主要以火电和水电组成，其余为核电和风力发电等。

1. 水力发电厂

水力发电厂简称水电厂或水电站，它利用水流的位能生产电能。当控制水流的闸门打开时，水流就沿着进水管进入水轮机蜗壳室，冲击水轮机，带动发电机发电。

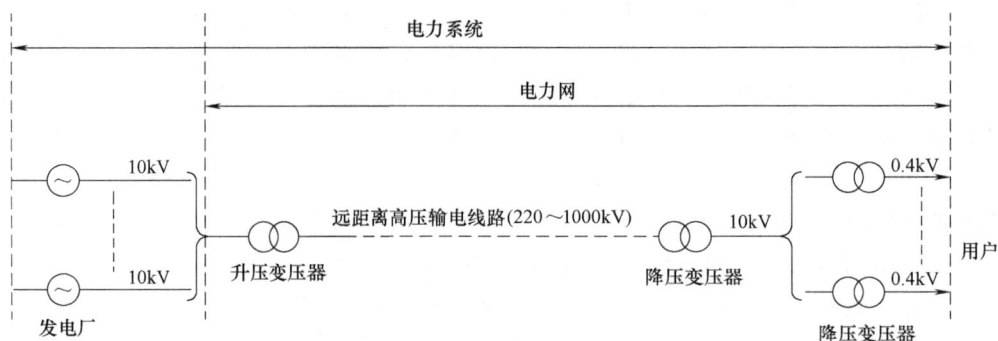

图 9-1　电力系统

水电站建设的初期投资较大，但是发电成本低，仅为火力发电成本的 1/4～1/3，而且水电属于清洁的、可再生的能源，有利于环境保护，同时水电建设不只用于发电，通常还兼有防洪、灌溉、航运、水产养殖和旅游等多种功能，因此其综合效益好。

2. 火力发电厂

火力发电厂简称火电厂或火电站，它利用燃料的化学能生产电能。火电厂按其使用的燃料类别分为燃煤式、燃油式、燃气式和废热式（利用工业余热、废料或城市垃圾等发电）等多种类型，但是我国的火电厂仍以燃煤为主。

为了提高燃料的效率，现在的火电厂都将煤块粉碎成煤粉燃烧。煤粉在锅炉的炉膛内充分燃烧，将锅炉内的水烧成高温高压的蒸气，推动汽轮机转动，使与它联轴的发电机旋转发电。

现代火电厂一般都考虑了"三废"（废渣、废水、废气）的综合利用；有的火电厂不仅发电，而且供热。兼供热能的火电厂称为热电厂。

火电厂与同容量的水电站相比，具有建设工期短、工程造价低、投资回收快等特点，但是火电成本高，而且对环境造成一定的污染，因此火电建设受到环境的一定制约。

3. 核能发电厂

核能发电厂又称为原子能发电厂，通称核电站，它是利用某些核燃料的原子核裂变能生产电能，其生产过程与火电厂大体相同，只是以核反应堆（俗称原子锅炉）代替了燃煤锅炉，以少量的核燃料代替了大量的煤炭。

4. 风力发电、地热发电及太阳能发电简介

风力发电是利用风力的动能生产电能。它建在有丰富风力资源的地方。风能是一种取之不尽的清洁、价廉和可再生能源。但其能量密度较小，因此风轮机的体积较大，造价较高，且单机容量不可能做得很大。风能又是一种具有随机性和不稳定性的能源，因此利用风能发电必须与一定的蓄能方式相结合，才能实现连续供电。

地热发电是利用地球内部蕴藏的大量地热能生产电能。它建在有足够地热资源的地方。地热是地表下面 10km 以内贮存的天然热源，主要来源于地壳内的放射性元素蜕变过程所产生的热量。地热发电的热效率不高，但不消耗燃料，运行费用低。它不像火力发电那样，要排出大量灰尘和烟雾，因此地热还属于比较清洁的能源。但地下热水和蒸汽中大多含有硫化氢、氨、砷等有害物质，因此对排出的热水要妥善处理，以免污染环境。

太阳能发电就是利用太阳的光能或热能生产电能。利用太阳的光能发电，是通过光电转

换元件（如光电池）等直接将太阳的光能转换为电能。这已广泛应用在人造地球卫星和宇航装置上。利用太阳的热能发电，可分为直接转换和间接转换两种方式。温差发电、热离子发电和磁流体发电都属于热电直接转换。

9.2.2 输电

我国的水利资源、煤炭资源都集中在西部欠发达地区，为了降低运输成本，发电厂也要就近建设，而我国东部发达地区，是用电大户。这就需要将西部的电力向东部远距离传输。发电厂发出的电压一般为 6.3kV、10.5kV、11kV、13.8kV、15.75kV、18kV、20kV、22kV、24kV、26kV、27kV，为了降低线路损耗，必须采用高压输电，输送距离越远、输送电能越大要求输电电压越高。目前高压输电分为直流、交流两种输电方式。

交流输电是国际上普遍采用的传统输电方式，输电电压为 110kV 可将 5 万 kW 送至 50～150km 的地方；输电电压为 220kV 可将 20 万～30 万 kW 送至 200～400km 的地方；输电电压为 500kV 可将 100 万 kW 送至 500km 的地方。我国首条 1000kV 晋东南—南阳—荆门特高压试验示范工程 2009 年初正式投运以来，运行良好。

直流输电与交流输电相比，其优点和特点明显：①输送容量大；②输送功率的大小和方向可以快速控制和调节；③直流输电系统的投入不会增加原有电力系统的短路电流容量，也不受系统稳定极限的限制；④直流架空线路的走廊宽度约为交流线路的一半，可以充分利用线路走廊的资源；⑤直流电缆线路没有交流电缆线路中电容电流的困扰，没有磁感应损耗和介质损耗，基本上只有芯线电阻损耗，绝缘电压相对较低；⑥直流输电工程的一个极发生故障时另一个极能继续运行，且可充分发挥其过负荷能力，即可以不减少或少减少输送功率损失；⑦直流本身带有调制功能，可以根据系统的要求做出反应，可以对机电振荡产生阻尼，可以阻尼低频振荡，从而提高电力系统暂态稳定水平；⑧能够通过换流站的无功功率控制调节系统的交流电压；⑨大电网之间通过直流输电互联（如背靠背方式），两个电网之间不会互相干扰和影响，且可迅速进行功率支援等。

高压直流输电技术起步在 20 世纪 50 年代，而突破性的发展却在 20 世纪 80 年代。随着晶闸管技术的发展和现代电网发展的需要，20 世纪 80 年代，全世界共建成了 30 项直流输电工程，直流输电在电网中发挥了重要作用。建设了输送距离长达 1700km 的扎伊尔英加—沙巴工程，电压等级为 ±600kV 的巴西伊泰普水电站送出工程。直流输电的控制保护技术得到进一步的发展和完善。迈入 20 世纪 90 年代以后，随着电力电子技术、计算机技术和控制理论的迅速发展，使得高压直流输电技术日益完善，可靠性得到提高。我国直流输电技术同样在 20 世纪 80 年代得到发展，建成了我国自行研制的舟山直流输电工程（±100kV，100MW，55km）和代表当时世界先进水平的葛洲坝—上海（简称葛上）±500kV 直流输电工程。2009 年，世界首个特高压直流输电工程——±800kV 云南至广东直流工程投运，标志着世界进入特高压直流时代；2013 年，世界首个多端柔性直流工程——广东南澳直流工程投运；2014 年，世界容量最大的特高压直流输电工程——±800kV 哈密至郑州直流工程投运，容量达 800 万 kW，标志着特高压直流输电达到一个新的高度；2016 年，云南鲁西背靠背直流工程投运，百万千瓦柔性直流单元的电压和容量均处于世界最高水平。目前，我国直流输电技术电压等级最高、规模最大。

9.2.3 用电

电能送至用电城市后先进行降压,城市电网的输送电压一般为 110~220kV,小区变电所输出电压一般为 10kV,用户电压一般为 0.4kV,考虑电压损失的因素,用户电压为 380/220V。用户的供电方式因用户的重要性不同而不同,用电设备、用电建筑、用电区域又称为负荷,国家相关规范根据负荷的重要性,对负荷进行了分级,并规定了供电方式。

1. 负荷的分级

电力负荷应根据对供电可靠性的要求,以及中断供电对人身安全、经济上所造成的损失影响程度进行分级,一般分为一级负荷、二级负荷和三级负荷。

(1)符合下列情况之一时,应视为一级负荷

1)中断供电将造成人身伤害时。

2)中断供电将造成经济重大损失时。

3)中断供电将影响重要用电单位的正常工作。

例如,中断供电使生产过程或生产装备处于不安全状态、重大产品报废、用重要原料生产的产品大量报废,生产企业的连续生产过程被打乱、需要长时间才能恢复等将在经济上造成重大损失,则其负荷特性为一级负荷。大型银行营业厅的照明、一般银行的防盗系统,大型博物馆、展览馆的防盗系统电源、珍贵展品室的照明电源,一旦中断供电可能会造成珍贵文物和珍贵展品被盗;重要交通枢纽、重要通信枢纽、重要的经济信息中心、特级或甲级体育建筑、重要宾馆、国宾馆、承担重大国事活动的会堂、经常用于重要国际活动的大量人员集中的公共场所等,中断供电将影响重要用电单位的正常工作或造成正常秩序严重混乱,其用电负荷为一级负荷。

在一级负荷中,当中断供电将造成人员伤亡或重大设备损坏或发生中毒、爆炸和火灾等情况的负荷,以及特别重要场所的不允许中断供电的负荷,应视为一级负荷中特别重要的负荷。例如,在生产连续性较高行业,当生产装置工作电源突然中断时,为确保安全停车,避免引起爆炸、火灾、中毒、人员伤亡而必须保证的负荷为特别重要负荷。中压及以上的锅炉给水泵、大型压缩机的润滑油泵等或者事故一旦发生能够及时处理,防止事故扩大、保证工作人员的抢救和撤离而必须保证的用电负荷为特别重要负荷。在工业生产中,如正常电源中断时处理安全停产所必需的应急照明、通信系统,保证安全停产的自动控制装置等;民用建筑中,如大型金融中心的关键电子计算机系统和防盗报警系统;大型国际比赛场馆的记分系统以及监控系统等,用电负荷都为特别重要负荷。

(2)符合下列情况之一时,应视为二级负荷

1)中断供电将在经济上造成较大损失时。

2)中断供电将影响较重要用电单位的正常工作。

例如:中断供电使得主要设备损坏、大量产品报废、连续生产过程被打乱需较长时间才能恢复、重点企业大量减产等将在经济上造成较大损失。交通枢纽、通信枢纽等用电单位中的重要电力负荷,以及中断供电将造成大型影剧院、大型商场等较多人员集中的重要的公共场所秩序混乱,以上用电负荷为二级负荷。

3)不属于一级和二级负荷者应为三级负荷。

由于各行业的一级负荷、二级负荷很多,规范只能对负荷分级做原则性规定,具体划分

需在行业标准中规定。

2. 各级负荷的供电要求

1）一级负荷应由双重电源供电，当一电源发生故障时，另一电源不应同时受到损坏。

2）一级负荷中特别重要负荷的供电，应符合下列要求：

① 除应由双重电源供电外，尚应增设应急电源，并严禁将其他负荷接入应急供电系统。

② 设备的供电电源切换时间，应满足设备允许中断供电的要求。

3）二级负荷的供电系统，宜由两回线路供电。在负荷较小或地区供电条件困难时，二级负荷可由一回路 6kV 及以上专用的架空线路供电。

① 二级负荷包括的范围也比一级负荷广，由于二级负荷停电造成的损失较大，影响还是比较大的，应由两回线路供电。两回线路与双重电源略有不同，两者都要求线路有两个独立部分，而后者还强调电源的相对独立。

② 只有当负荷较小或地区供电条件困难时，才允许由一回线路 6kV 及以上的专用架空线供电。这主要考虑电缆发生故障后有时检查故障点和修复需时较长，而一般架空线路修复方便（此点和电缆的故障率无关）。当线路自配电站引出采用电缆线路时，应采用两回线路。

4）三级负荷为不重要的一般性负荷，对电源无特殊要求，对供电可靠性要求不高，只需一路电源供电。

3. 低压配电方式

（1）树干式配电方式 图 9-2 所示为树干式配电方式。其优点是经济实惠，节约导线；缺点是故障范围大，可靠性差。树干式配电方式适用于负荷较小，负荷分布分散，对供电可靠性要求不高的场所。如我国广大农村地区的配电方式，大多数属于该配电方式；小容量的照明负荷也常采用该种配电方式。

（2）放射式配电方式 图 9-3 所示为放射式配电方式。其优点是故障范围小，可靠性高；缺点是投资大，电缆、导线的用量大。放射式配电方式适用于负荷较大，负荷分布集中，对供电可靠性要求较高的场所。容量较大的动力负荷常采用该种配电方式。

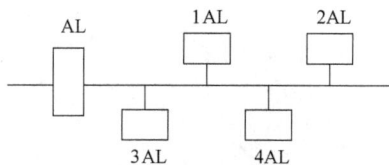

图 9-2 树干式配电方式　　　　　图 9-3 放射式配电方式

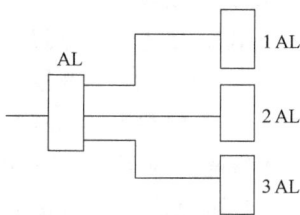

（3）链式接线 图 9-4 所示是树干式接线的变形，称为链式接线。链式接线的特点与树干式基本相同，适用于用电设备彼此相距很近、容量都较小的情况。链式相连的用电设备一般不超过 5 台，链式相连的低压配电箱不宜超过 3 台，且总容量不宜超过 10kW。

（4）环形接线 建筑物的一些变电所低压侧，可以通过低压联络线相互连接成为环形，如图 9-5 所示。环形接线的供电可靠性较高。任一段线路发生故障或检修时，都不致造成供电中断，或只短时停电，一旦切换电源的操作完成，即能恢复供电。环形接线可使电能损耗和电压损耗减少，但是其保护装置及其整定配合比较复杂。如果其保护的整定配合不当，容

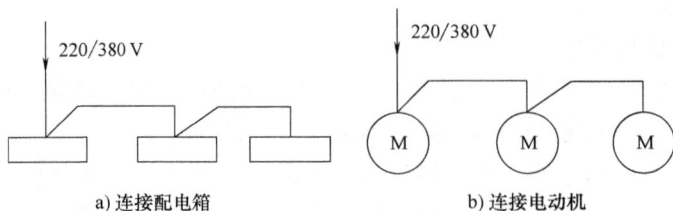

a) 连接配电箱　　　　　　b) 连接电动机

图 9-4　低压链式接线

易发生误动作，反而扩大故障停电范围。实际上，低压环形接线也多采用"开口"方式运行。

（5）混合式配电方式　图 9-6 所示为混合式配电方式。该方式结合了树干式与放射式配电的优点，既缩小了事故范围，又使造价控制在一定范围内，是工程设计中常用的一种方式。

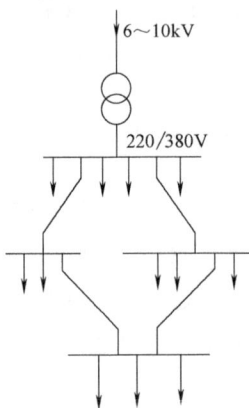

图 9-5　低压环形接线

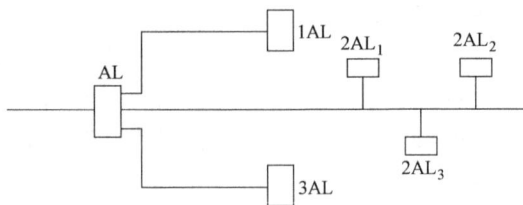

图 9-6　混合式配电方式

注：AL 为总箱，其余为分箱。

4. 高层建筑干线配线方式

（1）插接式密集型封闭母线槽　封闭母线槽简称母线槽，是由以金属板（钢板或铝板）为保护外壳、导电排、绝缘材料及有关附件组成的母线系统。它可制成每隔一段距离设有插接分线盒的插接型封闭母线，也可制成中间不带分线盒的馈电型封闭母线。低压配电系统常用的封闭母线干线，其结构是三相四线制母线封闭在走线槽或类似的壳体内，并由绝缘材料支撑或隔开，故又称为母线槽，如图 9-7 所示。

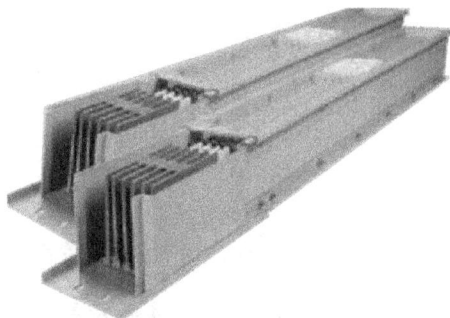

图 9-7　插接式母线槽

1）插接式母线槽过载能力强，取决于它用的绝缘材料工作温度高。母线槽用的绝缘材料采用工作温度为 105℃ 的材料，现已开发出工作温度为 140℃ 以上的辐射交联阻燃缠绕带（PER）和辐射交联聚烃热收缩管。

2）插接式母线槽维护方便。母线槽几乎不必维护，日常维护通常是测量外壳和穿芯螺栓的温升、进线箱的接头温升等，穿芯螺栓若采用4.8级，则需要定期紧固；若采用8.8级的高强螺栓，则不必定期紧固。

3）插接式母线槽散热性好。母线槽利用空气传导散热，并通过紧密接触的钢制外壳，把热量散发出去。

4）插接式母线槽能防止过载失火。母线槽外壳是钢制的，不会燃烧，即使铜排的绝缘材料发生燃烧，火苗也不会窜到母线槽外面。

5）插接式母线槽分接方便。所谓插接式母线槽，就是利用插接的方式把主干线的电源分接到支线去，因此分接十分方便。

（2）预分支电缆　预分支电缆是工厂在生产主干电缆时按用户设计图预制分支线的电缆，是近年来的一项新技术产品，与原技术相比具有优良的抗震性、气密性、防水性。一般结构如图9-8所示，由主干电缆、分支电缆、C形连接件、分支橡套四部分组成，并具有普通型、阻燃型（ZR）、耐火型（NH）三种类型。预分支电缆是高层建筑中母线槽供电的替代产品，该产品根据各个具体建筑的结构特点和配电要求，将主干电缆、分支

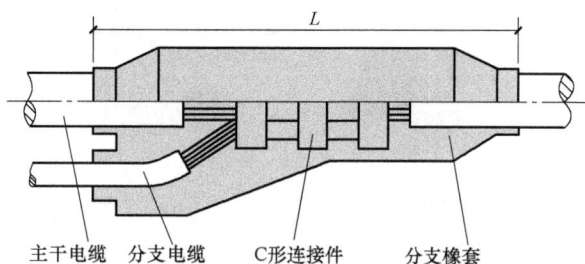

图 9-8　预分支电缆

线电缆、分支连接体三部分进行特殊设计与制造，产品到现场经检查合格后就可安装就位，极大地缩短了施工工期、减少了材料费用和施工费用，更好地保证了配电的可靠性。预分支电缆具有供电可靠、安装方便、占用建筑面积小、故障率低、价格便宜、免维修等优点，目前已广泛应用于中高层建筑采用电气竖井垂直供电的系统和隧道、机场、桥梁、公路等供电系统。

采用预分支电缆技术时，应先行测量建筑电气竖井的实际尺寸（竖井高度、层高、每层分支接头位置等），同时结合实际配电系统安装的位置量身定制。为避免因楼层功能改变引起容量的变动，宜将预分支电缆的干线和支线截面均放大一级，特殊情况还应预留分支线以供备用。

预分支电缆可以吊装或放装，采用放装（从上往下或从末端开始施放），用户需要向制造厂家提出。电缆在出厂复绕时要逆向复绕，无论是吊装还是放装，安装时每一楼层都要有专人监护，以免电缆刮伤。在电缆提升前应先安装钢丝网套，钢丝网套安装时要用扎紧线与电缆扎紧，其扎紧线应位于网套的末端。在电缆全部吊好后应及时将电缆固定在安装支架上，以减少网套承受的拉力，从而避免因拉力过大把电缆外护套拉坏。

（3）电缆穿刺线夹　电缆穿刺线夹施工技术是一种新的电缆连接器技术，是代替分线箱、T接箱最佳的产品，施工时无须截断主电缆，可在电缆任意位置做分支，不需要对导线和线夹做特殊处理，操作简单、快捷。与常规接线方式相比，电缆穿刺线夹施工技术免去了剥除绝缘层、搪锡或压接端子绝缘包扎等工序，减少了绝缘层、电线头等施工垃圾，降低了常规做法难以避免的环境污染，节省人工和安装费用。

一般穿刺分支接头结构多采用绝缘线芯穿刺线夹工艺制作，穿刺分支电缆的绝缘穿刺线夹具有力矩螺母和穿刺结构。力矩螺母用于保证恒定的接触压力，确保良好的电气接触，并同穿

215

刺结构一起使安装简便可靠。绝缘穿刺线夹的使用对干线的机械性能和电气性能影响小。

绝缘穿刺线夹主要由壳体、穿刺刀片、防水胶圈及螺栓组成。在做电缆分支时，先剥去电缆外层护套（无须剥去绝缘层），然后将分支电缆插入线夹支线帽并将其固定于主线分支位置，用套筒扳手拧线夹力矩螺母。在力矩螺母收紧的过程中，线夹上下两块暗藏有高导电金属穿刺刀片的绝缘体逐渐合拢，弧形密封护垫逐步紧贴电缆绝缘层。与此同时，穿刺刀片开始穿刺电缆绝缘层及金属导体，当护垫的密封程度和穿刺刀片与金属导体的接触达到最佳效果时，力矩螺母便会脱落，此时，主线和分支接通，且防水性能和电气效果最佳。穿刺线夹及安装示意图如图 9-9 所示。

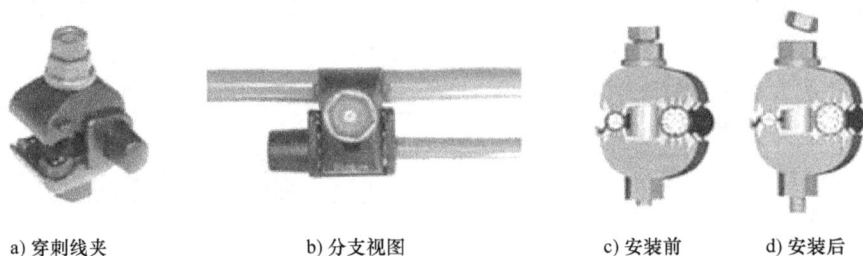

a) 穿刺线夹　　　　　b) 分支视图　　　　　c) 安装前　　　d) 安装后

图 9-9　穿刺线夹及安装示意图

9.3　安全用电

电能的产生及应用促进了人类文明的发展，电能在当今社会中，已成为生产、生活的血脉，但就像炸药、原子物理理论等一样，只有正确使用，才能发挥其积极的作用，避免不必要的人身、财产的损失。

9.3.1　触电事故

触电是指人体接触到带电体，电流流过人体造成的伤害。触电事故分为直接触电和间接触电两类。

1. 直接触电

直接触电是指人体直接接触到电气设备正常带电部分引起的触电事故。根据人体接触到供电线路导体的方式不同，直接触电又分为单线触电及双线触电。单线触电又分为人踩在地上、人体接触到相线导体（见图 9-10）及中性线导体（见图 9-11）两种形式；双线触电又分为人体同时触到一根相线与一根中性线（见图 9-12）及两根相线（见图 9-13）两种方式。

如图 9-10 所示，在 380/220V 三相四线制供电系统中，当人体接触到通电的相线导体时，人体接触到的电压为相电压 220V，电流通过人体到大地从而引起触电，触电的伤亡程度主要取决于人与大地的接触效果，如果地面潮湿，在触电人员的鞋底湿透的情况下，接触电阻就很小，人触电的可能性就很大，反之则可能性小。图 9-11 所示为人体接触到通电的中性线导体的情况，中性线的电压一般很低，但不等于零，其大小是由中性线中的电流与其电阻决定的，在电流较大、导线截面较小且线路较长时，在中性线上也可能产生一个不能忽视的电压，若人体与大地之间接触又较好，也会有触电的可能性。

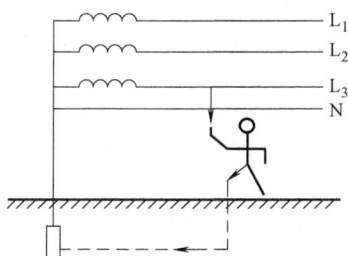

图9-10　单相线触电

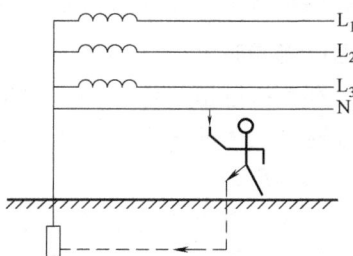

图9-11　中性线触电

如图9-12所示，在380/220V三相四线制供电系统中，人体同时接触到一根相线与一根中性线，人体两端的电压为220V，这种情况很危险，人不及时脱离电源，人的生命就很难保障。如图9-13所示，人体同时接触到两根相线，人体两端的电压为380V，这是最危险的一种触电方式。

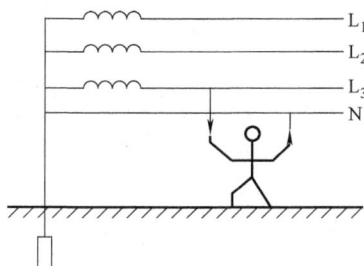

图9-12　相线与中性线之间双线触电

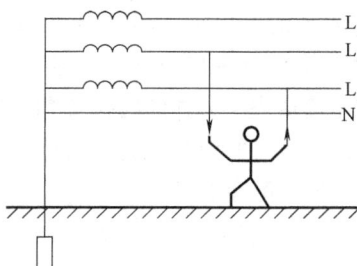

图9-13　两根相线之间双线触电

2. 间接触电

间接触电是指人体接触到正常情况下不带电、仅在事故情况下才会带电的部分而发生的触电事故。例如，电气设备的外露金属部分，在正常情况下是不带电的，但是当设备内部绝缘老化、破损时，内部带电部分会向外部本来不带电的金属部分漏电，在这种情况下，人体触及外漏金属部分便有可能触电。近年来，随着家用电器的使用日趋增多，间接触电事故所占比例正在上升。

3. 跨步电压

如图9-14所示，当电气设备的绝缘损坏或线路的一相断线落地时，落地点的电位就是导线的电位，

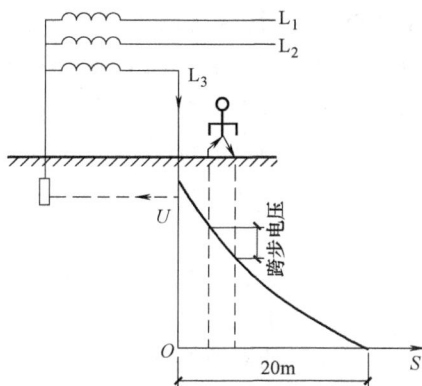

图9-14　跨步电压

电流就会从落地点或绝缘损坏处流入大地。如果有人走近导线落地点附近，由于人的两脚电位不同，则在两脚之间产生电位差，这个电位差叫作跨步电压。

9.3.2　触电防护

1. 安全电流及电压

按人体所受伤害方式的不同，触电又可分为电击和电伤两种。电击主要是指电流通过人体内部，影响呼吸系统、心脏和神经系统，造成人体内部组织的破坏，甚至导致死亡。电伤

主要是指电流的热效应、化学效应和机械效应等对人体表面或外部造成的局部伤害。当然，这两种伤害也可能同时发生。调查表明，绝大部分触电事故都是电击造成的，通常所说的触电事故基本上都是指电击。电击伤害的程度取决于通过人体电流的大小、电流通过人体的持续时间、电流通过人体的途径、电流的频率以及人体的健康状况等。50~60Hz 的交流电流通过心脏和肺部时危险性最大。

（1）安全电流　当工频电流为 0.5mA 时，人几乎无感觉；10mA 时，有针刺感、疼痛感，一般能摆脱带电体；在 50mA 的工频电流条件下，触电时间超过 0.1s，可产生强烈地不自主的肌肉收缩、呼吸困难，触电时间超过 1s，可能发生病理-生理学反应，如心跳停止、呼吸停止，心室纤维性颤动的概率随着电流的幅度和时间增加。民用建筑配电系统的单相插座回路一般设剩余电流动作保护器（RCD），规定时间内切断电源的剩余动作电流为 30mA，此时 TN 系统规定的最长切断时间为 0.4s。

（2）安全电压　作用于人体的电压越高，通过人体的电流越大，因此，如果能限制可能施加于人体上的电压值，就能使通过人体的电流限制在允许的范围内。这种为降低触电事故而采用的由特定电源供电的电压系列称为安全电压。

安全电压值取决于人体的阻抗值和人体允许通过的电流值。人体对交流电是成电容性的。在常规环境下，人体的平均总阻抗在 1kΩ 以上。当人体处于潮湿环境下，或皮肤破损时，人体的阻抗值会急剧下降。国际电工委员会（IEC）规定人体允许长期承受的接触电压极限，称为通用接触电压极限，在常规环境下，交流为 50V，直流（非脉动波）为 120V；在潮湿环境下，交流为 25V，直流为 60V。这就是说，在正常情况下，交流安全电压的极限值为 50V。

我国规定工频电压 42V、36V、24V、12V、6V 为常用安全电压等级。电气设备应根据使用环境、使用方式和工作人员状况等因素选用不同等级的安全电压。例如，手提照明灯、携带式电动工具可采用 42V 或 36V 的额定工作电压；若在工作环境潮湿又狭窄的隧道和矿井内，周围又有大面积接地导体时，应采用额定电压为 24V 或 12V 的电气设备。

安全电压的供电电源除独立电源外，供电电源的输入电路与输出电路之间必须实行电路上的隔离，工作在安全电压下的电路必须与其他电气系统和任何无关的可导电部分实行电气上的隔离。

电压降低了，发生触电的概率就会大大降低，这就是安全电压的实质。但安全电压的安全性，是相对于较高电压的电源线路而言的，其安全不是绝对的。也就是说，不能认为使用安全电压等级的电源线路时，人员绝对不会发生触电事故。

安全电压的安全性还表现在另一个方面，就是引起爆炸性混合气体爆炸的可能性大大降低。在有可能产生爆炸性混合气体的环境中，一种措施是选择防爆电气产品，保证电气接点的密封效果，使之与爆炸性混合气体完全隔离；另一种措施就是使用安全电压，在安全电压下，电气接点可能产生的火花会很弱，被点燃的可能性就会大大降低。

2. 安全的供电结构

安全电压措施只是在特殊情况下采用的安全用电措施。事实上，大多数电气设备都是采用 380/220V 低压供电系统供电的，其工作电压不是安全电压。当电气设备使用日久、绝缘老化而出现漏电，或者某一相绝缘损坏而使该相的带电体与外壳相碰，都会使外壳带电，人体触及外壳便有触电的危险，这是生产与生活用电中常见的触电事故。为减少触电事故的发生，我国相关设计规范，参照国际电工委员会的标准，规定了 TN、IT、TT 三种安全的供电结构及相关要求。

（1）TN 系统　如图 9-15 所示，在电源的中性点接地的三相四线制供电系统中，将用电设备的金属外壳与中性线可靠连接，这种结构称为 TN 系统。由于外壳与中性线相接，如果出现漏电或一相碰壳，该相线与中性线之间形成短路或接近短路，接于该线上的短路保护装置或过电流保护装置便会动作，迅速切断电源，消除触电危险。

TN 系统根据保护线的设置方式不同，又分为 TN-C、TN-S、TN-C-S 三种不同结构。

1）图 9-16 所示为 TN-C 系统，没有专门的 PE 线，由 N 线兼作 PE 线，称为 PEN 线。该系统的主要缺点是，因为 PEN 线是电路回路中的一部分，在正常情况下有电流流过，设备外壳与电路直接相连，一旦相线与中性线混淆，相线会直接连在设备外壳上，并且在实践中有很多设备插接件（插座、插头）相线与中性线位置是不固定的，混接是经常发生的，所以生产实践中这种方式已基本淘汰。

2）图 9-17 所示为 TN-S 系统，有专门的 PE 线，在正常情况下 PE 线中没有电流通过，除接地点之外，PE 线与 N 线相互绝缘，即设备外壳与供电回路相互绝缘。并且相关规范对 PE 线的颜色有明确规定，必须是黄绿双色，对其在插座的连接位置也有明确的规定。在中性线与相线混淆的情况下，仍能保证线路及用电人员的安全，在工程实践中从配电室变压器二次侧开始就有专用的 PE 线了，三相供电时引出五根线（L_1、L_2、L_3、N、PE），一直到用电建筑或大型用电设备。

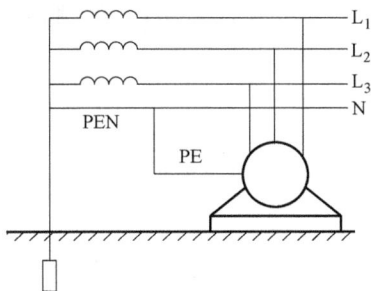

图 9-15　TN 系统

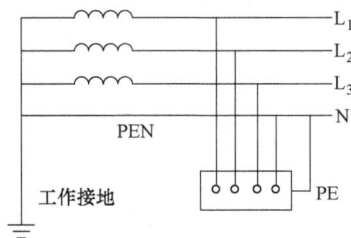

图 9-16　TN-C 系统

3）图 9-18 所示为 TN-C-S 系统，有些设备没有专门的 PE 线，由 N 线兼作 PE 线；有些设备有专门的 PE 线。三相供电时从配电室引出四根线（L_1、L_2、L_3、N），就是通常说的三相四线制。到了用电建筑或大型用电设备的配电柜以后，将中性线重复接地，然后再引出专用的 PE 线。

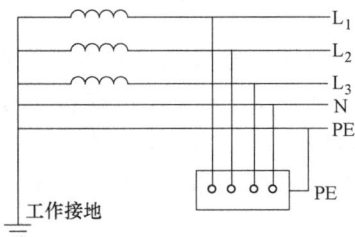

图 9-17　TN-S 系统

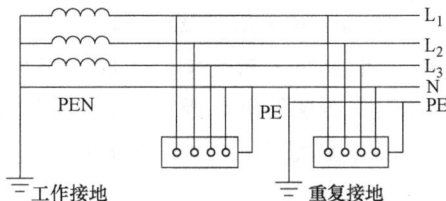

图 9-18　TN-C-S 系统

TN-S 系统与 TN-C-S 系统在工程实践中都有广泛的应用。TN-S 系统与 TN-C-S 相比，缺点是需五线供电，投资高，在 N 线不做重复接地的情况下（一般 PE 线做重复接地）用户一端的 N 线电压要高，中性点偏移较大，电压不对称稍严重；优点是配电室接地系统中的杂散电流大大降低，产生的干扰大大降低，在 N 线不做重复接地的情况下，配电室出线端可以选用漏电保护开关。TN-C-S 系统，N 线做重复接地，因此 N 线电压低，电压的对称性好，四线供电节约投资；缺点是有大量的 N 线电流从接地极返回造成干扰，配电室也不能选择漏电保护开关。

（2）IT 系统　如图 9-19 所示，在电源的中性点不接地的三相三线制供电系统中，将用电设备的金属外壳，通过接地装置与大地做良好的导电连接，这种结构称为 IT 系统。接地装置有人工与自然两种形式，人工接地装置是按规范埋入地下的钢管或角钢等金属导体，用扁钢连在一起；自然接地装置是利用埋在地下的金属管道（易燃、易爆的管道除外）或钢筋混凝土建筑物的基础兼作接地装置。接地效果用接地电阻表示，接地电阻越小，接地效果越好。由于采用了保护接地，即使在出现漏电或一相碰壳时，外壳的对地电压也接近于 0，人体触及外壳时比较安全。IT 系统由于与大地隔离，相线对地漏电火灾事故可以避免，因此在我国的煤矿等场所普遍采用，其余地方普遍采用的是 TN 系统。

（3）TT 系统　如图 9-20 所示，电源的中性点接地，而且用电设备外壳也接地的结构称为 TT 系统。这时如有一相漏电或碰壳，故障电流将经接地电阻 R_d、R_0 构成回路，电源电压 U_p 分压为用电设备的对地电压 U_d 和中性线的对地电压 U_0。与没有接地相比较，用电设备上的对地电压有所降低。但中性线上却产生了对地电压，而且 U_d、U_0 都可能超过安全值。人触及用电设备或中性线都可能发生触电事故。故障电流

$$I_d = \frac{U_p}{R_d + R_0} \tag{9-1}$$

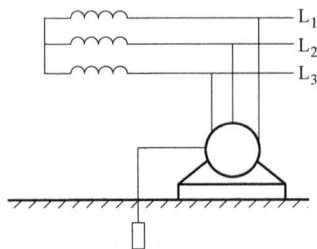

图 9-19　IT 系统

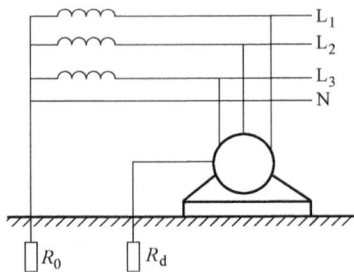

图 9-20　TT 系统

若 $U_p = 220V$、$R_d = R_0 = 4\Omega$，则 $I_d = 27.5A$，一般的短路保护装置和过电流保护装置不一定会动作，不能及时关断电源。因此，采用 TT 系统，必须使 R_d 的大小能保证出现故障时在规定的时间内切断供电电源，或保证用电设备外壳的对地电压不超过 50V。为了提高 TT 系统触电保护的灵敏度，使 TT 系统更为安全可靠，国家标准规定由 TT 系统供电的用电设备宜采用漏电开关。

在同一供电系统中，TN 和 TT 两种系统不宜同时采用，如果全部采用 TN 系统确有困难时，也可以部分采用 TT 系统。但采用 TT 系统的部分均应装设能自动切除故障的装置（包括漏电电流动作保护装置）或由隔离变压器供电。

9.4　变配电设备

变配电所中承担输送和分配电能任务的电路，称为一次电路或一次回路，也称为主电路。一次电路中所有的电气设备，称为一次设备。

凡用来控制、指示、监测和保护一次设备运行的电路，称为二次电路或二次回路，也称为副电路。二次电路通常接在互感器的二次侧。二次电路中的所有设备，称为二次设备。

一次设备按其功能，可分以下几类：

1) 变换设备：其功能是按电力系统工作的要求改变电压或电流等，例如电力变压器、电流互感器、电压互感器等。

2) 控制设备：其功能是按电力系统工作的要求控制一次设备的投入和切除，例如各种高低压开关。

3) 保护设备：其功能是用来对电力系统进行过电流和过电压等的保护，例如断路器、熔断器和避雷器等。

4) 补偿设备：其功能是用来补偿电力系统的无功功率，以提高电力系统的功率因数，例如并联电容器。

5) 成套设备：它是按一次电路接线方案的要求，将有关一次设备及二次设备组合为一体的电气装置，例如高压开关柜、低压配电屏、动力和照明配电箱等。

9.4.1　变压器

变压器是一种静止的电气设备，根据电磁感应原理，将一种形态（电压、电流、相数）的交流电能，转换成另一种形态的交流电能。

1. 变压器原理

变压器的主要部件是铁心和套在铁心上的两个绕组。两绕组只有磁耦合没电联系。在一次绕组中加上交变电压，产生交链一、二次绕组的交变磁通，在两绕组中分别感应电动势。单相变压器工作原理如图9-21所示。

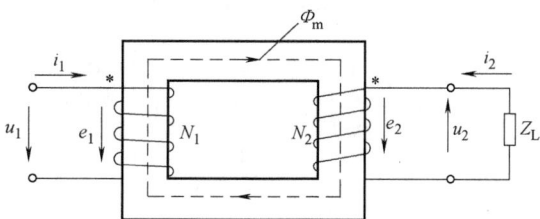

图 9-21　单相变压器工作原理

一次绕组接入交流电压 u_1，产生交变电流 i_1，铁心中产生交变磁通 Φ_m，两绕组中分别感应电动势 e_1、e_2，忽略磁路中的漏磁通，则

$$\begin{cases} u_1 = -e_1 = N_1 \dfrac{\mathrm{d}\Phi}{\mathrm{d}t} \\[2mm] u_2 = e_2 = -N_2 \dfrac{\mathrm{d}\Phi}{\mathrm{d}t} \end{cases} \tag{9-2}$$

若主磁通按正弦规律变化，即 $\Phi(t) = \Phi_m \sin\omega t$，则根据式（9-2），各物理量的有效值满足下列关系：

$$\frac{U_1}{U_2} = \frac{E_1}{E_2} = \frac{N_1}{N_2} \tag{9-3}$$

忽略绕组的电阻和铁心损耗，则一、二次侧功率守恒，于是有

$$U_1 I_1 = U_2 I_2 \qquad (9-4)$$

从而有：

$$\frac{U_1}{U_2} = \frac{I_2}{I_1} = \frac{N_1}{N_2} \qquad (9-5)$$

称 $k = \dfrac{N_1}{N_2}$ 为变压器的匝比或变比，$k = \dfrac{U_1}{U_2} = \dfrac{I_2}{I_1}$。

2. 变压器的分类及结构

变压器按用途分为电力变压器（升压、降压、配电）、特种变压器、仪用互感器（电压、电流互感器，脉冲变压器，阻抗匹配变压器）等；按绕组数目分为单绕组（自耦）变压器、双绕组变压器、三绕组变压器和多绕组变压器；按相数分为单相变压器、三相变压器和多相变压器；按铁心结构分为芯式变压器、壳式变压器、非晶合金变压器。变压器外形如图9-22所示。

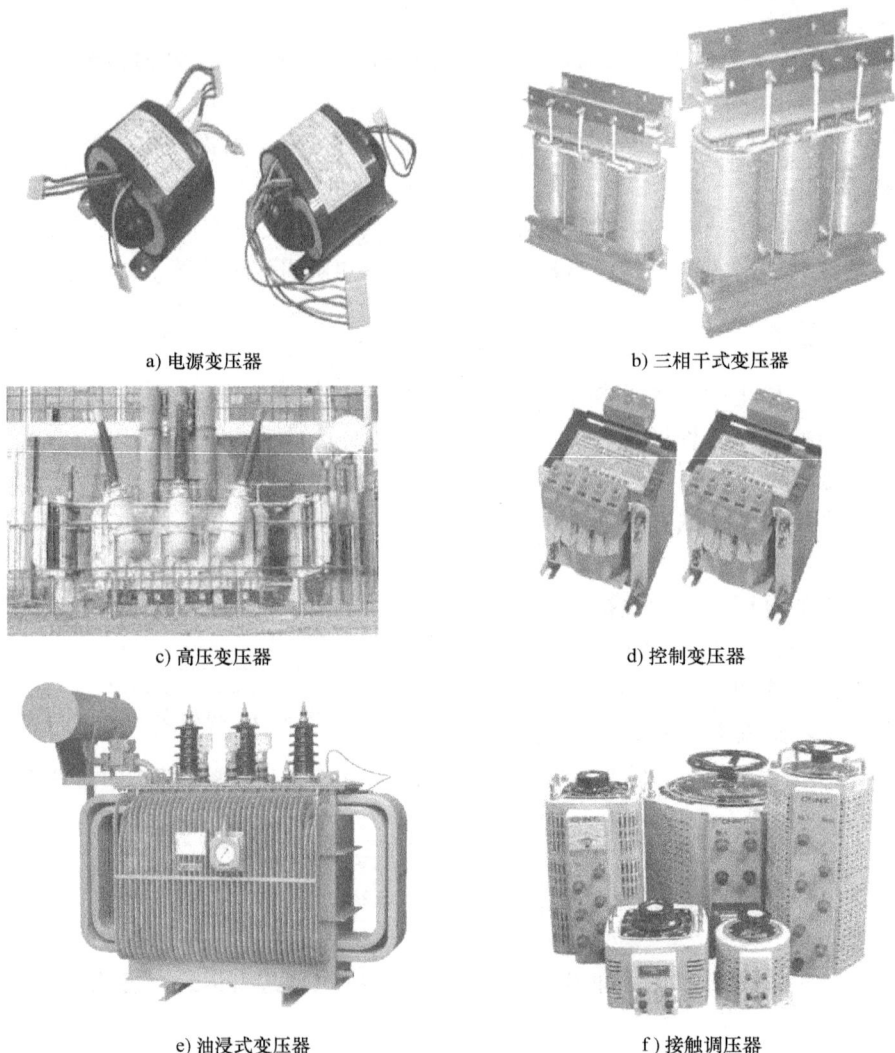

a) 电源变压器

b) 三相干式变压器

c) 高压变压器

d) 控制变压器

e) 油浸式变压器

f) 接触调压器

图 9-22 变压器外形

电力变压器（power transformer，文字符号为 T 或 TM），是变电所中最关键的一次设备，其功能是将电力系统中的电能电压升高或降低，以利于电能的合理输送、分配和使用。

电力变压器按功能分为升压变压器和降压变压器两大类。工厂变电所都采用降压变压器。直接供电给用电设备的终端变电所变压器，通常称为配电变压器。

电力变压器按容量系列分为 R8 容量系列和 R10 容量系列两大类。R8 容量系列是指容量等级是按 $R8 = \sqrt[8]{10} \approx 1.33$ 倍数递增的。我国老的电力变压器容量等级就采用这种系列，例如容量 100kV·A、135kV·A、180kV·A、240kV·A、320kV·A、420kV·A、560kV·A、750kV·A、1000kV·A 等。R10 容量系列是指容量等级是按 $R10 = \sqrt[10]{10} \approx 1.26$ 倍数递增的。我国现在的电力变压器容量等级都采用这种系列。这种容量系列的容量等级较密，便于合理选用，例如容量 100kV·A、125kV·A、160kV·A、200kV·A、250kV·A、315kV·A、400kV·A、500kV·A、630kV·A、800kV·A、1000kV·A 等。

电力变压器按相数分为单相和三相两大类，建筑物变电所通常都采用三相电力变压器。电力变压器按电压调节方式分为无载调压和有载调压两大类，建筑物变电所大多采用无载调压型变压器。电力变压器按绕组导体材质分为铜绕组变压器和铝绕组变压器两大类，变电所过去大多采用铝绕组变压器，而现在低损耗的铜绕组变压器已在变电所中得到广泛应用。电力变压器按绕组形式分为双绕组变压器、三绕组变压器和自耦变压器。电力变压器按绕组绝缘和冷却方式分为油浸式、干式和充气（SF_6）式等，其中油浸式又有油浸自冷式、油浸风冷式和强迫油循环冷却式等，建筑物变电所大多采用干式变压器。

电力变压器的基本结构包括铁心和一、二次绕组两大部分。图 9-23 所示是一般三相油浸式电力变压器的结构。

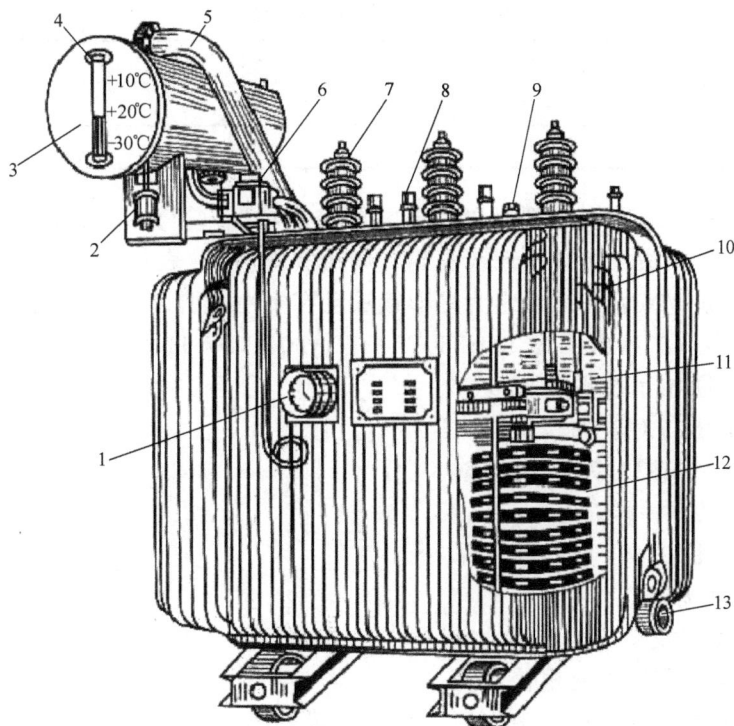

图 9-23 三相油浸式电力变压器的结构

1—温度计 2—吸湿器 3—储油柜 4—油位计 5—安全气道 6—气体继电器 7—高压套管
8—低压套管 9—分接开关 10—油箱 11—油箱铁心 12—线圈 13—放油阀门

3. 变压器主要参数

变压器主要参数有额定容量、额定电压、额定电流、阻抗电压（$u_d\%$）、空载电流、空载损耗（铁损）和短路损耗（铜损）等。

4. 变压器铭牌

变压器铭牌示意图如图 9-24 所示。

型号为 SL7-315/10，其中"S"代表三相，"L"代表铝导线，"7"代表设计序号，"315"代表额定容量为 315kV·A，"10"代表高压绕组额定电压为 10kV。

冷却条件 ONAN：内部油自然对流冷却方式。

可燃性油浸式变压器系列有 S7、SL7、S9、S11 等；环氧树脂浇注干式变压器有 SC8、SC10 等。

Yyn0 表示变压器的联结组标号。

电力变压器的联结组标号是指变压器一、二次绕组因采取不同的联结方式而形成变压器一、二次侧对应线电压之间的不同相位关系。

三相变压器首末端标记见表 9-2。

电力变压器	
产品型号 SL7-315/10	产品编号
额定容量 315kV·A	使用条件 户外式
额定电压 10000/400V	冷却条件 ONAN
额定电流 18.2/454.7A	阻抗电压 4%
额定频率 50Hz	器身吊重 765kg
相数　　三相	油重　　380kg
联结组标号 Yyn0	总重　　1525kg
制造厂	生产日期

图 9-24　变压器铭牌示意图

表 9-2　三相变压器首末端标记

绕组名称	首端	末端	中点
一次绕组	A、B、C	X、Y、Z	N
二次绕组	a、b、c	x、y、z	n

三相变压器的一、二次绕组都可以根据需要接成星形（Y）或三角形（△）。用 Y、y 表示一、二次的星形接法；如有中性线引出，则用 YN（yn）表示；用 D、d 表示一、二次的三角形接法。例如 YNd：一次绕组为星形接法且有中性线引出；二次绕组为三角形接法。6～10kV 配电变压器（二次电压为 220/380V）有 Yyn0 和 Dyn11 两种常见的联结组标号。

变压器 Dyn11 联结示意图如图 9-25 所示。其一次线电压与对应的二次线电压之间的相位关系，如同时钟在 11 点时分针与时针的相互关系一样。

配电变压器采用 Dyn11 联结较之采用 Yyn0 联结有下列优点：

1）对 Dyn11 联结的变压器来说，其 $3n$ 次（n 为正整数）谐波励磁电流在其三角形接线的一次绕组内形成环流，不致注入公共的高压电网中。这较之一次绕组接成星形接线的 Yyn0 联结变压器更

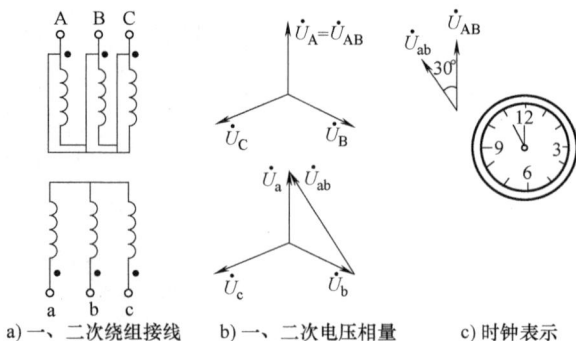

a) 一、二次绕组接线　　b) 一、二次电压相量　　c) 时钟表示

图 9-25　变压器 Dyn11 联结示意图

有利于抑制高次谐波电流。

2）Dyn11 联结变压器的零序阻抗较之 Yyn0 联结变压器的小得多，从而更有利于低压单相接地短路故障的保护和切除。

3）当接用单相不平衡负荷时，由于 Yyn0 联结变压器要求中性线电流不超过二次绕组额定电流的 25%，因而严重限制了接用单相负荷的容量，影响了变压器设备能力的充分发挥。为此，《供配电系统设计规范》（GB 50052—2009）规定：低压 TN 系统及 TT 系统宜选用 Dyn11 联结的变压器。Dyn11 联结变压器的中性线电流允许达到相电流的 75% 以上，其承受单相不平衡负荷的能力远比 Yyn0 联结变压器大。这在现代供电系统中单相负荷急剧增长的情况下，推广应用 Dyn11 联结的变压器就显得更有必要。

9.4.2 开关设备

1. 高压开关

高压开关主要包括高压熔断器、高压隔离开关、高压负荷开关、高压断路器。

（1）高压熔断器 熔断器（fuse，文字符号为 FU）是一种当所在电路的电流超过规定值并经一定时间后，使其熔体（fuse-element）熔化而分断电流、断开电路的一种保护电器。熔断器的功能主要是对电路和设备进行短路保护，但有的也具有过负荷保护的功能。

1）熔断器的结构与分类。熔断器按使用地点分为户内式和户外式，按是否有限流作用分为限流式和非限流式。供电系统中，室内广泛采用 RN1、RN2 等型高压管式熔断器；室外则广泛采用 RW4-10、RW10-10F 等型高压跌开式熔断器，也有的采用 RW10—35 型高压限流熔断器等。

① RN1 和 RN2 型户内高压管式熔断器的结构基本相同，都是瓷质熔管内充填石英砂的密闭管式熔断器。RN1 型主要用于高压线路和设备的短路保护，也能起过负荷保护的作用，其熔体要通过主电路的电流，因此其结构尺寸较大，额定电流可达 100A。而 RN2 型只用作高压电压互感器一次侧的短路保护。由于电压互感器二次侧连接的都是阻抗很大的电压线圈，致使它接近于空载工作，其一次侧电流很小，因此 RN2 型的结构尺寸较小，其熔体额定电流一般为 0.5A。

RN1、RN2 型高压管式熔断器主要由金属熔体（熔丝）、触头、灭弧装置（熔管）、绝缘底座组成，详细结构如图 9-26 所示。正常工作时起导通电路的作用，在故障情况下熔体首先熔化，从而切断电路实现对其他电路的保护。

② 跌开式熔断器（drop-out fuse，文字符号一般用 FD，负荷型用 FDL），又称为跌落式熔断器，广泛应用于环境正常的室外场所。其功能是：既可作 6~10kV 线路和设备的短路保护，又可在一定条件下，直接用高压绝缘操作棒来操作熔管的分合。一般的跌开式熔断器如 RW4-10G 型等，只能在无负荷下操作，或通断小容量的空载变压器和空载线路等，其操作要求与下面将要介绍的高压隔离开关相同。而负荷型跌开式熔断器如 RW10-10F 型，则能带负荷操作，其操作要求与下面将要介绍的负荷开关相同。

图 9-27 所示是 RW4-10G 型跌开式熔断器。它串接在线路上。正常运行时，其熔管上端的动触头借熔丝张力拉紧后，利用绝缘操作棒将此动触头推入上静触头内锁紧，同时下动触头与下静触头也相互压紧，从而使电路接通。当线路上发生短路时，短路电流使熔丝熔断，形成电弧。消弧管（熔管）由于电弧烧灼而分解出大量气体，使管内压力剧增，并沿管道

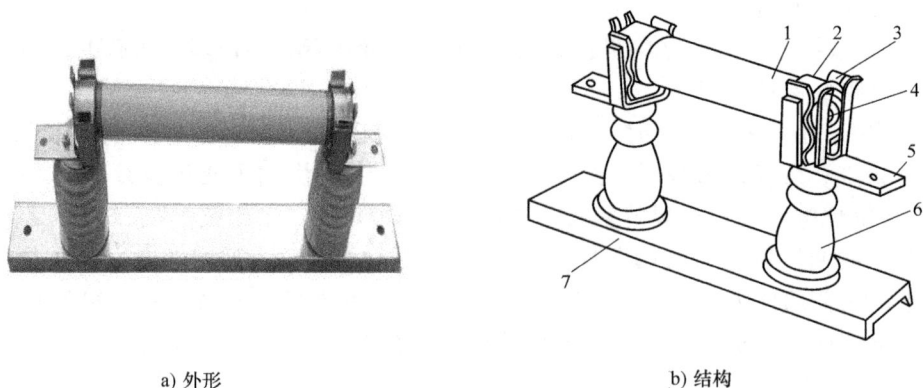

a) 外形　　　　　　　　　　　　　　b) 结构

图 9-26　RN 熔断器

1—磁熔管　2—金属管帽　3—弹性触座　4—熔断指示器　5—接线端子　6—瓷绝缘子　7—底座

形成强烈的气流纵向吹弧，使电弧迅速熄灭。熔管的上动触头因熔丝熔断后失去张力而下翻，使锁紧机构释放熔管，在触头弹力及熔管自重作用下，回转跌开，造成明显可见的断开间隙，兼起隔离开关的作用。

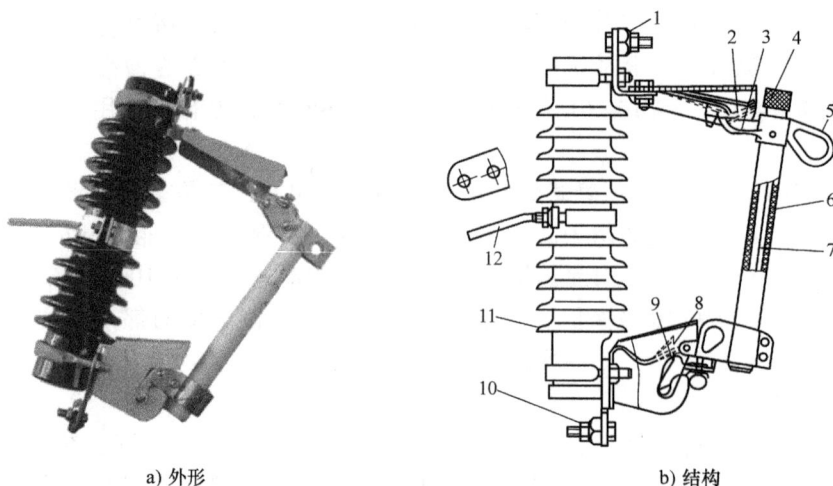

a) 外形　　　　　　　　　　　　　　b) 结构

图 9-27　RW4-10G 型跌开式熔断器

1—上接线端子　2—上静触头　3—上动触头　4—管帽（带薄膜）　5—操作环
6—熔管（外层为酚醛纸管或环氧玻璃布管，内套纤维质消弧管）　7—铜熔丝
8—下动触头　9—下静触头　10—下接线端子　11—瓷绝缘子　12—固定安装板

图 9-28 所示是 RW10 限流型熔断器，由瓷套、熔管、棒式支柱绝缘子和接线端帽、紧固法兰组成。熔管装于瓷套中，熔件放在充满石英砂填粒的熔管内。这种熔断器的熔管是用抱箍固定在棒式支柱绝缘子上的，所以熔丝熔断后不能自动跌开，更无可见的断开间隙。灭弧原理与 RN 系列相同。

2）熔断器的主要技术参数有熔断器的额定电压、熔断器的额定电流、熔体的额定电流、熔断器的极限分断能力等。

（2）高压隔离开关　高压隔离开关（high-voltage disconnector，文字符号为 QS）的功能

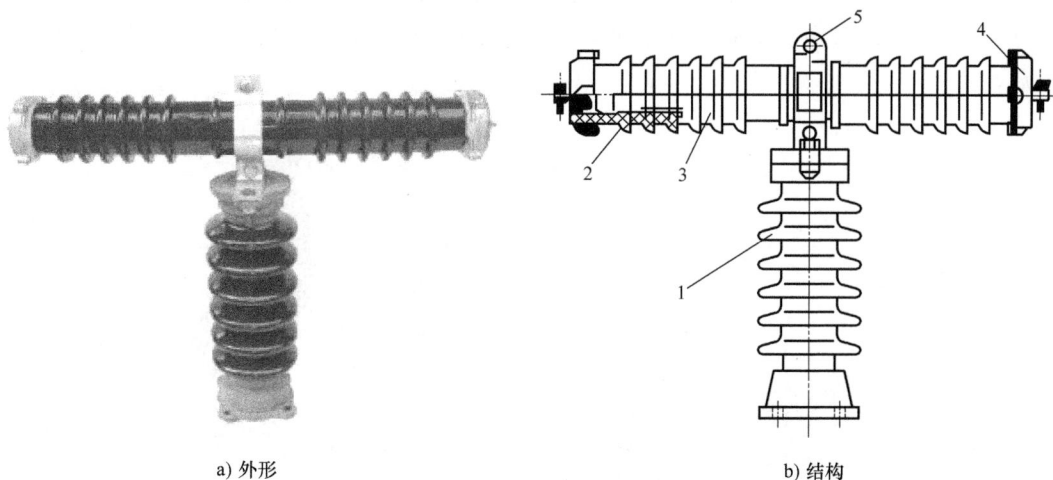

a) 外形　　　　　　　　　　　　　　　　　　　b) 结构

图 9-28　RW10 限流型熔断器
1—棒式支柱绝缘子　2—熔管　3—瓷套　4—接线端帽　5—紧固法兰

主要是隔离高压电源，以保证其他设备和线路的安全检修。因此其结构有如下特点：断开后有明显可见的断开间隙，而且断开间隙的绝缘及相间绝缘都是足够可靠的，能充分保证设备和线路检修人员的人身安全。但是隔离开关没有专门的灭弧装置，因此不允许带负荷操作。然而它可用来通断一定的小电流，如励磁电流不超过 2A 的空载变压器、电容电流不超过 5A 的空载线路以及电压互感器和避雷器等。

1）隔离开关的作用。

① 隔离电源，保证安全。隔离开关的主要用途是保证检修装置时工作的安全。在需要检修的部分和其他带电部分之间，用隔离开关构成足够大的明显可见的空气绝缘间隔。隔离开关的断口在任何状态下都不能发生火花放电，因此它的断口耐压一般比其对地绝缘的耐压高出 10%～15%。必要时应在隔离开关上附设接地开关，供检修时接地用。

② 倒闸操作。即用隔离开关将电气设备或线路从一组母线切换到另一组母线上。保证隔离开关"先通后断"（在等电位状态下，隔离开关也可以单独操作），这种断路器与隔离开关间的操作顺序必须严格遵守，绝不能带负荷拉隔离开关，否则将造成误操作，产生电弧而导致严重的后果。

③ 可用来分、合线路中的小电流。隔离开关没有灭弧装置，不能开断或闭合负荷电流和短路电流，但具有一定的分、合小电感电流和电容电流的能力。如套管、母线、连接头、短电缆的充电电流，开关均压电容的电容电流，双母线换接时的环流以及电压互感器的励磁电流等。

2）隔离开关的分类与结构。高压隔离开关按安装地点分为户内式和户外式两大类；按极数分为单极和三极；按动作方式分为旋转式、闸刀式、插入式；按绝缘支柱数目分为单柱式、双柱式和三柱式；按操动机构分为手动式、电动式和液压式；按有无接地开关分为带接地开关和不带接地开关。

图 9-29 所示是插入式户内高压隔离开关；图 9-30 所示是 GW5-110D 型户外高压隔离开关，开关由底座、棒式支柱绝缘子、导电开关、接线端子、接地开关、支撑座等组成，也称

为 V 形隔离开关。根据需要该隔离开关可装配接地开关，广泛用于 35~110kV 电压等级中。

3）隔离开关的参数有额定电压、额定电流、热稳定电流、接线端子额定静拉力、动稳定电流等。

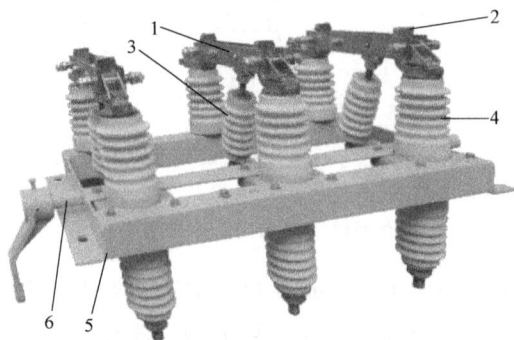

图 9-29　插入式户内高压隔离开关
1—动触头　2—静触头　3—拉杆绝缘子
4—支柱绝缘子　5—基座　6—转轴

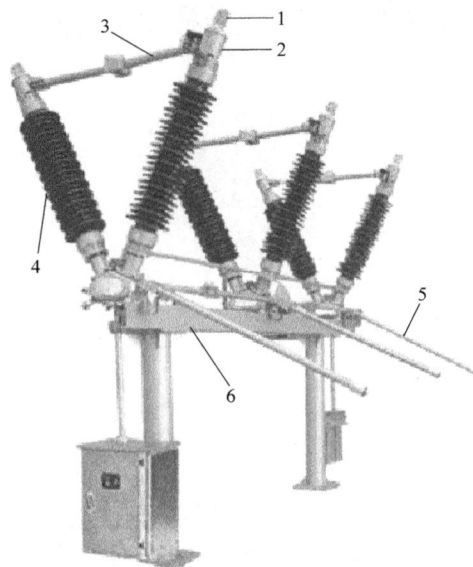

图 9-30　GW5-110D 型户外高压隔离开关
1—接线端子　2—支撑座　3—导电开关
4—棒式支柱绝缘子　5—接地开关　6—底座

（3）高压负荷开关　高压负荷开关（high-voltage load switch，文字符号为 QL），具有简单的灭弧装置，能通断一定的负荷电流和过负荷电流，但不能断开短路电流，因此它必须与高压熔断器串联使用，以借助熔断器切除短路故障。负荷开关断开后，与隔离开关一样，具有明显可见的断开间隙，因此它也具有隔离电源、保证安全检修的功能。

高压负荷开关按照安装地点分为户内式和户外式；按灭弧形式和灭弧介质主要分为六种：固体产气式高压负荷开关、压气式高压负荷开关、压缩空气式高压负荷开关、SF_6 式高压负荷开关、油浸式高压负荷开关、真空式高压负荷开关。

1）固体产气式高压负荷开关：利用开断电弧本身的能量使弧室的产气材料产生气体吹灭电弧，其结构较为简单，适用于 35kV 及以下的产品。

2）压气式高压负荷开关：利用开断过程中活塞的压气吹灭电弧，其结构也较为简单，适用于 35kV 及以下产品。

3）压缩空气式高压负荷开关：利用压缩空气吹灭电弧，能断开较大的电流，其结构较为复杂，适用于 60kV 及以上的产品。

4）SF_6 式高压负荷开关：利用 SF_6 气体灭弧，其断开电流大，断开电容电流性能好，但结构较为复杂，适用于 35kV 及以上的产品。

5）油浸式高压负荷开关：利用电弧本身能量使电弧周围的油分解气化并冷却熄灭电弧，其结构较为简单，但质量大，适用于 35kV 及以下的户外产品。

6）真空式高压负荷开关：利用真空介质灭弧，电寿命长，相对价格较高，适用于

220kV 及以下的产品。

FN3-10（R）型户内交流高压负荷开关如图 9-31 所示，是三相交流 50Hz 的高压开关设备，用于额定电压为 10kV 的电力系统中，作为正常情况下分合电路之用。负荷开关带有 RN 型高压熔断器，可断开短路电流，作为过载与短路之用。

图 9-31 FN3-10（R）型户内交流高压负荷开关

负荷开关由底架、传动机构、支柱绝缘子、刀开关及灭弧装置等部分组成，底架由钢板焊接而成，并装有传动机构。刀开关借支柱绝缘子固定在底架上，刀开关接触点铆有限触头，端部装有弧动触头。灭弧装置由绝缘气缸及喷嘴构成。在底架上还配有跳扣、凸轮与快速合闸弹簧，可进行快速合闸动作。

高压负荷开关的参数主要有额定电压、额定电流、动稳定电流、热稳定电流等。

（4）高压断路器 高压断路器是指额定电压为 1kV 及以上主要用于断开或关合电路的高压电器。高压断路器（high-voltage circuit-breaker，文字符号为 QF，见图 9-32）的功能是，不仅能通断正常的负荷电流，而且能接通和承受一定时间的短路电流，并能在保护装置作用下自动跳闸，切除短路故障。

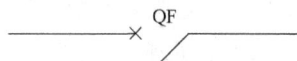

图 9-32 高压断路器电气符号

1）高压断路器的作用。

① 控制作用。根据电力系统运行的需要，将部分或全部电气设备，以及部分或全部线路投入或退出运行。

② 保护作用。当电力系统某一部分发生故障时，它和保护装置、自动装置相配合，将该故障部分从系统中迅速切除，减少停电范围，防止事故扩大，保护系统中各类电气设备不受损坏，保证系统无故障部分安全运行。

③ 安全隔离作用。断开高压断路器和隔离开关，可将电气设备与高压电源隔离，保证设备和工作人员的安全。

④ 自动重合闸。为了提高供电的连续性，故装有自动重合闸装置。自动重合闸是断路器在故障跳闸以后，经过一定的时间间隔又自动进行再次关合。重合后，如果故障已消除，即恢复正常供电，称为自动重合成功。如果故障并未消除，则断路器必须再次断开故障电流，这种情况称为自动重合失败。在自动重合失败后，如已知为永久性故障应立即组织检修，但有时运行人员无法判断故障是暂时性还是永久性，而该电路供电又很重要，允许 3min 后再强行合闸一次，称为"强送电"。同样，强送电也可能成功或失败。一旦失败，断

路器必须再断开一次短路电流。

2）高压断路器的基本组成。高压断路器的基本组成如图 9-33 所示。

断开元件：断开、关合电路和安全隔离电源；包括导电回路、动静触头和灭弧装置。

绝缘支撑元件：支撑开关的器身，承受断开元件的操动力和各种外力，保证断开元件的对地绝缘；包括瓷柱、瓷套管和绝缘管。

传动元件：将操作命令和操作动能传递给动触头，包括连杆、拐臂、齿轮、液压或气压管道。

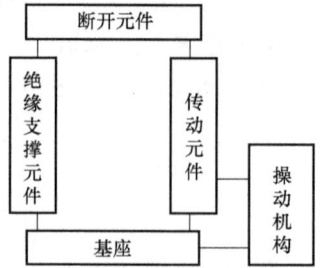

图 9-33　高压断路器的基本组成

基座：用来支撑和固定开关。

操动机构：用来提供能量，操动开关分、合闸，有电磁、液压、弹簧、气动等。

3）高压断路器的分类。根据安装地方的不同，高压断路器可以分为户外断路器和户内断路器；按其采用的灭弧介质不同，分为油断路器、六氟化硫（SF$_6$）断路器、真空断路器以及压缩空气断路器、磁吹断路器、自产气断路器等，其中过去应用最广的是油断路器，但现在它已在很多场所被真空断路器和六氟化硫（SF$_6$）断路器所取代。油断路器现在主要在原有的老配电装置中继续使用。

油断路器按其油量多少和油的功能，又分为多油式和少油式两大类。多油断路器的油量多，其油一方面作为灭弧介质，另一方面又作为相对地（外壳）甚至作为相与相之间的绝缘介质。而少油断路器的油量很少（一般只有几千克），其油只作为灭弧介质。过去 3～10kV 户内配电装置中广泛采用少油断路器。

高压断路器如图 9-34 所示。

4）高压断路器的技术参数有额定电压、额定电流、额定开断电流、额定峰值耐受电流（动稳定电流）、额定短时耐受电流（热稳定电流）、额定短路持续时间（额定热稳定时间）和额定短路关合电流等。

2. 低压开关

低压开关是指供电系统中 1000V 及以下的开关设备。本部分介绍常用的低压熔断器、低压刀开关、熔断器式刀开关、低压负荷开关、低压隔离开关、低压断路器和漏电保护器等。

（1）低压熔断器　熔断器其实就是一种短路保护器，广泛用于配电系统和控制系统，主要进行短路保护或严重过载保护。当该电路发生过载或短路故障时，如果通过熔断器的电流达到或超过了某一定值，在熔体产生的热量便会使其温度升高到熔体金属的熔点，于是熔体自行熔断，并以此切断故障电流，完成保护任务。熔断器具有反时限特性，当过载电流小时，熔断时间长；过载电流大时，熔断时间短。

1）低压熔断器的分类。低压熔断器按结构形式分为插入式熔断器（RC 型）、螺旋式熔断器（RL 型）、无填料管式熔断器（RM 型）、有填料管式熔断器（RT 型）、快速式熔断器（RS 型）等；按分断电流范围分为全范围分断能力、部分范围分断能力；按使用类别分为一般用途、保护电动机用途。

① 螺旋式熔断器。在熔断管装有石英砂，熔体埋于其中，熔体熔断时，电弧喷向石英

a) 高压真空断路器

b) 户内少油断路器

c) 柱上多油断路器

d) SF₆断路器

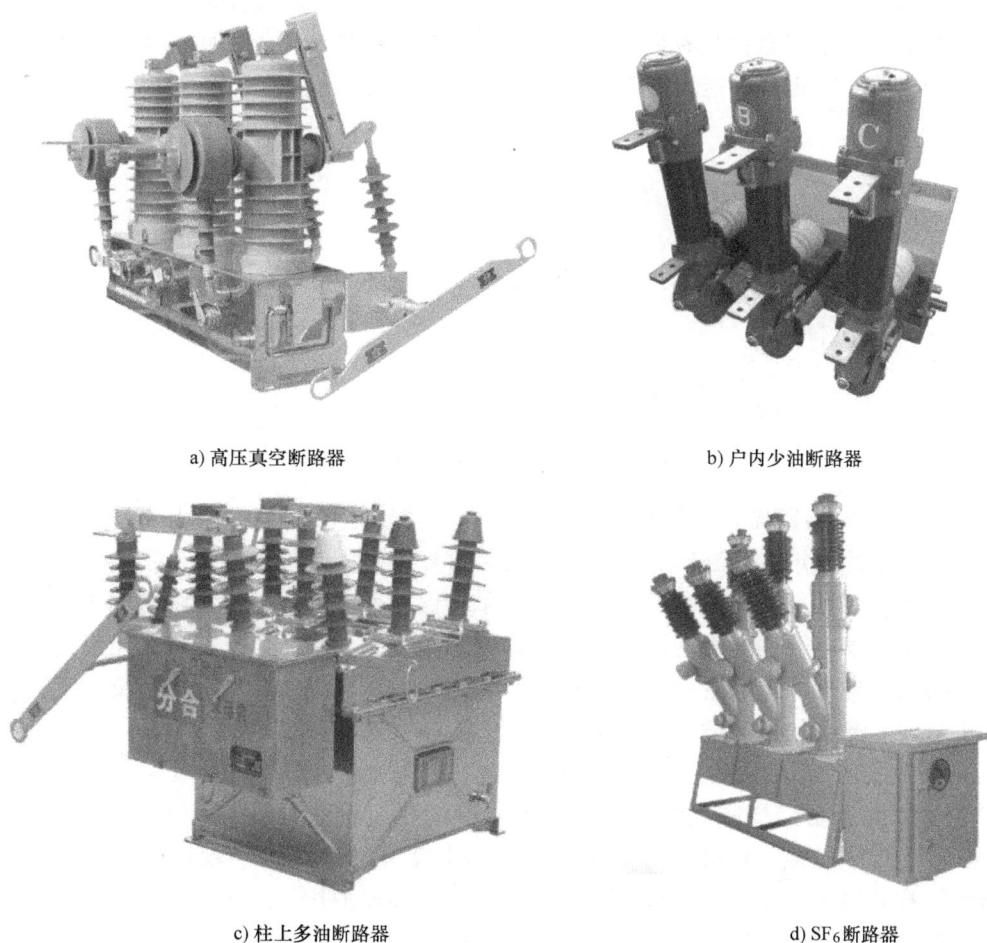

图 9-34　高压断路器

砂及其缝隙，可迅速降温而熄灭。为了便于监视，熔断器一端装有色点，不同的颜色表示不同的熔体电流，熔体熔断时，色点跳出，示意熔体已熔断。螺旋式熔断器额定电流为 5～200A，主要用于短路电流大的分支电路或有易燃气体的场所。该熔断器结构主要由瓷帽、熔断管（熔芯）、瓷套、上接线端、下接线端及底座等组成，如图 9-35 所示。

② 有填料管式熔断器。有填料管式熔断器是一种有限流作用的熔断器，由填有石英砂的瓷熔管、触点和镀银铜栅状熔体组成，如图9-36 所示。熔管通常由管体、熔体（工作熔体和指示器熔体）、指示器、石英砂和触刀等组成。

a) 结构　　　　b) 外形

图 9-35　螺旋式熔断器

有填料管式熔断器均装在特别的底座上，如带隔离开关的底座或以熔断器为隔离开关的底座上，通过手动机构操作。有填料管式熔断

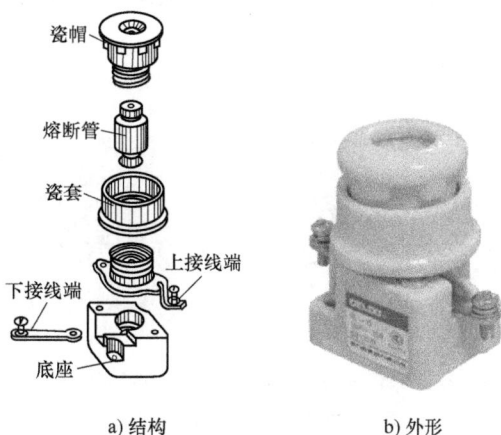

器额定电流为 50~1000A，主要用于短路电流大的电路或有易燃气体的场所。此类熔断器一般用于工业中，使用安全；具有良好的过载保护反时限特性和短路保护特性；有指示器，便于识别故障电路；额定分断能力高于无填料封闭管式；经济性不高。

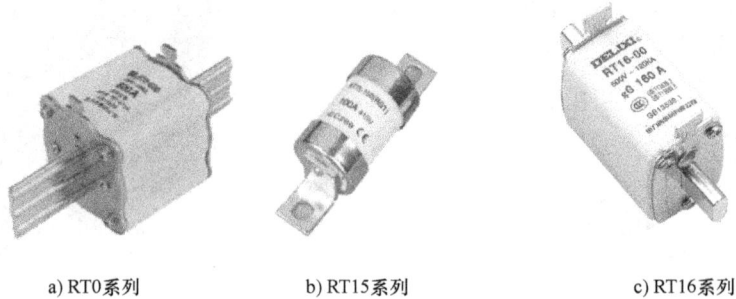

a) RT0系列　　　　　　　b) RT15系列　　　　　　　c) RT16系列

图 9-36　有填料管式熔断器

③ 无填料管式熔断器。无填料管式熔断器的熔丝管是由纤维物制成的。使用的熔体为变截面的锌合金片。熔体熔断时，纤维熔管的部分纤维物因受热而分解，产生高压气体，使电弧很快熄灭。无填料管式熔断器具有结构简单、保护性能好、使用方便等特点，一般均与刀开关组成熔断器刀开关组合使用。当熔断器的额定电流在100A以下时，采用圆筒帽形结构，此结构由铜螺母、绝缘管和熔体等组成；当熔断器的额定电流在100A及以上时，采用刀形触头结构，此结构由熔体（变截面锌片）、触刀、铜螺母和绝缘管（钢纸管）等组成，如图 9-37 所示。

④ 快速式熔断器。快速式熔断器是一种快速动作型的熔断器，由熔断管、触点底座、动作指示器和熔体组成。熔体为银质窄截面或网状形式，熔体为一次性使用，不能自行更换。由于其具有快速动作性，一般作为半导体整流元件保护用。RS0 系列主要用于硅整流器件及其成套装置的短路保护，额定电流为 30~500A，额定分断能力为 30~50kA；RS3 系列用于晶闸管及其成套装置的短路保护，额定电流为 10~300A，额定分断能力为 25~50kA。这两个系列的快速式熔断器如图 9-38 所示。

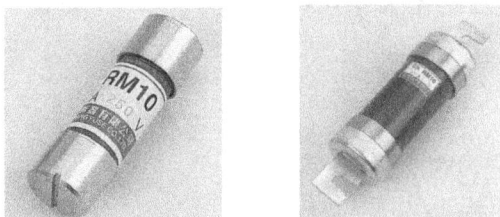

a) 圆筒帽形触头　　　　　b) 刀形触头

图 9-37　无填料管式熔断器

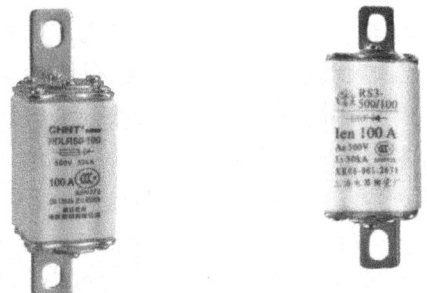

a) RS0系列　　　　b) RS3系列

图 9-38　快速式熔断器

2）低压熔断器的主要技术参数有额定电压、额定电流、额定分断能力和时间-电流特性等。

（2）低压刀开关、熔断器式刀开关、低压负荷开关、低压隔离开关

1）低压刀开关。低压刀开关（low-voltage knife-switch，文字符号为 QK）因其具有刀形动触头而得名，主要用于不频繁操作的场合。其分类方式很多。低压刀开关按其操作方式分为单投和双投；按其极数分为单极、双极和三极；按其有无灭弧结构分为不带灭弧罩和带灭弧罩两种（见图 9-39）。不带灭弧罩的刀开关，一般只能在无负荷下操作，主要作为隔离开关使用。带灭弧罩的刀开关能通断一定的负荷电流。

2）熔断器式刀开关。熔断器式刀开关（fuse-switch，文字符号为 QKF 或 FU-QK），又称为刀熔开关，是一种由低压刀开关与低压熔断器组合的开关电器，也主要用于不频繁操作的场合。最常见的 HR3 型刀熔开关，就是将 HD 型刀开关的闸刀换以 RT0 型熔断器的具有刀形触头的熔管，如图 9-40 所示。

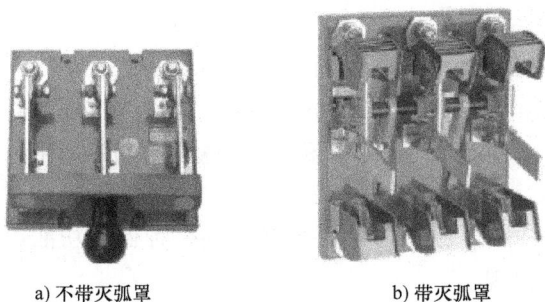

a) 不带灭弧罩　　　　　　b) 带灭弧罩

图 9-39　低压刀开关　　　　　　　　　　图 9-40　刀熔开关

刀熔开关具有刀开关和熔断器的双重功能。采用这种组合型开关电器，可以简化配电装置的结构，经济实用，因此越来越广泛地在低压配电屏上安装使用。

3）低压负荷开关。低压负荷开关（low-voltage load switch，文字符号为 QL）是由带灭弧装置的刀开关与熔断器串联组合而成，外装封闭式铁壳或开启式胶盖的开关电器，也主要用于不频繁操作的场合，如图 9-41 所示。

低压负荷开关具有带灭弧罩刀开关和熔断器的双重功能，既可带负荷操作，又能实现短路保护；但其熔断器熔断后，需更换熔体后才能恢复供电。

4）低压隔离开关。低压隔离开关具有接通、承载、分断正常电流功能；能够承载规定时间内的短路电流，可接通短路电流，能同时具备隔离功能，具有电气间隙和断开位置指示灯。低压隔离开关电气符号和某产品外观如图 9-42 所示。

（3）低压断路器

1）低压断路器的作用。低压断路器（low-voltage circuit-breaker，文字符号为 QF），又称为自动开关（auto-switch），既能带负荷通断电路，

a) 开启式　　　　　　b) 封闭式

图 9-41　低压负荷开关

又能在短路、过负荷和欠电压情况下自动跳闸，其功能与高压断路器类似。

过载长延时保护：当线路过载时，断路器会延时一段时间，延时后若仍然存在过载则断路器就跳闸，这个时间一般在秒级。

短路短延时保护：当发生短路时断路器会延时后跳闸，这个时间一般在毫秒级。

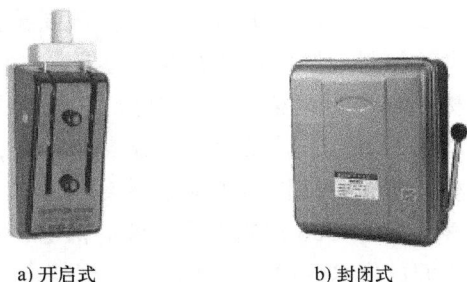

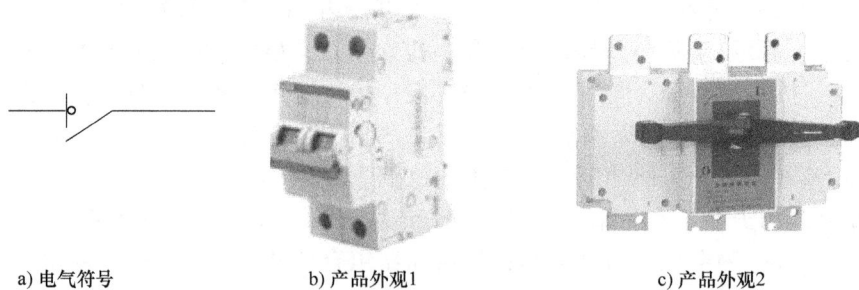

a) 电气符号   b) 产品外观1   c) 产品外观2

图 9-42   低压隔离开关

短路瞬时保护：当发生短路电流时断路器瞬间即跳闸以保护线路，一般这样的短路电流往往非常大，灾难性更强。

接地保护：当中性线电流超过设定值时断路器会自动跳闸的一种保护功能。

漏电保护：当电流没经过导体而直接与外界连接时断路器的一种保护功能，目的是防止触电，是断路器的一种附加保护功能，有此功能的断路器称为带漏电保护的断路器（RCD）。

欠电压保护功能：当电源电压低于额定电压一定范围时断路器跳闸的一种保护功能，这是断路器非标配的功能，需要单定欠电压线圈实现。

2）低压断路器的分类与结构。低压断路器按灭弧介质分为空气断路器和真空断路器等；按用途分为配电用断路器、电动机用断路器、照明用断路器和漏电保护断路器等；按操作机构的控制方法分为有关人力操作、无关人力操作，有关动力操作、无关动力操作、储能操作；按是否适合隔离分为适合隔离、不适合隔离；按安装方式分为固定式、插入式和抽屉式；按极数分为单极、二极、三极和四极。

配电用低压断路器按保护性能分为非选择型和选择型两类。非选择型断路器一般为瞬时动作，只作短路保护用；也有的为长延时动作，只作过负荷保护用。选择型断路器有两段保护、三段保护和智能化保护等。两段保护为瞬时或短延时与长延时特性两段。三段保护为瞬时、短延时与长延时特性三段。其中瞬时和短延时特性适用于短路保护，而长延时特性适用于过负荷保护。图 9-43 所示为低压断路器的三种保护特性曲线。而智能化保护，其脱扣器为微机控制。保护功能更多、选择性更好的断路器通称智能型断路器。配电用低压断路器按结构形式分为框架式（ACB）、塑料外壳式（MCCB）和微型断路器（MCB）三大类，如图 9-44 所示。三者之间的关系打个比方，如果说 ACB 是大树的树干，那么 MCCB 就相当于树枝，而 MCB 相当于树叶：流经树干的水流（电流）比树枝大，更比树叶大。如果在一栋大楼上就是 ACB 控制整个大楼的供电，MCCB 控制一个楼层的供电，而 MCB 就只能控制一个房间的供电。框架式断路器：框架电流范围为 630～6300A，主要用于低压配电系统的进线、母联及其他大电流回路的关合。塑料外壳式断路器：框架电流范围为 80～1250A，主要用于低压配电系统的进出线、电动机保护。微型断路器：额定电流范围为 1～125A，主要用于建筑物和用电设备的终端配电箱内。

框架式断路器，又称为万能式断路器。它是敞开地装设在金属框架上的，而其保护方案和操作方案较多，装设地点也很灵活，故有"万能式"或"框架式"之名。它主要用作低压配电装置的主控制开关。万能式断路器部件包括：

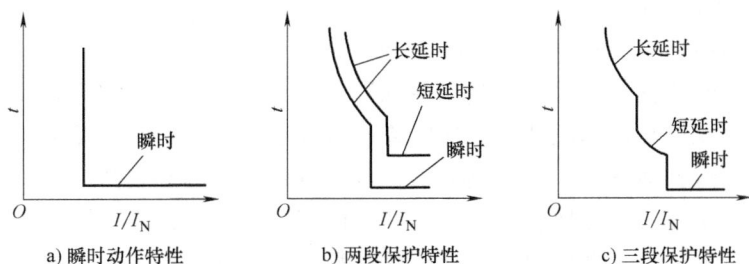

a) 瞬时动作特性　　b) 两段保护特性　　c) 三段保护特性

图 9-43　低压断路器的保护特性曲线

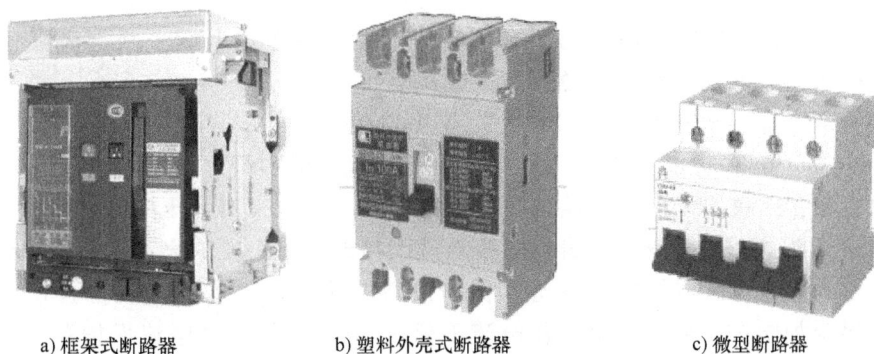

a) 框架式断路器　　b) 塑料外壳式断路器　　c) 微型断路器

图 9-44　配电用低压断路器

① 触头系统　包括导电部分加绝缘座，接通和分断电流。

② 灭弧室：灭弧。

③ 自由脱扣机构　用手动操作触头的分、合，在出现过载、短路时可自由脱扣。

④ 电动操作机构。

⑤ 过电流脱扣器，一般有热磁脱扣器和电子脱扣器。热磁脱扣是热脱扣和磁脱扣的合称。热脱扣是利用双金属片受过载电流产生的热量发生形变触动脱扣机构的一种脱扣方式。由于金属片变形速度慢，所以只用于过载长延时保护用。磁脱扣是利用励磁线圈通电后产生的磁场吸引衔铁触发脱扣机构的一种脱扣方式。磁脱扣可以再瞬间分断线路，所以被用来作为短路保护。利用热磁原理结合后的断路器既具有过载保护又具有短路保护，只有磁脱扣器的断路器又称为瞬时脱扣，两者兼具的断路器又称为复式脱扣。电子脱扣技术是 20 世纪 60 年代随着计算机技术的发展而产生的，其工作原理是利用电子电路监测实际电流值再与设定的应跳闸电流相比对，当超过设定值后便跳闸的一种脱扣技术。

⑥ 分励脱扣器　远距离控制断路器，$(70\% \sim 110\%)U_n$ 时应能脱扣。

⑦ 欠电压脱扣器　电压 $\geqslant 85\%U_e$ 应能保证产品闭合，下降到 $35\% \sim 75\%U_e$ 范围时应动作，低于 $35\%U_e$ 时应能防止产品闭合。

⑧ 辅助触头。

⑨ 二次接线座等。

塑料外壳式断路器，又称为装置式自动开关，其全部机构和导电部分都装设在一个塑料外壳内，仅在壳盖中央露出操作手柄，供手动操作用。它通常装设在低压配电装置中。塑料外壳式断路器结构主要包括过电流脱扣器（包括过载和短路脱扣器）、灭弧装置、触头系

235

统、操作机构、外壳、接线端子。

塑料外壳式断路器中，有一类是 63A 及以下的小型断路器，为模数化结构并且尺寸小，因此通常称为微型断路器。现在广泛应用在低压配电系统的终端，作为各种工业和民用建筑特别是住宅中照明线路和家用电器等的通断控制以及过负荷、短路和漏电保护等之用。微型断路器具有下列优点：体积小，分断能力强，机电寿命长，具有模数化的结构尺寸和通用型导轨式安装结构，组装灵活方便，安全性能好。微型断路器由操作机构、热脱扣器、电磁脱扣器、触头系统和灭弧室等部件组成，所有部件都装在塑料外壳内。有的微型断路器还备有分励脱扣器、失电压脱扣器、漏电脱扣器和报警触头等附件，供需要时选用，以拓展断路器的功能。

3）低压断路器的参数主要有壳架电流、额定电流、额定电压、额定极限短路分断能力、额定运行短路分断能力和额定短时耐受电流等。

（4）漏电保护器　漏电保护器又称为"剩余电流保护器"（IEC 标准名称，英文为 residual current protective device，简称 RCD），它是在规定条件下，当漏电电流（剩余电流）达到或超过规定值时能自动断开电路的一种保护电器。它用来对低压配电系统中的漏电和接地故障进行安全防护，防止发生人身触电事故及因接地电弧引发的火灾。额定剩余动作电流不超过 30mA 的剩余电流保护器，在基本保护措施失效或电气装置（设备）使用者疏忽的情况下，提供附加防护。额定剩余动作电流不超过 300mA 的剩余电流保护器，对持续接地故障电流引起的火灾危险提供防护。

1）漏电保护器的分类。

① 根据动作方式分为动作功能与电源线电压或外部辅助电源无关的 RCD（电磁式）、动作功能与电源线电压或外部辅助电源有关的 RCD（电子式）。

② 根据安装形式分为固定装设和固定接线的 RCD、移动设置和/或用电缆将装置本身连接到电源的 PRCD。

③ 根据极数和电流回路数分为单极两线的 RCD（1P+N）、二极的 RCD（2P）、二极三线的 RCD（2P+N）、三极的 RCD（3P）、三极四线的 RCD（3P+N）、四极的 RCD（4P），如图 9-45 所示。

④ 根据过电流保护分为不带过电流保护的 RCD（RCCB）、带过电流保护的 RCD（RCRO）、仅带过负荷保护的 RCD、仅带短路保护的 RCD。

⑤ 根据调节剩余电流动作值的可能性分为固定、分级可调、连续可调三种。

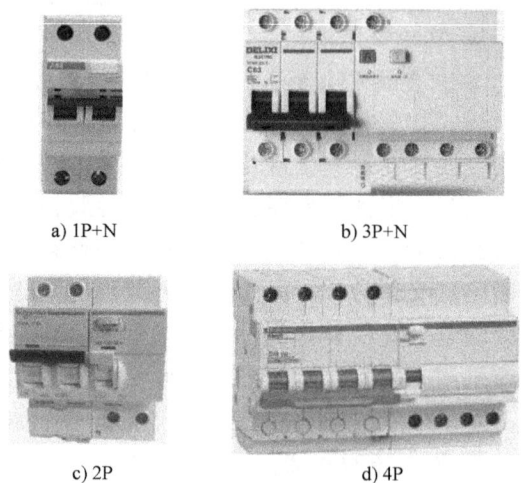

a) 1P+N　　　　b) 3P+N

c) 2P　　　　d) 4P

图 9-45　漏电保护器

1P、2P、3P、4P 是极数，表示相应线上有热磁脱扣装置，这几根线有保护分断功能。现在+N 的，都是 N 线分断，但 N 线上不设置脱扣装置。只是相线分断的时候把 N 线顺带切断。

2）漏电保护器的结构原理。漏电保护器主要由三部分组成：检测元件、放大环节、执行机构。检测元件是由零序电流互感器组成，检测漏电电流，并发出信号。放大环节是将微弱的漏电信号放大，按装置不同（放大部件可采用机械装置或电子装置）构成电磁式保护器或电子式保护器。执行机构是指收到信号后，主开关由闭合位置转换到断开位置，从而切断电源，是被保护电路脱离电网的跳闸部件。

如图 9-46 所示，让进线（包括中性线和相线）都从一个零序电流互感器中通过，零序电流互感器输出的两个端子进入一个放大电路进行放大。正常情况下，中性线和相线中电流大小相等方向相反，产生的磁场互相抵消，漏电保护器不动作。发生漏电时，一部分电流经大地形成闭合回路，中性线和相线中电流大小不再相等，零序电流互感器中产生电流，然后电流经过放大驱动漏电脱扣器，让开关跳闸切断电路。漏电保护器主要用于低压供电系统防止直接和间接触电的单线触电事故，同时对 TN 系统的保护功能起到补充作用，防止由漏电引起的火灾和用于监测或切除各种单相接地故障的作用。

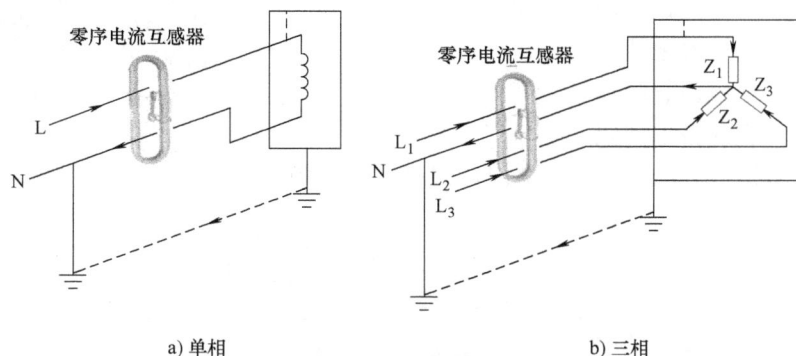

a) 单相   b) 三相

图 9-46 漏电保护器原理

3）漏电保护器的参数主要有额定电压、额定电流、额定剩余动作电流、额定剩余不动作电流和动作时间。

4）漏电保护器的安装场所。

① 属于Ⅰ类的移动式电气设备及手持式电动工具（Ⅰ类电气产品，即产品的防电击保护不仅依靠设备的基本绝缘，还包含一个附加的安全预防措施，如产品外壳接地）。

② 安装在潮湿、强腐蚀性等恶劣场所的电气设备。

③ 建筑施工工地的电气施工机械设备。

④ 临时用电的电器。

⑤ 宾馆、饭店及招待所的客房内插座回路。

⑥ 机关、学校、企业、住宅等建筑物内的插座回路。

⑦ 安装在水中的供电线路和设备。

⑧ 医院中直接接触人体的电气医用设备。

9.4.3 开关柜

1. 高压开关柜

（1）高压开关柜概述　高压开关柜（high-voltage switchgear）是按一定的线路方案将有关一、二次设备组装而成的一种高压成套配电装置，如图 9-47 所示。在发电厂和变配电所中作为控制和保护发电机、变压器和高压线路之用,并向其供电;也可作为大型高压电动机的启动和保护之用。高压开关柜中安装有高压开关设备、保护设备、监测仪表和母线、绝缘子等。

(2)高压开关柜的分类与结构 高压开关柜按安装地点分为户内式和户外式,按断路器安装方式分为固定式和手车式(移开式)两大类型。在一般供配电系统中,普遍采用较为经济的固定式高压开关柜。我国现在大量生产和广泛应用的固定式高压开关柜主要为 GG-1A(F)型。这种防误型开关柜具有"五防"功能:

1)防止误分误合断路器。

2)防止带负荷误拉误合隔离开关。

3)防止带电误挂接地线。

4)防止带接地线误合隔离开关。

5)防止人员误入带电间隔。

图 9-48 所示是 GG-1A(F)-07S 型固定式高压开关柜的结构。

图 9-47 高压开关柜

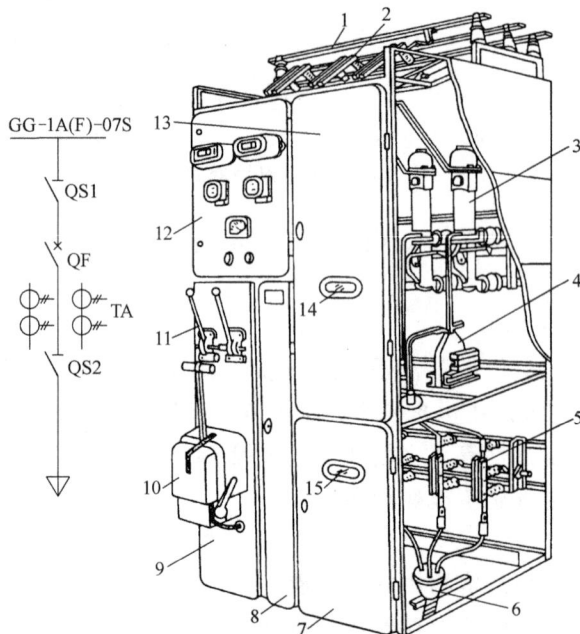

图 9-48 GG-1A(F)-07S 型固定式高压开关柜的结构

1—母线 2—母线侧隔离开关(QS1,GN8-10 型) 3—少油断路器(QF,SN10-10 型)
4—电流互感器(TA,LQJ-10 型) 5—线路侧隔离开关(QS2,GN6-10 型) 6—电缆头
7—下检修门 8—端子箱门 9—操作板 10—断路器的手动操作机构(CS2 型)
11—隔离开关的操作手柄 12—仪表继电器屏 13—上检修门 14、15—观察窗口

手车式(又称为移开式)开关柜的特点是,其中高压断路器等主要电气设备是装在可以拉出和推入开关柜的手车上的。断路器等设备需检修时,可随时将其手车拉出,然后推入

同类备用手车，即可恢复供电。因此采用手车式开关柜，较之采用固定式开关柜，具有检修安全、供电可靠性高等优点，但其价格较贵。图 9-49 所示是 GC-10（F）型手车式高压开关柜的结构。

高压开关柜按柜体结构可分为金属封闭间隔式开关柜、金属封闭铠装式开关柜、金属封闭箱式开关柜和敞开式开关柜四大类。

1）金属封闭间隔式开关柜（用字母 J 表示）：与金属封闭铠装式开关柜相似，其主要电器元件也分别装于单独的隔室内，但具有一个或多个符合一定防护等级的非金属隔板。如 JYN2-12 型高压开关柜。

2）金属封闭铠装式开关柜（用字母 K 表示）：主要组成部件（例如断路器、互感器、母线等）分别装在接地的用金属隔板隔开的隔室中的金属封闭开关设备。如 KYN28A-12 型高压开关柜。

3）金属封闭箱式开关柜（用字母 X 表示）：开关柜外壳为金属封闭式的开关设备，但间隔数目少于铠装式或间隔式，如 XGN2-12 型高压开关柜。

4）敞开式开关柜：无防护等级要求，外壳有部分是敞开的开关设备。如 GG-1A（F）型高压开关柜。

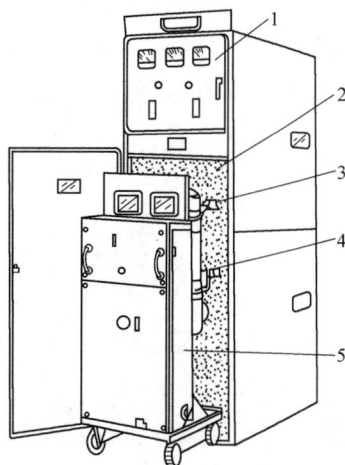

图 9-49　GC-10（F）型手车式高压开关柜的结构（断路器手车柜未推入）
1—仪表屏　2—手车室　3—上触头（兼有隔离开关的功能）　4—下触头（兼有隔离开关的功能）　5—SN-10 型断路器手车

高压开关柜按柜内绝缘介质的不同，可分为空气绝缘金属封闭开关柜和 SF_6 气体绝缘金属封闭开关柜（充气柜）；按开关柜的主接线形式，可分为桥式接线开关柜、单母线开关柜、双母线开关柜、单母线分段开关柜、双母线带旁路母线开关柜和单母线分段带旁路母线开关柜；按断路器手车安装位置的方式，可分为落地式开关柜和中置式开关柜（见图 9-50）。

中置式开关柜手车的断路器安装位置比电缆室高，可以通过转运小车移出柜外检修，手车操作一般采用螺杆驱动装置，比直接采用推、拉方式省力。由于中置式手车的断路器室体积小，因此中置式开关柜采用真空断路器或 SF_6 断路器，操动机构采用弹簧操动机构。

环网是指环形配电网，即供电干线形成一个闭合的环形，供电电源向这个环形干线供电，从干线上再一路一路地通过高压开关向外配电。所谓"环网柜"就是每个配电支路设一台开关柜（出线开关柜），这台开关柜的母线同时也是环形干线的一部分。就是说，环形干线是由每台出线柜的母线连接起来共同组成的。每台出线柜称为"环网柜"。现在新设计生产的环网柜，大多将原来的负荷开关、隔离开关、接地开关的功能合并为一个"三位置开关"，它兼有通断、隔离和接地三种功能，这样可缩小环网柜的占用空间。

2. 低压配电屏和配电箱

低压配电屏和低压配电箱，都是按一定的线路方案将有关一、二次设备组装而成的一种成套配电装置，在低压配电系统中作动力和照明配电之用，两者没有实质的区别。低压配电屏的结构尺寸较大，安装的开关电器较多，一般装设在变电所的低压配电室内；而低压配电箱的结构尺寸较小，安装的开关电器不多，通常安装在靠近低压用电设备的车间或其他建筑的进线处。

（1）低压配电屏　低压配电屏也称为低压配电柜，是一个或多个低压开关设备和与之相关的控制、测量、信号、保护、调节等设备，由制造厂家负责完成所有内部的电气和机械连接，用结构部件完整地组装在一起的一种组合体。其结构形式有固定式、抽屉式和组合式三类，固定式和抽屉式如图9-51所示。其中组合式配电屏采用模数化组合结构，标准化程度高，通用性强，柜体外形美观，而且安装灵活方便，但价格昂贵。低压配电柜按用途分为配电用馈电柜、控制用配电柜、电动机控制柜和无功补偿用控制柜。

图 9-50　中置式开关柜

a) 固定式　　　b) 抽屉式

图 9-51　低压配电柜

低压配电柜的基本结构包括母线室（包括水平母线室与垂直母线室）、功能单元室（开关隔室）、电缆出线室和二次设备室，如图9-52所示。

（2）低压配电箱　低压配电箱按用途分为动力配电箱和照明配电箱，如图9-53所示。动力配电箱主要用于对动力设备配电，但也可以兼向照明设备配电。照明配电箱主要用于照明配电，但也可以给一些小容量的单相动力设备包括家用电器配电。

低压配电箱按安装方式分为靠墙式、悬挂式和嵌入式等。靠墙式是靠墙安装，悬挂式是挂墙明装，嵌入式是嵌墙暗装。

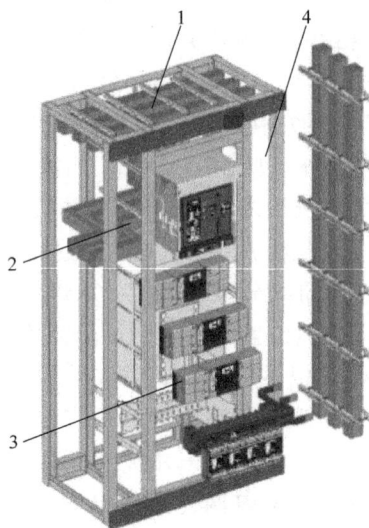

图 9-52　低压配电柜的基本结构

1—母线室　2—电缆出线室　3—功能单元室　4—二次设备室

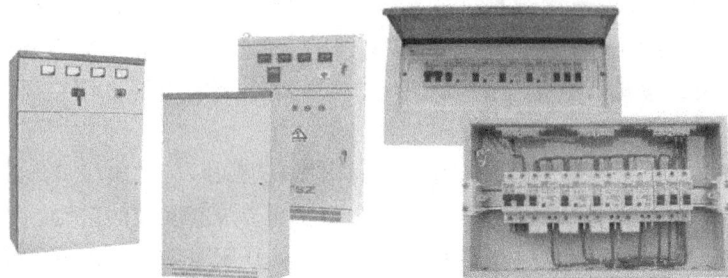

a) 动力配电箱　　　　　b) 照明配电箱

图 9-53　低压配电箱

9.5 电线电缆

9.5.1 常用电线型号与规格

电线是指传输电能的导线,分为裸线(见图9-54)、电磁线和绝缘线。裸线没有绝缘层,包括铜、铝平线、架空绞线以及各种型材(如型线、母线、铜排、铝排等),主要用于户外架空及室内汇流排和开关箱。电磁线是通电后产生磁场或在磁场中感应产生电流的绝缘导线,主要用于电动机和变压器绕圈以及其他有关电磁设备,其导体主要是铜线,应有薄的绝缘层和良好的电气机械性能,以及耐热、防潮、耐溶剂等性能。选用不同的绝缘材料可获得不同的特性。

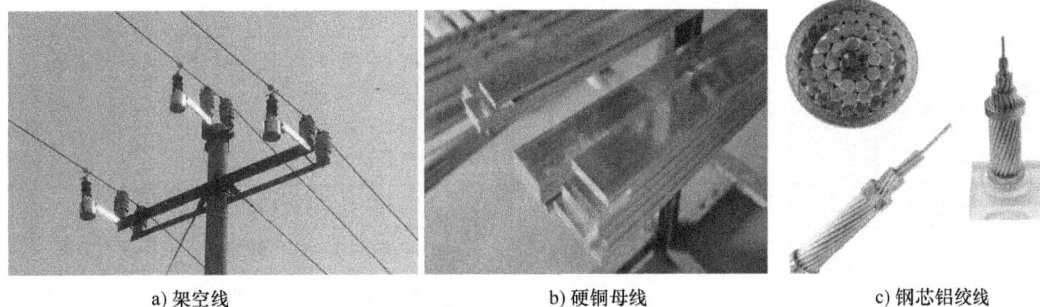

a) 架空线   b) 硬铜母线   c) 钢芯铝绞线

图9-54 裸线

电磁线主要有漆包线和绕包线两种。漆包线是在裸铜线上涂敷绝缘漆而制成的,绝缘层较薄,占用体积小,广泛用于各种电机、电器和仪器仪表。漆包线的性能随所用绝缘材料的性质而异。绕包线主要有纱包线、丝包线、玻璃丝包线、纸包线和塑料薄膜包线等,其中纱包线和丝包线因耐温性差和占用体积较大等可能将被淘汰。玻璃丝包线是在圆铜线外绕包玻璃丝并经有机硅树脂浸渍,可耐180℃高温且绝缘性能和机械强度都好。纸包线主要用于油浸式变压器。塑料薄膜包线是用聚酰亚胺薄膜涂以某种黏合剂,并绕包在导体上烘熔而成。其绝缘层坚韧而富有弹性,易于缠绕且耐磨耐热,广泛应用于宇宙航行等设备中。

绝缘线一般由导电线芯、绝缘层和保护层组成。线芯按使用要求可分为硬型、软型、移动型和特软型四种构型。线芯又有单芯、二芯、三芯和四芯四种。绝缘层一般用橡胶、塑料等。这类绝缘线广泛用于交流电压500V以下和直流电压1000V以下的各种仪器仪表、电信设备、动力线路及照明线路。

铜导线截面规格主要有 1.5mm^2、2.5mm^2、4mm^2、6mm^2、10mm^2、16mm^2、25mm^2、35mm^2、50mm^2、70mm^2、95mm^2、120mm^2、150mm^2、185mm^2、240mm^2、300mm^2。

常用电线型号含义及用途见表9-3。

表9-3 常用电线型号含义及用途

电缆型号	含义	用途
BX	铜芯橡胶绝缘电线	固定敷设于室内或室外,明敷、暗敷或穿管,作为设备安装用线
BLX	铝芯橡胶绝缘电线	

（续）

电缆型号	含义	用途
BV	铜芯聚氯乙烯绝缘电线	适用于额定电压450/750V及以下电气设备及照明装置,可以明敷、暗敷 耐温等级:70℃
BLV	铝芯聚氯乙烯绝缘电线	芯数:1芯 电压等级:450/750V;300/500V 截面范围/mm²:1.5~400
BYJ	铜芯交联聚乙烯绝缘电线	适用于额定电压450/750V及以下电气设备及照明装置,可以明敷、暗敷 耐温等级:90℃ 芯数:1芯 电压等级:450/750V;300/500V 截面范围/mm²:1.5~400
BVR	铜芯聚氯乙烯绝缘软电线	同BV型,仅用于安装时要求柔软的场所 电压等级:450/750V 截面范围/mm²:2.5~70 芯数:1芯
BV-105	耐热105℃聚氯乙烯绝缘电线	同BV型,用于45℃及以上高温环境中
BVR-105	耐热105℃聚氯乙烯绝缘软电线	同BVR型,用于45℃及以上高温环境中
RV	单芯铜芯氯乙烯绝缘软线	适合要求较为严格的柔性安装场所,如电控柜、配电箱及各种低压电气设备,可用于电力、电气控制信号及开关信号的传输,也可用于仪表、电信设备和自动化装置接线
RVVP	铜芯聚氯乙烯绝缘聚氯乙烯护套屏蔽软电线	由于采用了铜丝编织屏蔽,产品具有更佳的电磁兼容特性。故特别适用于电磁环境较恶劣、安装距离较小的安装场所。适用于交流额定电压300/300V及以下电器、仪表和电子设备及自动化装置等屏蔽线路
RVS	两芯铜芯聚氯乙烯绞型连接软线	多用于消防火灾自动报警系统的探测器线路;也适用于家用电器、小型电动工具、仪器仪表及动力照明、广播与电话用线
AV	镀锡铜芯聚氯乙烯绝缘硬线	电压等级:300/300V 使用场合:电器、仪表、电子设备等用的硬连接线 截面范围/mm²:0.08~0.4 芯数:1芯
AVR	镀锡铜芯聚氯乙烯绝缘软线	用于仪器、仪表设备等内部用的软线 电压等级:300/300V 截面范围/mm²:0.08~0.4 芯数:1芯
AVRS	镀锡铜芯聚氯乙烯绝缘双绞型连接软线	电压等级:300/300V 使用场合:轻型电气设备控制系统等柔软场合使用电源或控制信号连接线 截面范围/mm²:0.12~0.4 芯数:2芯

9.5.2 常用电缆型号与规格

电缆线路作为传送和分配电能之用，电缆线路的基建费用要比架空线路高出许多倍，但与架空线路相比，具有以下优点：

1）不受外界气候的干扰以及风、鸟害等的扰乱和影响，供电可靠。

2）隐蔽敷设，不影响市容美观。

3）运行简单方便，维护工作量小。

4）电缆的电容作用有助于提高功率因数。

5）具有向超高压、大容量发展的更为有利的条件，如低温、超导电力电缆。

因此，电力电缆用于城市的地下电网，发电厂的引出线路，工矿企业、事业单位内部供电以及过江、过海峡的水下输电线路等。

1. 电缆的分类

电缆按其结构及作用可分为电力电缆、控制电缆、电话电缆、射频同轴电缆；按电压可分为低压电缆（小于1kV）、高压电缆；按芯数分为三芯、四芯、五芯等。在电力系统中最常用的有两类：电力电缆、控制电缆。

（1）电力电缆　电力电缆（见图9-55）是用来输送和分配大功率电能的，按照所采用的绝缘材料分为以下几类：

1）纸绝缘电力电缆，有油浸、不滴油浸渍两种。油浸纸绝缘电力电缆具有使用寿命长、耐压强度高、热稳定性好等优点，且制造运行经验丰富，是传统的主要产品，目前在工程上应用较多。缺点是工艺要求复杂，敷设时容许弯曲半径不能太小，且低温时敷设困难，敷设有位差时，造成低端漏油，高端绝缘击穿。不滴油浸渍纸绝缘电力电缆则避免了油的流淌问题，特别适合垂直敷设和在热带地区使用。

2）聚氯乙烯绝缘电力电缆、聚乙烯绝缘电力电缆、交联聚乙烯绝缘电力电缆，习惯简称为塑料电缆。塑料电缆没有敷设位差限制，制造工艺简单；电缆的敷设、维护、连接都比较方便，因此，目前在工程上得到了广泛的应用，特别是在1kV以下电力系统中已基本取代了油浸纸绝缘电力电缆。聚氯乙烯（PVC）绝缘电线、电缆导体长期允许最高工作温度为70℃；截面面积300mm²及以下的短路暂态温度（热稳定允许温度）不超过160℃，截面面积300mm²以上不超过140℃。聚氯乙烯的缺点是对气候适应性能差，低温时变硬发脆。普通型聚氯乙烯绝缘电力电缆的适用温度为-15~60℃，不适宜在-15℃以下的环境温度下使用。普通聚氯乙烯虽然有一定的阻燃性能，但在燃烧时会散放有毒烟气，故对于需满足在一旦着火燃烧时的低烟、低毒要求的场合，如地下客运设施、地下商业区、高层建筑和重要公共设施等人流较密集场所，或者重要的厂房，不宜采用聚氯乙烯绝缘电力电缆或者护套型电缆，而应采用低烟、低卤或无卤的阻燃电缆。

3）橡皮绝缘电力电缆。橡皮绝缘电力电缆多使用在500V及以下的电力线路中。橡皮绝缘电力电缆可用于不经常移动的固定敷设线路。移动式电气设备的供电回路应采用橡皮绝缘橡皮护套软电缆（简称橡套软电缆）；有屏蔽要求的回路应具有分相屏蔽。普通橡胶遇到油类及其化合物时，很快就被损坏，因此在可能经常被油浸泡的场所宜使用耐油型橡胶护套电缆。普通橡胶耐热性能差，允许运行温度较低，故对于高温环境又有柔软性要求的回路，宜选用乙丙橡胶绝缘电缆。

4）矿物绝缘电缆。矿物绝缘电缆是一种以铜护套包裹铜导体芯线，并以氧化镁粉末为无机绝缘材料隔离导体与护套的电缆，最外层可按需选择适当保护套，如图9-56所示。矿物绝缘电缆按结构可以分为刚性和柔性两种。刚性矿物绝缘电缆极难弯曲，运输安装有极大局限性，施工复杂严谨，因为本身金属护套极难弯曲，安装时难度是最高的，而且需要昂贵的专用配件，防火性能也是最高的BS6387；刚性矿物绝缘电缆本身比较硬，同样抗撞击能力也是非常强的。柔性矿物绝缘电缆由铜绞线、矿物化合物绝缘和矿物化合物护套所构成。这种电缆具有不燃、无烟、无毒和耐火特性。柔性矿物绝缘电缆采用的柔性结构及材料都是矿物化合物，弥补了结构硬、易燃烧、有毒等缺陷。由于矿物绝缘电缆全都由无机物（金属铜和氧化镁粉）组成，本身不会引起火灾，不可能燃烧或助燃，由于铜的熔点是1083℃，矿物绝缘层的熔点也是1000℃以上。因此该种电缆可以在接近铜的熔点的火灾情况下继续保持供电，是一种真正意义上的防火电缆。《建筑设计防火规范》（GB 50016—2014）（2018年版）中规定，消防配电线路与其他配电线路敷设在同一电缆井、沟内时，应分别布置在电缆井、沟的两侧，消防配电线路应采用矿物绝缘类不燃性电缆。

刚性和柔性矿物绝缘电缆比较详见表9-4。

图 9-55 普通电力电缆

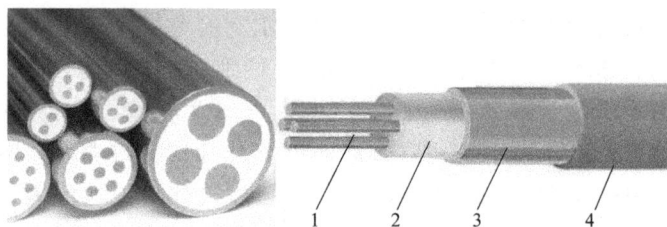

图 9-56 矿物绝缘电缆

1—铜导体 2—矿物绝缘材料 3—铜护套 4—防腐保护外护套（可选用）

表 9-4 刚性和柔性矿物绝缘电缆比较

项目	刚性（BTT）	柔性（BTTR）
导体结构	圆铜杆	细铜绞线
导体长期允许最高工作温度	70℃ 及 105℃	125℃
电压等级	Z—750V	Z_1—600/1000V
	Q—500V	Z_2—450/700V
		Q—300/500V

（续）

项目	刚性（BTT）	柔性（BTTR）
制造长度	短（截面越大，制造长度越短）	长（只受装盘尺寸限值）
接头制作工艺	复杂	简便
芯数选择	推荐用单芯	推荐用多芯
敷设方式	要求较高	同普通电力电缆
燃烧烟量	无 PVC 护套：无 带 PVC 护套：少量	微量
耐火等级	符合 GB/T 19666—2005 NJ+NS 级； 符合 BS-6387，C-W-Z 级	符合 GB/T 19666—2005，NJ+NS 级； 符合 BS-6387，C-W-Z 级
价格	较高	较低

电力电缆按照芯数分为单芯、双芯、三芯、四芯等几种。单芯电力电缆一般用来输送直流电、单相交流电或作为高压静电发生器的引出线；双芯电力电缆用于输送直流电和单相交流电；三芯电力电缆用于三相交流电网中，是应用最广泛的一种；四芯电力电缆用于中性点接地的三相四线制系统中。

（2）控制电缆　控制电缆（见图 9-57）用于配电装置中传输操作电流，连接电力仪表，在继电保护和自动控制等回路中使用，属于低压电缆，具有防潮、防腐和防损伤等特点，可以敷设在隧道或电缆沟内，一般具有以下特点：

1）运行电压一般在交流 500V 或直流 1000V 以下，电流不大，是间断性负荷。

2）线芯截面较小，一般为 $1.5 \sim 10 \text{mm}^2$，均为多芯电缆，芯数从 4 芯到 37 芯。

3）控制电缆的绝缘层材料及规格型号表示与电力电缆基本相同。

例如：聚氯乙烯绝缘聚氯乙烯护套控制电缆适用于额定电压 450/750V 及以下或 0.6/1kV 及以下控制、信号、保护及测量系统接线。

图 9-57　控制电缆

2. 电缆产品的型号和表示方法

我国电缆产品的型号均采用汉语拼音和阿拉伯数字组成，按照电缆结构的排列顺序为：类别与用途、导体材料、绝缘材料、内护层、特征、外护层。用汉语拼音的大写字母表示绝缘种类、导体材料、特征、内护层材料和结构特点；用阿拉伯数字表示外护层构成。电线电缆型号编制方法见表 9-5。

表 9-5　电线电缆型号编制方法

类别、用途	导体材料	绝缘材料	内护层	特征	外护层	派生
1	2	3	4	5	6	7
裸电线： L——铝线 T——铜线 G——钢线				J——绞制 R——柔软 Y——硬		
电力电缆： V——塑料电缆 X——橡皮电缆	L——铝芯	V——聚氯乙烯 X——橡皮 Y——聚乙烯	H——橡套 Q——铅包 V——塑料护套	P——屏蔽 D——不滴油	1——一级防腐 2——二级防腐 9——内铠装	110——110kV 120——120kV 150——150kV
通信电缆： H——通信电缆 HJ——局用电缆 HP——配线电缆 HU——矿用电缆	G——铁线芯	Z——纸 V——聚氯乙烯 Y——聚乙烯 YF——泡沫聚乙烯 X——橡皮	Q——铅包 F——复合物 V——塑料 VV——双层塑料 X——橡胶	C——自承式 J——交换机用 P——屏蔽 R——软结构 T——填石油膏	O——相应的裸外户层 1——纤维外皮 2——聚氯乙烯 3——聚乙烯	T——热带型
电气装备用电线电缆： B——绝缘线 DJ——电子计算机 K——控制电缆 R——软线 Y——移动电缆 ZR——阻燃		V——聚氯乙烯 X——橡皮 XF——氯丁橡皮 XG——硅橡皮 Y——聚乙烯	H——橡套 P——屏蔽 V——聚氯乙烯	C——重型 G——高压 H——电焊机用 Q——轻型 R——柔型 T——耐热 Y——白蚁 Z——中型	O——相应的裸外户层 32——镀锡铜丝编织 2——铜带绕包 3——铝箔/聚酯薄膜复合带绕包	1——第一种（户外用） 2——第二种 0.3——拉断力0.3t（2400N） 105——耐热105℃

9.5.3　配管与配线工艺

　　室内配电线路的敷设分为明敷和暗敷两种方式。明敷又分为瓷瓶配线、瓷夹配线、护套线配线、钢索配线四种形式；暗敷又分为木槽板配线、塑料线槽配线、金属线槽配线、电线导管配线、桥架配线。瓷瓶配线、瓷夹配线、护套线配线、钢索配线、木槽板配线因外观凌乱，对环境整体效果有较大影响，除少量偏远农村及车间采用外，其他建筑中几乎不采用。塑料线槽配线在建筑的小规模或局部改造工程中，有着较广泛的应用。金属线槽配线，虽然容纳导线的能力有较大提高，但金属线槽分支、连接需专用接线盒，且接线盒板镶在地面上，防尘防水比较困难，金属线槽一般敷设在地面垫层内，这就要求垫层必须有一定厚度。金属线槽常应用于有架空静电地板的机房内。电线导管配线及桥架配线是目前最常用的两种配线方式，如果线路较少或为线路的支线，一般采用电线导管配线；如果线路根数较多或在线路的干线上，一般采用桥架配线。

　　硬质 PVC 塑料管价格便宜、施工方便，广泛应用于室内或有酸、碱等腐蚀介质场所的配线敷设工程。因其抗高温、抗机械损伤的能力较差，对电波无屏蔽能力，不适用于高温和易受机械损伤的场所；不能作为对信号传输有抗干扰要求，及信号中断会造成安全事故的重要线路保护。硬质 PVC 塑料管在塑料电线导管中占有主导地位，半硬塑料管在施工中已很少采用，波纹塑料软管主要用于有吊顶的建筑中，从接线盒到灯具的线路保护，其连接有专用接头。

电线钢管在机械性能、抗干扰性能等方面都远远优于塑料管，但造价较高，抗腐蚀能力较差，适用于各种抗机械损伤、抗干扰要求较高的电气配线工程。电线钢管又分为焊接钢管、镀锌钢管、镀锌薄壁钢管。

焊接钢管的壁厚，抗机械损伤的能力强，在早期的建筑工程中，普遍采用焊接钢管配线。但焊接钢管防腐处理比较麻烦，尤其是管内壁的除锈刷漆，虽然规范上有明确的要求，但在施工现场实施时却存在很多难题。后来，有了镀锌钢管。

镀锌钢管有着焊接钢管同样的壁厚，及较强抗机械损伤的能力。由于除锈及锌防腐层在生产环节中就已完成，在施工环节中避免了防腐处理麻烦的问题，提高了生产效率。但镀锌钢管实质上是冷镀管，抗腐蚀能力是有限的，必须保证其镀锌层的完好性，尤其是管内壁的镀锌，进场时一定要认真验收。焊接钢管、镀锌钢管虽然依靠壁厚有着较好的机械性能，在有些可能产生机械损伤的场所，有着较广泛的应用。但其壁厚必然用钢材就多，自然成本就高，切割弯曲也比较费劲，其连接一般采用丝扣连接。一方面要配备许多相应的机械，另一方面又要花费更多的人工。近些年生产出一种新型的电线钢管管材——镀锌薄壁钢管，根据其连接方式不同又分为扣压式（KBG）、紧定型（JDG）两种，紧定型用得较多。紧定型镀锌薄壁钢管是一种连接套管及其金属附件采用螺钉紧定连接技术组成的电线管路，无须做跨接地、焊接和套丝，外观为银白色；克服了普通金属导管施工复杂、施工损耗大的缺点，同时也解决了 PVC 管耐火性差、接地困难等问题。

9.5.4 电缆敷设

电力电缆可以敷设在室外，也可以敷设在室内。其主要敷设方式有电缆直接埋地敷设、电缆沿沟敷设、电缆沿支架敷设、电缆穿保护管敷设、电缆沿钢索架敷设和电缆桥架敷设等。在建筑工程中，应用最多的是直接埋地敷设和电缆桥架敷设。

1. 电缆直接埋地敷设

电缆直接埋地敷设是指沿已确定的电缆线路挖掘沟道，将电缆埋在挖好的地下沟道内。因电缆直接埋地敷设在地下不需要其他设施，故施工简单，成本低，电缆的散热性能好。一般沿同一路径敷设的电缆根数较少（8根以下），敷设的距离较长时多采用此法。

2. 电缆沿沟敷设

同一路径敷设电缆较多，而且按规划沿此路径的电缆线路有增加时，为施工及今后使用、维护的方便，宜采用电缆沟内敷设。电缆沟应采取防水措施，其底部应做成坡度不小于0.005 的排水沟，积水可直接排入排水管道或经集水坑用泵排出。电缆沟应设置有防火隔离措施，在进、出建筑物处一般设有隔水墙。

3. 电缆沿支架敷设

电缆沿支架敷设一般在车间、厂房和电缆沟内，在安装的支架上用卡子将电缆固定。在厂房内电缆沿墙、柱敷设，方法与电缆支架安装相同。

4. 电缆穿保护管敷设

先将保护管敷设好，再将电缆穿入管内，管内径不应小于电缆外径的 1.5 倍。敷设时要有 0.001 的坡度。保护管种类有铸铁管、混凝土管、陶土管、石棉水泥钢管。

5. 电缆沿钢索架敷设

固定卡子的距离：水平敷设时，电力电缆为 750mm，控制电缆为 600mm；垂直敷设时，电力电缆为 1500mm，控制电缆为 750mm。

6. 电缆桥架敷设

电缆桥架是架设电缆的一种构架，通过电缆桥架把电缆从配电室或控制室送到用电设备。电缆桥架的优点是制作工厂化、系列化，质量容易控制，安装快速灵活，维护也方便；安装后的电缆桥架及支架整齐美观，具有耐腐蚀、抗酸碱等性能；桥架的主要配件均实现了标准化、系列化、通用化，易于配套使用。目前，电缆桥架行业仍无统一归口机构，产品型号命名是各生产厂家自定，产品结构形式呈多样化，技术数据、外形尺寸、标准符号字样也不一致，设计、施工中选用时应注意。

电缆桥架有的没有托盘，有的加个盖。桥架的高度一般为 50~100mm。现正广泛应用于宾馆饭店、办公大楼、工矿企业的供配电线路中，特别是在高层建筑中。常用桥架有钢制桥架、玻璃钢桥架、铝合金桥架和组合桥架四大类。

钢制桥架采用冷轧钢板，表面经过喷漆、电镀锌或粉末静电喷漆等工艺，从而增加桥架的防腐性能。玻璃钢桥架是以玻璃钢为材料制成的电缆桥架。铝合金桥架追求美观轻便，表面处理一般采用冷镀锌、电镀锌、塑料喷涂、镍合金电镀，其防腐性能比热浸镀锌提高了 7 倍。钢制桥架、玻璃钢桥架、铝合金桥架又分别有槽式桥架、梯式桥架和托盘式桥架三种。

9.6 电动机

电机是利用电磁感应定律实现电能的转换或传递的一种电磁装置。把电能转换为机械能的称为电动机，把机械能转换为电能的称为发电机。

9.6.1 电动机的分类

电动机根据其电源种类不同，又可分为交流电动机和直流电动机，如图 9-58、图 9-59 所示。交流电动机中又有同步电动机和异步电动机之分。异步电动机按供电电源相数分为单相和三相两种，按其转子绕组不同又分为绕线转子异步电动机和笼型转子异步电动机。另外，在控制系统中，用于信号传递和转换的电动机一般称为控制电机，主要有伺服电动机、测速电动机、直线电动机、超声波电动机、无刷直流电动机、开关磁阻电动机等。

直流电动机的调速性能较好，起动转矩大，特别是调速性能是交流电动机所不及的。因此在对电动机的调速性能和起动性能要求较高的生产机械上，大都使用直流电动机进行拖动。但是，直流电动机的制造工艺复杂，生产成本较高，维护较困难，可靠性较差。异步电动机具有结构简单、制造方便、运行可靠、价格低廉等一系列优点，特别是和同容量的直流电动机相比，异步电动机的质量约为直流电动机的一半，其价格仅为直流电动机的 1/3。但是，异步电动机不能经济地实现范围较广的平滑调速，必须从电网吸取滞后的励磁电流，使电网功率因数变坏。总的来说，由于大多数的生产机械并不要求大范围地平滑调速，而电网的功率因数又可以采用其他方法补偿，因此异步电动机在工农业、交通运输、国防工业以及其他各行各业中应用非常广泛。

图 9-58 交流电动机 图 9-59 直流电动机

9.6.2 交流电动机的结构

交流电动机最常用的为三相异步电动机，三相异步电动机主要由静止的定子和转动的转子两大部分组成。定子和转子之间有一个较小的气隙。三相笼型电动机的外形图和拆解图如图 9-60 所示。

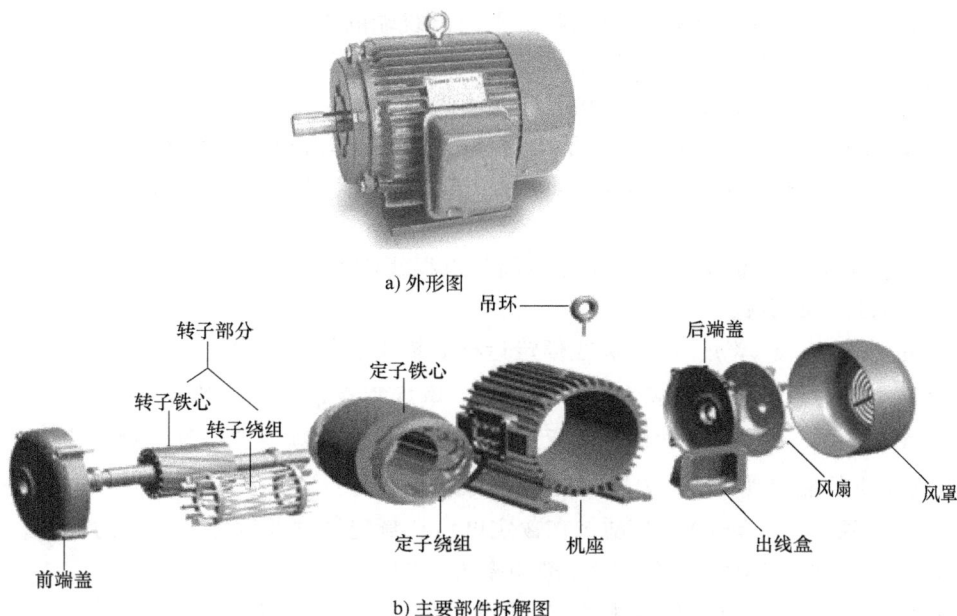

a) 外形图

转子部分

转子铁心　转子绕组　定子铁心　吊环　后端盖

前端盖　定子绕组　机座　出线盒　风扇　风罩

b) 主要部件拆解图

图 9-60 三相笼型电动机的结构

异步电动机的定子由定子铁心、定子绕组和机座三部分组成。定子铁心是异步电动机主磁通磁路的一部分。定子绕组是异步电动机定子部分的电路，它是由许多线圈按一定规律连接而成的。机座的作用主要是固定和支撑定子铁心。转子由转子铁心、转子绕组和转轴组成。转子铁心也是电动机主磁通磁路的一部分，一般由 0.5mm 厚冲槽的硅钢片叠成，铁心固定在转轴上，整个转子铁心的外表面成圆柱形。转子绕组分为笼型转子和绕线转子两种结构。笼型转子和绕线转子如图 9-61 所示。

笼型转子上既无集电环，又无绝缘，所以结构简单、制造方便、运行可靠。绕线转子绕组与定子绕组一样也是一个对称三相绕组，这个对称三相绕组连接成星形，并接到转轴上的三个集电环上，再通过电刷使转子绕组与外电路接通。这种转子的特点是，通过集电环和电

a) 笼型转子   b) 绕线转子

图 9-61 三相异步电动机转子

刷可在转子回路中接入附加电阻或其他控制装置，以便改善电动机的起动性能或调速特性。

9.6.3 电动机的参数

1. 直流电动机的参数

1）额定功率 P_N（W 或 kW）：额定状态下的输出功率。对于电动机，额定功率是指转子轴上输出的机械功率。

2）额定电压 U_N（V 或 kV）：额定状态下的出线端的电压。

3）额定电流 I_N（A 或 kA）：额定状态下的电流。

4）额定转速 n_N（r/min）：额定状态下的转速。

5）额定效率 η_N（%）：额定条件下电动机的输出功率与输入功率之比。

6）额定励磁电流 I_{fN}：对应于额定电压、额定电流、额定转速及额定功率时的励磁电流。

7）励磁方式：指直流电动机的励磁线圈与电枢线圈的连接方式。

2. 交流电动机的参数

1）额定功率 P_N（kW）：电动机在额定运行时输出的机械功率。

2）额定电压 U_N（V）：在额定运行状态下，电网加在定子绕组的线电压。

3）额定电流 I_N（A）：电动机在额定电压下使用，输出额定功率时，定子绕组中的线电流。交流电动机的额定功率为：$P_N = \sqrt{3}\,U_N I_N \cos\varphi_N \eta_N$。

4）额定转速 n_N（r/min）：电动机在额定电压、额定频率及额定功率下的转速。

5）额定频率（Hz）：我国的电网标准频率为 50Hz。

6）绝缘等级：指电动机绝缘材料能够承受的极限温度等级，分为 A、E、B、F、H 五级。

9.6.4 主要调速方法

1. 直流电动机的调速方法

采用一定的方法改变生产机械的工作速度，以满足生产的需要，这种方法通常称为调速。直流电动机的调速主要有降低电枢端电压调速和弱磁调速两种方法。降低电枢端电压有电枢串联电阻和降低电源电压两种方式。电枢串联电阻这种调速方法效率较低，很不经济，优点是方法简单，控制设备不复杂，一般用于串励或复励直流电动机拖动的电车、炼钢车间的浇铸起重机等生产机械上。降低电源电压调速可以获得调速范围广、平滑性好的性能优良的调速系统，其缺点主要是设备投资较大。弱磁调速的优点是在功率较小的励磁电路中进行调节，控制方便，能量损耗小，调速的平滑性较好。由于调速范围不大，常和额定转速以下的减压调速配合应用，以扩大调速范围。降低电枢端电压调速属于恒转矩调速，一般用于额定转速以下调速。弱磁调速属于恒功率调速，一般用于额定转速以上调速。

2. 交流异步电动机的调速方法

异步电动机转子转速表达式为 $n = \dfrac{60f_1}{p}(1-s)$，可见要调节异步电动机的转速，可从改变下列三个参数入手：①改变定子绕组的极对数 p，即变极调速；②改变供电电源的频率 f，即变频调速；③改变转差率 s，即调节转差能耗调速。变极调速适用于不需要平滑调速的场合，调速时低速的人为特性较硬，静差率较高，经济性较好。变频调速适用于笼型异步电动机，性能优异、调速范围大、平滑性好，缺点是必须有专用的变频电源。调节转差能耗调速的方法，调速时发热较为严重，效率不高，只能用于功率不大的生产机械上。

9.7　照明设备

9.7.1　基本概念

光能量的一种形式本质是电磁波，照明工程中的光泛指能产生视觉的辐射能。常用的光度量主要有光通量、发光强度（光强）、照度、亮度。

光通量是指单位时间内光辐射能量的大小，符号为 Φ，单位为流明（lm），意义是从视觉感受出发描述光源的发光能力。

发光强度（光强）是指单位立体角的光通量，符号为 I，单位为坎德拉（cd），意义是从视觉感受出发描述光源光通量在空间的分布情况。

照度是指被照物体表面上单位面积所接收的光通量，符号为 E，单位为勒克斯（lx）。照度是照明设计的依据，建筑照明设计标准中对相应场所的照度做了具体的规定。

亮度是指单位投影面积上的发光强度，符号为 L，单位为坎德拉/平方米（cd/m^2），意义是描述发光面或反光面亮度分布情况，与照明舒适性密切相关。

光的辐射是指在激发跃迁时电子释放能量所形成的辐射。基态是指离原子核最近的电子所处的最稳定的状态。激发态是指电子被激发迁移到与其能量相当的能级所处的状态。激发跃迁是指被激发的电子由激发态迁移到基态，或由高能级的激发态迁移到低能级的激发态。人工光源的辐射常用形式有热辐射、气体放电、电致发光等。热辐射是指当物体被加热到高温时，组成它的原子因大量的相互作用而被激发所产生的光辐射。气体放电是指在电场作用下，载流子在气体或蒸汽中产生运动而使电流通过气体或蒸汽的过程。电致发光是指电流通过固体物质（半导体）所产生的发光现象。

9.7.2　常用技术参数

1. 光源的色温

当某一种光源的色品与某一温度下的完全辐射体（黑体）的色品完全相同时，完全辐射体（黑体）的温度即为这种光源的色温度，简称色温，符号为 T_c，单位为开（K）。当某一种光源的色品与某一温度下的完全辐射体（黑体）的色品最接近时，完全辐射体（黑体）

的温度即为这种光源的相关色温，符号为 T_{cp}，单位为开（K）。

2. 光源的色表

色表是指光源的表观颜色，与光源的色温有关。光源的颜色分类（CIE 分类）见表 9-6。

表 9-6　光源的颜色分类（CIE 分类）

光源颜色分类	色表	相关色温/K
Ⅰ	暖	<3300
Ⅱ	中间	3300～5300
Ⅲ	冷	>5300

3. 光源的显色性

1）显色性：照明光源对物体色表的影响，该影响是由于观察者有意识或无意识地将它与标准光源下的色表相比较而产生的。

2）显色指数：在具有合理允差的色适应状态下，被测光源照明物体的心理物理色与标准光源照明同一色样的心理物理色符合程度的度量。显色指数分为特殊显色指数 R_i 和一般显色指数 R_a。

4. 眩光

视野内由于亮度分布或亮度范围不适宜，或存在极端的对比，以致引起不舒适感觉或降低观察细部或目标的能力的视觉现象称为眩光。

5. 发光效率

灯泡（灯管）在额定状态下消耗单位电功率所发出的光通量称为发光效率，简称光效。

6. 启（点）燃时间与再启（点）燃时间

1）启燃时间：从光源接通电源起到光通量达到稳定值所需的时间（min）。

2）再启燃时间：正常工作的光源熄灭后将其重新点燃所需的时间（min）。

7. 闪烁与频闪效应

1）闪烁：交流供电的光源点燃时，其光通量随电流的增减发生周期性明暗变化的现象。

2）频闪效应：在以一定频率变化的光线照射下，观察到的物体运动呈现静止或不同于实际运动状态的现象。

8. 灯具的保护角（遮光角）

1）一般灯具保护角：光源发光体最边缘的一点和灯具出光口的连线同水平线之间的夹角。

2）格栅灯具保护角：一格片底与下一（相邻）格片顶的连线与水平线之间的夹角。

9. 灯具的效率

灯具的效率是指灯具发出的总光通量 Φ_1 与光源发出的总光通量 Φ 之比。

9.7.3　照明的设备类型

1. 照明电光源

照明电光源分为固体发光光源和气体放电光源。固体发光光源主要为热辐射光源和电致发光光源。气体放电光源是利用电流通过气体或蒸汽而发光的光源，它们主要以原子辐射形式产生光辐射。根据放电形式的不同，气体放电光源可分为辉光放电灯和弧光放电灯。

热辐射光源是以热辐射作为光辐射的电光源，主要包括白炽灯和卤钨灯，它们都是以钨丝作为辐射体，通电后达到白炽温度，产生光辐射，白炽灯的光色和集光性能很好，但是因为光效低，已逐步退出生产和销售环节。按照国家发展和改革委员会发布的《中国逐步淘汰白炽灯路线图》，我国从 2012 年 10 月 1 日起，分阶段逐步禁止进口（含从海关特殊监管区域和保税监管场所进口）和销售普通照明白炽灯，淘汰目标产品不包括反射型白炽灯和特殊用途白炽灯。

电致发光光源是直接把电能转换成光能的电光源，包括场致发光灯和半导体灯，半导体灯即发光二极管。

辉光放电灯的特点是工作时需要很高的电压，但放电电流较小，霓虹灯属于辉光放电灯。弧光放电灯的特点是放电电流大，照明工程广泛应用的是弧光放电灯。

弧光放电灯按管内气体或蒸汽压力的不同，又可分为低气压弧光放电灯和高气压弧光放电灯。低气压弧光放电灯主要包括荧光灯和低压钠灯。高气压弧光放电灯包括高压汞灯、高压钠灯和金属卤化物灯。相比之下，高气压弧光放电灯的表面积较小，但其功率却较大，致使管壁的负荷比低气压弧光放电灯要高得多，因此高气压弧光放电灯又称为高强度气体放电灯，简称 HID 灯。

各种气体放电灯一般都配备相应的电气附件，以保证光源的启动和工作特性，放电灯常用的附件有镇流器、辉光启动器和补偿电容等。镇流器的功能是防止电流失控、保证放电灯在正常电特性下工作。常用镇流器有电感镇流器、节能型电感镇流器、电子镇流器等，目前常用的是电子镇流器。辉光启动器的功能是预热灯的电极，并与串联的镇流器一起产生脉冲电压使灯启动。气体放电灯电流和电压间有相位差，若串接的镇流器为电感性的，照明线路的总功率因数就会降得很低。为减少电路损耗，提高线路的功率因数，有效的措施是在镇流器的输入端接入一个适当的电容，将功率因数提高到 0.85以上。

（1）白炽灯　白炽灯用耐热玻璃制成泡壳，内装钨丝。泡壳内抽去空气，以免灯丝氧化，或再充入惰性气体（如氩），减少钨丝受热升华。因灯丝所耗电能仅一小部分转为可见光，故发光效率低。白炽灯主要由玻璃壳、灯丝、引线、玻璃支架、螺口灯头等组成，如图 9-62 所示。

（2）卤钨灯　卤钨灯是填充气体内含有部分卤族元素或卤化物的充气白炽灯。在普通白炽灯中，灯丝的高温造成钨的蒸发，蒸发的钨沉淀在玻璃壳上，产生灯泡玻璃壳发黑的现象。卤钨灯利用卤钨循环的原理消除了这一发黑的现象。在适当的温度条件下，从灯丝蒸发出来的钨在泡壁区域内与卤素物质反应，形成挥发性的卤钨化合物。由于泡壁温度足够高（250℃），卤钨化合物呈气态，当卤钨化合物扩散到较热的灯丝周围区域时又分化为卤素和钨。释放出来的钨部分回到灯丝上，而卤素继续参与循环过程。照明卤钨灯又分为高压双端灯、低压单端灯和多平面冷反射低压定向照明灯三种，广泛用于商店、橱窗、展厅、家庭室内照明。单端卤钨灯外形如图

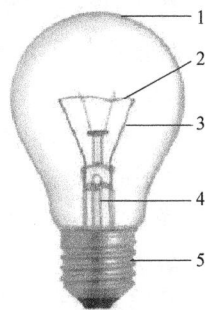

图 9-62 白炽灯
1—玻璃壳　2—灯丝　3—引线
4—玻璃支架　5—螺口灯头

9-63 所示，广泛应用于影视、舞台、剧场照明和展示照明。进入家庭照明应用于台灯、落地灯、小型射灯等。

（3）荧光灯 荧光灯（fluorescent lamp）也称为日光灯。传统型荧光灯即低压汞灯，是利用低气压的汞蒸气在通电后释放紫外线，从而使荧光粉发出可见光的原理发光，因此它属于低气压弧光放电光源。多年来荧光灯的荧光粉大都采用卤磷酸钙，俗称卤粉。卤粉价格便宜，但发光效率不够高，热稳定性差，光衰较大，光通维持率低，因此，它不适用于细管径紧凑型荧光灯中。

图 9-63　单端卤钨灯外形

针对卤磷酸钙荧光灯的缺点，荷兰飞利浦公司首先成功研制了将能够发出人眼敏感的红、绿、蓝三色光的荧光粉氧化钇（发红光，峰值波长为 611nm）、多铝酸镁（发绿光，峰值波长为 541nm）和多铝酸镁钡（发蓝光，峰值波长为 450nm）按一定比例混合成三基色荧光粉（完整名称是稀土元素三基色荧光粉），它的发光效率高（平均光效在 80lm/W 以上，约为白炽灯的 5 倍），色温为 2500~6500K，显色指数在 85 左右，用它作荧光灯的原料可大大节省能源，这就是高效节能荧光灯的由来。可以说，稀土元素三基色荧光粉的开发与应用是荧光灯发展史上的一个重要里程碑。

常见的荧光灯如下：

1）直管形荧光灯。这种荧光灯属于双端荧光灯。常见标称功率有 4W、6W、8W、12W、15W、20W、30W、36W、40W、65W、80W、85W 和 125W。直管形荧光灯管按管径大小分为 T12、T10、T8、T6、T5、T4、T3 等规格。规格中"T+数字"组合，表示管径的毫米数值。其含义为：一个 T = 1/8in，1in 为 25.4mm；数字代表 T 的个数。如 T12 = 25.4mm×1/8×12 = 38mm。灯头用 G5、G13。T5 显色指数大于 80，显色性好，对色彩丰富的物品及环境有比较理想的照明效果，光衰小，寿命长，平均寿命达 10000h。T5 适用于

图 9-64　T5 三基色荧光灯

服装、百货、超级市场、食品、水果、图片、展示窗等色彩绚丽的场合。T5 三基色荧光灯如图 9-64 所示。T8 色光、亮度、节能、寿命都较佳，适用于宾馆、办公室、商店、医院、图书馆及家庭等色彩朴素但要求亮度高的场合。

为了方便安装、降低成本和安全起见，许多直管形荧光灯的镇流器都安装在支架内，构成自镇流型荧光灯。

2）彩色荧光灯。常见标称功率有 20W、30W、40W。管径用 T4、T5、T8。灯头用 G5、G13。彩色荧光灯的光通量较低，适用于商店橱窗、广告或类似场所的装饰和色彩显示。

3）环形荧光灯。除形状外，环形荧光灯与直管形荧光灯没有多大差别。常见标称功率有 22W、32W、40W，灯头用 G10q。环形荧光灯主要提供给吸顶灯、吊灯等作配套光源，

供家庭、商场等照明用。一体化环形荧光灯如图 9-65 所示。

4）紧凑型荧光灯。这种荧光灯的灯管、镇流器和灯头紧密地连成一体（镇流器放在灯头内），除了破坏性打击，无法把它们拆卸，故被称为紧凑型荧光灯，如图 9-66 所示。由于无须外加镇流器，驱动电路也在镇流器内，故这种荧光灯也是自镇流荧光灯和内启动荧光灯。整个灯通过 E27 等灯头直接与供电网连接，可方便地直接取代白炽灯。这种荧光灯大都使用稀土元素三基色荧光粉，因而具有节能功能。

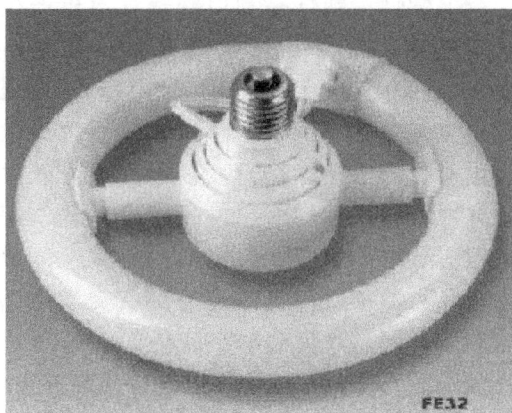

图 9-65　一体化环形荧光灯

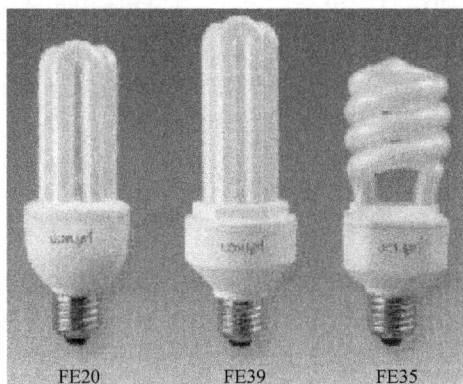

a）一体化紧凑型荧光灯

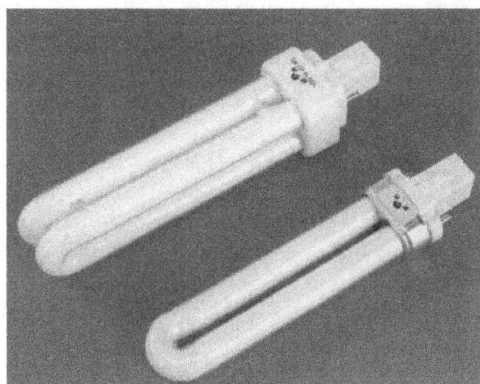

b）插拔式紧凑型荧光灯

图 9-66　紧凑型荧光灯

（4）高压汞灯　高压汞灯是玻璃壳内表面涂有荧光粉的高压汞蒸气放电灯，柔和的白色灯光，结构简单，如图 9-67 所示。高压汞灯成本低，维修费用低，可直接取代普通白炽灯，具有光效高、寿命长、省电等特点，适用于工业照明、仓库照明、街道照明、泛光照明、安全照明等。

（5）金属卤化物灯　金属卤化物灯是交流电源工作的，在汞和稀有金属的卤化物混合蒸气中产生电弧放电发光的放电灯，如图 9-68 所示。金属卤化物灯是在高压汞灯的基础上添加各种金属卤化物制成的第三代光源。照明采用钠铊铟灯、镝灯和钪钠型金属卤化物灯。金属卤化物灯具有发光效率高、显色性能好、寿命长等特点，是一种接近日光色的节能新光源，广泛应用于体育场馆、展览中心、大型商场、工业厂房、街道广场、车站、码头等场所的室内照明。

图 9-67　高压汞灯

（6）钠灯　钠灯是利用钠蒸气放电产生可见光的电光源，又分为低压钠灯和高压钠灯，如图 9-69、图 9-70 所示。低压钠灯是利用低压钠蒸气放电发光的电光源。在它的玻璃壳内涂以红外线反射膜，低压钠灯是光衰较小和发光效率最高的电光源。低压钠灯发出的是单色黄光，用于对光色没有要求的场所，但它的"透雾性"表现得非常出色，特别适用于高速公路、交通道路、市政道路、公园、庭院照明，能使人清晰地看到色

图 9-68　金属卤化物灯

差比较小的物体。低压钠灯也是替代高压汞灯节约用电的一种高效灯种，应用场所也在不断扩大。高压钠灯是由半透明的多晶氧化铝（PCA）陶瓷电弧管、外泡壳、金属支架、消气剂和灯头组成。电弧管为核心元件，内充汞、钠和惰性气体。高压钠灯具有发光效率高、耗电少、寿命长、透雾强和不诱虫等特点。高压钠灯使用时发出金白色光，广泛应用于道路、高速公路、机场、码头、船坞、车站、广场、街道交汇处、工矿企业、公园、庭院照明及植物栽培。高显色高压钠灯主要应用于体育馆、展览厅、娱乐场、百货商店和宾馆等场所照明。

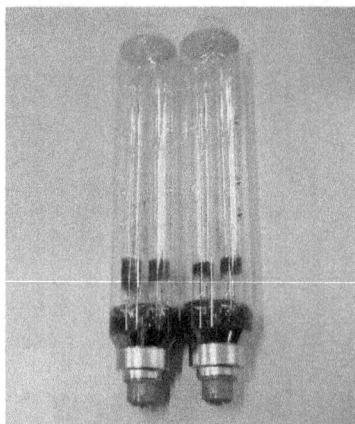

图 9-69　低压钠灯

图 9-70　高压钠灯

（7）半导体灯（LED 灯）　半导体灯是利用半导体二极管的原理做成的灯，可以把电能转化成光能，常简写为 LED 灯，如图 9-71 所示。发光二极管与普通二极管一样是由一个 PN 结组成的，也具有单向导电性。当给发光二极管加上正向电压后，从 P 区注入 N 区的空穴和由 N 区注入 P 区的电子，在 PN 结附近数微米内分别与 N 区的电子和 P 区的空穴复合，产生自发辐射的荧光。特点是体积小、质量小、耗电省、寿命长、亮度高、响应快。在较高的温度下较长时间内工作会使 LED 灯产生光衰，显色指数低，在 LED 灯照射下显示的颜色没有白炽灯真实。

2. 照明灯具

照明灯具的作用已经不仅仅局限于照明，也是家居的眼睛，更多的时候它起到的是装饰作用。因此照明灯具的选择就要更加复杂得多，它不仅涉及安全省电，而且会涉及材质、种类、风格品位等诸多因素。一个好的灯饰，可能一下成为装修的灵魂。照明灯具的品种很多，有吊灯、吸顶灯、台灯、落地灯、壁灯、射灯等；照明灯具由照明光源、灯罩和附件组

| a) LED灯管 | b) LED灯泡 |

图 9-71 LED 灯

成。照明灯具按功能分为装饰灯具和功能灯具两类。照明灯具按使用场所分为室内照明灯具和室外照明灯具两类。室内照明灯具通常按总光通在空间的上半球和下半球的分配比例分类。国际照明委员会把照明灯具分为直接、半直接、均匀扩散、半间接、间接五种。室外照明灯具主要是泛光灯。泛光灯又称为投光器，是利用反射镜、透射镜和格栅把光线约束在一个较小立体角内而成为强光源，常用于大型建筑夜景照明。

9.8 电梯设备

1. 概述

电梯是指服务于建筑物内若干特定的楼层，其轿厢运行在至少两列垂直于水平面或与铅垂线倾斜角小于15°的刚性导轨之间的永久运输设备。电梯也有台阶式，踏步板装在履带上连续运行，俗称自动扶梯或自动人行道，服务于规定楼层的固定式升降设备。垂直升降电梯具有一个轿厢，运行在至少两列垂直的或倾斜角小于15°的刚性导轨之间。

电梯在空间结构上分为机房部分、井道及底坑部分、轿厢部分、层站部分。电梯总体结构如图9-72所示。系统主要由曳引系统、导向系统、轿厢、门系统、质量平衡系统、电力拖动系统、电气控制系统、安全保护系统等组成。

1）曳引系统：曳引系统的主要功能是输出与传递动力，使电梯运行。曳引系统主要由曳引电动机、曳引钢丝绳、导向轮、反绳轮组成。

2）导向系统：导向系统的主要功能是限制轿厢和对重的活动自由度，使轿厢和对重只能沿着导轨做升降运动。导向系统主要由导轨、导靴和导轨支架组成。

3）轿厢：轿厢是运送乘客和货物的电梯组件，是电梯的工作部分。轿厢由轿厢架和轿厢体组成。

4）门系统：门系统的主要功能是封住层站入口和轿厢入口。门系统由轿厢门、层门、开门机、门锁装置组成。

5）质量平衡系统：质量平衡系统的主要功能是相对平衡轿厢质量，在电梯工作中能使轿厢与对重间的质量差保持在限额之内，保证电梯的曳引传动正常。质量平衡系统主要由对重和质量补偿装置组成。

机房顶面 制动器　曳引电动机

机房承重吊勾
减速箱　　　　　　　　　　　　　　　　旋转编码器
曳引轮
导向轮
曳引机承重大梁
限速器　　　　　　　　　　　　　　　　机房线槽

对重导轨支架

轿厢导轨支架　　　　　　　　　　　　　机房配电板
曳引钢丝绳　　　机房平面

顶层终端开关　　　　　　　　　　　　　控制柜
轿厢导轨
轿厢导靴　　　　　　　　　　　　　　　平层装置
轿厢　　　　　　　　　　　　　　　　　轿顶检修箱
极限开关打板　　　　　　　　　　　　　开门机
限速器钢丝绳　　　　　　　　　　　　　开门刀
对重导轨
轿底超载装置　　　　　　　　　　　　　轿内操纵箱
安全钳钳体
绳头组件　　　　　　　　　　　　　　　安全触板(光幕)
对重导靴　　　　　　　　　　　　　　　轿厢门

底层极限开关　　　　　　　　　　　　　井道布线槽(线管)
对重装置　　　　　　　　　　　　　　　随行电缆
　　　　　　　　　　　　　　　　　　　层门门锁
补偿装置　　　　　　　　　　　　　　　层门平面
　　　　　　　　　　　　　　　　　　　消防铵钮盒
对重缓冲器　　　　　　　　　　　　　　厅外召唤盒
张紧装置　　　　　　　　　　　　　　　层门装置

底坑底面　　　轿厢缓冲器　　　　　　　底坑检修装置

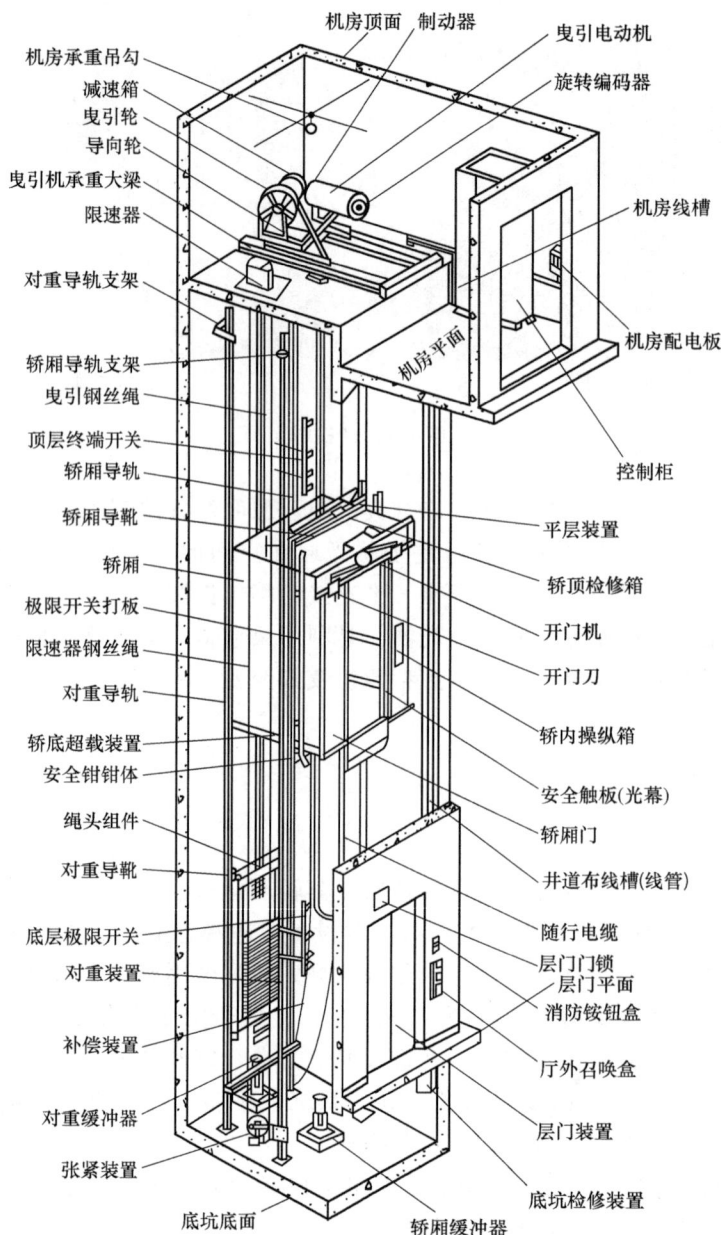

图 9-72　电梯总体结构

6）电力拖动系统：电力拖动系统的功能是提供动力，实行电梯速度控制。电力拖动系统由曳引电动机、供电系统、速度反馈装置、电动机调速装置等组成。

7）电气控制系统：电气控制系统的主要功能是对电梯的运行实行操纵和控制。电气控制系统主要由操纵装置、位置显示装置、控制屏（柜）、平层装置、选层器等组成。

8）安全保护系统：安全保护系统的功能是保证电梯安全使用，防止一切危及人身安全的事故发生。安全保护系统由电梯限速器、安全钳、夹绳器、缓冲器、安全触板、层门门锁、电梯安全窗、电梯超载限制装置、限位开关装置组成。

2. 电梯的分类及选用

电梯按用途分为乘客电梯、载货电梯、医用电梯、杂物电梯、观光电梯、车辆电梯、船舶电梯、建筑施工电梯和其他类型的电梯等；按驱动方式分为交流电梯、直流电梯、液压电梯、齿轮齿条电梯、螺杆式电梯、直线电动机驱动的电梯；按速度分为低速电梯、中速电梯、高速电梯和超高速电梯。低速电梯速度低于 1.00m/s，中速电梯速度为 1.00～2.00m/s，高速电梯速度大于 2.00m/s，超高速电梯速度超过 5.00m/s。电梯按操纵控制方式分为手柄开关操纵电梯、按钮控制电梯、信号控制电梯、集选控制电梯、并联控制电梯和群控电梯。

在现代高层建筑中，电梯的选用与配置是否得当，直接影响建筑效用的发挥，只有合理地设置与选用电梯（特别是高速电梯），才能使现代高层建筑发挥其巨大的优越性。配置和选用电梯时，必须考虑到电梯所服务的环境，是写字楼、购物中心，还是饭店宾馆、娱乐中心或是住宅，换句话说就是要考虑到建筑物内人员的流通情况以及不同时间段人流的变化情况。综合分析上述情况，经过客流分析才能提出满足服务环境所要求的电梯系统的数量及电梯在高层建筑内的布置方案。当选用电梯时，还必须考虑到电梯系统本身的特点，如梯速、主要参数、控制方法以及控制的是群梯还是单梯等。

一般选用电梯常需要考虑以下几个方面：

1) 通过交通分析和计算得出满足建筑物交通需要的电梯数量。

2) 使电梯乘客的候梯时间低于某个允许值，以提高电梯的服务质量。

3) 设置多台电梯时，应尽可能将它们集中在建筑物中央，这样可以均衡各台电梯负载，提高服务质量。

4) 不仅在超高层建筑物中，在一般的大型建筑物中，也可以考虑用分区服务的方法提高电梯的服务效率。

选用电梯的基本步骤为：

1) 计算建筑物的交通规模。

2) 估算客流集中率。

3) 计算电梯使用人数。

4) 选定电梯服务方式。

5) 预选定电梯规格、台数。

6) 计算往返一周时间（RTT）。

7) 计算输送能力。

8) 计算平均运行间隔（用 INT 表示）。

9) 分析计算结果。

10) 确定电梯设置台数。

11) 确定电梯的平面布置。

电梯在建筑物内是最为引人注意的设备，应与大楼的布置和装饰相协调。对于电梯在大楼中的位置安排，建筑设计师们做过充分的研究。一般遵循以下几点原则：

1) 由于电梯是大部分人出入建筑物经常使用的交通工具，所以要设置在最容易看到的地方。要从运行效率、缩短候梯时间以及降低建筑费用等方面综合考虑，最好把电梯集中设置在一个地方，不要分散设置。

2) 从方便使用电梯的角度考虑，可将电梯对着正门或在大厅入口处并列设置。

3）可以将电梯设置在正门或大厅通路的旁侧或两侧。这时靠近正门或大厅入口的电梯利用率高，较远的利用率低。为了防止这种情况，可以根据建筑物的功能将电梯指定服务层，使各电梯服务均等。

4）在购物中心等商业大厦中，电梯最好集中设置在售货区一端容易看到的地方。当电梯同扶梯并设时，应当通过分析决定两者的位置。

5）在超高层建筑中，电梯的台数可能达数十台，所以必须特别注意它们的布置形式，一般可采取分区运行的办法，将梯群分成高、中、低运行梯组。此时电梯的设置都将集中设置在建筑物的中央。

第 10 章

智能化系统

为了实现智能建筑安全、高效、便捷、节能、环保、健康的建筑环境，智能建筑需要具有一定的建筑环境并设置相应的智能化系统。建筑智能化系统，过去通常称为弱电系统，利用现代通信技术、信息技术、计算机网络技术、监控技术等，通过对建筑和建筑设备的自动检测与优化控制、信息资源的优化管理，实现对建筑物的智能控制与管理，以满足用户对建筑物的监控、管理和信息共享的需求，从而使智能建筑具有安全、舒适、高效和环保的特点，达到投资合理、适应信息社会需要的目标。智能建筑中的智能化系统主要由智能化集成系统、信息设施系统、信息化应用系统、建筑设备管理系统、公共安全系统组成。

智能化系统是相对需求设置的，为满足安全性需求，在智能建筑中设置公共安全系统，其内容主要包括火灾自动报警系统、安全技术防范系统和应急响应系统；为满足舒适、节能、环保、健康、高效的需求，在智能建筑中设置建筑设备管理系统；为满足工作上的高效性和便捷性，在智能建筑中设置方便快捷和多样化的信息设施系统和信息化应用系统。智能化集成系统把原来相对独立的资源、功能等集合到一个相互关联、协调和统一的智能化集成系统之中，对各子系统进行科学高效的综合管理，以实现信息综合、资源共享。

（1）智能化集成系统　智能化集成系统将不同功能的建筑智能化系统，通过统一的信息平台实现集成，以形成具有信息汇集、资源共享及优化管理等综合功能的系统。

智能化集成系统构成包括智能化系统信息共享平台建设和信息化应用功能实施。

（2）信息设施系统　信息设施系统是为确保建筑物与外部信息通信网的互联及信息畅通，对语音、数据、图像和多媒体等各类信息予以接收、交换、传输、存储、检索和显示等进行综合处理的多种类信息设备系统加以组合，提供实现建筑物业务及管理等应用功能的信息通信基础设施。

信息设施系统包括通信接入系统、电话交换系统、信息网络系统、综合布线系统、室内移动通信覆盖系统、卫星通信系统、有线电视及卫星电视接收系统、广播系统、会议系统、信息导引及发布系统、时钟系统和其他相关的信息通信系统。

（3）信息化应用系统　信息化应用系统是以建筑物信息设施系统和建筑设备管理系统等为基础，为满足建筑物各类业务和管理功能的多种类信息设备与应用软件而组合的系统。

信息化应用系统包括工作业务应用系统、物业运营管理系统、公共服务管理系统、公众信息服务系统、智能卡应用系统和信息网络安全管理系统等其他业务功能所需要的应用系统。

（4）建筑设备管理系统　建筑设备管理系统是对建筑设备监控系统和公共安全系统等实施综合管理的系统。建筑设备管理系统包括建筑设备监控系统、建筑能效监管系统以及需纳入管理的其他业务设施系统等。

（5）公共安全系统　公共安全系统是为维护公共安全，综合运用现代科学技术，以应对危害社会安全的各类突发事件而构建的技术防范系统或保障体系。

公共安全系统包括火灾自动报警系统、安全技术防范系统和应急响应系统。安全技术防范系统包括安全防范管理平台入侵和紧急报警系统、视频监控系统、出入口控制系统、电子巡查系统、楼寓对讲系统、停车库（场）安全管理系统和防爆安全检查系统。

10.1　火灾自动报警系统

火灾自动报警系统由火灾探测报警系统、消防联动控制系统、可燃气体探测报警系统及电气火灾监控系统组成。火灾自动报警系统的组成示意图如图 10-1 所示。

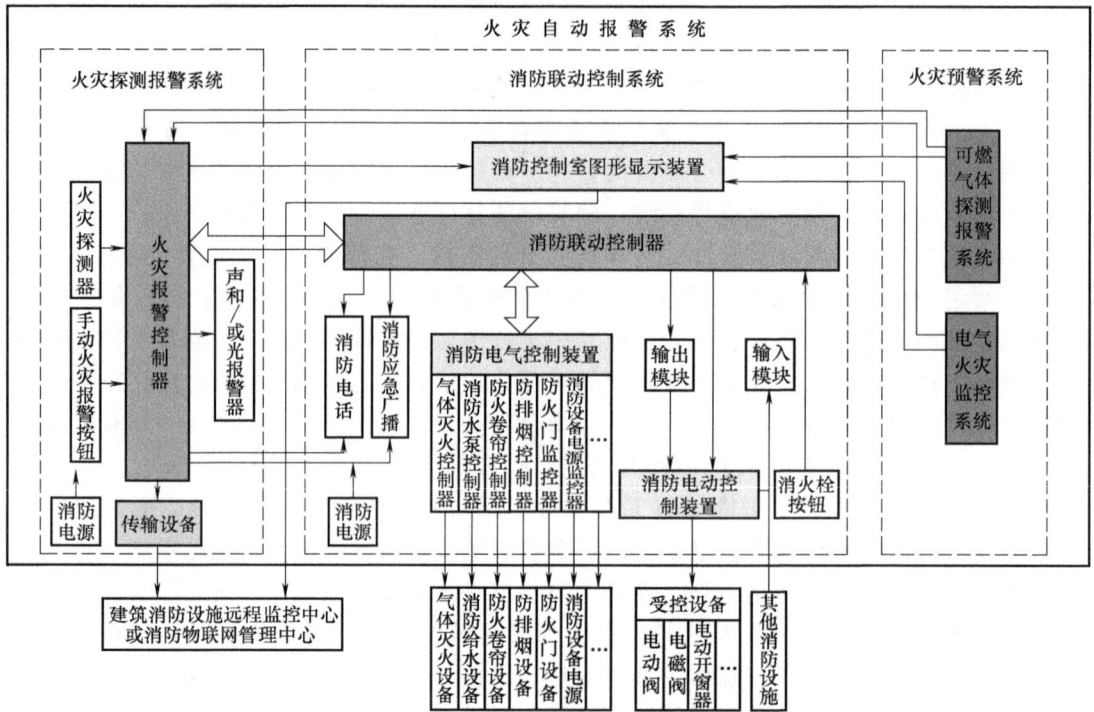

图 10-1　火灾自动报警系统的组成示意图

10.1.1　火灾探测报警系统

火灾探测报警系统由触发器件、火灾报警控制器、火灾警报装置和电源等组成，它能及时、准确地保护对象的初起火灾，并做出报警响应，从而使建筑物中人员有足够的时间在火灾尚未发展蔓延到危害生命安全的程度时疏散至安全地带，是保障人员生命安全的最基本的建筑消防系统。

1. 触发器件

在火灾自动报警系统中，自动或手动产生火灾报警信号的器件称为触发器件，主要包括火灾探测器、手动火灾报警按钮和消火栓按钮。火灾探测器是能对火灾参数（如烟、温度、火焰辐射、气体浓度等）响应，并自动产生火灾报警信号的器件。手动火灾报警按钮是手动方式产生火灾报警信号、启动火灾自动报警系统的器件。消火栓按钮一般设置在消火栓箱内，它的动作信号应作为报警信号及启动消火栓的联动触发信号，由消防联动控制器联动控制消火栓泵的启动。

（1）火灾探测器

1）火灾探测器的分类。火灾探测器（fire detector）是火灾自动报警系统的一个组成部分，使用至少一种传感器持续或间断监视与火灾相关的至少一种物理或化学现象，并向控制器提供至少一种火灾探测信号。火灾探测器按探测对象分为感烟探测器（见图10-2）、感温探测器（见图10-3）、火焰探测器（见图10-4）、可燃气体探测器；按探测区域分为点型探测器和线型探测器。

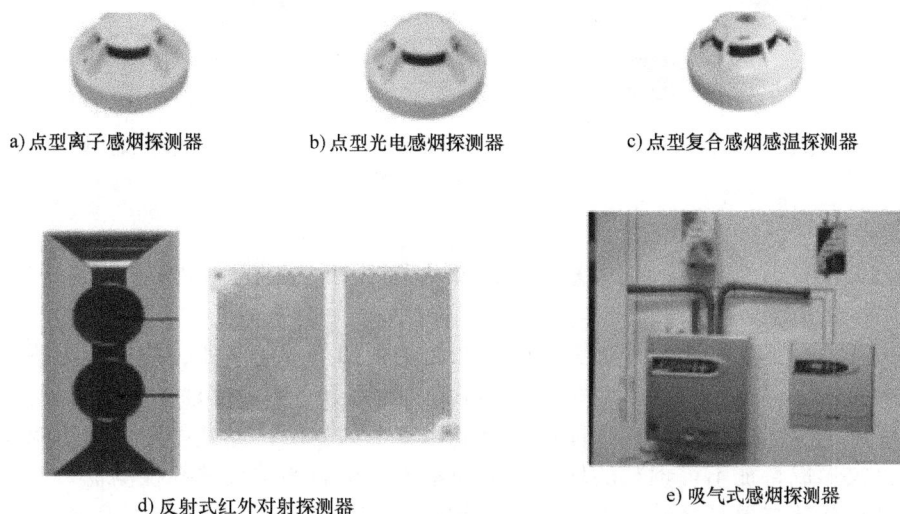

a）点型离子感烟探测器　　b）点型光电感烟探测器　　c）点型复合感烟感温探测器

d）反射式红外对射探测器　　　　　　　e）吸气式感烟探测器

图 10-2　感烟探测器

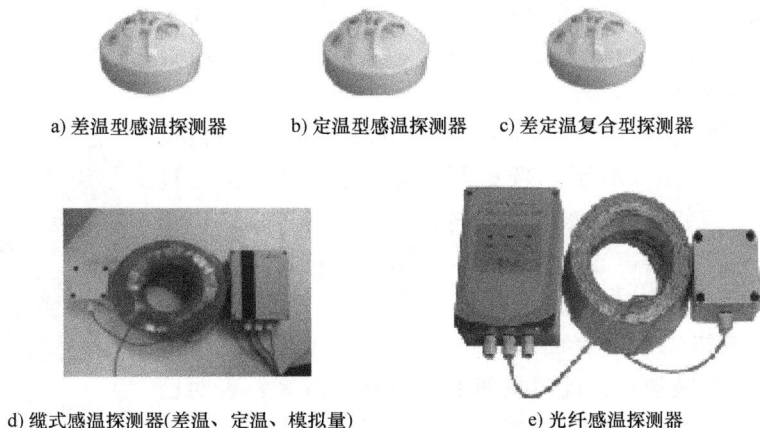

a）差温型感温探测器　　b）定温型感温探测器　　c）差定温复合型探测器

d）缆式感温探测器(差温、定温、模拟量)　　　　e）光纤感温探测器

图 10-3　感温探测器

2）火灾探测器选择的基本原则。在选择火灾探测器种类时，要根据探测区域内可能发生的初期火灾的形成和发展特征、房间高度、环境条件以及可能引起误报的原因等因素决定。基本原则如下：

① 对火灾初期有阴燃阶段，产生大量烟和少量热，很少或没有火焰辐射的场所，应选

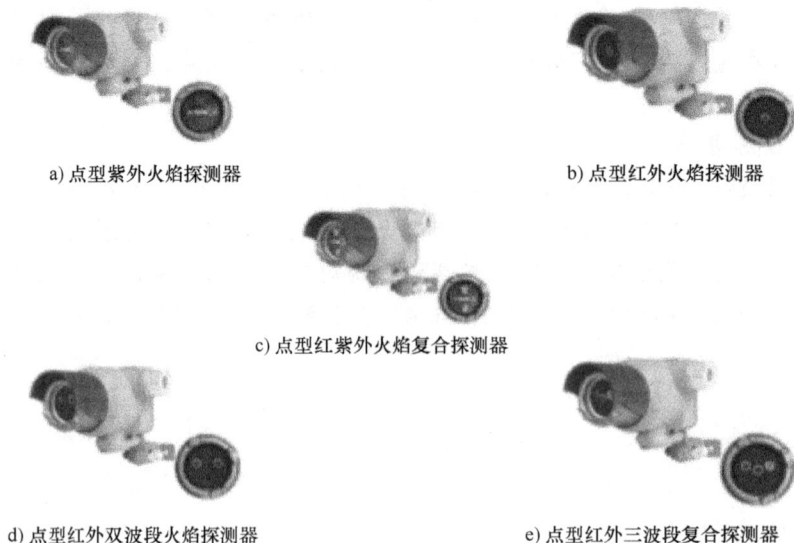

a) 点型紫外火焰探测器　　　　　　　　　　　　　b) 点型红外火焰探测器

c) 点型红紫外火焰复合探测器

d) 点型红外双波段火焰探测器　　　　　　　　e) 点型红外三波段复合探测器

图 10-4　火焰探测器

择感烟探测器。

② 对火灾发展迅速，可产生大量热、烟和火焰辐射的场所，可选择感温探测器、感烟探测器、火焰探测器或其组合。

③ 对火灾发展迅速，有强烈的火焰辐射和少量的烟、热的场所，应选择火焰探测器。

④ 对火灾初期可能产生 CO 气体且需早期探测的场所，宜选 CO 火灾探测器。

⑤ 对使用、生产或聚集可燃气体或可燃液体蒸气的场所，应选择可燃气体探测器。

⑥ 对火灾形成特征不可预料的场所，可根据模拟试验的结果选择探测器。

⑦ 对设有联动装置、自动灭火系统以及用单一探测器无法有效确认火灾的场合，宜采用同类型或不同类型的探测器组合。

⑧ 对于需要早期发现火灾的特殊场所，可以选择高灵敏度的吸气式感烟火灾探测器，且应将该探测器的灵敏度设置为高灵敏度状态；也可根据现场实际分析早期可探测的火灾参数而选择相应的探测器。

（2）手动火灾报警按钮　手动火灾报警按钮用于现场人员对火灾的确认，如图 10-5 所示。当发生火灾时，现场人员通过按下手动火灾报警按钮上面的玻璃片，将报警信号通过总线传至消防控制中心，中心发出声光报警信号，并指示火灾发生的分区的具体部位，然后联动相应的设备进行灭火处理。

（3）消火栓按钮　按钮表面装有一有机玻璃片，当启用消火栓时，可直接按下玻璃片，此时按钮的红色指示灯亮，表明已向消防控制室发出了报警信息，控制器在确认了消防水泵已启动

图 10-5　手动火灾报警按钮

运行后，就向消火栓按钮发出命令信号点亮水泵运行指示灯。消火栓按钮上的水泵运行指示灯，既可由控制器点亮，也可由水泵控制箱引来的指示水泵运行状态的开关信号点亮。典型消火栓按钮如图 10-6 所示。

2. 火灾报警控制器

在火灾自动报警系统中，用以接收、显示和传递火灾报警信号，并能发出控制信号和具

有其他辅助功能的控制指示设备称为火灾报警装置。火灾报警控制器就是其中最基本的一种。火灾报警控制器担负着为火灾探测器提供稳定的工作电源，监视探测器及系统自身的工作状态，接收、转换、处理火灾探测器输出的报警信号，进行声光报警，指示报警的具体部位及时间，同时执行相应辅助控制等诸多任务。

图 10-6　消火栓按钮

火灾报警控制器（fire alarm control unit/fire control and indicating equipment）是作为火灾自动报警系统的控制中心，能够接收并发出火灾报警信号和故障信号，同时完成相应的显示和控制功能的设备。

火灾报警控制器按应用方式可分为区域型火灾报警控制器、集中型火灾报警控制器、集中区域兼容型火灾报警控制器和独立型火灾报警控制器四种。

1）区域型火灾报警控制器（local fire alarm control unit）：能直接接收火灾触发器件或模块发出的信息，并能向集中型火灾报警控制器传递信息功能的火灾报警控制器。

2）集中型火灾报警控制器（central fire alarm control unit）：能接收区域型火灾报警控制器（含相当于区域型火灾报警控制器的其他装置）、火灾触发器件或模块发出的信息，并能发出某些控制信号使区域型火灾报警控制器工作的火灾报警控制器。

3）集中区域兼容型火灾报警控制器（combined central and local fire alarm control unit）：既可作集中型火灾报警控制器又可作区域型火灾报警控制器用的火灾报警控制器。

4）独立型火灾报警控制器（independence type fire alarm control unit）：不具有向其他火灾报警控制器传递信息功能的火灾报警控制器。

火灾报警控制器按结构形式分为壁挂式、柜式和台式，如图 10-7 所示。

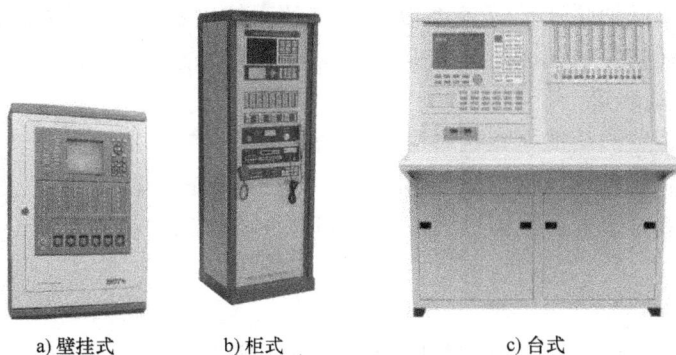

a) 壁挂式　　　　b) 柜式　　　　c) 台式
图 10-7　火灾报警控制器

3. 火灾警报装置

在火灾自动报警系统中，用以发出区别于环境声、光的火灾警报信号的装置称为火灾警报装置，如图 10-8 所示。它以声、光和音响等方式向报警区域发出火灾警报信号，以警示人们迅速采取安全疏散，以及进行灭火救灾措施。

4. 电源

火灾自动报警系统属于消防用电设备，其主电源应当采用消防电源，备用电源可采用蓄电池。系统电源除为火

a) 警铃　　　　b) 声光报警器
图 10-8　火灾警报装置

灾报警控制器供电外，还为与系统相关的消防控制设备等供电。

10.1.2 消防联动控制系统

消防联动控制系统由消防联动控制器、消防控制室图形显示装置、消防电气控制装置（防火卷帘控制器、气体灭火控制器等）、消防电动装置、消防联动模块、总线隔离器、消防应急广播设备、消防电话等设备和组件组成。在火灾发生时，消防联动控制器按设定的控制逻辑准确发出联动控制信号给消防水泵、喷淋泵、防火门、防火阀、防排烟阀和通风等消防设备，完成对灭火系统、疏散指示系统、防排烟系统及防火卷帘等其他消防有关设备的控制功能。当消防设备动作后将动作信号反馈给消防控制室并显示，实现对建筑消防设施的状态监视功能，即接收来自消防联动现场设备以及火灾自动报警系统以外的其他系统的火灾信息或其他信息的触发和输入功能。

1. 消防联动控制器

消防联动控制器是消防联动控制系统的核心组件。它通过接收火灾报警控制器发出的火灾报警信息，按预设逻辑对建筑中设置的自动消防系统（设施）进行联动控制。消防联动控制器可直接发出控制信号，通过驱动装置控制现场的受控设备；对于控制逻辑复杂且在消防联动控制器上不便实现直接控制的情况，可通过消防电气控制装置（如防火卷帘控制器、气体灭火控制器等）间接控制受控设备，同时接收自动消防系统（设施）动作的反馈信号。

2. 消防控制室图形显示装置

消防控制室图形显示装置用于接收并显示保护区域内的火灾探测报警及联动控制系统、消火栓系统、自动灭火系统、防排烟系统、防火门及卷帘系统、电梯、消防电源、消防应急照明和疏散指示系统、消防通信等各类消防系统及系统中的各类消防设备（设施）运行的动态信息和消防管理信息，同时还具有信息传输和记录功能。

3. 消防电气控制装置

消防电气控制装置的功能是控制各类消防电气设备。它一般通过手动或自动的工作方式控制各类消防水泵、防排烟风机、电动防火门、电动防火窗、防火卷帘、电动阀等各类电动消防设施的控制装置及双电源互换装置，并将相应设备的工作状态反馈给消防联动控制器进行显示。

4. 消防电动装置

消防电动装置的功能是控制电动消防设施的电气驱动或释放，包括电动防火门窗、电动防火阀、电动防排烟阀、气体驱动器等电动消防设施的电气驱动或释放装置。

5. 消防联动模块

消防联动模块是用于消防联动控制器和其所连接的受控设备或部件之间信号传输的设备，包括输入模块、输出模块和输入输出模块。输入模块的功能是接收受控设备或部件的信号反馈并将信号输入到消防联动控制器中进行显示，输出模块的功能是接收消防联动控制器的输出信号并发送到受控设备或部件，输入输出模块则同时具备输入模块和输出模块的功能，典型输入输出模块接线图如图10-9所示。

6. 总线隔离器

总线隔离器串接于总线报警系统中，防止因总线某处发生短路而造成整个系统通信瘫痪。当总线短路或过载时，总线隔离器只是将问题部分断开，确保其余部分线路设备能够正

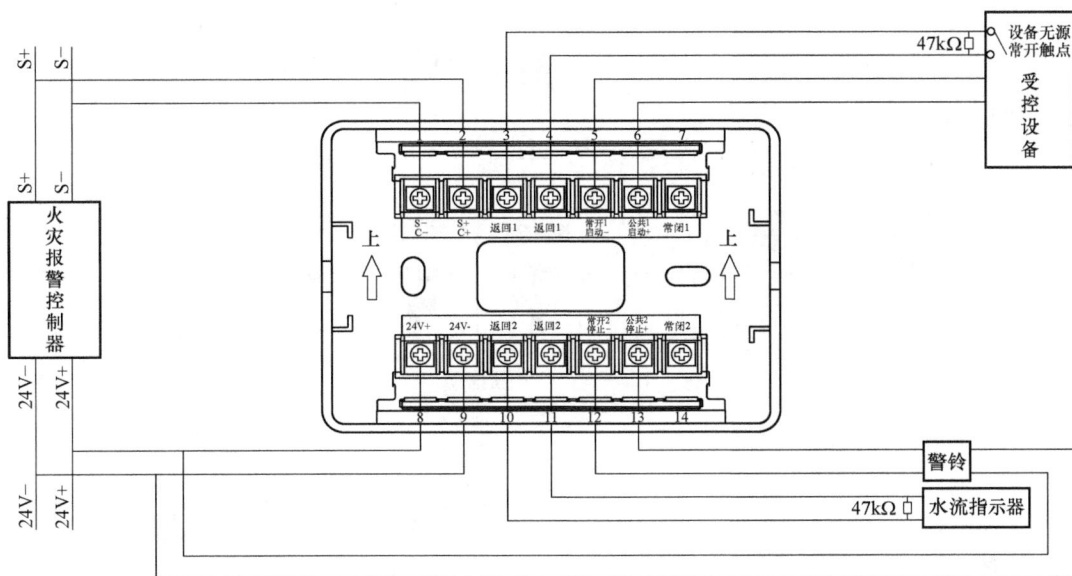

图 10-9 输入输出模块接线图

常工作。当故障部分的总线修复后，总线隔离器可自行恢复工作，将被隔离出去的部分重新纳入系统中。一般动作电流为 $100\sim300\text{mA}$。总线隔离模块为非编码部件，一般安装在弱电井、端子箱等区域或楼层总线分支处，串接于信号回路总线中。

7. 消防应急广播设备

消防应急广播设备由控制和指示装置、声频功率放大器、传声器、扬声器、广播分配装置、电源装置等部分组成，? 是在火灾或意外事故发生时通过控制功率放大器和扬声器进行应急广播的设备。它的主要功能是向现场人员通报火灾发生，指挥并引导现场人员疏散。

8. 消防电话

消防电话是用于消防控制室与建筑物中各部位之间通话的电话系统，由消防电话总机、消防电话分机、消防电话插孔构成。消防电话是与普通电话分开的专用独立系统，一般采用集中式对讲电话，消防电话的总机设在消防控制室，分机分设在其他各个部位。其中消防电话总机是消防电话的重要组成部分，能够与消防电话分机进行全双工语音通信；消防电话分机设置在建筑物中各关键部位，能够与消防电话总机进行全双工语音通信；消防电话插孔安装在建筑物各处，插上电话手柄就可以和消防电话总机通信。

10.1.3 可燃气体探测报警系统

可燃气体探测报警系统由可燃气体报警控制器、可燃气体探测器和火灾声光警报器组成，能够在保护区域内泄漏可燃气体的浓度低于爆炸下限的条件下提前报警，从而预防由于可燃气体泄漏引发的火灾和爆炸事故的发生。可燃气体探测报警系统是火灾自动报警系统的独立子系统，属于火灾预警系统。典型可燃气体探测报警系统的构成如图 10-10 所示。

可燃气体探测报警系统应独立组成，可燃气体探测器不应接入火灾报警控制器的探测器回路；当可燃气体的报警信号需接入火灾自动报警系统时，应由可燃气体报警控制器接入。可燃气体报警控制器的报警信息和故障信息，应在消防控制室图形显示装置或起集中控制功

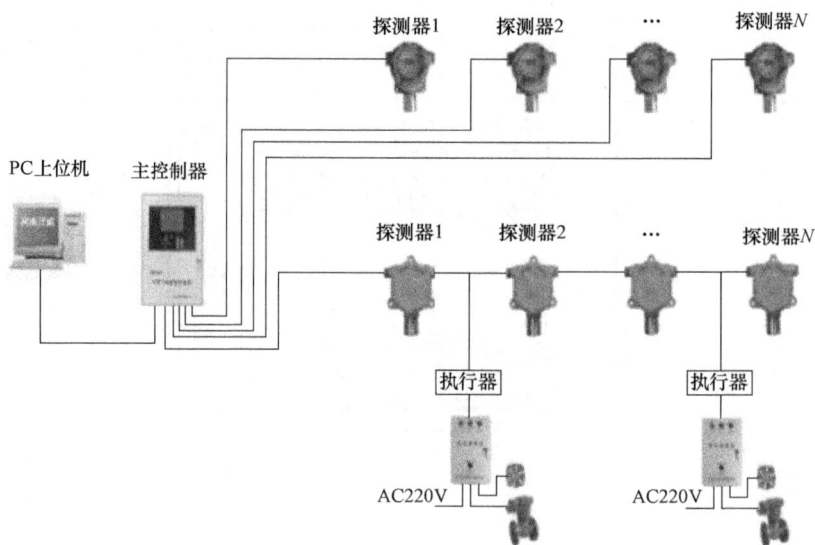

图 10-10 可燃气体探测报警系统的构成

能的火灾报警控制器上显示，但该类信息与火灾报警信息的显示应有区别。可燃气体报警控制器发出报警信号时，应能启动保护区域的火灾声光警报器，以警示相关人员进行必要的处置。

10.1.4 电气火灾监控系统

电气火灾监控系统由电气火灾监控器、电气火灾监控探测器组成，能检测供电线路的剩余电流及温度信息，并将实时数据传送到电气火灾监控设备。当发生电气故障产生一定电气火灾隐患的条件下，达到剩余电流/温度报警设定值时报出超限报警并显示报警地址，提醒专业人员排除电气火灾隐患，实现电气火灾的早期预防，避免电气火灾的发生。电气火灾监控系统是火灾自动报警系统的独立子系统，属于火灾预警系统。典型电气火灾监控系统的构成如图 10-11 所示。

电气火灾监控系统的基本原理是，当电气设备中的电流、温度等参数发生异常或突变时，终端探测头（如剩余电流互感器、温度传感器等）利用电磁场感应原理、温度效应的变化对该信息进行采集，并输送到监控探测器，经放大、A/D 转换、CPU 对变化的幅值进行分析、判断，并与报警设定值进行比较，一旦超出设定值则发出报警信号，同时也输送到监控设备中，再经监控设备进一步识别、判定，当确认可能会发生火灾时，监控主机发出火灾报警信号，点亮报警指示灯，发出报警声响，同时在液晶显示屏上显示火灾报警等信息。值班人员则根据以上显示的信息，迅速到事故现场进行检查处理，并将报警信息发送到集中控制台。

10.1.5 火灾自动报警系统的工作原理

火灾自动报警系统是实现火灾早期探测、发出火灾报警信号，并向各类消防设备发出控制信号完成各项消防功能的系统。在火灾自动报警系统中，火灾报警控制器和消防联动控制器是核心组件，是系统中火灾报警与警报的监控管理枢纽和人机交互平台。典型火灾自动报

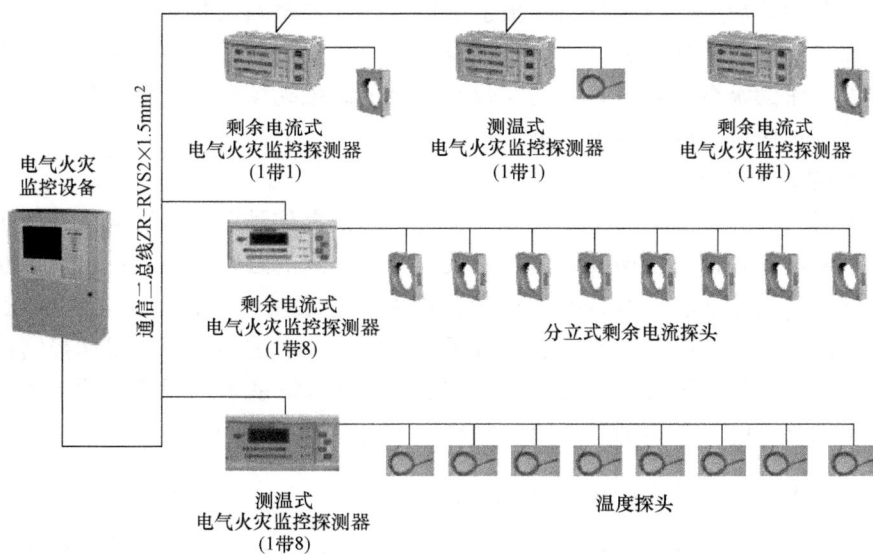

图 10-11　电气火灾监控系统的构成

警系统的结构如图 10-12 所示。

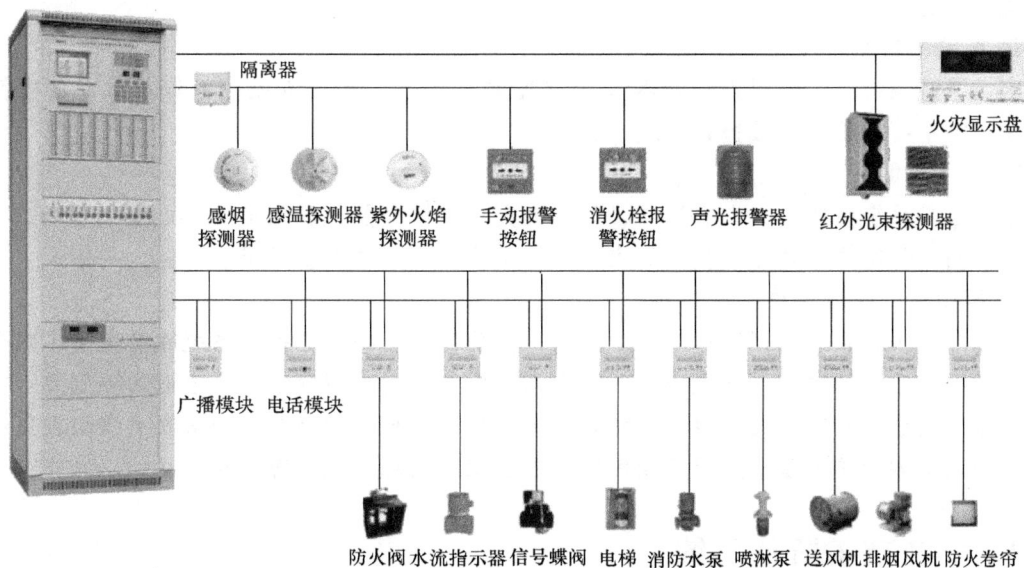

图 10-12　火灾自动报警系统的结构

1. 火灾探测报警系统

火灾发生时，安装在保护区域现场的火灾探测器，将火灾产生的烟雾、热量和光辐射等火灾特征参数转变为电信号，经数据处理后，将火灾特征参数信息传输至火灾报警控制器；或直接由火灾探测器做出火灾报警判断，将报警信息传输到火灾报警控制器。火灾报警控制器在接收到探测器的火灾特征参数信息或报警信息后，经报警确认判断，显示报警探测器的部位，记录探测器火灾报警的时间。处于火灾现场的人员，在发现火灾后可立即触动安装在现场的手动火灾报警按钮，手动火灾报警按钮便将报警信息传输到火灾报警控制器，火灾报警控制器在接收到手动火灾报警按钮的报警信息后，经报警确认判断，显示动作的手动火灾报警按钮的部位，记录手动火灾报警按钮报警的时间。火灾报警控制器在确认火灾探测器和手动火灾报警按钮的报警信息后，驱动安装在被保护区域现场的火灾警报装置，发出火灾警报，向处于被保护区域内的人员警示火灾的发生。

2. 消防联动控制系统

火灾发生时，火灾探测器和手动火灾报警按钮的报警信号等联动触发信号传输至消防联动控制器，消防联动控制器按照预设的逻辑关系对接收到的触发信号进行识别判断，在满足逻辑关系条件时，消防联动控制器按照预设的控制时序启动相应的自动消防系统（设施），实现预设的消防功能；消防控制室的消防管理人员也可以通过操作消防联动控制器的手动控制盘直接启动相应的消防系统（设施），从而实现相应消防系统（设施）预设的消防功能。消防联动控制系统接收并显示消防系统（设施）动作的反馈信息。

10.1.6 火灾自动报警系统的基本形式

火灾自动报警系统的基本保护对象是工业与民用建筑，各种保护对象的具体特点千差万别，对火灾自动报警系统的功能要求也不尽相同。根据《火灾自动报警系统设计规范》（GB 50116—2013）规定，火灾自动报警系统的基本形式有三种，即区域报警系统、集中报警系统和控制中心报警系统。

1. 区域报警系统

区域报警系统由区域报警控制器（火灾报警控制器）和火灾探测器等组成，功能简单的火灾报警系统被称为区域报警系统。

2. 集中报警系统

集中报警系统由集中火灾报警器、区域火灾报警控制器、区域显示器（灯光显示装置）和火灾探测器等组成，功能较复杂的火灾报警系统称为集中报警系统。

3. 控制中心报警系统

控制中心报警系统是指设置了两个及以上消防控制室的火灾报警系统或已设置了两个及以上集中报警系统的系统。设置两个及以上消防控制室时，应确定一个主消防控制室；主消防控制室应能显示所有火灾报警信号和联动控制状态信号，并应能控制重要的消防设备；各分消防控制室内消防设备之间可互相传输、显示状态信息，但不应互相控制。

10.2 安全技术防范系统

安全技术防范就是应用计算机网络技术、通信技术和自动控制技术等现代科学技术实现安全防范的各种功能和自动化管理。它将逐步向安全防范的集成化、智能化方向发展。安全技术防范系统主要包括安全防范管理平台、入侵和紧急报警系统、视频监控系统、出入口控制系统、电子巡查系统、楼寓对讲系统、停车库（场）安全管理系统和防爆安全检查系统等子系统。

1. 入侵和紧急报警系统

入侵和紧急报警系统（intrusion and hold-up alarm system，I&HAS）是利用传感器技术和电子信息技术探测非法进入或试图非法进入设防区域的行为，和由用户主动触发紧急报警装置、发出报警信息、处理报警信息的电子系统。

2. 视频监控系统

视频监控系统（video surveillance system，VSS）是利用视频技术探测、监视监控区域并实时显示、记录现场视频图像的电子系统。

3. 出入口控制系统

出入口控制系统（access control system，ACS）是利用自定义符识别或/和生物特征等模式识别技术对出入口目标进行识别，并控制出入口执行机构启闭的电子系统。

4. 电子巡查系统

电子巡查系统（guard tour system）就是对巡查人员的巡查路线、方式及过程进行管理和控制的电子系统。

5. 楼寓对讲系统

楼寓对讲系统（building intercom system）是采用（可视）对讲方式确认访客，对建筑物（群）出入口进行访客控制与管理的电子系统，又称为访客对讲系统。

6. 停车库（场）安全管理系统

停车库（场）管理系统（security management system in parking lots）是对人员和车辆进、出停车库（场）进行登录、监控以及人员和车辆在库（场）内的安全实现综合管理的电子系统。

7. 防爆安全检查系统

防爆安全检查系统（anti-explosion security inspection system）是检查有关人员、行李、货物是否携带爆炸物、武器和/或其他违禁品的电子设备系统或网络。

8. 安全防范管理平台

安全防范管理平台（security management system，SMS）是对各子系统及相关信息系统进行集成，实现实体防护系统、电子防护系统和人力防范资源的有机联动、信息的集中处理与共享应用、风险事件的综合研判、事件处置的指挥调度、系统和设备的统一管理与运行维护等功能的硬件和软件组合。

10.2.1　视频监控系统

视频监控系统也称为闭路电视监控系统。视频监控系统包括前端设备、传输设备、处理与控制设备和记录与显示设备四部分。视频监控系统的构成和结构如图10-13、图10-14所示。

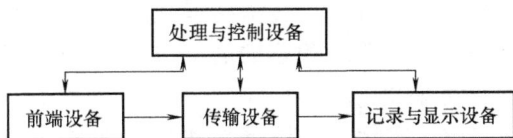

图 10-13　视频监控系统的构成

1. 前端设备

摄像机是获取监控现场图像的重要前端设备，有特殊应用需求时，前端设备中还包括传声器和扬声器，以获取现场音频信号或向现场发出音频信号。常用的摄像机以 CCD 图像传感器或 CMOS 图像传感器为核心部件，外加同步信号生成电路、视频信号处理电路及电源等。前端设备主要包括摄像机、镜头、云台、附件等；CCD 型摄像机目前在市场上占重要地位。但并不排斥利用 CMOS、热传感器件等技术构成的 DPS 和热红外摄像机等。IP 网络摄像机是基于网络传输的数字化设备，网络摄像机除了具有普通复合视频信号输出接口 BNC 外（一般模拟输出为调试用，并不能代表它本身的效果），还有网络输出接口，可直接

271

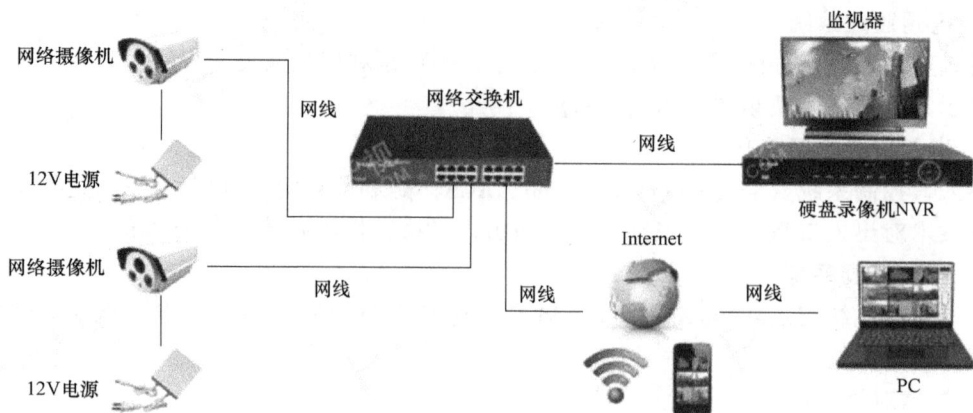

图 10-14　视频监控系统的结构

将摄像机接入本地局域网。IP 网络摄像机将图像转换为基于 TCP/IP 网络标准的数据包，使摄像机所拍摄的画面通过 RJ-45 以太网接口或 WiFi WLAN 无线接口直接传送到网络上，通过网络即可远端监视画面。无论何种技术，都要强调设备器材的适用性原则。

一般说，摄像机是摄像头和镜头的总称，实际上，摄像头与镜头大部分是分开配置的，需要根据目标物体的大小和摄像头与物体的距离，通过计算得到镜头的焦距，按照实际情况配置镜头。

（1）CCD 和 CMOS 摄像机的比较　目前，市场上应用的固体图像传感器主要有 CCD 与 CMOS 两种。从技术性能的角度、器件的内外部结构、原理、应用、生产制造的工艺与设备等方面对两者进行比较，从目前看，两者各有优劣；从发展看，CMOS 图像传感器将取代 CCD 而获得比 CCD 更为广泛的应用。

CCD 是电荷耦合器件的简称，CMOS 是互补金属氧化物半导体的简称。CCD 是一种用于捕捉图像的感光半导体芯片，广泛应用于扫描仪、复印机、摄像机及无胶片相机等设备。被摄物体反射光线，传播到镜头，经镜头聚焦到 CCD 芯片上，CCD 根据光的强弱积聚相应的电荷，各个像素积累的电荷在视频时序的控制下，逐点外移，经滤波、放大处理后，形成视频信号输出。

CMOS 实际上只是将晶体管放在硅块上的技术，没有更多的含义。无论是 CCD 还是 CMOS，它们都采用感光元件作为影像捕获的基本手段，将 CMOS 引入半导体光敏二极管后也可作为一种感光传感器，该二极管在接受光线照射之后能够产生输出电流，而电流的强度则与光照的强度对应。所产生的电流被处理芯片记录和解读成影像。透过芯片上的模数转换器（ADC）将获得的模拟影像信号转变为数字信号输出。但在分辨率、噪声、功耗和成像质量等方面都比当时的 CCD 差，因而未获得发展。随着 CMOS 工艺技术的发展，采用标准的 CMOS 工艺能生产高质量、低成本的 CMOS 成像器件。这种器件便于大规模生产，其功耗低与成本低廉的特性都是商家们梦寐以求的。如今，CCD 与 CMOS 两者共存，CMOS 已经逐渐取代 CCD 成为图像传感器的主流。

（2）CCD 与 CMOS 摄像机的应用场合　CCD 与 CMOS 各有优势。基于此，我们可以做到扬长避短，在不同应用场合合理选择 CCD 或 CMOS 摄像机。低照度环境下宜使用 CCD 摄像机，由于 CCD 感光单元有效面积大，在光照强度较低的环境中，能相对清晰地呈现出被摄物体原貌。相反，CMOS 传感器灵敏度低，ISO 感光度差，低照度时成像清晰度大大降低。所以，在低照度环境下，如灯光较暗的停车场、楼梯间、封闭通道和暗室等，宜选用感光灵敏的 CCD 摄像机。

1）隐蔽环境中使用 CMOS 摄像机。CMOS 传感器可以将所有逻辑和控制环都放在同一个硅芯片块上，使摄像机变得简单灵巧，因此 CMOS 摄像机可以做得非常小。而 CCD 摄像机限于外围复杂电路影响，体积无法做到 CMOS 般微型化。对于道路、门口等摄像机易受不法分子攻击破坏的场合，选用 CMOS 摄像机能达到隐蔽执法、避免攻击的作用。

2）图像质量要求高的场合选用 CCD 摄像机。CCD 结构中由于每行仅有一个 ADC，信号放大比例一致，所以图像还原真实自然、噪点低，在对画质要求苛刻的场合宜选用 CCD 摄像机。像素越高、尺寸越大的 CCD 拥有更好的图像品质。目前监控用 CCD 摄像机已能做到 200 万~500 万像素，而 CCD 也囊括了 1in（12.8mm×9.6mm）、2/3in（8.8mm×6.6mm）、1/2in（6.4mm×4.8mm）、1/3in（4.8mm×3.6mm）、1/4in（3.2mm×2.4mm）等多种尺寸。

3）高帧摄像时选用 CMOS 摄像机更佳。CCD 在工作时，上百万个像素感光后会生成上百万个电荷，每个专用通道中的电荷全部经过一个放大器进行电压转变。因此，这个放大器就成为制约图像处理速度的瓶颈。所有电荷由单通道输出，当数据量大时就容易发生信号拥堵。而像素越高，需要传输和处理的数据也就越多，使用单 CCD 无法满足高速读取大量高清数据的需要。而 CMOS 传感器不需要复杂的处理过程，直接将图像半导体产生的光电信号转变成数字信号，因此处理非常快。这个优点使得 CMOS 传感器对于高帧摄像机非常有用，速度能达到 400~2000 帧/s。所以对于高速摄像场所，选用 CMOS 摄像机效果更佳。

CMOS 图像传感器与 CCD 相比，体积小、功耗低、成本低、能单芯片集成系统、能随机存取、无损读取、抗光晕图像无拖尾、高帧速、高动态范围等。因此，CMOS 图像传感器有着不可抗拒的广阔的市场诱惑力和良好的发展前景。CMOS 图像传感器要想在百万像素以上的数字相机与数字摄影机市场取代 CCD，必须从降低噪声与提高灵敏度方面着手，在分辨率上要有所突破。现在，CMOS 图像传感器正朝着高分辨率、高动态范围、高灵敏度、高帧速、集成化、数字化、智能化的方向发展。随着 300 万像素以上的 CMOS 图像传感器的上市，图像传感器逐渐进入"CMOS 时代"。而 CMOS 在制成高像素方面也有着一定的优势。

随着视频监控技术向智能化的发展，高清监控正以一种高姿态、高要求进入我们的世界，百万像素摄像机需求激增，目前高清网络摄像机已成为一种必然趋势。CCD 在影像品质等方面优于 CMOS，但 CCD 响应速度较低，而且 CMOS 具有低成本、低耗电以及高整合度的特性。CMOS 的成熟工艺和大批量产，极大地降低了成本，提高了产品稳定性，也正是由于技术和工艺的不断改良更新，使得 CCD 与 CMOS 间的差异逐渐缩小。新一代的 CCD 摄像机将多 CCD 和低功耗作为改进目标；CMOS 系列则开始朝大尺寸与高速影像处理晶片相结合、借由后续的影像处理修正噪点、提升画质的方向发展。

（3）CCD 摄像机的分类　视频监控系统常用的摄像机种类繁多，型号规格各异，常用的有以下分类方法：

1）按成像色彩划分。

① 彩色摄像机：适用于景物细节辨别，如辨别衣着或景物的颜色。

② 黑白摄像机：适用于光线不充足地区及夜间无法安装照明设备的地区，在仅监视景物的位置或移动时，可选用黑白摄像机。

因此，如果使用的目的只是监视被摄像物体的位置和移动，一般常采用黑白摄像机；如果要分辨被摄像物体的细节，如分辨服饰和物体的颜色，则应选用彩色摄像机。

2）按 CCD 靶面大小划分。CCD 芯片已经开发出多种尺寸。目前采用的芯片大多数为 1/3in 和 1/4in。在购买摄像头时，特别是对摄像角度有比较严格要求的时候，CCD 靶面的大小、CCD 与镜头的配合情况将直接影响视场角的大小和图像的清晰度。

3）按 CCD 照度划分。

① 普通型：正常工作最低照度 1~3lx。

② 月光型：正常工作最低照度 0.1lx 左右。

③ 星光型：正常工作最低照度 0.01lx 以下。

④ 红外型：采用红外灯照明，在没有光线的情况下也可以成像。

另外，从结构形式可分成枪式、云台、半球、球机、一体化摄像机（将云台、变焦镜头和摄像机封装在一起）等形式，即使是球机也有不同外形的护罩。各种摄像机外形结构如图 10-15 所示。

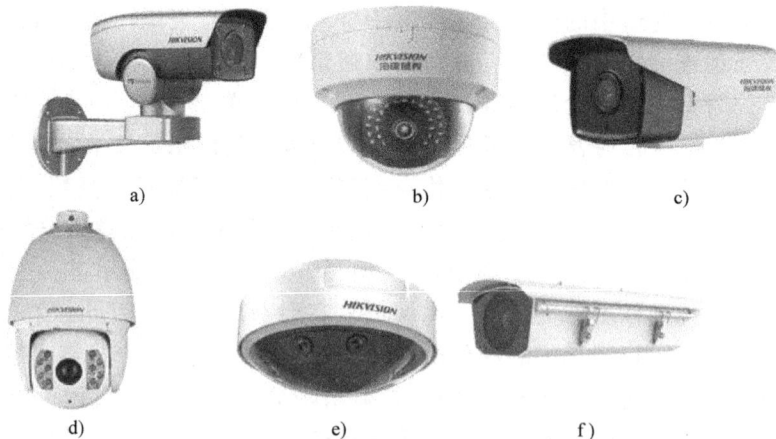

图 10-15　各种摄像机外形结构

图 10-15 中摄像机都为海康威视产品，既有 CCD 摄像机，也有 CMOS 摄像机。图 10-15a 所示为 200 万像素白光网络高清一体化带云台枪式摄像机，内置电动云台和一体化变焦镜头，具备人脸抓拍功能。图 10-15b 所示为 400 万像素 1/3in CMOS ICR 日夜型半球型网络摄像机，实际上就是摄像机机板+镜头+外壳，一般用于室内，吸顶式安装，受外形限制一般镜头焦距不会超过 20mm，监控距离较短。图 10-15c 所示为 400 万星光级 1/2.7in CMOS ICR 红外阵列枪式网络摄像机。图 10-15d 所示为 300 万像素红外网络高清高速智能球机，一体化高速球机以单一设备取代了传统的摄像机、变焦镜头、快速云台、遥控解码器等设备的组合，在性价比上占有很大的优势，成为球型摄像机的主流，因此我们常说的球机实际上是指这种高速球机。图 10-15e 所示为星光级 360°鹰眼全景网络高清智能球机，可提供三维立体高清实时画面，并支持 3D 操作。用户可通过鼠标操作快速选择任意监控角度，并且可以控制监控角度的旋转、放大和缩小，以实现无死角监控。图 10-15f 所示为 200 万 1/1.8in CMOS 星光级超宽动态人脸抓拍护罩一体化网络摄像机。宽动态摄像机比传统只具有 3：1

动态范围的摄像机超出了几十倍。宽动态这一技术是同一时间曝光两次，一次快，一次慢，再进行合成使得能够同时看清画面上亮与暗的物体。虽然两者都是为了克服在强背光环境条件下，看清目标而采取的措施，但背光补偿是以牺牲画面的对比度为代价的，所以从某种意义上说，宽动态技术是背光补偿的升级。宽动态摄像机适用的位置：混合了室内光线和日光的区域，光线经常改变的区域，出入口大门仓库，商店窗户（从内向外监控），在停车场内的车辆阴影区域。

（4）CCD 彩色摄像机的主要技术指标

1）CCD 尺寸：即摄像机靶面。原多为 1/2in，现在 1/3in 的已普及化，1/4in 和 1/5in 也已商品化。

2）CCD 像素：是 CCD 的主要性能指标，它决定了显示图像的清晰程度，分辨率越高，图像细节的表现越好。CCD 由点阵感光元素组成，每一个元素称为像素，像素越多，图像越清晰。

3）水平分辨率：彩色摄像机的典型分辨率为 320~700 线，分辨率与 CCD 和镜头都有关，还与摄像头电路通道的频带宽度直接相关。通常规律是 1MHz 的频带宽度相当于清晰度为 80 线。频带越宽，图像越清晰，线数值相对越大。

4）最小照度：也称为灵敏度，是 CCD 对环境光线的敏感程度，或者说是 CCD 正常成像时所需要的最暗光线。月光级和星光级等高增感度摄像机可工作在很暗条件下。

5）摄像机电源：交流有 220V、110V、24V，直流为 12V 或 9V。

（5）镜头的分类　镜头是视频监控系统中必不可少的部件，镜头与 CCD 摄像机配合，可以将远距离目标成像在摄像机的 CCD 靶面上。常用的镜头种类很多，有多种分类方法，从焦距上分类，可分为短焦距、中焦距、长焦距和变焦距镜头；从视场的大小分类，可分为广角、标准、远摄镜头；从结构上分类，还可分为固定光圈定焦镜头、手动光圈定焦镜头、自动光圈定焦镜头、手动变焦镜头、自动光圈电动变焦镜头、电动三可变镜头（指光圈、焦距、聚焦这三者均可变）等类型。根据视场角的大小可以划分为 5 种焦距的镜头：长焦镜头视场角小于 45°，标准镜头视场角为 45°~50°，广角镜头视场角在 50°以上，超广角镜头视场角可接近 180°，鱼眼镜头视场角大于 180°。长焦距镜头可以得到较大的目标图像，适合展现近景和特写画面。而短焦距镜头适合展现全景和远景画面。如果所选择的镜头的视场角太小，可能会因出现监视死角而漏监；而若所选择的镜头的视场角太大，又可能造成被监视的主体画面尺寸太小而难以辨认，且画面边缘出现畸变。因此，只有根据具体的应用环境选择视场角合适的镜头，才能保证既不出现监视死角，又能使被监视的主体画面尽可能大而清晰。

2. 传输设备

传输分配部分为电源、控制信号和现场音频信号、视频信号传输分配系统，通常有信号分配设备、双绞线、视频同轴电缆或光缆、无线传输设备、信号放大器等。

在视频监控系统中，前端设备和控制中心之间有两类信号需要传输，一类是现场的视频和音频信号传输到控制中心；另一类是控制信号由控制中心传输到前端设备。目前，视频监控系统中用来传输信号的常用介质主要有同轴电缆、双绞线、光纤，对应的传输设备分别是同轴视频放大器、双绞线视频传输设备和光端机。

3. 处理/控制设备

系统的处理/控制设备主要完成下列控制功能：一是对摄像机等前端设备进行控制，对图像显示进行编程及手动、自动切换；二是对显示图像叠加摄像机位置编码、时间、日期等信息；三是对图像记录设备的控制，支持必要的联动控制，当报警发生时，对报警现场的图像或声音进行复核，并能自动切换到指定的监视器上显示和实时录像。系统还应装备具有视频报警功能的监控设备，使控制系统具备多路报警显示和画面定格功能，并任意设定视频警戒区域。

相应的设备主要由 POE 交换机、视频解码器、日期时间生成器、视频服务器或数字矩阵等及一些辅助设备组成。

4. 记录、显示设备

记录设备又称为录像设备，具有自动录像功能和报警联动实时录像功能，并可显示日期、时间及摄像机位置编码；现在常用的记录设备是网络硬盘录像机（NVR）或数字硬盘录像机（DVR），如图 10-16、图 10-17 所示。显示设备通常有监视器、大屏幕投影设备等。显示设备的功能是把摄像机输出的全电视信号还原成图像信号。专业监视器的功能与电视机基本相同，普通电视机也可以作为显示设备用，但专业监视器的清晰度远高于普通电视机。常用的监视器有 LCD 拼接屏、LED 拼接屏、DLP 拼接屏、PDP 拼接屏和普通电视机，其中 LCD 拼接大屏为最常用的显示设备。

图 10-16　网络硬盘录像机（NVR）　　　　图 10-17　数字硬盘录像机（DVR）

NVR 实际就是计算机应用系统中的存储服务器，只不过称呼不同而已。针对视频流做了专门的技术处理。通过光纤/千兆网口接入网络，同时处理多路视频流的网络存储服务器。它具有存储服务器的一些特征：热插拔技术，raid 技术等，其录像方式同 DVR。NVR 和 DVR 性能比较见表 10-1 所示。

表 10-1　NVR 和 DVR 性能比较

技术对比	DVR	NVR
部署与扩容	无法实现远程部署	任意 IP 网络互联
布线	视频，控制	网络接入
即插即用	不支持	支持
录像存储	无法实现前端存储	中心、前端和客户端三种存储方式
安全性	模拟	码流加密
管理	无法管理前端	全网管理（线路、网络），集中管理

10.2.2　入侵和紧急报警系统

1. 系统组成

系统通常由前端设备、传输设备和控制与管理设备构成。前端设备主要为入侵探测器，传输设备主要为传输线缆，控制与管理设备一般为入侵报警控制主机。

（1）入侵探测器　入侵探测器通常由传感器和前置信号处理电路两部分组成。根据不同的防范场所，选用不同的信号传感器，如气压、温度、振动、幅度传感器等，探测和预报各种危险情况。入侵探测器有多种分类方法：按传感器种类分为开关型、振动型、声音、超声波、次声、红外、微波、激光、视频运动入侵探测器和多种技术复合入侵探测器；按工作方式分为主动和被动探测报警器；按警戒范围分为点型、线型、面型、空间型；按报警信号传输方式分为有线型和无线型；按使用环境分为室内型和室外型，其中室外型产品主要防范露天空间或平面周界，室内型产品主要防范室内空间区域或平面周界；按探测模式分为空间型和幕帘型，其中空间型防范整个立体空间，幕帘型防范一个如同幕帘的平面周界。

（2）传输线缆　系统的控制信号电缆可采用铜芯绝缘导线或电缆，其芯线截面面积一般不小于 0.50mm^2，当采用多芯电缆，传输距离在 150m 以内时，其芯线截面面积最小可放宽至 0.30mm^2。电源线传输距离在 150m 以内时，其芯线截面面积最小可放宽至 0.75mm^2。

系统中信号传输电缆，因为信号电流太小，不需计算导线截面，只需考虑机械强度即可。但对于多个探测器共用一条信号线时，仍需要计算。

（3）入侵报警控制主机　入侵报警控制主机又称为入侵报警控制器，设置在控制中心，是报警系统的主控部分。它向报警探测器供电，接收报警探测器送出的报警电信号，并对此电信号进行进一步的处理。报警控制器通常又可称为报警控制/通信主机。报警控制器多采用微机进行控制，用户可以在键盘上完成编程和对报警系统的各种控制操作，功能很强，使用也非常方便。

入侵报警控制器分为小型报警控制器、区域报警控制器、集中报警控制器。

2. 系统功能

系统应能根据被防护对象的使用功能及安全技术防范管理的要求，对设防区域的非法入侵、盗窃、破坏和抢劫等，进行实时有效的探测与报警，并应有报警复核功能。

1）应根据各类建筑物（群）、构筑物（群）安全技术防范的管理要求和环境条件，根据总体纵深防护和局部纵深防护的原则，分别或综合设置建筑物（群）、构筑物（群）周界防护，建筑物、构筑物内（外）区域或空间防护，重点实物目标防护系统。

2）系统应能独立运行，有输出接口，可用手动、自动方式以有线或无线系统向外报警。系统除应能本地报警外，还应能异地报警。系统应能与视频监控系统、出入口控制系统等联动。

集成式安全技术防范系统的入侵和紧急报警系统应能与安全技术防范系统的安全管理系统联网，实现安全管理系统对入侵和紧急报警系统的自动化管理与控制。

组合式安全技术防范系统的入侵和紧急报警系统应能与安全技术防范系统的安全管理系统联网，实现安全管理系统对入侵和紧急报警系统的联动管理与控制。

分散式安全技术防范系统的入侵和紧急报警系统，应能向管理部门提供决策所需的主要信息。

3）系统的前端应按需要选择，安装各类入侵探测设备，构成点、线、面、空间或其组合的综合防护系统。

4）应能按时间、区域、部位任意编程设防和撤防。

5）应能对设备运行状态和信号传输线路进行检测，对故障能及时报警。

6）应具有防破坏报警功能。

7）应能显示和记录报警部位和有关警情数据，并能提供与其他子系统联动的控制接口信号。

8）在重要区域和重要部位发出报警的同时，应能对报警现场声音复核。

10.2.3　出入口控制系统

出入口控制系统属于公共安全管理系统范畴。在建筑物内的主要管理区、出入口、电梯厅、主要设备控制中心机房、贵重物品的库房等重要部位的通道口，安装门磁开关、电控锁及读卡机等装置，由中心控制室监控，系统采用计算机多重任务的处理，能够对各通道口的位置、通行、对象及通行时间等实时进行监控或设定程序控制，适用于银行、综合办公楼、物资库等场所的公共安全管理。

1. 系统组成

出入口控制系统主要由编码识读设备、传输设备、管理/控制设备和执行单元设备以及相应的系统软件组成。

（1）编码识读设备　编码识读设备起到对通行人员的身份进行识别和确认的作用，是出入口控制系统的重要组成部分。出入口控制系统的识别方式大致分为四种：密码钥匙、卡片识别、生物识别及前边几种的组合。生物识别的方法较多，有掌形识别、指纹识别、语音识别、人脸识别、虹膜识别、视网膜识别等，若再与智能卡组合使用，就可能更好地解决智能卡被非法使用者利用的问题。

（2）执行单元设备　执行单元设备主要包括各种电子锁具、挡车器等控制设备。这些设备应具有动作灵敏、执行可靠、良好的防潮、防腐性能，并具有足够的机械强度和防破坏的能力。

2. 系统功能

1）应根据安全技术防范管理的需要，在楼内（外）通行门、出入口、通道、重要办公室门等处设置出入口控制装置。系统应对受控区域的位置、通行对象及通行时间等进行实时控制并设定多级程序控制。系统应有报警功能。

2）系统的识别装置和执行机构应保证操作的有效性和可靠性，宜有防尾随措施。

3）系统的信息处理装置应能对系统中的有关信息自动记录、打印、存储，并有防篡改和防销毁等措施。应有防止同类设备非法复制的密码系统，密码系统应能在授权的情况下修改。

4）系统应能独立运行，应能与电子巡查系统、入侵和紧急报警系统、视频监控系统等联动。

5）系统必须满足紧急逃生时人员疏散的相关要求。疏散出口的门均应设为向疏散方向开启。人员集中场所应采用平推外开门，如果配有门锁，则不需要钥匙或其他工具，也不需要专门的知识或费多大力从建筑物内开启。其他应急疏散门可采用内推闩加声光报警模式。

6）集成式安全技术防范系统的出入口控制系统应能与安全技术防范系统的安全管理系统联网，实现安全管理系统对出入口控制系统的自动化管理与控制。

组合式安全技术防范系统的出入口控制系统应能与安全技术防范系统的安全管理系统联网，实现安全管理系统对出入口控制系统的联动管理与控制。

10.2.4 停车库 (场) 安全管理系统

停车库 (场) 安全管理系统是出入口控制系统的一部分。停车库 (场) 安全管理系统从收费角度可分为两类: 收费 (公共) 和非收费 (内部)。作为出入口控制系统的延伸,停车库 (场) 安全管理系统是一个以非接触式 IC 卡为车辆出入停车库 (场) 凭证、用计算机对车辆的收费、车位检索、安全防范等进行全方位智能管理的系统。

1. 系统组成

停车库 (场) 安全管理系统由入口部分、库 (场) 区部分、出口部分、中央管理部分组成,简单的系统可不设置库 (场) 区部分,如图 10-18 所示。

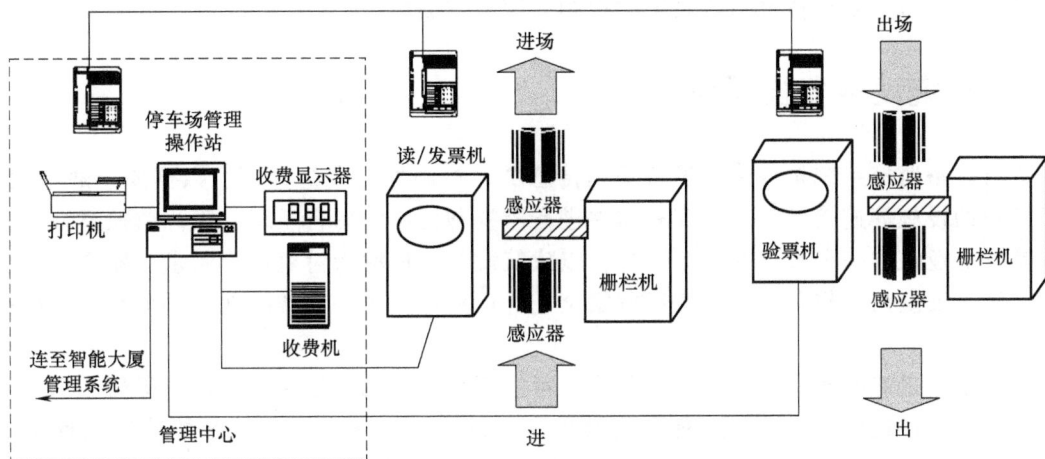

图 10-18 停车库 (场) 安全管理系统

入口部分主要由识读 [车位显示屏、感应线圈或光电收发装置、读卡器、出票 (卡)机、摄影机]、控制、执行 (挡车器) 三部分组成。可根据安全与管理的需要扩充自动出卡设备、识读/引导指示装置、图像获取设备、对讲设备等。

库 (场) 区部分由车辆引导装置、库 (场) 区监控系统等组成。

出口部分的设备组成与入口部分基本相同,也主要由识读 [感应线圈或光电收发装置、读卡器、验票 (卡) 机、摄影机]、控制、执行 (挡车器) 三部分组成。但其扩充设备不同,主要有自动收卡设备、收费指示装置、图像获取设备、对讲设备等。

中央管理部分由中央管理单元、数据库系统、中央管理执行设备 (车辆身份编码信息授权设备、通信控制设备、声光设备、打印机) 等组成。

基本的停车库 (场) 安全管理系统由入口子系统、车辆停放引导子系统、出口子系统、视频监控子系统和收费管理子系统五个子系统组成。

2. 系统功能

应根据安全技术防范管理的需要,设计或选择设计如下功能:

1) 入口处车位显示。
2) 出入口及场内通道的行车指示。
3) 车牌和车型的自动识别。
4) 自动控制出入挡车器。

5）自动计费与收费金额显示。

6）多个出入口的联网与监控管理。

7）停车场整体收费的统计与管理。

8）分层的车辆统计与在位车显示。

9）意外情况发生时向外报警。

10）宜/应在停车库（场）的入口区设置出票机。

11）宜/应在停车库（场）的出口区设置验票机。

12）系统可独立运行，也可与安全技术防范系统的出入口控制系统联合设置。可在停车场内设置独立的视频监控系统，并与停车库（场）安全管理系统联动；停车库（场）安全管理系统也可与安全技术防范系统的视频监控系统联动。

10.3 建筑设备监控系统

建筑设备监控系统是将建筑设备采用传感器、控制器、人机界面、数据库、通信网络、管线及辅助设施等连接起来，并配有软件进行监视和控制的综合系统，简称监控系统。监控系统是智能建筑中一个重要的组成部分，以建筑设备和环境为对象进行测量、监视、控制和调节，对保证室内工作条件、设备运行安全、合理利用资源、节省能耗和保护环境，都有着重要的作用。

监控系统是智能建筑中的一个子分部工程，而智能建筑属于单位建筑工程的一个分部工程，因此施工过程中的管理和工程验收的程序、组织等要求应符合《智能建筑工程施工规范》（GB 50606—2010）和《智能建筑工程质量验收规范》（GB 50339—2013）等规定。

10.3.1 系统组成

建筑设备监控系统应由传感器、执行器、控制器、人机界面、数据库、通信网络和接口等组成。通常，传感器、执行器和控制器安装于被监控设备现场附近，人机界面用于与使用人员进行交互，数据库可实现数据存储和提供查询等操作管理。上述设备通过通信网络和接口连接，再配以电源灯辅助设施就构成了建筑设备监控系统。

人机界面和数据库（需要时还有打印机等外围设备）可以分散布置在通信网络上，也可以组合在计算机上集中安置于监控机房。

1. 传感器

传感器是能感受规定的被测量并按一定规律转换成可用输出信号的器件或装置。传感器用以测量需要测量的各种物理量，并把这些物理量变为有规律的电信号传送给控制器。常用的有温度、湿度、压力、流量、液位、电流、电压、红外线、照度、声音等传感器，如图 10-19 所示。

2. 执行器

执行器是能接收控制信息并按一定规律转换成可用输出信号的器件或装置。执行器由执行机构和调节机构两部分组成。执行机构是执行器的推动部分，接收来自控制器的控制信息，按照控制器发出的信号大小或方向产生推力或位移。调节机构是阀门、风门等通过执行元件直接控制被控对象的过程参数，使系统满足指标的要求。执行器按照使用的能源种类可

a) 温度传感器　　　　b) 相对湿度传感器　　　　c) 水流传感器

图 10-19　传感器

分为气动、电动、液动三种类型。在建筑设备监控系统中常用的执行器有电动蝶阀、电动直通单座调节阀（两通阀）、电动直通双座调节阀、电动三通调节阀、电动风门、防火阀、排烟阀等。典型电动调节阀如图 10-20 所示。

3. 控制器

控制器是能按预定控制信息，用以改变被监控对象状况的器件或装置。现场控制器接收传感器的电信号，配合内部的控制程序控制水泵、风机阀门等设备，并完成相互之间的联锁控制。常用的控制器有直接数字控制器、可编程序控制器、神经元智能控制器。控制器信号的输出输入按能否直接被微机或执行器接受分为数字量输入（DI）、输出（DO）和模拟量输入（AI）、输出（AO）。典型直接数字控制器如图 10-21 所示。

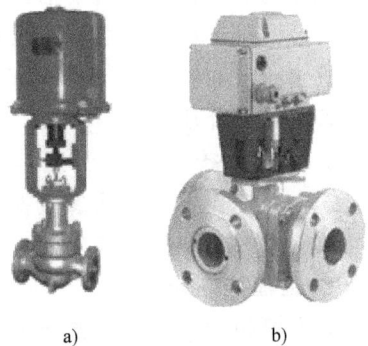

a)　　　　b)

图 10-20　电动调节阀

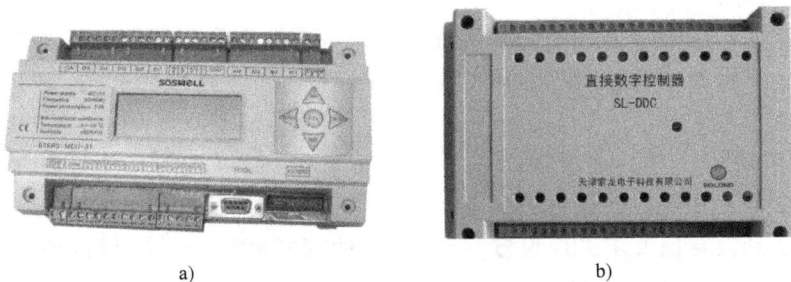

a)　　　　b)

图 10-21　直接数字控制器

4. 人机界面和数据库

人机界面是人和计算机之间传递和交换信息的媒介。数据库是按一定的结构和组织方式存储起来的相关数据的集合。

5. 通信网络和接口

建筑设备监控系统中通信网络的作用是解决监控系统中分布在不同地点的传感器、执行器、控制器、人机界面和数据库的连接问题从而实现资源共享的目的。接口是不同设备之间传输信息的物理连接和数据交换。

目前主要应用的通信网络有现场总线、工业网络、用户电话交换系统、信息网络系统、移动通信信号室内覆盖系统等。整个通信网络宜采用一种通信协议；当采用两种及以上协议时，应配置网关或通信协议转换设备；网络结构、网络传输距离、网络能够连接设备的数量、网段划分、电气连接方式，应满足所采用的通信技术的要求。当传感器、执行器和控制器提供数字通信协议时，通信协议应符合规范规定。监控系统与其他建筑智能化系统关联时，应配置与其他建筑智能化系统进行数据通信的接口。

10.3.2 系统功能

监控系统功能应根据监控范围和运行管理要求确定，包括如下内容：

1. 监测功能

监测功能：检测设备在启停、运行及维修处理过程中的参数；检测反映相关环境状况的参数；检测用于设备和装置主要性能计算和经济分析所需要的参数；应能进行记录，且记录数据应包括参数和时间标签两部分；记录数据在数据库中的保存时间不应小于 1 年，并可导出到其他存储介质。

2. 安全保护

安全保护：根据检测参数执行保护动作，并应根据需要发出报警；应记录相关参数，且记录数据应符合规范规定。

3. 远程控制功能

远程控制功能：根据操作人员通过人机界面发出的指令改变被监控设备的状态；被监控设备的控制箱（柜）应设置手动/自动转换开关，且监控系统应能检测手动/自动转换开关的状态，当执行远程控制功能时，转换开关应处于"自动"状态；应设置手动/自动的模式转换，当执行远程控制功能时，监控系统应处于"手动"模式；应记录通过人机界面输入的用户身份和指令信息，记录数据符合规范规定。

4. 自动启动功能

自动启动功能：应能根据控制算法实现相关设备的顺序启停控制；应能按时间表控制相关设备的启停；应设置手动/自动的模式转换，且执行自动启停功能时，监控系统应处于"自动"模式。

5. 自动调节功能

自动调节功能：在选定的运行工况下，应能根据控制算法实时调整被监控设备的状态，使被监控参数达到设定值要求；应设置手动/自动的模式转换，且执行自动调节功能时，监控系统应处于"自动"模式；应能设定和修改运行工况；应能设定和修改监控参数的设定值。

10.3.3 系统的网络结构

建筑设备监控系统实质上是一个局域网系统。同时也是实时过程控制系统。其网络结构包括集中式控制系统、分布式控制系统、现场总线控制系统、网络集成系统。建筑设备监控系统宜采用分布式控制系统和多层次的网络结构，并应根据系统的规模、功能要求及选用产品的特点，采用单层、两层或三层的网络结构，但不同网络结构均应满足分布式控制系统集中监视操作和分散采集控制的原则。大型系统宜采用由管理、控制、现场设备三个网络层构成的三层网络结构，如图 10-22 所示；中型系统宜采用两层或三层的网络结构，其中两层网

络结构宜由管理层和现场设备层构成；小型系统宜采用以现场设备层为骨干构成的单层网络
结构或两层网络结构。

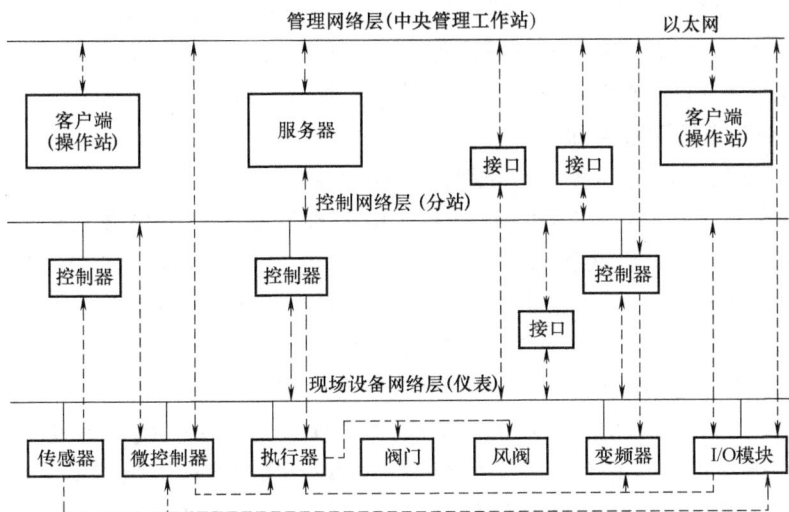

图 10-22　建筑设备监控系统的三层网络结构

各网络层应符合下列规定：

（1）管理网络层　管理网络层应完成系统集中监控和各种系统的集成，并且应具有下
列功能：监控系统的运行参数；检测可控的子系统对控制命令的响应情况；显示和记录各种
测量数据、运行状态、故障报警等信息；数据报表和打印。

（2）控制网络层　控制网络层应完成建筑设备的自动控制：对主控项目的开环控制和
闭环控制、监控点逻辑开关表控制和监控点时间表控制。控制网络层应由通信总线和控制器
组成，通信总线的通信协议宜采用 TCP/IP、BACnet、LonTalk、MeterBus 和 ModBus 等国际
标准；控制网络层的控制器（分站）宜采用直接数字控制器（DDC）、可编程逻辑控制器
（PLC）或兼有 DDC、PLC 特性的混合型控制器（hybrid controller，HC）。在民用建筑中，
除有特殊要求外，应选用 DDC 控制器。

（3）现场设备网络层　现场设备网络层应完成末端设备控制和现场仪表设备的信息采
集和处理。中型及以上系统的现场设备网络层，宜由通信总线连接微控制器、分布式智能输
入输出模块和传感器、电量变送器、照度变送器、执行器、阀门、风阀、变频器等智能现场
仪表组成。

现场设备网络层宜采用 TCP/IP、BACnet、LonTalk、MeterBus 和 ModBus 等国际标准通
信总线。微控制器应具有对末端设备进行控制的功能，并能独立于控制器（分站）和中央
管理工作站完成控制操作。微控制器宜直接安装在被控设备的控制柜（箱）内，成为控制
设备的一部分。微控制器按专业功能可分为下列几类：①空调系统的变风量箱微控制器、风
机盘管微控制器、吊顶空调微控制器、热泵微控制器等；②给水排水系统的给水泵微控制
器、中水泵微控制器、排水泵微控制器等；③变配电微控制器、照明微控制器等。

作为控制器的组成部分的分布式智能输入输出模块，通过通信总线与控制器计算机模块
连接；智能化仪表通过通信总线与控制器、微控制器进行通信，若现场仪表是常规仪表，则
与控制器、微控制器和智能输入输出模块的配线要一对一连接。

10.3.4　系统的监控内容

监控系统的监控范围应根据项目建设目标确定，并宜包括供暖通风与空气调节、给水排水、供配电、照明、电梯和自动扶梯等设备。当被监控设备自带控制单元时，可采用标准电气接口或数字通信接口的方式互联，并宜采用数字通信接口方式。

1. 供暖通风与空气调节系统

（1）监控系统对空调冷热源和水系统的监控功能

1）应能检测下列参数：冷热机组/热泵机组的蒸发器进、出口温度和压力；冷热水机组/热泵的冷凝器进、出口温度和压力；常压锅炉的进、出口温度；热交换器一次侧、二次侧的进、出口温度和压力；分、集水器的温度和压力（压差）；水泵进、出口压力；水过滤器前后压差开关状态；冷水机组/热泵、水泵、锅炉、冷却塔风机等设备的启停和故障状态；冷水机组/热泵的蒸发器和冷凝器侧的水流开关状态；水箱的高、低液位开关状态。

2）实现下列安全保护功能：根据设备故障或断水流信号关闭冷水机组/热泵或锅炉；防止冷却水温度低于冷水机组允许的下限温度；根据水泵和冷却塔风机的故障信号发出报警提示；根据膨胀水箱高、低液位的报警信号进行排水或补水；冰蓄冷系统换热器的防冻报警和自动保护。

3）实现下列远程控制功能：水泵和冷却塔风机等设备的启停；调整水阀的开度，并宜检测阀位的反馈；应通过设备自带控制单元实现冷水机组/热泵和锅炉的启停。

4）实现下列自动启停功能：按顺序启停冷水机组/热泵、锅炉及相关水泵、阀门、冷却塔风机等设备；按时间表启停冷水机组/热泵、水泵、阀门和冷却塔风机等设备。

5）实现下列自动调节功能：自动调节水泵运行台数和转速；自动调节冷却塔风机运行台数和转速；自动调节冷水机组/热泵或锅炉的运行台数和供水温度；按累计运行时间进行被监控设备的轮换。

（2）监控系统对空调机组的监控功能

1）检测下列参数：室内外空气的温度；空调机组的送风温度；空气冷却器、空气加热器出口的压差开关状态；空气过滤器进、出口的压差开关状态；风机、水阀、风阀等设备的启停状态和运行参数；冬季有冻结可能性的地区，还应检测防冻开关状态。

2）安全保护功能：风机的故障报警；空气过滤器压差超限时的堵塞报警；冬季有冻结可能性的地区，还应具有防冻报警和自动保护的功能。

3）远程控制功能：风机的启停；调整水阀的开度，并宜监测阀位的反馈；调整风阀的开度，并宜监测阀位的反馈。

4）自动启停功能：风机停止时，新/送风阀和水阀联锁关闭；按时间表启停风机。

5）自动调节功能：自动调节水阀的开度；自动调节风阀的开度；设定和修改供冷/供热/过渡季工况；设定和修改服务区域空气温度的设定值。

（3）监控系统对新风机组的监控功能

1）检测下列参数：室外空气的温度；机组的送风温度；空气冷却器、空气加热器出口的冷、热水温度；空气过滤器进、出口的压差开关状态；风机、水阀、风阀等设备的启停状态和运行参数；冬季有冻结可能性的地区，还应检测防冻开关状态。

2）安全保护功能：风机的故障报警；空气过滤器压差超限时的堵塞报警；冬季有冻结

可能性的地区，还应具有防冻报警和自动保护的功能。

3）远程控制功能：风机的启停；调整水阀的开度，并宜监测阀位的反馈；调整风阀的开度，并宜监测阀位的反馈。

4）自动启停功能：风机停止时，新风阀和水阀联锁关闭；按时间表启停风机。

5）自动调节功能：自动调节水阀的开度；设定和修改供冷/供热/过渡季工况；设定和修改送风温度的设定值。

（4）监控系统对风机盘管的监控功能

1）检测下列参数：室内空气的温度和设定值；供冷、供热工况转换开关的状态；当采用干式风机盘管时，还应检测室内的露点温度或相对湿度。

2）安全保护功能：风机的故障报警；当采用干式风机盘管时，还应具有结露报警和关闭相应水阀的保护功能。

3）风机启停的远程控制。

4）自动启停功能：风机停止时，水阀联锁关闭；按时间表启停风机。

5）自动调节功能：根据室温自动调节风机和水阀；设定和修改供冷/供热工况；设定和修改服务区域温度的设定值，且对于公共区域的设定值应具有上、下限值。

（5）监控系统对通风设备的监控功能

1）检测下列参数：通风机的启停和故障状态；空气过滤器进、出口的压差开关状态。

2）安全保护功能：当有可燃、有毒等危险物泄漏时，应能发出报警，并宜在事故地点设有声、光等警示，且自动联锁开启事故通风机；风机的故障报警；空气过滤器压差超限时的堵塞报警。

3）风机启停的远程控制。

4）风机按时间表的自动启停。

5）自动调节功能：在人员密度相对较大且变化较大的区域，根据 CO_2 浓度或人数/人流，修改最小新风比或最小新风量的设定值；在地下停车库，根据库内 CO 浓度或车辆数，调节通风机的运行台数和转速；对于变配电室等发热量和通风量较大的机房，根据发热设备使用情况或室内温度，调节风机的启停、运行台数和转速。

2. 给水排水系统

（1）监控系统对给水设备的监控功能

1）检测下列参数：水泵的启停和故障状态；供水管道的压力；水箱（水塔）的高、低液位状态；水过滤器进、出口的压差开关状态。

2）安全保护功能：水泵的故障报警功能；水箱液位超高和超低的报警和联锁相关设备动作。

3）远程控制功能：应能实现水泵启停的远程控制。

4）自动启停功能：根据水泵故障报警，自动启停备用水泵；按时间表启停水泵；当采用多路水泵供水时，应能依据相对应的液位设定值控制各供水管的电动阀或电磁阀的开关，并应能实现各供水管的电动阀或电磁阀与给水泵间的联锁控制功能。

5）自动调节功能：设定和修改供水压力；根据供水压力，自动调节水泵的台数和转速；当设置备用水泵时，能根据要求自动轮换水泵工作。

（2）监控系统对排水设备的监控功能

1）检测下列参数：水泵的启停和故障状态；污水池（坑）的高、低和超高液位状态。

2）安全保护功能：水泵的故障报警功能；污水池（坑）液位超高时发出报警，并联锁启动备用水泵。

3）水泵启停的远程控制。

4）自动启停功能：根据水泵故障报警自动启动备用水泵；根据高液位自动启动水泵，低液位自动停止水泵；按时间表启停水泵。

（3）其他 监控系统应能检测生活热水的温度，宜监控直饮水、雨水、中水等设备的启停。

3. 供配电系统

（1）监控系统对高压配电柜的监测功能

1）应能监测进线回路的电流、电压、频率、有功功率、无功功率、功率因数和耗电量。

2）应能监测馈线回路的电流、电压和耗电量。

3）应能监测进线断路器、馈线断路器和母联断路器的分、合闸状态。

4）应能监测进线断路器、馈线断路器和母联断路器的故障及跳闸报警状态。

（2）监控系统对低压配电柜的监测功能

1）应能监测进线回路的电流、电压、频率、有功功率、无功功率、功率因数和耗电量，并宜能监测进线回路的谐波含量。

2）应能监测出线回路的电流、电压和耗电量。

3）应能监测进线开关、重要配出开关、母联开关的分、合闸状态。

4）应能监测进线开关、重要配出开关和母联开关的故障及跳闸报警状态。

（3）监控系统对干式变压器的监测功能

1）应能监测干式变压器的运行状态和运行时间累计。

2）应能监测干式变压器超温报警和冷却风机故障报警状态。

（4）监控系统对应急电源及装置的监测功能

1）应能监测柴油发电机组工作状态及故障报警和日用油箱的油位。

2）应能监测不间断电源装置（UPS）及应急电源装置（EPS）进出开关的分、合闸状态和蓄电池组电压。

3）应能监测应急电源供电电流、电压及频率。

4. 照明系统

（1）监控系统对照明的监控功能

1）应能监测室内公共照明不同楼层和区域的照明回路的开关状态。

2）应能监测室外庭院照明、景观照明、立面照明等不同照明回路的开关状态。

（2）监控系统对照明的远程控制功能 监控系统对照明的远程控制功能应能实现主要回路的开关控制。

（3）监控系统对照明的自动启停功能 监控系统对照明的自动启停功能应能按照预先设定的时间表控制相应回路的开关。

（4）监控系统对照明的自动调节功能 监控系统对照明的自动调节功能：设定场景模式；修改服务区域的照度设定值；启停各照明回路的开关或调节相应灯具的调光器。

5. 电梯与自动扶梯

1）监控系统对电梯与自动扶梯的检测功能：应能检测电梯和自动扶梯的启停、上下行和故障状态；宜能检测电梯的层门开关状态和楼层信息；宜能检测自动扶梯有人/无人状态和无人时的运行状态。

2）监控系统应能检测电梯与自动扶梯的故障状态。

6. 能耗监测系统

1）应检测电、自来水、蒸汽、热水、热/冷量、燃气、油或其他燃料等的消耗量。

2）宜对大型设备有关能源消耗和性能分析的参数进行检测。

3）用于计费结算的电、水、热/冷、蒸汽、燃气等表具，应符合国家现行有关的规定。

参 考 文 献

[1] 任绳风，等. 建筑设备工程 [M]. 天津：天津大学出版社，2008.

[2] 陈妙芳. 建筑设备 [M]. 上海：同济大学出版社，2002.

[3] 王增长. 建筑给排水工程 [M]. 7 版. 北京：中国建筑工业出版社，2016.

[4] 张健，等. 建筑给排水工程 [M]. 4 版. 北京：中国建筑工业出版社，2018.

[5] 陆亚俊，等. 暖通空调 [M]. 3 版. 北京：中国建筑工业出版社，2015.

[6] 赵荣义，等. 空气调节 [M]. 4 版. 北京：中国建筑工业出版社，2009.

[7] 贺平，等. 供热工程 [M]. 4 版. 北京：中国建筑工业出版社，2009.

[8] 刘昌明，鲍东杰. 建筑设备工程 [M]. 2 版. 武汉：武汉理工大学出版社，2012.

[9] 张玉萍. 建筑设备工程 [M]. 2 版. 北京：中国建材工业出版社，2011.

[10] 谢秀颖. 电气照明技术 [M]. 2 版. 北京：中国电力出版社，2008.

[11] 刘介才. 工厂供电 [M]. 5 版. 北京：机械工业出版社，2010.

[12] 中国航空规划设计研究总院有限公司. 工业与民用供配电设计手册：上册 [M]. 4 版. 北京：中国电力出版社，2016.

[13] 中国航空规划设计研究总院有限公司. 工业与民用供配电设计手册：下册 [M]. 4 版. 北京：中国电力出版社，2016.

[14] 吴延荣，王克河，曲怀敬，等. 电工学 [M]. 北京：中国电力出版社，2012.

[15] 张晓江，顾绳谷. 电机及拖动基础：上册 [M]. 5 版. 北京：机械工业出版社，2016.

[16] 张晓江，顾绳谷. 电机及拖动基础：下册 [M]. 5 版. 北京：机械工业出版社，2016.

[17] 袁丽卿. 建筑智能化施工技术及案例 [M]. 徐州：中国矿业大学出版社，2016.

[18] 袁兴惠. 电气设备运行与维护 [M]. 北京：中国水利水电出版社，2014.

[19] 张九根，王克河. 公共安全技术 [M]. 2 版. 北京：中国建筑工业出版社，2018.

[20] 戴瑜兴. 建筑智能化系统工程设计 [M]. 北京：中国建筑工业出版社，2005.

[21] 戴瑜兴，黄铁兵，梁志超. 民用建筑电气设计手册 [M]. 2 版. 北京：中国建筑工业出版社，2007.

[22] 陈继文，张献忠，李鑫. 电梯结构原理及其控制 [M]. 北京：化学工业出版社，2017.

[23] 中华人民共和国住房和城乡建设部. 建筑给水排水设计标准：GB 50015—2019 [S]. 北京：中国计划出版社，2019.

[24] 中华人民共和国公安部. 自动喷水灭火系统设计规范：GB 50084—2017 [S]. 北京：中国计划出版社，2017.

[25] 中华人民共和国公安部. 建筑设计防火规范（2018 年版）：GB 50016—2014 [S]. 北京：中国计划出版社，2018.

[26] 中国机械工业联合会. 锅炉房设计规范：GB 50041—2008 [S]. 北京：中国计划出版社，2008.

[27] 中华人民共和国公安部. 建筑防烟排烟系统技术标准：GB 51251—2017 [S]. 北京：中国计划出版社，2017.

[28] 中华人民共和国住房和城乡建设部. 民用建筑供暖通风与空气调节设计规范：GB 50736—2012 [S]. 北京：中国建筑工业出版社，2012.

[29] 中华人民共和国公安部. 消防给水及消火栓系统技术规范：GB 50974—2014 [S]. 北京：中国计划出版社，2014.

[30] 中国建筑标准设计研究院. 给水排水标准图集：S1—2002 [S]. 北京：中国计划出版社，2007.

［31］ 中华人民共和国住房和城乡建设部. 消防给水及消火栓系统技术规范图示：15S909 ［S］. 北京. 中国计划出版社，2015.

［32］ 辽宁省建设厅. 建筑给水排水及采暖工程施工质量验收规范：GB 50242—2002 ［S］. 北京：中国建筑工业出版社，2002.

［33］ 中华人民共和国住房和城乡建设部. 城镇燃气室内工程施工与质量验收规范：CJJ 94—2009 ［S］. 北京：中国建筑工业出版社，2009.

［34］ 中华人民共和国住房和城乡建设部. 给水排水管道工程施工及验收规范：GB 50268—2008 ［S］. 北京：中国建筑工业出版社，2009.

［35］ 中华人民共和国公安部. 自动喷水灭火系统施工及验收规范：GB 50261—2017 ［S］. 北京：中国计划出版社，2018.

［36］ 中华人民共和国住房和城乡建设部. 通风与空调工程施工质量验收规范：GB 50243—2016 ［S］. 北京：中国计划出版社，2016.

［37］ 中华人民共和国住房和城乡建设部. 建筑照明设计标准：GB 50034—2013 ［S］. 北京：中国建筑工业出版社，2014.

［38］ 中华人民共和国住房和城乡建设部. 智能建筑工程质量验收规范：GB 50339—2013 ［S］. 北京：中国建筑工业出版社，2014.

［39］ 中国机械工业联合会. 低压配电设计规范：GB 50054—2011 ［S］. 北京：中国计划出版社，2012.

［40］ 中国机械工业联合会. 供配电系统设计规范：GB 50052—2009 ［S］. 北京：中国计划出版社，2010.

［41］ 中华人民共和国建设部. 民用建筑电气设计规范：JGJ 16—2008 ［S］. 北京：中国建筑工业出版社，2008.

［42］ 中华人民共和国公安部. 火灾自动报警系统设计规范：GB 50116—2013 ［S］. 北京：中国计划出版社，2014.

［43］ 中华人民共和国住房和城乡建设部. 智能建筑设计标准：GB 50314—2015 ［S］. 北京：中国计划出版社，2015.

［44］ 中华人民共和国公安部. 安全防范工程技术标准：GB 50348—2018 ［S］. 北京：中国计划出版社，2018.

［45］ 中华人民共和国公安部. 视频安防监控系统工程设计规范：GB 50395—2007 ［S］. 北京：中国计划出版社，2007.

［46］ 中国建筑标准设计研究院. 《火灾自动报警系统设计规范》图示：14X505-1 ［S］. 北京：中国计划出版社，2014.